中国科协高端科技创新智库丛书

2049年
中国科技与社会愿景
先进计算与智能社会

中国电子学会 编著

中国科学技术出版社
·北 京·

图书在版编目（CIP）数据

先进计算与智能社会 / 中国电子学会编著 . —北京：中国
科学技术出版社，2020.10

（2049 年中国科技与社会愿景）

ISBN 978-7-5046-8791-3

Ⅰ. ①先… Ⅱ. ①中… Ⅲ. ①计算技术－发展－研究
Ⅳ. ① TP3

中国版本图书馆 CIP 数据核字（2020）第 176180 号

策划编辑	王晓义	
责任编辑	罗德春	
装帧设计	中文天地	
责任校对	吕传新	
责任印制	徐　飞	

出　　版	中国科学技术出版社
发　　行	中国科学技术出版社有限公司发行部
地　　址	北京市海淀区中关村南大街 16 号
邮　　编	100081
发行电话	010-62173865
传　　真	010-62179148
网　　址	http://www.cspbooks.com.cn

开　　本	710mm×1000mm　1/16
字　　数	505 千字
印　　张	31.25
版　　次	2020 年 10 月第 1 版
印　　次	2020 年 10 月第 1 次印刷
印　　刷	北京瑞禾彩色印刷有限公司
书　　号	ISBN 978-7-5046-8791-3 / TP · 420
定　　价	99.00 元

2049 年中国科技与社会愿景

—————— 策 划 组 ——————

策 划 罗 晖 任福君 苏小军 陈 光

执 行 周大亚 赵立新 朱忠军 孙新平 齐志红

马晓琨 薛 静 徐 琳 张海波 侯米兰

马骁骁 赵 宇

2049 年中国科技与社会愿景
先进计算与智能社会

主　　编 梅　宏

编　　委（按姓氏笔画排序）

马华东　吕卫锋　刘云浩　孙凝晖　杜小勇

张宏图　胡事民　徐晓兰　黄　如　黄河燕

谢　冰　詹乃军

编 写 人 员（按姓氏笔画排序）

卜东波　马华东　王亚沙　王欣然　包云岗

冯　元　叶笑春　吕卫锋　刘　驰　刘　亮

刘云浩　孙晓明　孙凝晖　肖　甫　杜子东

杜小勇　张立军　汪小我　吴华强　李振华

何　鑫　杨玉超　范灵俊　季铮锋　赵巍胜

赵海燕　胡事民　祝烈煌　郭　斌　郭　耀

郭国平　徐　恪　钱　诚　黄　如　曹东刚

黄河燕　曹志超　章隆兵　崔慧敏　韩银和

董　慧　谢　冰　詹乃军　詹剑锋　熊英飞

黎　明

秘　　书 刘　驰　马　良

总 序

　　科技改变生活，科技创造未来。科技进步的根本特征就在于不断打破经济社会发展的既有均衡，给生产开拓无尽的空间，给生活带来无限便捷，并在这个基础上创造新的均衡。当今世界，新一轮科技革命和产业革命正在兴起，从后工业时代到智能时代的转变已经成为浩浩荡荡的世界潮流。以现代科技发展为基础的重大科学发现、技术发明及广泛应用，推动着世界范围内生产力、生产方式、生活方式和经济社会发生前所未有的变化。科学技术越来越深刻地给这个急剧变革的时代打上自己的烙印。

　　作为世界最大的发展中国家和世界第二大经济体，中国受科技革命的影响似乎更深刻、更广泛一些。科技创新的步伐越来越快，新技术的广泛应用不断创造新的奇迹，智能制造、互联网＋、新材料、3D 打印、大数据、云计算、物联网等新的科技产业形态令人目不暇接，让生产更有效率，让人们的生活更加便捷。

　　按照邓小平同志确定的我国经济社会发展三步走的战略目标，2049年中华人民共和国成立 100 周年时我国将进入世界中等发达国家行列，建成社会主义现代化强国。这将是我们全面建成小康社会之后在民族复兴之路上攀上的又一个新的高峰，也是习近平总书记提出的实现中华民族伟大复兴中国梦的关键节点。为了实现这一宏伟目标，党中央始终坚持科学技术是第一生产力的科学论断，把科技创新作为国家发展的根本动力，全面实施创新驱动发展战略。特别是在中共十八届五中全会上，以习近平同志为总书记的党中央提出了创新、协调、绿色、开放、共享五大发展理念，强调创新是引领发展的第一动力，人才是支撑发展的第一资源，要把创新摆在国家发展全局的核心位置，以此引领中国跨越"中等收入陷阱"，进入发展新境界。

那么，科学技术将如何支撑和引领未来经济社会发展的方向？又会以何种方式改变中国人的生产生活图景？我们未来的生产生活将会呈现出怎样的面貌？为回答这样一些问题，中国科协调研宣传部于2011年启动"2049年的中国：科技与社会愿景展望"系列研究，旨在充分发挥学会、协会、研究会的组织优势、人才优势和专业优势，依靠专家智慧，科学、严谨地描绘出科技创造未来的生产生活全景，展望科技给未来生产生活带来的巨大变化，展现科技给未来中国带来的发展前景。

"2049年的中国：科技与社会愿景展望"项目是由中国科学技术协会学会服务中心负责组织实施的，得到全国学会、协会、研究会的积极响应。中国机械工程学会、中国可再生能源学会、中国人工智能学会、中国药学会、中国城市科学研究会、中国可持续发展研究会率先参与，动员260余名专家，多次集中讨论，对报告反复修改，经过将近3年的艰苦努力，终于完成了《制造技术与未来工厂》《生物技术与未来农业》《可再生能源与低碳社会》《生物医药与人类健康》《城市科学与未来城市》5 部报告。这 5 部报告科学描绘了绿色制造、现代农业、新能源、生物医药、智慧城市以及智慧生活等领域科学技术发展的最新趋势，深刻分析了这些领域最具代表性、可能给人类生产生活带来根本性变化的重大科学技术突破，展望了这样一些科技新突破可能给人类经济社会生活带来的重大影响，并在此基础上提出了推动相关技术发展的政策建议。尽管这样一些预见未必准确，所描绘的图景也未必能够全部实现，我们还是希望通过专家们的理智分析和美好展望鼓励科技界不断奋发前行，为政府提供决策参考，引导培育理性中道的社会心态，让公众了解科技进展、理解科技活动、支持科技发展。

研究与预测未来科学技术的发展及其对人类生活的影响是一项兼具挑战性与争议性的工作，难度很大。在这个过程中，专家们既要从总体上前瞻本领域科技未来发展的基本脉络、主要特点和展示形式，又要对未来社会中科技应用的各种情景做出深入解读与对策分析，并尽可能运用情景分析法把科技发展可能带给人们的美好生活具象地显示出来，其复杂与艰难程度可想而知。尽管如此，站在过去与未来的历史交汇点，我们还是有责任对未来的科技发展及其社会经济影响做出前瞻性思考，并以此为基础科学回答经济建设和科技发展提出的新问题、新挑战。基于这种考虑，"2049 年的中国：科技与社会愿景展望"项目还将继续做下去，还将不断拓展预见研究的学科领域，陆续推出新的研究成果，以此进一步凝聚社会各界对科技、对未来生活的美好共识，促进社会对科技活动的理解和支持，把创新驱动发展战略更加深入具体地贯彻落实下去。

最后，衷心感谢各相关全国学会、协会、研究会对这项工作的高度重视和热烈响应，感谢参与课题的各位专家认真负责而又倾心的投入，感谢各有关方面工作人员的协同努力。由于这样那样的原因，这项工作不可避免地会存在诸多不足和瑕疵，真诚欢迎读者批评指正。

中国科协书记处书记　王春法

出版者注：鉴于一些熟知的原因，本研究暂未包括中国香港、澳门、台湾的内容，请读者谅解。

前　言

　　电子计算技术诞生于 20 世纪 40 年代，迄今已发展了 70 多年。技术

自身的飞速发展可以说是日新月异，广泛的应用也给人类社会带来了翻天

覆地的变化。以高性能计算机为例，世界上第一台高性能计算机 CDC6600

于 1964 年由美国控制数据公司（CDC 公司）推出，峰值性能为 3MFLOPS[①]

（图 1）。此后，按照每 10 ~ 12 年性能增长约 1000 倍的速度飞速发展。

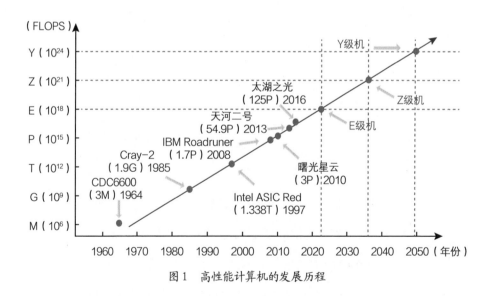

图 1　高性能计算机的发展历程

---

①　FLOPS 是每秒浮点运算次数的英文缩写，通常被用来估算计算机的执行效能，尤其是在
　　使用到大量浮点运算的科学计算领域中。

1985年，第一台 G 级（峰值性能 GFLOPS）高性能计算机 Cray-2 发布；1997年，第一台 T 级（峰值性能 TFLOPS）高性能计算机的桂冠由英特尔公司（Intel）的 ASIC Red 摘得；2008年，美国国际商用机器公司（IBM）发布的 Roadrunner 成为全球第一台达到 P 级（峰值性能 PFLOPS）计算能力的高性能计算机。近年来，中国高性能计算机的研制也取得了巨大进步，2010年，曙光星云系统在世界公认的高性能计算机 500 强排行榜中排名第二，成为亚洲首台实测性能超千万亿次的超级计算机。此后，天河一号 A 和天河二号都曾先后登顶 500 强排行榜第一。2017年11月，神威太湖之光计算系统计算速度排名世界第一，峰值性能达到了 125PFLOPS，相较于 CDC6600，性能提高了约 400 亿倍。

计算技术的发展及其广泛而深入的应用，深刻地影响和改变了人类社会。从最初人们使用计算技术作为生活和工作的辅助工具，到后来日益成为人们工作和生活不可或缺的依赖。展望未来，无处不在的计算技术应用将深度渗入甚至重构人类社会的方方面面。

伴随着计算技术的应用，人类社会也开始了信息化的进程。迄今为止，信息化的发展大致可分为三个阶段。

第一阶段（信息化 1.0）：从 20 世纪 40 年代到 90 年代中期，以单机应用为主要特征的数字化阶段。电子计算技术的诞生可以追溯到 1941 年，约翰·文森特·阿塔纳索夫发明电子数字计算机"ABC"。1945年，冯·诺依曼等人发表了二进制程序储存式电子数字自动计算机 EDVAC 方案。1946年，采用电子技术实现的数字计算机 ENIAC 问世。在计算机出现初期，主要用于科学计算和工程计算，但由于价格和体积的原因，并没有得到广泛的应用、走入人们的日常生活。20世纪80年代，个人计算机（PC）的大规模普及应用，带来了信息化的第一波浪潮。在信息化第一阶段，以PC、工作站、局域网、单机数据库为技术平台，文档/表格处理、部门级信息管理系统为典型应用，单机应用和面向局域网的客户/服务器（C/S）应用为主要应用模式，使得数字化办公和计算机信息管理系统逐渐取代了纸质介质的纯手工处理，人类第一次感受到信息化浪潮带来的巨大改变。

第二阶段（信息化2.0）：从20世纪90年代中期到21世纪10年代中期，以联网应用为主要特征的网络化阶段。从20世纪90年代中期始，以美国提出"信息高速公路"建设计划为重要标志，互联网开始了大规模商用进程，带来了信息化建设的第二次浪潮，信息化进入了第二阶段。在这20多年里，互联网及其延伸带来了信息化深度和广度的大幅增加，网络空间与物理世界中的各类数字化实体持续互联，让人们看到了"联接"的力量。一方面，技术平台已经扩展到了广域网和互联网，软件功能进一步细分、类型极大丰富，开源软件发展成为抗衡商业软件的巨大力量。另一方面，出现了一批以"分立系统互联、独占数据共享、孤立业务协同"为目标的典型应用，如21世纪初中国大规模发展的电子政务"两网一站四库十二金"工程，面向政务垂直领域，按照"统一规划、统一标准、统一管理和协调"的原则，建设跨地区系统，促进联网互通、信息共享和业务协同，提高效率，辅助科学决策。又如企业应用领域的ERP（企业资源计划）系统，支持跨地区、跨部门甚至跨公司的信息整合，打破了企业边界，实现整个价值链的信息系统融合与协作。基于互联网，进而向移动互联网延伸，打破部门或组织的固有边界，强调信息共享与系统协同，支持系统、组织、人之间广泛联接的深度网络化应用成为主要模式。

第三阶段（信息化 3.0）：从 21 世纪 10 年代中期起，以数据的深度挖掘与融合应用为主要特征的智慧化阶段。过去 20 余年，信息技术和信息化的井喷式发展，信息技术的不断低成本化与互联网及其延伸所带来的无处不在的信息技术应用，宽带移动泛在互联驱动的人、机、物广泛连接，云计算模式驱动的数据大规模汇聚，导致了数据类型的多样性和规模的"指数"增长，积累了规模巨大的多源异构数据资源，带来了大数据现象。以此为标志，信息化正在开启一个新的阶段，信息化建设的第三次浪潮正扑面而来。近年来，一批大数据应用的成功案例激发了基于数据获取信息、萃取知识、指导实践的巨大需求。大数据现象的出现，以及数据应用需求的激增，使大数据成为全球关注的热点和各国政府的战略选择，大数据蕴藏的巨大价值被广泛认知，特别是基于大数据的机器学习在自然语言处理、自动驾驶、人机博弈等领域取得的令人瞩目的重大进展，引发了基于数据的新型人工智能应用的快速发展，并催生了全球的智能化浪潮。

当前，互联网正加速向物理世界延伸，一种新的计算模式，即人、机、物三元融合计算正在兴起。这种模式通过无处不在的宽带信息网络将人类社会和物理世界连接、融通，在信息空间构建人类社会和物理世界的虚拟数字映像，并透过这些虚拟影像去感知、理解、进而操控现实世界。可以预见，这样的深度信息化对现实世界的影响将是巨大的、变革性甚至颠覆性的！

人、机、物三元融合计算为计算技术带来了一系列挑战，同时也带来了新的发展机遇。以软件技术为例，长期以来，如何更高效地发挥底层硬件资源所提供的计算能力，不断地凝练应用共性，提高软件开发的效率和质量，一直是软件技术发展的主要驱动力，这也是以操作系统、中间件等为代表的系统软件平台发展的主要动力。人、机、物融合环境下，信息基础设施涉及云、管、端、物、人等海量异构资源的有效管理，同时也需要为应用需求形态多样、变化频繁，应用场景动态多变等应用特征提供有效支撑，如何有效管理资源？如何凝练应用共性？平台能否按需灵活定制？这些问题对人、机、物融合计算模式的软件平台提出了新需求和新挑战。以"硬件资源虚拟化"和"管理任务可编程"为核心的软件定义技术将成为未来软件平台构建的主要方法学。当前，软件定义一切已经在信息技术领域的诸多系统（如网络、云平台、数据中心、存储系统）构建中得到成功应用，并正在进一步泛化和延伸，包括从面向硬件资源到面向全软、硬件栈，如软件定义的数据互操作、软件定义的智能化应用，实现全栈资源的软件定义；从信息领域延伸到物理世界，如软件定义的制造业、软件定义的城市，从信息资源的按需管控到人、机、物融合环境下各类资源的全方位互连互通。软件定义方法学蕴含的基本原则：万物均需互联，一切皆可编程！

考察计算技术对人类社会的影响，主要可归结为如下七个方面。

一、拓展了人类认识世界及改造世界的新资源

人类最早认识和开发的是物质资源，在农业社会，物质资源是最为重要的战略性资源。18 世纪以蒸汽机发明为代表的工业革命兴起，开始了能量资源的开发和利用，人类也开始进入工业社会。信息的获取、处理与应用在人类社会发展中一直扮演着重要角色，从文明之初的结绳记事、文字发明后的文以载道，到近现代科学的数据建模，承载了人类基于信息认识世界的努力和巨大进步。现代计算技术的出现，使人类处理、掌握和利用信息的能力得以快速提升，在物质和能量两大战略资源外，信息成为新的战略资源。1948 年，美国麻省理工学院教授诺伯特·维纳首次将信息与物质和能量相提并论，并称人类社会赖以生存和发展的三大基础要素，此观点后被广泛接受。21 世纪，人类开始进入信息社会，也称为知识经济时代，经济发展主要取决于智力资源的获取和配置，信息作为战略性资源的地位更加凸显。

二、增添了人类发展科学技术的新模式

自 16 世纪首次科学革命以来，人类发展科学技术长期依靠两大传统手段，即实验观测和理论推导。电子计算技术的出现，由于其自动、高速进

行大量运算的能力和计算的精确性，过去科学家穷毕生精力无法办到的事，如今在短短几小时，甚至几分钟内即可变成现实。由于能获得单纯依靠实验观测与理论推导难以得到的结果，诞生了计算物理学、计算化学、计算生物学、计算力学等数值模拟新兴学科，并向诸如电机工程、电子工程等工程性学科注入新的活力，加速它们的发展。在实验观测与理论推导两大科研范式外，增添了人类发展科学技术的新手段，即计算仿真。

随着互联网及其延伸所带来的无处不在的信息技术应用，大数据自然而生。理论上而言，在足够小的时间和空间尺度上，对现实世界的数字化可以构造出现实世界的数字虚拟映像，该映像承载了现实世界的运行状态。对这个数字虚拟映像的深度分析，将有可能发现和理解现实复杂系统的运行行为和规律。2007年，数据库软件领域的先驱人物吉米·格雷提出了第四范式的概念，指出大数据为人类提供了基于数据触摸、理解和逼近现实复杂系统的可能性，从而使数据密集型科研成为继实验观测、理论推导和计算仿真之后，人类探索未知、求解问题的一种新型范式，即数据驱动。

三、提供了人类创造传承文化的新工具

文化是人的行为以及体现在思想、言语、行动、制作中的成果总体，是人类创造的社会精神财富和物质财富的总和。在这方面，计算技术也发挥了巨大的作用。例如，将计算机用于辅助教育，丰富了教育方法；多媒体技术和超文本结构的引入，使得电子图书、电子报章成为文化传播的手段；机器翻译与语言文字识别等技术的发展，大大方便了人们进行国际合作和科技、文化交流。特别是在互联网环境下，信息传播的速度和广度大幅提升，信息总量快速增长，人们获取信息更加便捷；图书馆、博物馆和互联网的结合，使得文化，特别是传统文化和历史有了新的展现形式，服务更为广大的受众；新媒体、自媒体广泛普及，人们拿着智能终端就可以足不出户便知天下事，也使得每一个个体都可能成为"新闻"的发布者。

四、改变了人类的工作方式与生活方式

自计算机特别是互联网广泛应用以来，人类的工作与生活方式已经发生了巨大变化。依托计算设备和网络办公，不仅提升了工作效率，还成为一种不可或缺的依赖。通过网络实现了在家办公和随时随地办公；通过网络电话、视频会议、即时通信工具实现了工作沟通的瞬间可达，大大减少了企业的运营成本；互联网甚至在改变公司的管理架构。人类的衣、食、住、行也在计算技术的影响下发生巨变。利用物联网技术实现智慧化家庭管理；网络游戏、网上购物、网络约车、网上订餐、互联网金融等新业态蓬勃兴起，"刷新"了人们的传统生活理念；智能可穿戴设备极大地改变了人们运动健身和健康监控的方式；视频网站的兴起、虚拟现实技术的引入改变了娱乐形式和体验。工作和生活的边界甚至也不再清晰可分！

五、促进传统产业升级转型并催生了新业态、新经济

在信息化早期阶段，计算技术还仅仅被视为传统行业发展的"倍增器"和"催化器"，在当今时代，正在成为行业的"颠覆者"。一些传统行业，如唱片、邮政、纸质地图、实体票务已经或正在消失；一些新的经济模式，甚至新行业正在诞生，如电子商务、网约车、共享经济、应用程序编程接口（API）经济等。传统行业拥抱互联网、大数据已成为生存下去、进而转型升级的必然选择。新一轮的工业革命正在拉开序幕，工业4.0、工业互联网、中国制造2025等，无不承载了人们对制造业在智能化大背景下未来发展的期盼。

六、创新了社会治理的新机制和新途径

互联网的飞速发展带来社会治理机制和途径的变革，如从单向管理转向双向互动，从多层级转向扁平化，从政府监管转向社会协同治理等。特别是大数据的利用，通过基层数据的汇聚共享和全息数据呈现，跨层级、跨部门的数据共享和业务协同，推动社会治理的重心向基层下移，使政府从主观、定性、经验为主的治理方式，迈向数据驱动的智能决策、

精准管理和全面服务，实现管理结构和机制的创新变革，提高了社会治理水平。

七、带来了保障国家安全的新挑战和新手段

网络空间已成为继陆、海、空、天之后新的国家安全领域，成为大国博弈的新空间，维护网络空间主权是新的国家安全挑战，冲击着国家政治、经济、军事、文化安全的方方面面。一方面，互联网时代，没有网络安全，国家安全将无从谈起。另一方面，计算技术也带来了保障国家安全的新手段，特别是在大数据时代，国家层面的竞争力将部分体现为一国拥有大数据的规模、活性以及对数据的理解、运用能力。充分利用数据资源，实现数据规模、质量和应用水平提升，发掘和释放数据资源潜在价值，有助于增强网络空间主权保护能力。

当前，中国已经开启从大国向强国转型的历史征程！作为新世纪最重要的科技领域之一的计算技术，由于其基础性和渗透性，将成为科技强国建设中不可或缺，也是战略必争的领域。加快自主可控计算技术体系的建立，支撑中国社会经济的发展，进而抓住机遇实现"换道超车"，引领世界计算技术发展，是中国计算机科学家、工程师和全体从业人员的历史使命。我们需要从如下两个方面双管齐下、协同推进。

1 立足当下，加快自主可控的计算技术体系建立

中国自主可控计算技术体系远未形成，特别是核心关键技术缺失，在处理器芯片和基础软件方面受制于人，信息产业发展和信息化建设长期存在核心技术"空心化"和技术装备"低端化"等问题，如何补齐短板，实现自主可控，是一项艰巨的但又不得不为的任务。当前，软件开源和硬件开放已成为不可逆的趋势，掌控开源生态，成为国际产业竞争的焦点。我们应该抓住这个趋势带来的机遇，积极参与融入国际成熟开源社区，争取话语权。同时，从建设自主可控的中文开源社区切入，汇聚国内软件资源和开源人才，结合中国社会经济发展的重大战略和领域，如"中国制造2025""智慧城市"建设等，在新的领域"开疆拓土"，实现核心芯片和基础软件的突破并打造自主开源生态，以此为基础构建基于开源的自主可控的技术体系。

2 面向未来，加强计算技术前沿基础研究

摩尔定律驱动的传统计算技术已逼近物理极限，过去已延续20多年的应用模式和降低成本驱动的技术创新发展主线也面临系列挑战，大数据应用需求正在驱动现有计算技术体系进行重构和变革，计算技术领域亟须基础理论、基础材料、器件和新型计算模式的突破! 面向未来符合科

技强国地位、引领科技发展的需求，需要把握计算技术发展趋势，提前布局和加强基础研究和前沿研究的部署，为未来发展奠定坚实基础。

《2049年中国科技与社会愿景——先进计算与智能社会》一书旨在依靠中国科协相关学会及相关领域专家和学者智慧，展望计算技术给未来生活带来的改变，描绘出一幅幅计算技术创造未来美好生活的场景，向公众展示中华人民共和国成立100周年时的新生活。本书读者主要面向公众、科技工作者和决策者，目标是向社会各界展示科技、对未来生活的美好憧憬，促进社会对科技活动的理解和支持，为决策者应对未来发展提供咨询参考。

围绕先进计算技术与社会发展的相互关系，本书的主线是通过回顾计算技术的发展历程，对现状展开叙述，对未来发展方向进行畅想和展望。本书的组织主要从计算技术基础、计算机系统技术、计算机网络技术和计算机应用技术等四个方面展开。全书分四篇16章。第一篇从四个方面对计算技术的外延和内涵进行概述。第二篇回顾了计算技术的发展历程，并阐述了现状。第三篇对计算技术的未来发展进行了展望，并在第四篇畅想了计算技术驱动下的未来社会愿景。

依照内容出现的先后顺序，詹乃军负责理论计算机科学和新型计算模型技术相关内容的编写；黄如负责新材料与新器件技术相关内容的编写；孙凝晖负责系统结构相关内容的编写；谢冰负责软件技术相关内容的编写；杜小勇负责数据技术和经济领域畅想相关内容的编写；马华东负责物联网技术相关内容的编写；刘云浩负责互联网技术和工业领域畅想相关内容的编写；胡事民负责计算机图形学与虚拟现实技术和人工智能技术相关内容的编写；黄河燕负责自然语言处理技术和金融领域畅想相关内容的编写；吕卫峰负责未来社会总体畅想和科教领域畅想相关内容的编写。

由于作者认识和水平所限，本书内容仅是探讨计算技术及影响经济社会发展的一个视角，既不全面，也难免偏颇。能够为读者提供一定的参考，则本书目的已达。欢迎读者指正。

目　录

第一篇
计算技术概述

第一章
计算技术基础

第一节　理论计算机科学

　　理论计算机科学是计算机科学的基石。理论计算机科学主要回答"什么是计算""什么能够计算""如何实现计算"及"计算的开销"等基本问题。具体研究内容包括算法、算法复杂性、软件、硬件设计的数学基础（通常称为形式化方法）、各种计算模型（如：并行计算、分布式计算、生物计算、量子计算）、信息理论、编码理论、信息安全、机器学习等。因为其他研究方向已经有专门介绍，这里主要关注算法、算法复杂性、形式化方法等。

一、算法

　　算法是指对解题方案的精确而完整的描述，它由一系列算法的步骤（指令或伪代码）组成。解决同一个问题可以有多种不同的算法，算法的优劣可以用运行的时间（时间复杂度）和使用的空间（空间复杂度）来衡量。算法是计算机科学领域最重要的基石之一，随着科技的不断发展，各种编程语言和开发平台、各种不同的体系架构和各式各样的应用场景层出不穷，但其底层的模型仍然是图灵机，其背后的算法和理论万变不离其宗。

随着时代的发展，新的应用总是会不断地出现，因此算法的研究也不会停歇。虽然在摩尔定律的作用下，计算机的计算能力每年都在飞快增长，但是需要处理的信息量更是呈指数级的增长。现在每人每天都会创造出大量数据（照片，视频，语音，文本等）。日益先进的记录和存储手段使我们每个人的信息量都在爆炸式地增长。互联网的信息流量和日志容量也在飞快增长。在科学研究方面，随着研究手段的进步，数据量更是达到了前所未有的程度。无论是三维图形、海量数据处理、机器学习、语音识别，都需要极大的计算量。在网络时代，越来越多的挑战需要靠卓越的算法来解决，例如搜索引擎使用的网页排名算法，社交、购物、视频网站使用的推荐算法等。在大数据时代，算法的重要性不是在日益减小，而是在日益增大。

二、计算复杂性

计算复杂性主要研究把各种计算问题按照其内在的难度和所需的计算资源排序分类，并研究不同类别之间的关系。不同的计算任务所需的计算资源数量和种类显然是不同的，例如计算两个数的乘法就比计算两个矩阵的乘法要容易，因为后者所需要的计算步骤更多。再比如笔算两个数的乘法往往要比口算同样的乘法简单很多，这是因为记录中间计算结果的存储空间也是一种十分重要的计算资源。计算复杂度指的是完成某项计算任务所需的最少的计算资源（即采用最好的算法所需要的计算资源），比如运行时间、存储空间，或者电路所需的逻辑门的个数等。算法复杂性是一个非常年轻的学科，学术界公认的对计算复杂性理论最早的系统研究始于 1965 年，距今不过经历了短短的 50 年。该领域的很多重要成果是在近 20 年内取得的，同时还有更多的问题至今仍没有得到解决。对于一个具体的问题，确定其计算复杂度要从两个方面分别研究：一方面是其复杂度的上界，这往往通过设计一个可行的解决方案（可能是算法、协议、或者电路等）并分析该方案的复杂度来解决；另一方面复杂度的下界则是指解决问题所必须付出的计算资源，这部分往往需要通过严格的数学证明来确定。只有当上下界确定时才能完全确定一个问题的计算复杂度。

也许有人会觉得"完成计算任务只需要设计实用的算法就够了，没有必要深入研究和分析计算复杂度"，这就像只看见叶子和花朵，忽视植物的根茎一样。事实上计算复杂性理论对于算法设计具有非常重要的指导意义，同时计算复杂性是现代密码学的基础。第一，算法复杂性能够指导计算避免资源浪费。一个计算问题的算法复杂性的下界可以直接将注定无法成功的算法排除在外，从而让我们不需要再绞尽脑汁去寻找更好的算法，而把精力集中在更有意义的地方。这就像热力学定律从原理上否定了永动机存在的可能性之后就几乎没人再把时间和金钱浪费在设计永动机上。第二，计算复杂性为现代密码学奠定了基础。现代密码学并不追求绝对的安全性，更多的是一种被称为计算安全性的有限度的安全性，即无法用合理的计算资源破解的密码在实践中都可以被视为是安全的。例如，复杂性理论分析保证了使用普通台式机破解现在广泛采用的 128 位高级加密标准加密算法需要上百年时间，利用超级计算机可以在几小时以内破解 128 位的高级加密标准加密算法。如果破解 256 位高级加密标准加密算法，即使超级计算机也是不可能在可接受的时间内完成。如著名的公开密钥密码体制公钥加密算法是基于大整数分解质因数问题的困难性设计的，要想破解公开密钥密码体制加密算法就需要把一个上千位的整数分解成两个素数的乘积，以现在的硬件和算法水平是很难做到的。大整数分解问题的复杂性是没有被确定的，也就是说该问题有可能存在高效的算法，只是目前人们还没有设计出这样的算法。1994 年彼德·秀尔提出了一个大整数分解问题的量子算法，如果使用量子计算机，该算法的运行时间仅需要很短的时间，这个结果直接推动了量子计算的蓬勃发展。实践证明，缺乏复杂性理论基础的加密算法往往难以经受住时间的考验。例如，数据加密标准算法现在已经被彻底淘汰，曾在电子商务中使用的安全散列算法（SHA-1）哈希函数也在 2005 年被王小云等攻破。由此可见算法复杂性研究的重要性。

三、形式化方法

形式化方法是软、硬件设计的数学基础，是指使用严格的数学方法，对待开发软、硬件系统进行规约说明、开发和验证的技术。形式化方法使用逻辑演算、形式语言、自动机理论、程序语义、类型理论、代数数据类型等数学方法来解决软、硬件设计中的规约和验证问题，为软、硬件设计的可信性提供了适当的数学分析工具。可信性是指软、硬件的各种功能属性和非功能属性满足应用需求、能够检测和处理运行环境的异常情况、能够抵御信息攻击，包括安全、可靠、可用、可恢复和保密等。

目前，计算机软、硬件系统日趋复杂，如何保证可信性已经成为计算机科学面临的巨大挑战。特别是现在计算机系统已经广泛运用于许多关系国计民生的系统中，例如高速列车控制系统、武器装备系统、航天器控制系统、核反应堆控制系统、医疗设备系统等，这些系统中的任何错误都可能导致灾难性后果。使用基于数学的形式化方法被认为是保证软、硬件可信性的有效解决方案。例如，形式化方法已经成功运用于各种硬件设计，特别是芯片的设计。目前，各大硬件制造商都有一个非常强大的形式化方法研究团队，提供技术支持，譬如 IBM、Intel、美国超威半导体公司（AMD）、日本电器股份有限公司（NEC）等。过去，人们曾经一度认为形式化方法在软件开发中无所作为，甚至没有希望。但是，最近 10 多年，随着形式验证技术的发展，特别是在程序验证中的成功应用，人们已经看到如何使用形式化方法提高软件可信性的希望。例如，过去美国学术界对形式化方法的看法比较负面，认为在保证程序可靠性方面没有什么用处。最近几年，这些观点已经发生巨大变化，各著名研究机构都已经投入大量人力和物力从事这方面的研究。最典型的例子就是微软公司，它已经在全球各地建立多个研究中心，聘用大量从事形式化方法研究的专家从事形式验证技术研究及工具开发，从而保证其商业软件的可信性。为了保证航天器控制系统的可信性，美国国家航空航天局（NASA）拥有一支庞大的形式化方法研究团队，他们在保证美国航天器控制软件正确性方面发挥巨大作用。例如，2011 年美国发射的好奇号火星探测器，为了提高控制软件的可靠性和生成效率，广泛使用了形式化方法。

由于形式化方法在设计保证软、硬件设计的可信性方面的有效性，它已经被许多国际标准化组织列为保证许多安全攸关系统必备的技术手段。例如，国际航空软件标准 DO178B、DO178C 中明确要求开发安全可靠航空软件必须使用形式化方法。又如，在软件安全等级 SIL1-4 中，安全级别最高的 SIL3 和 SIL4 要求必须使用形式化方法，安全等级越高，要求使用形式化方法越多、越严格。SIL 安全等级已经被许多国际标准采纳，例如工业过程中的安全仪器设备功能安全标准 ANSI/ISA S84、电子电器功能安全标准 IEC EN 61508 、工业过程中的安全仪器设备标准 IEC 61511、机器安全标准 IEC 62061、铁路控制和保护软件安全标准 EN 50128、铁路信号系统标准 EN 50129、天然气探测系统标准 EN 50402、汽车应用安全分析与建模及编程标准 MISRA 等。

以下是形式化方法的主要研究领域。

（一） 形式语义

形式语义研究程序设计语言的严格数学含义。对程序设计语言建立形式语义，就是对该语言语法上合法的程序给出一种计值的方法，从而展示该程序所涉及的计算。形式语义刻画了程序在计算机上执行的过程，这可以通过描述程序的输入和输出的关系，也可以通过在某种计算平台上解释程序的执行。主要研究内容包括语义模型的定义、不同语义模型间的关系、不同语义方法间的关系、计算和定义语义数学结构间的关系，等等。

研究形式语义的方法大致可以划分四类：指称语义、公理语义、操作语义和代数语义。形式语义研究为形式规约、形式验证、形式分析、形式开发提供了理论基础。

(二) 形式规约

形式规约主要研究如何使用严格的数学方法描述待开发系统应该做什么，而不是如何做。根据需要，可以对待开发系统的细节描述做不同层次的抽象，从而形成不同层次的规约。一个好的形式规约必须具有简洁、无二义性、充分、完备、内部一致、可满足等特性。这种形式规约可以用于系统后续开发的各个阶段。根据形式描述，第一，可以确认正在开发系统的需求是否完备和准确；第二，可以严格验证待开发系统是否满足系统需求。从而在系统开发早期阶段能够发现和纠正系统设计错误，提高系统开发效率和降低成本。这种基于模型驱动的开发方法已经成为软件开发，特别是安全攸关系统开发的主流方法。

根据使用数学方法的不同，形式规约大致可以分为基于历史的规约、基于状态的规约、基于迁移的规约、函数式规约和操作式规约。

(三) 形式验证与分析

形式验证与分析研究如何使用数学的方法严格证明软、硬件形式规约是否满足给定性质或者已开发系统是否满足规约。目前，主要使用的形式验证技术包括模型检测、定理证明、静态分析和执行时验证。

模型检测通过搜索系统模型的状态空间来判定待验证的性质是否被满足。系统模型一般为有穷状态系统，包括可以归结为有穷状态的无穷状态系统。待验证的性质一般用时序逻辑公式表示，例如线性时序逻辑、计算树逻辑、μ演算等。模型检测的最大优点是完全自动，并且在性质不满足时可以自动生成反例。它的最大弱点是状态爆炸问题，因而难以处理大型系统的验证。模型检测的主要研究内容包括模态和时序逻辑、状态空间的表示和约简技术、抽象解释、高效的搜索算法、符号模拟、抽象精化等。

静态分析主要使用抽象解释技术，静态分析待证系统的性质是否满足。优点是可以处理大型软件系统，弱点是仅仅能够验证一些与程序执行相关性低的简单性质，例如除数为零、数组下标越界、浮点运算的上溢和下溢等。执行时验证是指对一些关键程序，在关键位置注释一些必须满足的性质，在程序执行时动态检测这些性质是否满足。如果不满足，立即报警并采取一些异常处理措施。这种方法在实际应用中非常有效，但缺点是会降低程序执行效率。

（四）形式开发

　　形式开发主要研究如何根据形式规约，逐步精化（具体化）高级别抽象规约（设计）到低级别抽象规约，直至可实现程序代码。在软件工程中，这也称为基于模型的转换。每次由高一级设计精化到低一级设计时，我们必须保证低级别的设计满足高级别设计的性质。特别是在保证最后一步生成的代码满足上一级设计时，必须定义代码所使用的高级程序语言的形式语义。有时，人们也将形式开发归结到形式验证中去，即所谓的通过构造保证正确性。这已经成为软件工程、特别是安全攸关系统设计的研究热点。

（五）关键应用

关键应用是指控制系统和物理过程与网络计算深度融合的一种系统。例如，有别于将计算机嵌入物理系统控制物理工程的传统嵌入式系统是一个封闭系统，信息物理融合系统是由若干自治或者半自治的系统在网络环境下通过通信协同完成任务的开放系统。显然，传统的嵌入式系统设计方法不能对物理世界实现高效的"感、执、传、控"，迫切需要新的信息物理融合系统设计理论。新的理论必须将计算世界和物理世界作为一个紧密交互的整体进行认知，深度融合计算、通信与控制于一体。这涉及物理学、力学、电子、通信、计算机、机械、控制等诸多学科。信息与物理融合系统的影响将会远超 20 世纪的信息技术革命，就像互联网改变了人与人交互的方式一样，它的出现将改变人与物理世界交互的方式。

第二节　新型计算模型

随着其他学科的发展，例如物理、光学、生物等，新型计算模型相继提出，例如量子计算、光子计算、生物计算等。基于新型计算模型的新型计算机将会对计算机科学产生颠覆性影响。针对新型计算模型的可计算理论、程序设计理论等有可能成为理论计算机科学研究的主要内容，如生物计算和量子计算。

一、量子计算

奠基于量子力学和计算机科学的量子计算是近 30 年来发展起来的一门新兴交叉学科。由于在降低计算复杂性方面显示出有可能优于经典计算的潜力，量子计算的研究受到了越来越多的重视。1982 年，诺贝尔物理学奖得主理查德·费曼在研究用经典计算机来模拟量子系统时发现，需要消耗的计算资源随着量子系统规模的增大以指数级迅速增加。为克服这一困难，理查德·费曼提出了直接建构在量子力学性质上的量子计算机的思想，从而拉开了量子计算研究的序幕。很快，保罗·贝尼奥夫和戴维·多伊奇就分别提出了量子图灵机和通用量子图灵机的模型，并通过用量子系统模拟经典可逆图灵机说明了量子计算的能力不会比经典计算差。1993 年，伯恩斯坦和瓦奇拉尼以及姚进一步给出了能在多项式时间[①]内模拟任何量子图灵机的通用量子图灵机，奠定了量子复杂性的基础。在同一篇文章中，姚还证明了量子图灵机和量子电路在多项式时间内可计算的函数类是完全相同的，从而使得多项式时间内量子可计算这一概念有了坚实的物理实现基础。

由于利用了量子力学区别于经典力学的叠加和纠缠等特性，量子计算在计算速度方面往往表现出比经典计算更大的优势。理查德·费曼和理查德·乔萨在 1992 年构造出一个在量子计算机上可在多项式时间内解决但不存在经典多项式时间算法的问题。1994 年，伯修姆和布拉萨尔证明量子图灵机可在多项式时间内解决任何概率图灵机都需要指数时间才能解决的问题。而最引人注目的则要数 1994 年彼德·秀尔提出的量子并行算法，该算法利用量子傅立叶变换在多项式时间内将任意合数分解为质因子的乘积。这意味着一旦量子计算机研制成功，现在普遍应用的公开密钥密码体制公钥

[①] 多项式时间是指一个算法的复杂度。

密码体系将被有效地攻破。这项工作不仅给彼德·秀尔带来了 1998 年度的奈望林纳奖,更重要的是,它引起了计算机科学、物理、数学等领域的研究人员对量子计算的强烈关注和兴趣。1997 年,格罗弗提出了基于无结构的数据的量子搜索算法,其复杂度是最好的经典算法复杂度的平方根。虽然量子搜索的平方根加速没有彼德·秀尔的大数分解算法在理论上那样惊人,但是由于搜索作为一个子过程广泛应用在其他算法设计中,格罗弗算法也得到了极大的重视。

随着相关技术的进步,量子计算机的物理实现也取得了很大的进展。迄今已经提出了离子阱技术、核磁共振技术、高品质光学腔技术等 10 多种实现方案。而在量子纠错理论和容错计算等方面所取得的一系列重要成果,更使人们坚定了克服"消相干"并最终实现量子计算机的信心。研究人员甚至认为商用的量子计算机硬件将在 4 ~ 5 年成为现实。

二、生物计算

大量证据支持"计算透镜"这一观点,即计算是一种基本的思维方式,是一种研究自然和工程系统的思维方式。比如,生命活动本身也可以看作一种计算过程,是对一种信息处理的过程。从这个角度讲,合成生物学是研究并利用生命活动中"计算"行为的一个典型例子。

合成基因线路是指利用合成生物学的相关技术和方法,用 DNA 等生物分子构建的在生命体内发挥特定功能的人工生物系统。合成基因线路研究具有重大的生物学意义和实用价值。例如,利用合成基因线路对生命体的代谢系统进行重构,可以使宿主细胞合成特定的化学物质,提高代谢工程的应用范围和产率;可以使细胞感知特定的生化信号,用于环境监测、疾病诊断等领域;可以帮助发现和合成药物,在基因治疗、组织工程等医学应用上有非常广阔的应用前景;还可以作为研究复杂基因调控网络的重要工具,通过"以建而学"的方式帮助人们研究生命体内复杂的调控机制。

　　理性设计对合成基因线路的发展具有十分重要的意义。合成基因线路构建的实验周期长,试错成本高,单纯依靠经验进行设计构建难以迅速得到满意的结果。此外,目前人们对基因元件的特性了解依然比较有限,多个元件组合在一起的效果常常难以预测,这制约着合成基因线路实现复杂的功能。理性设计可以通过理论计算、计算机仿真等手段,对合成基因线路的功能进行预测和优化,减少试错的过程,提高构建效率。

第三节　新材料与新器件

微纳电子器件是计算技术的硬件基础，是构成计算芯片、内存芯片、通信芯片、传感芯片以及显示元器件的基本元件，是计算技术发展内在的推动力。以现代计算机为代表的计算技术可以认为起源于 20 世纪发明的半导体晶体管技术。

半导体晶体管是一类可以通过施加电信号来控制信号的放大、调制、传输、存储、运算、显示的元器件，其工作的本质是能量的转化和转移。从最早发明的简陋的点接触式分立晶体管到精细入微的超大规模集成鳍型晶体管，微纳电子器件技术在过去 70 多年经历了不可思议的变化与进步，形成了一个体系丰富、多样化的家族。本节主要介绍一类主要半导体晶体管，即金属—氧化物—半导体场效应晶体管（MOSFET）的工作原理，以此为出发点，阐述面向未来 2049 年先进计算技术发展亟须的新材料与新器件技术。

一、金属—氧化物—半导体场效应晶体管技术

金属—氧化物—半导体场效应晶体管是 20 世纪 60 年代发明的一类半导体晶体管[1]，其主要结构是一块半导体材料与一个栅极材料，中间用绝缘介质隔离开。当栅极上施加电压时，通过静电耦合的作用可以调制半导体材料中的载流子数目及其空间分布，从而改变半导体材料的导电率。如果在半导体材料上垂直于栅极电场方向增加两个电极—源极和漏极，并在源、漏极之间施加偏置，则可以形成大小可控的电流，进而驱动下一级晶体管。决定 MOSFET 性能的关键因素有栅极结构和半导体衬底材料特性。一般来说，栅极的静电控制力越高，半导体材料载流子迁

---

[1] 场效应晶体管是一大类器件，其概念由朱利叶斯·埃德加·利林菲尔德和奥斯卡·海尔分别在 1925 年和 1934 年提出，但是，直到 1952 年才制造出第一支实用的结型场效应晶体管，1960 年制造出金属—氧化物—半导体场效应晶体管，并迅速成为集成电路的主流技术。

移率越高，则 MOSFET 的尺寸缩小能力和驱动能力越强，从另一个角度而言，性能功耗比就越高。MOSFET 在当今芯片技术中的占比超过了 90%，从这一点看，可以说是一切计算系统的硬件基础，其重要性不言而喻。

MOSFET 具有两种不同电学极性的导电类型，一种由带负电的电子进行导电，称为 N 型 MOSFET，另一种由带正电的空穴进行导电，称为 P 型 MOSFET。这两种类型的器件的工作状态完全相反，因此人们又提出了利用二者组合成互补型的 MOSFET 对，可以大幅降低功耗，因此在现代芯片设计技术中，大部分电路都是由这种互补型 MOSFET 对构成基本的逻辑门，称为互补金属氧化物半导体（CMOS）技术。

二、摩尔定律

传统的 MOSFET 器件结构十分简单，可以利用平面照相的办法将器件图形转移到半导体衬底上，因此非常适合大规模集成。在 20 世纪 60 年代以后，随着工艺技术的快速进步，MOSFET 的尺寸变得越来越小，直到 2010 年以前，特征尺寸可以每 18 个月缩小到之前的 70% 左右，基础元件的集成电路的集成度可以增加 1 倍，这使得信息处理能力以指数级增长，同时单位比特的成本也以指数级下降。这个规律称为摩尔定律。严格来说，摩尔定律不是预测性的规律，但是它很好地吻合过去的历史，因此也成为半导体行业的指导性规律，包括研究者和经济学家都希望用这条规律来预测集成电路技术发展的路线蓝图。

尽管从已有的经验来看，摩尔定律很好地描述了过去集成电路发展的历史，但是在特征尺寸不断缩小的趋势面前，开始遇到物理极限引起的一系列瓶颈问题，诸如量子隧穿、随机噪声等，这使得集成电路芯片的性能功耗比开始饱和，甚至下降，如果不加以遏制，最终会使芯片失去正常的工作能力。造成的直接后果是，从 2010 年前后开始，摩尔定律开始放缓，技术更新不断推迟，传统 MOSFET 的器件结构和材料基础开始出现变革，特别是在 2012 年英特尔公司推出了鳍式场效应晶体管（FinFET）芯片技术，代表微纳电子器件和集成电路的发展进入了一个新的时代。这个时代的显著特征就是新的材料体系和新的器件概念不断涌现，成为工艺技术之外推动集成电路发展的新力量。

三、新材料技术

寻求硅以外的新材料的一个主要动力是硅器件的性能不断逼近其物理极限。由于历史、经济、技术等诸多复杂的原因，以 MOSFET 为代表的微纳电子器件主要依赖于硅基材料和工艺平台进行制造。[①]其特性与硅的材料性质息息相关。硅中的室温最高电子迁移率大约为 1350 厘米^2/（伏·秒），并且受到晶格中散射机制的约束，其电子速度存在饱和现象，其极限称为热运动速度，这是 MOSFET 性能受到限制的最大因素。此外，硅材料中电子要成为自由导电的粒子，需要克服大约能量差为 1.12 电子伏特的禁带束缚，而该能量差仅仅随温度和掺杂浓度轻微变化，因此对于 MOSFET 而言，需要的开启电压难以随着尺寸等比例缩小，进一步导致电源电压难以降低，这正是集成电路功耗问题的根源之一。因此，寻求硅基以外的新材料技术是解决摩尔定律持续发展的有效途径，并有可能发展出超越摩尔定律的新型器件。

硅基以外的吸引人的新材料大部分是一些具有超高迁移率的半导体材料，比如与硅晶格结构类似的锗单晶，或者硅锗二元半导体，还有 III–V 族化合物半导体材料，比如砷化镓（GaAs），磷化铟（InP）等。锗的电子迁移率和空穴迁移率可以分别达到 3900 厘米^2/（伏·秒）和 1900 厘米^2/（伏·秒），分别是硅的 2.5 倍和 4 倍。III–V 材料中，比如 GaAs 的电子迁移率则可达到 9200 厘米^2/（伏·秒），远远高于硅的数值，这为提高 MOSFET 性能提供了可能。另外，低维度半导体材料也受到广泛的关注，比如石墨烯、二硫化钼（MoS_2）、黑磷等。这些材料所拥有的迁移率、原子层尺度、独特的光、电、热、磁特性使其在微纳电子器件领域具有更为广泛的应用。

---

① 最早的半导体晶体管制备在锗上，而不是硅。但是硅在自然界中分布最为广泛，拥有十分稳定的化学和物理特性，最为重要的特性是可以形成"十分完美"的氧化物界面，而这是保证 MOSFET 正常工作的关键中的关键。因此，现代半导体产业中，硅占据了绝对性的主导地位。

还有一类非半导体材料也受到广泛关注，比如，利用材料中的缺陷行为进行导电的金属氧化物阻变材料、利用材料物相变化进行电阻调控的相变材料、利用磁阻效应进行工作的铁磁材料等。这些新材料技术同时与新的器件机制和概念息息相关，将在第三篇中具体阐述。

四、新器件技术

MOSFET 的概念是基于电荷运动进行信息处理的一种元器件，需要克服电荷运动带来的能量耗散。而通过在器件结构、运动机制、信息载体乃至计算架构方面进行创新，则可能创造出新的器件技术，以更低的功耗代价实现更高的性能。

首先，在器件结构方面的创新。传统的 MOSFET 器件除了受限于工艺技术的精度，在小尺寸条件下将受到更为严重的次级寄生效应的影响，也就是栅极的静电控制力将严重退化。解决这一问题的办法是给予器件更多的栅控制，一个具体的做法就是将栅极从多个方向对半导体材料进行控制，比如，英特尔公司率先采用的鳍式场效应晶体管，或者围栅纳米线器件。

其次，改变载流子运动机制也能降低器件的功耗。传统 MOSFET 中的载流子以漂移和扩散的运动方式在半导体中发生转移，其运动速度受到热运动极限的束缚，同时受到散射机制的影响，产生不可避免的热损耗。一般而言，要想使 MOSFET 能够将信息有效地传递下去，存在一定的最低能量极限，表现在 MOSFET 的特性上即存在一定的栅极电压范围才能使器件从"0"状态改变到"1"状态。如果将电流变化一个数量级作为"0"和"1"转换的标准，那么该极限就是 60 毫伏。要想克服该极限，必须从载流子的运动机制入手进行改变。最近出现的隧穿晶体管、负电容晶体管就是这类新机制的器件。

再次，克服信息传递需要的能量耗散的另外一个途径是采用新的载体进行信息传递。比如，利用电子的量子自旋特性作为信息的载体可以大大降低信息传递所需的功耗，这是因为翻转电子自旋方向所需的能量远低于输运电荷所需的能量。

另外，人们还提出了诸多非电荷的信息载体方法，比如机械继电、磁畴极化、相变、激子、声子、光子等。大部分还停留在概念层面上，其中利用电子自旋的器件技术发展最为迅速，已经在存储器领域内得到实际验证，被认为是极具潜力的新器件技术。

最后，除了在器件层面上进行创新，结合电路架构的改变也能为微纳电子器件技术发展提供新的方向。比如，利用非线性忆阻器模拟神经突触的工作方式可以搭建类神经网络系统，实现高效率的并行计算，同时降低能耗。这类新器件称为神经计算器件，是近年来兴起的新器件技术。

综上所述，正是晶体管的发明使得大规模集成的微型化芯片技术依照摩尔定律指数级成长起来，从成本到性能各方面解决了先进计算技术向社会各领域渗透面临的壁垒问题。然而，随着现代微纳电子器件技术持续朝着微型化方向发展，物理尺度的变化以及随之而来的物理法则的改变使得微纳电子器件技术面临复杂而严峻的挑战，需在器件结构、工作原理、材料工艺乃至计算架构等方面突破传统的禁锢。一方面，以三维鳍型晶体管/围栅纳米线器件、非硅高迁移率沟道材料器件和自旋电子器件为代表的新结构、新材料与新机制器件正在对传统的 CMOS 技术加以革新，为传统大规模集成电路技术开辟不同的发展途径；另一方面，以量子计算器件和神经计算器件为代表的非传统计算前沿探索正在为未来的先进计算开辟更多的发展渠道。

第二章
计算机系统技术

第一节　系统结构

　　计算机系统可简单地分为硬件系统和软件系统两部分，硬件系统是组成计算机的显示器、输入设备（鼠标、键盘等），处理器、存储器等。软件系统是一组能控制硬件运行的程序和指令，由程序设计者根据特定功能和目的编写。

　　我们利用计算机做的所有操作，本质上都被还原成一条条指令。每一条指令都有一定的含义。比如，它可以规定计算机做什么操作，指出参与操作的数或其他信息在什么地方等。能够在一台计算机上被识别和执行的所有指令的集合，称为指令系统或指令集，也是计算机软、硬件系统的接口或界面。计算机设计者在设计计算机体系结构时最基本的任务就是确定计算机的指令系统，并将一套指令系统实现，即每条指令都能够被集成的硬件电路系统识别和执行。根据目的和功能，依据指令系统，将不同的指令进行组合（编程）（图2-1-1），从而设计和编制不同的应用软件。

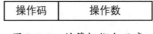

图 2-1-1　计算机指令示意

　　中央处理器（CPU）是现代计算机的核心。现在的计算机都为冯·诺依曼体系结构，其显著的特点就是由运算器、存储器、控制器、输入设备和输出设备组成。

CPU 是运算器和控制器合起来的统称，其发展经历了电子管、晶体管、小规模集成电路、大规模集成电路、微处理器的历史发展阶段。因为运算器和控制器在逻辑关系和电路结构上联系十分紧密，尤其在大规模集成电路制作工艺出现之后，这两个部件就集成在同一芯片上（图 2-1-2）。负责解释和执行各类指令，完成各种算术和逻辑运算。

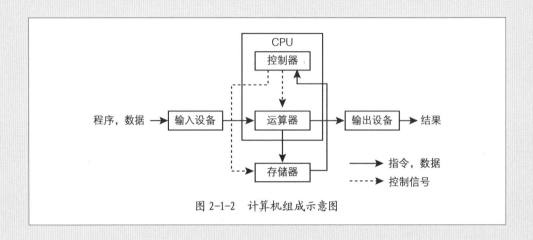

图 2-1-2　计算机组成示意图

晶体管构成各种逻辑电路，再由各种电路构成运算单元，运算单元加上控制器、寄存器、电源、数据总线等构成了 CPU。所以，计算机的硬件系统只不过是集成和互联了很多可以开关闭合的电路。硬件电路有两种状态：开和关，分别代表数字 0 和 1。通过控制硬件电路的状态，可以实现数值运算和逻辑运算。至于完成什么样的计算任务，怎样一步一步完成计算任务，则需要程序员根据计算机的指令系统设计和编写软件应用程序（即编程）来实现。

为了方便编程，人们发明了高级编程语言，如 Java、C 语言等。高级语言编写的应用程序，计算机无法直接识别，需要编译器这个"系统软件"进行"翻译"。编译器的功能是把程序员用汇编语言或某种高级语言所编写的程序，翻译成机器可执行的机器语言程序。我们使用的文字处理、播放器、浏览器等被称为应用软件。系统软件则是帮助应用软件在计算机硬件上运行的（图 2-1-3）。例如，计算机可以同时运行好几个应用软件，我们一边听音乐、一边浏览新闻、一边聊 QQ，每个软件的运行都要占用计算机的硬件资源（存储、控制等），因此需要操作系统来帮助协调和分配资源。

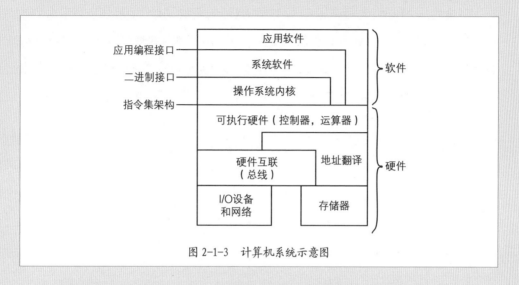

图 2-1-3　计算机系统示意图

考虑到成本等因素，计算机的存储设计采用了层次结构（图 2-1-4）。离 CPU 越近，容量越小、访问速度越快、价格越昂贵，离 CPU 越远，容量越大、访问速度越慢、价格越便宜。这主要得益于程序运行的局部性原理，即在一小段时间内，最近被访问过的程序和数据很可能再次被访问；在空间上，这些被访问的程序和数据往往集中在一小片存储区。不过随着技术的变革，这一方式有望在未来被改变，随着以非易失性存储器（NVM）的成熟，将可能采用单一存储结构代替层级存储结构。

技术的进步，带来了计算能力的持续增强。计算机不仅性能持续提高，体积也在不断缩小。当今的一部智能手机的计算能力，已经超越了 20 世纪 70 年代全美所有计算机的计算能力之和。

CPU 的运算速度是计算机性能的关键指标，不难理解，计算机体系结构设计者努力的目标，其本质很大程度上都是在提高每单位时间可以执行的指令数，也即提高计算机执行应用程序的并行度。

工艺技术的进步带来了 CPU 性能的不断提升。随着工艺技术的进步，晶体管电路的集成度在不断提高，50 多年来，正如摩尔定律所预言的，每 18 个月片上可集成的晶体管数翻一番。可利用的晶体管资源变多,硬件电路和逻辑就可以设计得越来越复杂。例如流水执行、乱序执行、预测执行等,更复杂的控制逻辑和部件,更大容量的片上存储,都带来了 CPU 性能的提升。与此同时,工艺进步也带来了时钟频率的提高,更直接地提升了 CPU 的运行速度。此外,程序员写出优化的程序,或者通过编译器对程序进行优化,同样可以减少完成一个任务、或执行一次操作 CPU 需要执行的指令数,间接提升了计算机的性能。

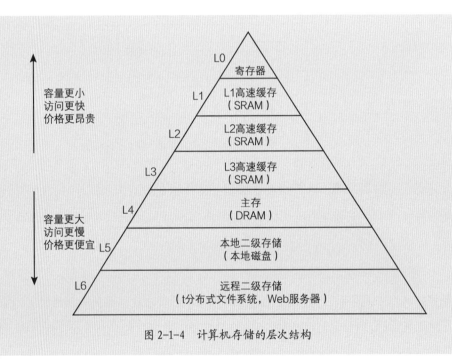

图 2-1-4 计算机存储的层次结构

以上介绍了单个计算机系统的结构。计算机除了满足我们上网聊天、编写文档、购物、看视频等个人的计算需求,还要应用于科学计算和工程设计,如弹道计算、火箭设计等工作。实际上,计算机在发明初期主要被用于进行这方面的工作。例如,从太平洋上空流向大陆的气团,可能要流动 2 ~ 3 天,利用卫星观测到的数据,将气团的运行轨迹等都计算出来,预测气团到达的时间与强度,再根据地区的气象数据做出综合判断。这些大型的工程设计、模拟等求解问题的规模巨大,需要很大的计算量。以气候模拟为例,实时地存储、处理、分析、统计和查询海量的气象数据，需要模拟巨量实体间的相互作用，在不同的时间和空间维度上进行分析，一般使用数十亿个变量从不同的维度描述各种物理过程。

面对如此巨大的计算需求，一台普通计算机系统的计算能力远远不够用了，需要将多台计算机的处理器、存储等资源组织起来，形成一台超级计算机，也称为高性能计算机。相应地，对计算机系统设计也提出了更高的要求。

高性能计算机的基本原理就是利用大量处理单元的聚合计算能力来满足应用巨大的计算需求，其关键问题是，众多节点的计算资源和存储资源如何组织和协同，如何编制有效的可以大规模并行运行的应用程序。由于科学和工程计算中有大量浮点运算，它们比整数运算更花时间，因此，常用每秒浮点运算次数（FLOPS）这个理论峰值，作为衡量高性能计算机性能的评价指标。

提高可扩展性是提高高性能计算机性能的主要手段。可扩展性是指通过很少的改动甚至只是硬件资源的添加，实现整个系统计算能力的增长。例如，增加处理器数目，投入更多的存储器部件（高速缓存、主存、磁盘等），就能使系统具有更高的性能。

能耗是高性能计算机最主要的制约因素。实现每秒千万亿次浮点运算速度的几万个计算节点的耗电量几乎相当于一个中等县的用电量，目前的高性能计算机整机系统的耗电量已达到10兆瓦量级，机器运行的电费每年都在亿元人民币的量级。

可编程性是高性能计算机系统面临的又一挑战。采用什么样的编程模型，对计算任务进行怎样的划分，对数据存放、数据传输、互联通信等进行优化，都将决定高性能计算机系统的最终性能和功耗。

需要指出的是，高性能计算机的峰值性能不等同于应用软件运行时的实际性能，往往还存在很大的区别。要发挥高性能计算机的硬件优势，必须要有适当的算法和调优技术，应用程序才能实现数百万核之间的并行运行。发展高性能计算机包含两个方面，一是从系统的角度，更有效地集成更多的系统资源，以满足不断增长的对性能的要求；二是从应用的角度，以更优的算法适当分解应用，以实现更大规模或更精确的计算。

自 1946 年第一台电子计算机 ENIAC 诞生以来,初期的计算机处理能力弱,形成了以计算为中心的计算中心。随着半导体等制造工艺的不断发展,促使计算机的计算能力大幅提升,计算中心逐步朝超算中心和数据中心两个方向发展。超算中心重在提供计算能力,主要集中于科学和工程计算领域的应用,专用性强。数据中心是由计算机系统、存储系统以及网络设备等组成的一套复杂设施,对数据执行组织、处理、存储以及传输等任务,并提供电源、制冷、冗余备份和安全机制等。传统高性能计算机的研制目标是提高速度,即缩短单个并行计算任务的运行时间,而数据中心类应用系统的目标是高通量,即提高单位时间内处理的并发请求的数目。这种以高通量为性能指标的高性能计算机称为高通量计算机。本质上,高通量计算机是高性能计算机发展过程中出现的一个新的应用分支。

不同的应用和负载特征对高性能计算机架构的需求是不同的,计算、通信、存储的需求都不一样,以一种通用的系统架构应对多种计算需求,无法实现硬件性能的最优适配,会带来计算的低效和功耗的浪费。未来,结合应用特征的定制高性能计算机系统是发展趋势之一。此外,新工艺技术、新器件革命、新型计算理论等也会带来计算机系统的颠覆式创新。

第二节　软件技术

计算机系统中的软件指的是程序及其文档。硬件平台(如中央处理器)能够执行指令,每一条指令都是具体的一个操作。程序是一系列按序执行的指令,这些按序执行的指令能够实现各种复杂的计算功能。人类难以阅读和编写机器码程序,为此发展了汇编语言,进而发展为高级程序设计语言。用高级语言书写的程序屏蔽了机器码的细节,提高了语言的抽象层次,容易书写、阅读和理解,但是不能由计算机直接执行,需要通过编译器把它转换成机器码程序。此外,为了分析和理解程序,程序员还需要编写相应的文档,描述程序的目标要求、设计思路、具体算法、测试用例、测试结果等，同时，程序运行也需要相应的数据。这些构成了程序对应的文档。

相对硬件而言，软件被称为"软"是指它是容易修改的，可以编写实现各种要求的程序。软件的困难也在于"软"。软件的功能越复杂就需要越大规模的指令序列和越复杂的执行流程。另外，软件的测试、验证和证明都是典型的复杂问题。

软件是计算机系统的灵魂，反映的是人类对客观世界的认识，是对认识的抽象描述，并能够通过在硬件平台上运行软件来实现这种描述。

软件一般可分为系统软件和应用软件两大类。系统软件主要是通用的计算机管理软件和开发软件的支撑环境，而应用软件是实现各种应用需求的软件。

一、系统软件

系统软件与具体的应用领域无关，是在计算机系统中位于应用软件和计算机硬件之间的一层软件。例如，操作系统和编译程序就是典型的系统软件。一般，系统软件对上层的应用软件提供开发和运行支撑，同时，负责管理下层的硬件资源。根据功能的不同，系统软件主要划分为以操作系统为代表的运行平台和以支撑软件为代表的开发平台。

（一） 运行平台

在计算机软件运行平台中，操作系统是计算机系统中最为关键的系统软件。操作系统是管理硬件资源、控制程序运行、改善人机界面和为应用软件提供支持的一种系统软件。操作系统的主要功能：向下管理资源（包括存储、外设和计算等资源），向上为用户和应用程序提供公共服务。

结构上，操作系统大致可划分为三个基本层次，它们分别是人机接口、系统调用和资源管理。①人机接口负责提供操作系统对外服务、与人进行交互的功能，从最简单的命令行操作，到早期 UNIX 系统上采用的传统命令行程序（Shell），再到

Windows 等现代操作系统中采用的图形用户界面（GUI）窗口系统，人机接口不断向易用性和用户友好发展。②资源管理指对各种底层资源进行管理，计算机系统的存储、外部设备和计算单元等都是操作系统管理的对象。随着计算机系统的发展，新的软、硬件资源不断出现，操作系统的资源管理功能也越来越庞大和复杂。③系统调用是位于人机接口和资源管理之间的一个层次，提供从人机接口到资源管理功能的系统调用功能。

最初的计算机没有操作系统，只是一台硬件裸机，用户可以在某个指定的时间段占用计算机的所有资源，通过打孔带（卡）或者磁带手动输入程序和数据。随着处理器速度越来越快，手动的任务切换方式会浪费大量的处理器时间，从而出现了批处理功能来对任务进行自动切换，以提高处理器的利用率。计算机的操作也逐步从最初的程序员自己动手，变成了专业的操作人员负责，进而出现了自动的监控程序。自动监控的内容不仅包括 CPU 使用时间的统计，还包括对输入 / 输出设备和存储设备使用情况的统计，以及在任务切换时提醒操作员需要完成的动作等。这些包含了基本硬件管理、简单任务调度和资源监控功能的管理程序就形成了操作系统的雏形。

随着新的应用需求的不断出现，越来越多的管理功能逐渐被添加到了操作系统中，并逐步沉淀为操作系统的标准功能。在个人计算机出现之后，为了适应非专业用户的易用性需求，图形用户界面（GUI）逐渐成为操作系统必需的功能。进入21 世纪，随着新的移动智能终端（例如智能手机和平板电脑等）的出现，面向这一类设备的操作系统也在向轻量化、易用性等方向发展。

从 20 世纪 80 年代开始，随着网络技术的发展，计算机不再是孤立的计算单元，它可以通过网络同其他计算机进行交互和协作。在操作系统中逐渐集成了专门提供网络功能的模块，出现了最早的网络操作系统的概念。后来，为了更好地提供对网络硬件资源的利用，在操作系统之上凝练出了一层新的系统软件——网络中间件，专门向上提供屏蔽下层网络异构性和操作细节的共性功能。

进入 21 世纪，随着互联网的快速发展和普及，几乎所有的计算机系统和操作系统都提供了方便的网络接入和访问能力。然而，尽管传统操作系统提供了基本的网络访问功能，但是主要的管理目标依然是单台计算机上的资源。如果把互联网当作一台巨大的计算机，如何管理好互联网平台上的海量资源，如何为用户提供更好的服务，这些则成为互联网时代操作系统亟须解决的问题。在传统操作系统的核心功能基本定型之后，面向互联网就成为操作系统发展的新的诉求。

除了操作系统之外，系统软件还包括数据库管理系统，即用于建立、使用和维护数据库的系统软件。

（二） 开发平台

随着计算机应用的发展，软件的开发、维护与运行的代价在整个计算机系统中所占的比重急剧增大，远超硬件。支撑软件是用来支持软件的开发、维护与运行的软件。20 世纪 70 年代后期发展起来的软件开发环境以及后来的中间件软件是现代支撑软件的代表。软件开发环境由软件工具和环境集成机制构成，前者用以支持软件开发的相关过程、活动和任务，后者为工具集成和软件的开发、维护及管理提供统一的支持。软件开发环境中通常集成了编程工具、编译器、调试工具、测试工具、需求分析工具、建模工具、项目管理工具等多种类的软件工具。作为支撑软件开发与维护的软件系统，软件开发的过程、活动和任务与软件开发方法、软件开发过程、软件质量的度量和管理等密不可分。

软件工程是使用工程化方法开发软件的方法学，它用计算机科学理论和技术以及工程管理原则和方法，按照预算和进度要求，开发和维护满足用户需求的软件产品的工程。由于软件的复杂性，软件工程成为了计算机领域的一个重要学科。

二、应用软件

应用软件指用于实现用户的特定领域、特定问题的应用需求的软件。与管理计算机软、硬件资源的系统软件不同，应用软件与应用领域结合更加紧密，是专为某一特定领域（如电子办公、财务管理等）设计，支撑用户完成特定任务的软件。随着信息化程度的不断加深，软件渗入经济、生活的方方面面，因此也涌现出门类极为丰富的各类应用软件。应用软件与业务领域关系密切，可以说只要存在某个业务领域，就存在此领域应用软件。以下列举几种常见的应用软件。

（一） 办公软件

办公软件是指可以进行文字处理、表格制作、幻灯片制作、图形图像处理、简单数据库处理等方面工作的软件。办公软件的应用范围很广，大到社会统计，小到会议记录、数字化办公。例如微软公司的 Office、金山公司的 WPS 等都是当前较为常见的办公软件。除面向单机、个人使用的办公软件外，支持多人协作办公的软件，如文档协同编辑软件，也属于办公软件的范畴。

（二） 企业管理软件

企业管理软件是帮助企业用户优化工作流程、提高工作效率的软件。企业管理软件涉及现代企业管理的各个方面，典型的企业管理软件包括：系统化管理企业物质资源、资金资源和信息资源的企业资源计划（ERP）软件，分析销售、市场、客户服务等流程的客户关系管理（CRM）软件，支持人力资源规划、招聘与配置、培训与开发、绩效管理、薪酬福利管理、劳动关系管理的人力资源管理（HR）软件等。

（三） 嵌入式应用软件

嵌入式应用软件是指嵌入硬件设备中，与硬件设备紧密融合的应用软件。嵌入式应用软件通常与嵌入式操作系统、专用电子设备等一起形成面向特定场景、特定任务的嵌入式系统。在对网络、电能、体积有明确限制，或者对计算性能有特殊要求的计算场景中，如果直接采用通用计算机软、硬件往往难以满足任务需求，或者性价比太低，而这种情况下，嵌入式系统面向特定应用需求进行软、硬件的深度定制，通常能达到较好的效果。采用嵌入式应用软件的典型场景如汽车电子、数控机床、机器人、物联网智能感知终端等。

（四） 电子商务软件

基于互联网平台，为商务活动中的商品展示、购买、服务、物流、支付等各个环节提供支持的软件。例如阿里巴巴公司的淘宝、京东公司的京东商城等都是典型的电子商务软件。

（五） 社交通信软件

为用户提供社会交往功能的软件，当前主要基于互联网平台。典型的社交软件：分享个人信息的在线社交网络软件（如微博），实现文本、语音、视频等多媒体即时通信的软件（如微信），支持线上、线下交友的约会软件（如陌陌）等。

（六） 娱乐软件

最典型的娱乐软件是游戏软件，即用各种程序和动画效果相结合，为用户提供游戏娱乐体验的软件。除游戏软件外，支持用户观看视频、欣赏音乐等媒体的播放软件，以及在线媒体平台软件也都属于娱乐软件。

第三节　数据技术

一、数据技术概述

数据技术是指以数据为中心的采集、清洗、融合、组织、管理、分析、挖掘、可视化、服务等一系列的信息技术的总称。在这个定义中，数据作为一个中心的存在，围绕数据的全生命周期，汇聚了一系列的专门技术。

数据管理技术主要包括：数据组织与存储、数据管理、数据分析、数据挖掘、数据集成、数据可视化以及延伸出去的数据治理等。限于篇幅本章仅对前面四项技术进行介绍。

（一）　数据组织与存储技术

数据进入信息系统，需要考虑如何表示、组织和存储。操作系统中的文件系统，就是最早的数据组织和存储形态。文件由记录构成，每一条记录由事先定义的数据结构进行解释。初期的数据库系统（如层次和网状数据库）可以看作是一种跨文件的数据组织与存储方式。著名的"SET"结构将广泛存在的两个对象之间的上下位关系表达为一个命名对象。例如，一个系里有学生和教师这样的关系（图 2-3-1）。这样的存储有利于那些需要在对象之间进行导航的访问请求。如果要列出某个系的所有教师和学生情况，只要通过"系"找到具体的系，然后通过"系 – 教师 – 学生"这个"SET"，就可以遍历该系的全部教师和学生记录了。由于"SET"中的记录都是按照父节点的值近邻存储的，所以访问数据库的速度就很快。因此，最初的数据库看起来就是操弄数据结构，是将不同对象链接起来的复杂的数据结构。

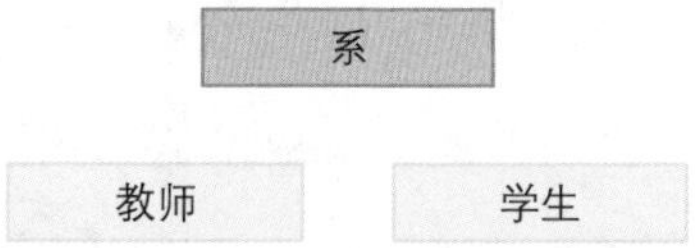

图 2-3-1 "系 - 教师 - 学生"

由于这种数据的存储与组织方式过于贴近系统实现，对用户不够友好，随着技术的进步，注定是要被淘汰或者被更先进的技术所取代。提高软件系统的开发生产和维护效率是工业化生产的内在驱动力量。

在关系数据库时代，数据的组织与存储基本上对用户是透明的，关系按照行存储在数据块中，每一个数据块由连续的存储单元构成。索引也是一些数据块，称为索引块。最重要的数据组织方式就是 B+ 树了，它将数据按照一个或者几个属性（称为主码）组织成一棵平衡树。B+ 作为主流数据存储与索引技术，主宰了关系数据库时代。

随着数据的积累，数据仓库的概念开始出现。对于数据仓库而言，支持交易型应用已经不是重点，支持对数据的多维度分析成了主流的应用。传统关系数据库中按照行来组织数据的模式的弊端凸显，不管分析任务是否需要，一个行的所有的属性数据都需要

遍历一遍。于是，自然而然地提出了按列存储的新模式。按列存储以后，数据进一步压缩，对于分析型应用来说，这一数据组织的模式几乎成了标配。当然，各种适应特定任务或者特定数据的索引技术层出不穷，有些还得到非常广泛的应用。比较著名的索引有 R 树索引系列、Hash 索引、BitMap 索引等。这些索引本身也可以作为数据的组织方式来存储数据。

（二）数据管理技术

数据管理技术是指为保证多用户能够合理共享并长期有效使用数据而采用的各种技术。这里隐含的问题包括：第一，如何使用以及有效使用数据？第二，如何保证合理共享？第三，如何保证长期使用？如何解决这几个甚至更多引发出来的其他问题就是本节要谈论的数据管理技术。下面重点介绍查询处理与优化、并发控制、故障恢复技术等。

管理和使用数据既包括从现有数据集合中查找所需数据，也包括增加新数据与更新或删除已有数据，这在数据管理和使用中可以统称为查询，而完

成各种查询的过程就称为查询处理。查询一般使用某种特定的语言来表示,比如数据库系统用结构化查询语言(SQL)、搜索引擎使用关键词检索、图数据检索的SPARQL语言、可扩展标记语言(XML)文档数据检索的 XQuery 和 XPath 等。查询处理一般可以分为四个阶段:查询分析、查询检查、查询优化和查询执行。①查询分析对查询语言所写成的语句进行词法分析和语法分析,判断查询语句是否符合语法规定。对符合规定的查询语句转换为内部格式分析对象,比如建立一棵语法树(为表述方便,以下将统一使用语法树表示这一阶段的分析结果)。②查询检查阶段是根据数据集合中所保留的一些特定数据,比如元数据和系统数据对合法的查询语句进行语义检查,检查语句中要检索的数据对象。还可以根据用户权限和约束定义对用户的数据访问权限进行检查。检查通过后能够把查询语法树转换成等价的查询树。例如,关系数据库管理系统的查询树一般都是将语法树转换为扩展的关系代数表达式树,它也称为语法分析树。③查询优化是选择一个高效执行的查询处理策略的过程。事实上,查询树可以按照内部规则进行等价变换和选择不同的底层操作算法得到多个不同的处理策略,而这些策略的执行代价可能存在一定的差异,而查询优化就是从所得到的策略中选择执行代价最小的。④查询执行完成对执行策略的一次运行。优化后的查询处理策略类似编译并优化后的可执行程序,但它是静态的,并不能得到用户需要的查询结果。查询执行阶段就是根据得到的优化执行策略生成查询执行计划,然后交给执行器执行,将得到的查询结果返回给用户。

查询优化技术是现代数据管理,特别是数据库管理能够保证用户有效使用数据的关键技术之一,它保证用户在可接受时间内得到期望结果。查询优化包括逻辑优化和物理优化,其中逻辑优化是指对查询语法树的结构进行优化,即按照一定的等价变换规则或启发式规则,改变语法树中操作的顺序和组合、合并或拆分树节点、提取公共子树,甚至语法树的拆分等,使查询执行效率更高。比如,语法树中逻辑"与"操作节点的某个子节点中为常量节点,那么就可以调整这个操作的各个子节点的处理顺序,尽量提前计算常量节点。物理优化则是指数据存取路径和具体操作算法的选择。这里的存取路径是指查询执行器获得数据所采取的访问步骤,不同的步骤需要的代价可能不同。比如，访问关系数据库中的特定记录时，可以通过全表扫描（即逐个记录来检查），也可能通过先检查索引（如果有），然后根据索引直接找到对应记录。这就带来代价权衡问题，即可能访问的记录数多大？如果记录很少，那么索引扫描可能好一些，反之，如果很多，索引带来了很多的额外开销，那么全表扫描可能好一些。具体选择哪一个，与具体查询计划的代价有关，这就是物理优化，也称基于代价的优化。此外，即使是索引扫描，也可以选择不同的索引。就像人们在查字典时，可以使用拼音、笔画、部首等不同索引。针对具体查询，不同索引的代价也不同，通过估算代价，优化器可以选择代价较小的查询策略。

同一个数据应允许多个用户使用，保证资源共享，并保证在多个应用在同时访问同一个数据时仍能正确地执行，这些是对数据库系统的基本要求，对应的技术称为并发控制。并发控制的基本对象是事务，它借鉴了银行系统中的交易概念[①]。当系统允许同时运行多个事务时，若对并发操作不加控制，就可能存取和存储不正确的数据，破坏事务的一致性和数据的一致性。所以数据管理系统必须提供并发控制机制。

并发控制的主要技术有封锁、时间戳和多版本等。封锁是实现并发控制的一个非常重要的技术。所谓封锁就是事务在对某个数据对象操作之前，先向系统发出请求，对其加锁。加锁后事务就对该数据对象有了一定的控制，在事务释放它的锁之前，其他事务不能更新此数据对象。通过必要的互斥，防止数据受到意外的破坏或者得到不恰当的数据。不过封锁技术可能引发死锁，常见的消除方法是采用封锁前预检查来防止，也可以通过封锁等待图来检测死锁并回滚事务来完成。时间戳技术通过设置事务时间戳和数据上的时间戳来控制用户按照时间戳排序规则进行数据访问。理论上可以避免数据加锁，但是可能造成较多的事务撤销（回滚）。多版本并发控制技术正如其字面含义，它根据事务使用的时间来建立数据的多个版本。每个事务可以在事务启动时建立自己的版本——数据快照，这样不仅有利于提高数据并发使用的性能，而且可以适当防止多种冲突。但是，当在某个时刻两个事务发生数

---

① 事务和交易的英文实际上是同一个词。事务具有四个基本特性：原子性、一致性、隔离性和持久性，也就是通常所说的 ACID。

据访问冲突时，可以同时结合使用适当的封锁技术。当然并发控制在分布式或集群环境中需要更复杂的技术来保证。比如采用两阶段提交策略。

并发控制保证了多用户正确使用数据的同时，还要考虑数据的可长期使用问题。这里主要是指当查询执行或者系统运行过程中，发生各类故障时，如何保证数据仍然是正确、可用的问题。这就需要使用故障恢复技术。数据管理系统中可能遇到事务级故障、系统级故障、介质级故障、病毒入侵等。这些故障，可以总体分为两类：一是数据本身被破坏，二是数据没有被破坏，但可能不正确，这是由于事务运行被非正常终止造成的。

各种故障恢复技术的基本原理都十分简单，即数据冗余。恢复机制涉及两个关键问题：①如何建立冗余数据；②如何利用这些冗余数据实施恢复。建立冗余最常用的技术是数据转储和事务日志。转储也称为备份，它可以分为完全转储和增量转储两种方式。完全转储是一次性转储全部数据。增量转储则指只转储上一次转储后更新过的数据。日志文件是用来记录事务中数据更新操作的文件。它不能完全独立使用，而是必须结合对应日志起点的正确数据。利用冗余恢复的方法，要结合具体

的冗余数据。比如，在完全转储模式下，故障发生时用简单替换即可恢复。而增量转储则要结合转储控制文件，直到最近一个完全备份，然后连续应用该备份后的增量转储来替换被更新的数据，最后得到一致的版本。至于使用日志文件的恢复，通常采用多趟扫描的恢复技术，即对数据进行正向和反向扫描，结合日志中检查到的事务状态进行恢复。数据恢复也可以用常用检查点技术，通过建立检查点，标记数据已经被写入持久存储介质中，提高日志恢复的效率。它只能针对系统故障（比如掉电、宕机等）时的恢复。如果发生了介质故障或病毒破坏，还可使用其他恢复技术，比如特定介质恢复工具。

数据管理还有很多重要技术，比如缓冲技术、缓存技术、并行化技术等。

（三）数据分析技术

数据分析是通过对数据的分析运算洞察数据和业务的本质，从而进一步指导解决具体的业务问题，它是数据科学的核心任务。数据分析可以划分成一系列的阶段，包括理解业务数据、收集数据、集成数据、对数据进行分析与挖掘、对结果进行可视化展示等阶段。可以把数据分析任务看作一个工作流，任务由一系列明确的阶段构成，最终通过结构化的手段分析问题和解决问题。

1.数据分析的类别

数据分析按其目的可以分为三类：描述性分析、预测性分析和规范性分析。以下分别介绍这几类分析。

（1）描述性分析侧重利用统计分析的方法揭示大批量历史数据所具备的规律或模式，从而帮助人们更好地进行决策。对历史数据的在线联机分析处理（OLAP）和对较新数据的流式分析是常见的描述性分析。OLAP 一般采用 SQL 查询语句对结构化数据进行多维度的聚集查询处理。OLAP 的操作包括切片、切块、上钻、下钻等。还有一类 OLAP 分析方法直接使用分析型数据库（如 MPP 数据库）来处理包含统计需求的 SQL 分析语句，是建立在纯粹的数据库技术基础之上的。流式分析

要持续不断地对新产生的数据进行统计分析，这是它与 OLAP 的主要差别，在实时性要求比较强的应用中能发挥重要作用。比如，通过传感器采集的设备传感数据分析设备的运行状况，持续监控设备的状态，就属于典型的流式分析，其核心还是在于洞察最新数据的本质。

作为描述性分析的一种，诊断性分析主要用来揭示一些现象背后的成因。很多数据挖掘方法属于诊断性分析，比如相关性分析、因果关系分析等，都是要通过对数据的深度分析，揭示某些现象背后的成因。另一种较为常见的描述性分析是假设分析，它假设如果采取不同的策略方案会产生何种结果，以便做最佳的决策。假设分析往往是在问题产生后，提出一些基本假设，并把各种假设汇集起来综合分析，用可能的假设对比检验基本假设，从而得出全面认可且现实可行的假设。综合分析之后的假设消除了争议冲突，达到认识的相对统一。

（2）预测性分析是面向未来，对现有的（大）数据进行深度分析，构建分类/回归模型，对未来趋势进行预测的分析方法。预测性分析使用的技术，包括统计分析的回归分析技术以及机器学习方法。特别需要注意，机器学习方法特别是深度学习技术适用于预测性的数据科学任务，但是不太适用于描述性分析的任务，因为有些机器学习模型缺乏可解释性。对于描述性分析任务，统计分析方法更为合适。把数

据分析的范围从"已知"拓展到"未知",从"过去"引申到"将来",是数据科学的魅力所在。预测性模型的应用,赋予人们预见的能力,人们可以预测非常有可能发生的事件,可以大幅度降低企业运营成本,规避风险,以及提高客户的体验。

(3)规范性分析是对描述性分析、预测性分析的整合,是数据分析的高级阶段。规范性分析不仅要预测将要发生的事情,而且还要预测事情发生的时间并给出事情发生的原因。此外,规范性分析还要给出决策的若干选项,以及每个决策选项的可能后果。规范性分析为决策者做出建议,如何充分利用未来的机会,减轻未来的风险。规范性分析把通过分析获得的知识提升到智慧的层次。它需要考虑很多因素,包括期望的结果、所处的环境、资源条件等。为了实现规范性分析,需要结合历史数据和新数据。规范性分析持续分析各种各样的新数据,包括结构化数据、非结构化数据,根据新老数据的分析结果以及商业规则重新进行预测,提高预测的准确性,同时提出更好的决策选项。

2 数据分析的意义

数据分析为决策服务,其性能对很多应用而言是至关重要的。性能要求最高的是强实时分析(亚秒级别),被用来做自动化的实时决策。如金融交易中的欺诈行为识别,需要在短短几十毫秒内做出实时决策;还有一种性能要求可以在几秒钟以内完成的数据分析任务,可以称作弱实时分析。这类分析任务通常强调数据的实时性,是流式分析的一种;在一两分钟以内执行完的分析任务则通常被称作交互性分析;半小时以上的分析常被称作离线分析或者批处理任务;而介于交互性分析和批处理之间的分析任务叫作非交互性的数据分析任务。

大数据时代对分析技术发展提出了很多新的需求。在面向自动化实时决策的应用领域,需要重点关注两点:①在强实时分析领域,现有技术为了保障分析处理的性能,往往是在一些非常少的关联数据基础上,利用从业务中抽象出来的一些简单规则,实时计算并作出决策,分析的深度和广度非常有限。未来在这方面,需要借助硬件技术的进步和分析算法的改进,引入一些更为复杂的分析方法(如使用图数据对更多关联数据进行实时分析),在保证分析性能的基础上,做出更智能、更准确的实时分析决策。②在预测性分析方面,传统的机器学习方法模型训练非常耗时,因此,模型训练不会过于频繁。尤其是当新的数据分布与模型训练时的数据分布发生较大变化的情况下,这会造成在预测新的数据时出现较大的偏差。解决这一问题的关键是要利用新硬件技术的进步,提高机器学习模型的训练效率,进而能够依赖较新的数据,建立实时训练模型。

在面向辅助决策的应用领域,需要重点关注三点:①现有的大数据基础上的交互式分析技术的性能还远远满足不了交互式分析基本的性能需求。未来需要借助内存计算、分布式索引、向量式查询处理等数据分析关键技术来提升大数据分析系统的性能,以更好地支撑亚拍字节级数据分析的性能。②跨数据模型的分析系统还没有成型。这类系统需要建立在多个系统基础之上,出于性能考虑,每个数据模型会有其特有的数据分析引擎。在保证数据分析系统效率的基础上需要研究如何更好地支撑跨模型(跨分析引擎)的数据分析。③对于复杂的(如高维度的)或者具有强语义关联的数据,用户在分析数据时,往往由于数据复杂性无法形成明确的分析任务,需要不断地在交互过程中调整数据分析和搜索策略,以获得对数据更全面、更深入的了解,这就是探索式分析(或探索式搜索)。未来需要关注如何在大数据层面上更好地支持具有良好的交互特性的数据探索任务。

（四） 数据挖掘与机器学习技术

数据挖掘简单地说是从大量数据中提取或者挖掘知识的过程。这里需要区分两个概念，一个是数据，另一个是知识。数据是由设备产生而记录下来的原始数据，没有经过开发，还没有太多的利用价值。比如，我们在网上购物留下的记录、卫星发回的照片、人说话的语音信息、微信发的信息或者随手发的朋友圈等，这些都是原始的数据。知识是对大量原始数据进行分析、总结之后所提取挖掘出来的有用的规律、趋势等，具有利用价值。所以，我们说数据挖掘是一个将数据转换成知识的过程。在这个转换的过程中，需要用到很多复杂的技术，如分类、聚类、频繁模式挖掘、异常模式挖掘等。

数据挖掘的一个经典例子是啤酒和尿布的故事。据说有一次，美国沃尔玛百货有限公司的分店经理发现：一段时期以来，每逢周末店内啤酒和尿布的销量都会同比攀升。分析发现：原来球迷习惯晚上一边看球赛一边喝啤酒，对于需要照顾的孩子，为了图省事就用一次性尿布。于是沃尔玛决定：把这两种商品集中摆在一起，这样就可以同时提高二者的销售额。

数据挖掘的过程（图 2-3-2）就是从数据库中发现知识的过程。在这个过程中，数据挖掘只是其中的一个步骤，当然是最核心的步骤。除此之外，还需要经历数据挖掘前期的数据采集选择、数据预处理和后期的解释评价等几个步骤。在这些步骤中，虽然说数据挖掘最核心，但实际上其他步骤也非常关键。"垃圾进，垃圾出"，意思就是如果数据没有经过很好的预处理，其中有很多错误或者噪声信息，无论用多么高级的数据挖掘算法都无法得到好的挖掘结果。

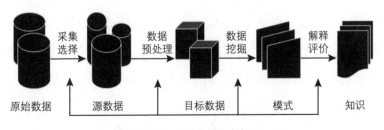

图 2-3-2 数据挖掘的过程

与数据挖掘相比,从数据库中发现知识的范围广一点,数据挖掘窄一点。但很多时候,大家对二者都不加以区分,认为它们是可以互换的词。

数据挖掘可以在哪些数据上进行呢? 理论上讲,数据挖掘可以在任何类型的数据上进行。可以在关系数据、数据仓库数据、事务交易数据、文本、多媒体、数据流等各种类型的数据上进行。在某类型的数据上进行,就可以称为"某数据挖掘"。比如,在文本类型的数据上进行的数据挖掘叫文本数据挖掘,在多媒体数据上进行的挖掘叫多媒体挖掘,等等。

那是否挖掘出来的知识都有用呢? 未必。数据挖掘能够产生成千上万的知识,有时候可能太多了,其中包含了一些未必有用的知识。那么,挖掘出来的什么样的知识是有用的呢? 通常来说: 这些知识应该容易被人理解,在新的数据上仍然有效,在未来应该是有用的和新颖的,或者能够验证人们所关心的某种假设。这些知识通常才是人们所感兴趣的知识。

那么如何来度量知识是否有用呢? 通常有由两种方法: 一种是主观的度量方法,另一种是客观的度量方法。客观度量方法通常基于知识的统计或者结构进行分析,来计算出一些统计指标,如支持度、可信度、准确率等。根据这些统计指标来判断所挖掘出来的知识是否有用。主观的度量方法则要随意一些,通常靠直觉或者说感觉来判断挖掘出来的知识是否有用、是否新颖等。

从宏观上讲,数据挖掘可以做两件事情,一是模型的挖掘,二是模式的挖掘。模型是对整个数据集的全局性的描述或总结,它是要对所有数据进行建模找规律。建模的方法有两种,一种是描述性的,例如聚类的过程,另一种是预测性的,例如分类的过程。

与模型不同,模式是局部的,它仅对一小部分数据进行描述。有可能只支持几个对象或对象的几个属性。换句话说,有可能只有少数几个对象有一些规律,比如异常点。模式也有可能只涉及对象的几个属性,比如关联规则挖掘中,只有部分商品之间有关联。

数据挖掘最常用的功能有四个,分别是聚类、分类、频繁模式挖掘和异常模式挖掘。前两个对应于寻找整体的模型，而后两个对应于寻找局部的模式。

聚类：聚类分析用于衡量数据之间的相似性，是一种无监督的学习方法，也就是没有预先定义好的类别和训练样本存在，所有记录都根据彼此相似程度来加以归类。数据按照相似性归纳成若干类别，同一类中的数据彼此相似，不同类中的数据彼此相差较大。聚类分析通过建立宏观概念，发现数据的分布模式以及数据属性之间可能存在的相互联系。

分类：分类属于模型挖掘，是一种有监督的学习方法。更确切地讲，分类是预测建模的过程。什么是预测建模呢？预测建模的目的是，根据观察到的对象特征值预测它的其他特征值。例如，根据一个人的年龄、收入、是否学生、信用情况这四个方面的特征，预测他（她）是否会购买笔记本电脑。这就是一个典型的分类问题。在这个例子中，前四个特征是可以观察到的特征，最后一个特征是需要预测的特征。

频繁模式挖掘：频繁模式是一种常见且非常重要的模式，它具有在某个数据集中频繁出现的特点。例如，在交易数据集中，牛奶和面包经常在一起出现，称为频繁的项集。又如，打印机经常在个人电脑之后被购买，称为频繁的子序列。在生物科学中，某些分子结构（子图）频频出现在一些化合物中，称为频繁的子结构。可见，根据所在数据集的不同，频繁模式可以体现为不同的形式。频繁模式挖掘指的就是如何能够从数据中挖掘出各种各样频繁出现的模式。

异常模式挖掘：异常模式的重要程度一点也不亚于频繁模式。它指的是数据集中经常存在一些数据对象或者数据对象的几个属性，它们不符合数据的一般规律，这样的数据对象常被称作异常点，异常点与数据集合中的其他部分不同或者不一致，往往需要重点关注。异常模式挖掘指的就是要从数据集合中将所有的异常点挖掘出来。

数据技术的范围越来越广，除上述内容外，还包括数据预处理技术和数据可视化技术等。数据预处理技术包括数据抽取转换和装载技术、数据集成技术和数据清洗技术等。由于篇幅关系，不再展开。

第三章
计算机网络技术

第一节　互联网技术

　　21 世纪的社会特征就是数字化、网络化和信息化。它是一个以数字网络为核心的信息时代。网络现已成为信息社会的命脉和发展知识经济的重要基础，而发展最快且起核心作用的是互联网。

　　互联网始于 1969 年美国的阿帕网。它主要是基于网络必须经受得住故障的考验而维持正常的工作。也就是说，一旦发生战争，当网络的某一部分因遭受攻击而失去工作能力时，以其他部分应能维持正常的通信工作的指导思想，将位于不同位置高校的四台计算机主机联结起来组成互联网雏形。阿帕网就是早期的骨干网，为互联网的发展奠定了基础，较好地解决了异种机网络互连的一系列理论和技术问题。互联网是网络与网络之间串连成的庞大网络。这些网络以一组通用的协议相连，形成逻辑上的单一巨大国际网络。进入 20 世纪 90 年代以后，以互联网为代表的计算机网络得到了飞速的发展，已从最初的教育科研网络逐步发展成为全球商业网络，现在人们的生活、工作、学习都已离不开互联网。首先，互联网缩短了时空的距离，大大加快了信息的传递，使得社会的各种资源得以共享。其次，网络创造了更多的机会，可以有效地提高传统产业的生产效率，有力地拉动消费需求，从而促进经济增长，推动生产力进步。最后，网络也为各个层次的文化交流提供了良好的平台。

互联网是由许多网络组成的,要实现网络中计算机之间数据的传输,需要知道选择哪种交换技术。按照数据交换方式以及链路占用情况可以将交换技术分为两种基本类型:电路交换和分组交换。电路交换不对信息进行存储,而是直接转发,也就是交换系统为通信的双方寻找并建立一条全程物理通路,以供双方传输信息,直至信息交换结束。由此可见,此种交换技术简单可靠,但是资源利用率很低。分组交换分为虚电路交换和数据包交换,采用的是先存储再转发的方式。它将用户信息分为若干个小的数据单元(又称为分组或包),采用动态统计时分复用技术,按需分配带宽,因此资源利用率高,但是实时性比较差。在网络中进行计算机之间数据的传输时,必须知道数据传输目的地址并且保证数据迅速可靠地进行传输。由于数据在传输时很容易丢失或者传错,互联网使用一门专门的计算机语言,即协议,以保证数据安全可靠的到达目的地。协议主要分为传输控制协议(TCP)和网间协议(IP)。TCP/IP所采用的通信方式是分组交换,即当数据在传输时分为若干段,每个数据段称为一个数据包。TCP/IP就是以数据包为单位进行的传输。

互联网的意义并不在于规模,而在于提供了一种全新的全球性的信息基础设施。当今世界正向知识经济时代迈进,信息产业已经发展成为世界发达国家的新的支柱产业,成为推动世界经济高速发展的新的原动力,并且广泛渗透到各个领域,特别是近几年来,国际互联网络及其应用的发展,从根本上改变了人们的思想观念和生产生活方式,推动了各行各业的发展,并且成为知识经济时代的重要标志之一。互联网已经构成全球信息高速公路的雏形和未来信息社会的蓝图。

纵观互联网的发展史,互联网的发展趋势主要包括几个方面:①应用商业化。随着互联网对商业应用的开放,众多公司、企业把它作为市场销售和客户支持的重要手段及其他通信手段的廉价替代品,借以形成与全球客户保持联系和降低日常的运营成本。②互联全球化。互联网早期主要是限于在美国国内的科研机构、政府机构和它的盟国范围内使用。现在随着各国纷纷提出适合本国国情的信息高速公路计划,迅速形成了世界性的信息高速公路建设热潮,各个国家都在以最快的速度接入互联网,实现全球互联。③互联宽带化。随着网络基础设施的改善、用户接入新技术的采用、接入方式的多样化和运营商服务能力的提高,接入网速率慢形成的瓶颈问题将会得到进一步改善,上网速度将会更快,带宽瓶颈约束将会消除,互联必然宽带化。④多业务综合平台化、智能化。随着信息技术的发展,互联网已成为图像、语音和数据"三网合一"的多媒体业务综合平台,并与电子商务、电子政务、电子公务、电子医务、电子教学等交叉融合。互联网超过了报刊、广播和电视的影响力,逐渐形成"第四媒体"。未来的互联网将是一个真正的多网合一、多业务综合平台和智能化的平台,互联网能融合现今所有的通信业务,并能推动新业务的迅猛发展,给整个信息技术产业带来一场革命。

"互联网+"已经成为中国国家战略,把互联网作为主语,是用互联网+很多行业,本质上来说就是利用互联网这种思想,这种连接的思维,用互联网思维改造你的产品体验,从一个过去仅是卖给客户的商品,变成你跟客户的连接。同时,利用互联网的商业模式,把这个一次性销售一个产品的模式,变成你和客户持久的连接,通过这种连接不断提供服务。利用互联网+传统行业的方式,实现传统行业的转型,为用户提供更好的服务,为企业提供更大的机遇,使传统行业顺利转型,促进其稳定发展。

第二节　物联网技术

网络深刻地改变着人们的生产、生活和学习方式，成为支撑现代社会经济发展、社会进步和科技创新的最重要的基础设施。截至 2016 年 12 月，中国网民规模达 7.31 亿人，相当于欧洲人口总量，各种传统行业和服务行业也都正在被互联网改变。传统物理基础设施和信息基础设施往往是分开建设的，而现代社会的发展要求将计算技术拓展到整个人类生存的物理空间。物联网将物理世界网络化、信息化，对传统的分离的物理世界和信息空间实现互联和整合，代表了未来网络的发展趋势。

人们普遍认为物联网的基本思想出现于 20 世纪 90 年代末，实际上早在 1985 年，彼得·刘易斯在华盛顿的一次会议演讲中就提出了这个概念。比尔·盖茨在 1995 年出版的《未来之路》一书中也提及物物互联。1999 年美国麻省理工学院（MIT）自动识别研究中心凯文·阿什顿教授则最早将物联网概念进行明确解释：把所有物品通过射频识别技术与互联网连接起来，实现智能化识别和管理——每一件物品被分配一个产品电子码，广泛分布的电子标签识读器可以通过射频识别技术对物品进行识别，并读取电子标签中的数据，然后把得到的物品信息通过互联网共享，从而实现物品与物品的互联。人们把这种物联网的概念理解为狭义的物联网。应该说早期的物联网是以物流系统为背景提出的，射频识别技术作为条码识别的替代品，实现对物流系统进行智能化管理。2005 年 11 月 27 日，在突尼斯举行的信息社会峰会上，国际电信联盟（ITU）发布了《ITU 互联网报告 2005：物联网》，拓展了物联网的内涵，即将各种信息传感设备，如射频识别装置、各种传感器节点等，以及各种无线通信设备与互联网结合起来形成的一个庞大、智能网络，这样所有的物品都能够远程感知，并与现有网络连接在一起，形成一个更加智能的生产生活系统，即物联网生态系统。该报告向人们描述了物联网的特征、相关的技术、面临的挑战和未来的市场机遇，指出无所不在的物联网通信时代即将来临，世界上所有的物体从轮胎到牙刷、从房屋到纸巾都可以通过互联网主动进行信息交换。

因此，物联网是基于计算机、通信、微电子、传感器件多种学科的一种尖端综合性技术。通过信息传感设备，按照约定的协议，把任何物品与互联网连接起来，进行信息交换和通信，以实现智能化识别、定位、跟踪、监控和管理。它是在互联网基础上延伸和扩展的网络。更简明地说，物联网是一个基于互联网、传统电信网等信息承载体，让所有能够被独立寻址的普通物理对象实现互联互通，从而提供智能服务的网络。物联网通常被公认为有三个层次，从下到上依次是感知层、网络层和应用层。如果拿人体来比喻的话，感知层就像皮肤和五官，用来感知物体与环境，采集信息；网络层则是神经系统，将信息传递到大脑进行处理；应用层类似人们的脑力、体力活动，完成各种不同的工作。

感知技术是融合物理世界和信息世界的重要一环，也是物联网区别于其他网络最独特的部分。人类对物理世界的认识水平是随着人对世界的感知而不断进步的，从呱呱坠地开始，每个人都在使用各种不同的方式感知所处的世界。在科学技术不断发展的今天，人类不再局限于使用自身固有的器官来感知世界，而是发明出各种辅助设备来增强自身的感知能力，如麦克风、摄像头以及不断涌现的各种各样传感器。从某种程度上说，传感器是人类感觉器官的延伸，使人类真正做到"眼观六路，耳听八方"，在汽车上常见的倒车雷达可以帮助驾驶者在视野盲区内准确地"看到"与障碍物之间的距离，扩大了驾驶者的视觉范围，从而提高了驾驶的安全性；除此之外，传感器还可以帮助人类感知一些自身无法感知到的信息，比如红外线、超声波、电磁波等，这无疑大大扩展了人类的感知范围，帮助人类更好地认识世界。

相较于互联网，物联网在网络层面对互联提出了更高要求。一方面，需要能够提供更强的网络访问能力；另一方面，由于物联网整合了各种设备化的物理对象和计算设备（均简称网元），因此互联对象规模更大、异质性更显著。据预测，到 2020 年，全球互联的设备将达到 300 亿的规模；到 2035 年，连接的设备将突破千亿规模；到 2050 年前后，连接的设备将达到万亿规模。这些海量网元还存在着明显的异质性。网元能力不同：呈现为服务器、个人机、车载终端、手机、传感器、射频识别技术（RFID）终端等多种计算能力的差异；行为特性不同：网元可能是固定的，也可能是移动的，而移动也包含随机或有序等移动方式；连接方式不同：网元之间可能采用不同协议，互连方式呈现容迟容断、常连接、统计性连接等多样性。大规模异质网元的接入和海量数据的交换是物联网广泛应用带来的新的重要特征。

物联网无缝集成信息空间、物理空间和社会空间，其服务系统需要对大量传感器产生的海量感知信息进行实时汇聚、融合，实现环境感知—信息融合—智能决策的服务过程，从而达到人—机—物的和谐融合。物联网服务通过人、信息空间和物理世界的交互完成，一般来说具有三种不同的服务模式（图 3-2-1）。

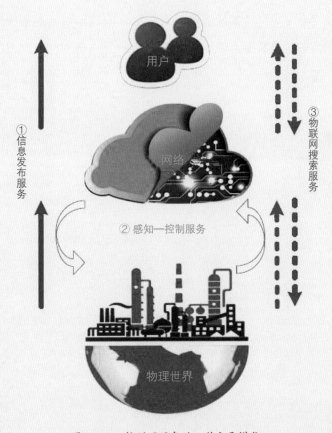

图 3-2-1 物联网服务的三种主要模式

(1)信息发布服务：利用泛在传感器感知物理实体的状态信息，该信息将被
传输到信息空间并发送给用户，是一种数据驱动的服务提供模式。

(2)感知—控制服务：也即信息物理系统服务，根据感知的物理环境数据
进行事件识别进而对系统状态进行控制，是一种事件驱动的服务提供
模式。

(3)物联网搜索服务：是对物理实体历史或实时状态信息的搜索过程，是一
种用户驱动的服务提供方式。

如同计算机、互联网一样，物联网正引领信息产业革命的又一次浪潮，为解决
人类面临的环境保护、可持续发展等一系列重大问题提供新的解决途径，对国家
经济建设和国家安全具有重大作用。

第四章
计算机应用技术

第一节　计算机图形学与虚拟现实技术

　　计算机图形学是通过计算机算法将二维或三维图形转换为用计算机表示、计算、处理与显示的学科。用计算机数字化表达所进行的二维或三维图形转换，涉及几何造型、数字几何处理以及计算机动画方面的内容，计算机对图形所做的计算和处理涉及可视化与可视分析、虚拟现实方面的内容。最终计算机要将处理后的图形显示到输出设备上，则涉及真实感图形学的内容。计算机图形学与虚拟现实分为五个部分：几何造型与数字几何处理、计算机动画、可视化与可视分析、虚拟现实和真实感图形学，下面分别介绍。

一、几何造型与数字几何处理

　　在计算机图形学、计算机辅助设计与制造（CAD/CAM）、计算机动画与虚拟现实等领域，描述三维物体的形状、尺寸大小、位置与结构关系等几何信息的模型称为几何模型（图4-1-1）。三维几何造型也称为计算机辅助几何设计（CAGD），是表达和建立三维几何物体的表面及内部的理论基础和关键技术。几何造型与数字几何处理是随着汽车制造、飞机、船舶等现代工业的发展并借助于计算机技术的发

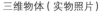
三维物体（实物照片）　　　几何模型（计算机绘制图片）

图 4-1-1　几何模型

展而迅速发展起来的一门新兴学科和技术。

随着计算机图形技术的发展，几何造型技术不仅可用于原有的外形设计，还广泛用于机械制造、医学可视化、虚拟场景生成、铁路勘察设计与环境工程、地形地貌描述、矿藏储量图示、气象、影视等众多领域。几何造型技术的发展促进了它的应用领域的扩大，反过来应用领域的扩大又丰富了几何的表现形式，促进了造型手段和造型方法的发展。在表现能力多样化的同时，人们同时也希望构造出具有更高质量和更具复杂性的几何体来。从实际应用来看，曲线曲面造型的作用远远超过了实体造型。这是因为传统意义上的实体造型技术至今还限制在操作长方体、圆锥体和椭球体等规则曲面形体，而实际在很多领域，如人体器官造型与 CT 图像三维重建、服装设计、制鞋等都要用到不规则曲面的拟合和生成技术。

二、计算机动画

计算机动画是图形学和艺术相结合的产物。它综合运用计算机图形学、艺术、人机交互、图像处理、高性能计算、人工智能、数学、物理学和其他相关学科的知识，用计算机生成绚丽多彩的连续的虚拟真实画面，给人们提供了一个充分展示个人想象力和艺术才能的新天地。计算机动画得以迅速发展，并形成一个巨大的产业，与影视、游戏、新媒体的巨大需求和推动是密不可分的。

计算机图形的快速发展是计算机动画不断进步的重要驱动力。计算机动画是通过使用计算机生成一系列可供动态实时演播的连续图像的技术，本质上是定格动画。伴随着计算机硬件和图形算法的高速发展，计算机动画成为计算图形学的一个分支，综合运用计算机科学、艺术、数学、物理学和其他相关学科的知识，获得各种传统方法难以达到的效果。

计算机动画在图形上加上时间维度，然后用绘制程序生成一系列的景物画面，其中当前帧画面是对前一帧画面的部分修改。动画是运动中的艺术，正如动画大师约翰·哈拉斯所讲，运动是动画的要素，而动画师指定物体如何在时间或空间域上移动。计算机动画中的运动：景物位置、方向、大小和形状的变化，虚拟摄像机的运动，光源的变化，景物表面纹理、色彩的变化等。从广义上讲，任何使得画面发生改变的操作都可称为运动。而动画主要研究运动控制和与此相关的造型、绘制、交互等问题。

计算机动画产业属于无污染的文化产业，被誉为 21 世纪最具创意的朝阳产业，其发展水平体现了一个国家的软实力。依据国务院 2006 年发布的《关于推动我国动漫产业发展的若干意见》对动漫产业的界定，动漫产业是指以"创意"为核心，以动画、漫画为表现形式，包含动漫图书、报刊、电影、电视、音像制品、舞台剧和基于现代信息传播技术手段的动漫新品种等动漫直接产品的开发、生产、出版、播出、演出和销售，以及与动漫形象有关的服装、玩具、电子游戏等衍生产品的生产和经营的产业。2018 年，该产业产值达到近 1747 亿元规模（图 4-1-2）。未来随着动漫产权（IP）化运营日益显著，动画电影不断渗透，动漫用户的规模将不断增大。

图 4-1-2 2013—2018 年中国动漫行业产值

三、可视化与可视分析

信息可视化是综合计算机图形学、人机交互、人工智能、心理学、社会科学等领域的交叉学科，是计算机科学的新兴分支之一。可视分析紧密地结合了可视化和数据挖掘以及机器学习方法，使人们可以通过视觉通道迅速从大规模数据中获取有用信息。信息可视化与可视分析在其产生和发展的过程中，它的内涵也在不断地演化与丰富。

信息可视化相关技术旨在研究大规模信息资源的视觉呈现，也就是利用人眼的视觉感知能力和一定的交互手段对大规模数据进行可视化展示，以增强用户对数据更深层次的认知。它主要致力于研究直观传达抽象信息的手段和方

> 信息可视化相关技术旨在研究大规模信息资源的视觉呈现，也就是利用人眼的视觉感知能力和一定的交互手段对大规模数据进行可视化展示，以增强用户对数据更深层次的认知。

法。信息可视化的表现形式通常在二维空间或三维空间，因此该领域的关键研究问题是在有限的空间中以直观的形式展现大量的抽象信息。信息可视化与可视分析在大数据分析、人工智能和国土安全保卫等方面有重要应用，各国政府相继资助这一研究。例如，美国政府早在 2004 年就制定了旨在保卫国土安全的"可视分析研发计划"；中国自然科学基金 2015 年度优先资助重点领域"网络空间智慧搜索基础研究"和科技部 2016 年发布的"精准医学研究"重点专项的资助方向包括文本挖掘相关技术。

>>>

信息可视化也可以看作是一种"翻译"，即将数据"语言"翻译成视觉"语言"。同文学翻译类似，好的信息可视化技术既要完全保留数据原有的各种关系和模式，又不能露出生硬牵强的痕迹。因此可视化系统也要遵循翻译系统的"信达雅"原则，即做到忠实、有效和优美。具体包括如下几个方面。

(1)信：从抽象数据表示转化到可视表示时不歪曲，不误导，不遗漏。系统要"忠实"于原数据。

(2)达：可视化的表现方式自然有效，清楚易用，容易上手，帮助用户达成理解和分析的目标。系统要"有用"。

(3)雅：可视化设计充满美感，给用户优雅的体验。系统要"优美"。

信息可视化的主要步骤有数据抽取与过滤、数据转换、可视化映射、绘制和交互。基于这一流程，信息可视化领域的研究人员提出了一系列的可视化方法和技术。通常来说，这些方法和技术与所展示数据密切相关。根据数据类型，该领域的主要核心技术有高维数据可视化、多变量数据可视化、层次数据可视化、网络可视化、文本数据可视化以及时序数据和流数据可视化。

四、虚拟现实

虚拟现实（VR）涉及高性能计算、图形图像处理、人机交互、人机环境等，是计算机技术与应用衔接，向不同领域辐射，对各行业运行产生重大影响的颠覆性技术。虚拟现实在其产生和发展过程中，内涵和外延不断演化，同时，虚拟现实因多学科交叉融合也使得在不同领域、不同学科中的表述有所差异，因此概念也在不断发生变化。视、听、触等多感官输出是虚拟现实作用于用户的通道，也是使虚拟现实具有多学科交叉融合特点的重要基础。虚拟现实与人机交互密切关联，虚拟现实是人机交互界面的最新形态，人机交互也是虚拟现实的重要组成内容。

VR 典型的特征被概括为"3I"，即沉浸感、交互性和构想性。其中沉浸感是指虚拟环境"欺骗"人体视觉、听觉、嗅觉、味觉、触觉等多种感官，给参与人员带来临场感；交互性是指在虚拟环境中提供参与人员适人化的人机操作界面和自然反馈；构想性是指通过沉浸感和交互性，使参与人员随着环境状态和交互行为的变化而对未来产生构想，增强创想能力。近年来，随着大数据和互联网等研究和应用的兴起，利用对图像、视频、行业大数据的分析和学习以高效建模成为热点，提升虚拟环境的自适应性日益受到关注，智能化成为新时期 VR 研究与应用的重要特征。

1994 年，加拿大多伦多大学保罗·米尔格拉姆等在"混合现实视觉显示的分类"一文中提出了虚拟现实连续统一体的分类，扩展了虚拟现实的概念，将虚拟环境与现实环境进行匹配合成以实现增强的技术统称为混合现实，其中将三维虚拟对象叠加到真实世界显示的技术称为增强现实（AR），将真实对象的信息叠加到虚拟环境绘制的技术称为增强虚拟环境。这两类技术可以形象化地分别描述为"实中有虚"和"虚中有实"。混合现实技术通过真实世界和虚拟环境的合成降低了三维建模的工作量，借助真实场景及实物提升了用户体验感和可信度，促进了虚拟现实技术的进一步发展。

增强现实技术通过运动相机或可穿戴显示装置的实时连续标定，将三维虚拟对象稳定一致地投影到用户视口中，达到"实中有虚"的表现效果（图 4-1-3）。真实世界是我们所处的物理空间或其图像空间，其中的人和竖立的 VR 牌是虚拟对象，随着视点的变化，虚拟对象也进行对应的投影变换，使得虚拟对象看起来像是位于真实世界的三维空间中（图 4-1-4）。图 4-1-3 和图 4-1-4 中的虚线对象代表虚拟环境对象，实线对象代表真实对象或其图像。

增强现实还有一个特殊的分支，称为空间增强现实或投影增强模型，即将计算机生成的图像信息直接投影到预先标定好的物理环境表面，如曲面、穹顶、建筑物、精细控制运动的一组真实物体等。本质上，空间增强现实是将标定生成的虚拟对象投影到预设真实世界的完整区域，作为真实环境对象的表面纹理。与传统的增强现实由用户佩戴相机或显示装置观看不同。这种方式不需要用户携带硬件设备，而且可以支持多人同时参与，但其表现受限于给定的物体表面，而且由于投影纹理是视点无关的，在交互性上有所不足。实际上，中国现在已经很流行的柱面、球面、各种操控模拟器显示以及多屏拼接也可以归为这一类。增强虚拟环境技术预先建立了虚拟环境的三维模型，通过相机或投影装置的事先或实时标定，提取真实对象的二维动态图像或三维表面信息，实时将对象图像区域或三维表面融合到虚拟环境中，达到"虚中有实"的表现效果。

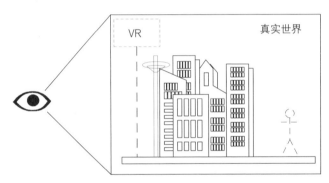

图 4-1-3　增强现实技术"实中有虚"

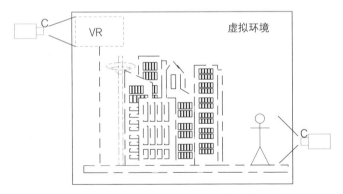

图 4-1-4　增强虚拟环境技术"虚中有实"

与增强现实中存在的投影增强模型技术正好相反，增强虚拟环境技术中也有一类对应的技术，用相机采集的图像覆盖整个虚拟环境，即作为虚拟环境模型的纹理，用户可以进行高真实感的交互式三维浏览。当这种三维模型是球面、柱面、立方体等通用形状的内表面时，这种技术也就是现在已经很普及的全景图片或视频。全景视频将真实世界的一幅鱼眼或多幅常规图像投影到三维模型上，构造出单点的全方位融合效果，多幅图像之间的拼接可以采用图像特征点匹配或相机预先标定等方式。

五、真实感图形学

真实感图形学一直是计算机图形学与虚拟现实研究中的核心问题。真实感图形学的定义可以归纳为通过计算机程序从二维 (2D) 或三维 (3D) 模型 (或称为场景文件) 生成图像的过程，生成的结果称为绘制结果。给定三维场景模型及场景模型的材质、纹理，以及光源、相机等的位置和参数，真实感图形学依据光学上的光路传输原理，通过计算得到逼真的光影图像。完全按照光学原理进行光路传输模拟，即采用蒙特卡洛光线跟踪方法可以得到准确的结果，但非常耗时。因此，除了研究光线跟踪方法，真实感图形学的研究目标也包括采用不同的近似方法、加速策略或实现手段，以改进绘制准确度、支持新绘制效果或提高绘制速度。

经过多年的发展，真实感图形学研究得到了长足的发展并已经广泛应用于游戏、动漫、建筑、电影、虚拟现实等多个领域。真实感图形学是三维虚拟场景的最终展示手段，最终视觉效果都是通过真实感绘制方法展现在人们眼前，因此，它是计算机图形学和虚拟现实领域的基础问题之一。

真实感图形学的发展促进了相关行业的发展。借助于离线绘制技术，如今电影特效、建筑装潢展示等已经可以达到以假乱真的效果；基于实时绘制技术的 3D 游戏、飞行模拟等实时应用也能达到逼真的效果。随着绘制技术的发展，绘制效果的提升，人们对绘制效果的期望也越来越高，今后的发展方向是实时、通用的全局光照技术，既达到实时绘制帧率，又具有高度的真实感，且支持广泛多变的复杂材质、复杂光传输路径和间接光照效果，这将会进一步扩大真实感图形学的应用范围，并将现有应用的图像逼真度进一步提高。

第二节　人工智能技术

人工智能 (AI) 是计算机科学的一个分支，它是研究和开发用于模拟、延伸和扩展人的智能的理论、方法、技术及应用系统的一门技术科学。人工智能的最终目的是了解智能的本质，并开发出具有类似人类智能的机器。

人工智能被认为是 21 世纪三大尖端技术 (基因工程、纳米科学、人工智能) 之一。人工智能是一门极富挑战性的交叉科学，从事人工智能研究的人员需要具备多个学科的知识，包括计算机、科学、数学、神经科学、认知科学等。人工智能学科诞生于 20 世纪 50 年代中期，公认的是 1956 年达特茅斯会议。由于计算机的产生与发展，人们开始了具有真正意义的人工智能的研究。近 30 年来，人工智能获得了迅速的发展，在很多领域都获得了广泛应用，并取得了丰硕的成果，人工智能已逐步成为一个独立的分支学科，在理论和实践上都已自成一个体系。

人工智能的研究包括模式识别、机器学习、人工神经网络、专家系统、机器人、计算机视觉、自然语言处理、机器人等，下面就部分内容分别进行介绍。

一、模式识别

模式识别是在错误概率最小的条件下，利用计算机分析感知数据 (图像、视频、语音等)，对数据中包含的模式 (物体、行为、现象等) 进行判别和解释的过程，从而使识别的结果尽量与客观物体相符合。模式识别能力普遍存在于人和动物的认知系统，是人和动物获取外部环境知识，并与环境进行交互的重要基础。如何利用计算机模拟人的感知过程实现对数据的模式分析与识别，已经成为信息科学和人工智能的重要分支。

在模式识别技术中，每个被观测的对象为一个样本，对其进行识别的要素或根据称为特征，模式就是样本所具有的特征的描述。换句话说，如果样本 X 的 N 个特征构成一个 N 维的特征向量 F，则模式识别的问题就是根据 F 来判别 X 属于 $C=\{c_1, c_2, \cdots, c_M\}$ 类中的哪一类的问题。通过在特征空间上实现对待识别的不同模式的考察，通过不同模式类性质或者各自特征值取值范围的不同，发现样本在特征空间的不同区域出现的规律，挖掘特征空间和类别空间之间的映射关系，从而实现模式识别。

一个典型的模式识别系统（图 4-2-1）由数据获取、预处理、特征提取、分类决策及分类器设计五部分组成。一般分为上、下两部分，上部分完成未知类别模式的分类，下半部分属于分类器设计的训练过程，利用样本进行训练，确定分类器的具体参数，完成分类器的设计。而分类决策在识别过程起作用，对待识别的样本进行分类决策。

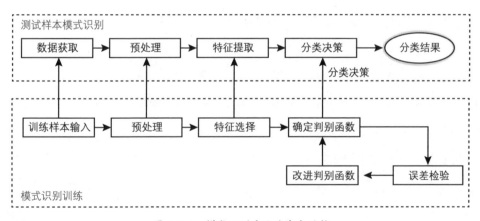

图 4-2-1　模式识别系统的基本结构

(1) 特征提取和选择：特征表示与学习是模式识别的核心问题之一。如何学习获得高效、鲁棒的特征表示是模式系统成功的关键。相关的研究者根据不同的数据，设计了非常多的特征，相关的研究包括手工特征、稀疏表示和低秩分解等。近年来，随着深度学习的发展，特征表达获得了长足的进步，极大地推动了模式识别的发展。

（2）聚类：作为模式识别最基本的分类方法之一，数据聚类在各科学领域的数据分析中扮演着重要的角色，如计算机科学、医学、社会科学和经济学等。给定一个由样本点组成的数据集，数据聚类的目标是将样本点划分成若干类，使得属于同一类的样本点非常相似，而属于不同类的样本点不相似。最近几年聚类研究的主要代表性进展，包括非线性聚类、集成聚类、多视图聚类等。

（3）分类与回归：分类是模式识别中的另一个重要方面，即由训练资料中学到或建立一个模式（函数），并依此模式推测新的实例。训练资料是由输入物件（通常是向量）和预期输出所组成。函数的输出可以是一个连续的值（称为回归分析），或是预测一个分类标签（称作分类）。在测试过程中，该函数可以对任何可能出现的输入的值得到一个相应，达到分类或者回归的目标。

模式识别的应用方向主要包括生物特征识别、文字识别、语音识别、遥感图像分析、医学图像分析等。面向应用，结合模式识别基础理论与方法、图像处理和计算机视觉等，我国开展了大量的研究工作，取得了很大的进展。其中，生物特征识别、文字识别、语音识别中更多地采用了模式分类和机器学习技术。

近几年来，随着互联网、物联网、云计算、大数据、深度学习等技术和方法、平台的发展，模式识别也迎来一个新的快速发展时期。"大数据＋深度学习"框架推动了模式识别方法快速发展、性能快速提升，带动了应用的实现和推广，在互联网数据内容分析与搜索、公共安全监控、身份鉴定、文档数字化、人机交互等领域得到了广泛的应用。

二、机器学习

机器学习是研究从经验数据中不断提升性能的算法和系统实现，它是现代人工智能的一个主流分支。一个机器学习系统的三个基本要素是数据、算法和模型

（图 4-2-2）。机器学习的基本过程包括定义问题、搜集数据、选择模型、训练模型、测试模型等几个关键步骤。从 20 世纪 80 年代以来，经过了 30 多年的快速发展，机器学习已经形成一个相对完整的学科方向，吸引了大量优秀的研究者，2010 年和 2011 年连续 2 年的图灵奖获得者朱迪亚教授和莱斯利·瓦伦特教授的主要贡献均是机器学习，显示了该领域所取得的突出成就。

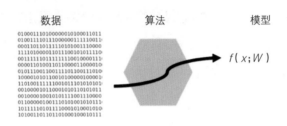

图 4-2-2 机器学习的三个基本元素——数据、算法和模型

机器学习的发展主要由内因和外因驱动。在机器学习领域，新的学习范式的提出、新算法的提出和完善，以及理论框架的完善与提升都是推动领域发展的重要力量，驱动机器学习研究者们不断探索。机器学习发展的外因主要来自解决的实际问题，不断出现的新应用场景，不断提升的数据规模，以及快速提升的计算能力，都激励了机器学习本身的发展和完善。

在机器学习发展历史上，出现了大量优秀的模型、算法和理论。根据学习任务来划分，机器学习包括无监督学习、有监督学习、半监督学习、增强学习等，下面分别介绍。

（1）无监督学习：无监督学习也称无指导教师的学习，它是指在训练数据中我们只能看到输入信息，没有输出信息指导模型选择和训练。学习的目标是从输入数据中挖掘一些规律性模式，用于理解数据。典型的应用场景包括聚类、密度估计、降维等。代表性的算法包括用于聚类的 K—均值和高斯混合模型，用于降维的主成分分析和局部线性嵌入，以及用于密度估计的产生式模型和非参密度估计方法等。

(2)有监督学习:有监督学习也称有指导教师的学习,它是指在训练数据中同时知道输入和输出信息,学习的主要目标是找到一个从输入数据到输出类别的函数映射。在训练完成之后,可以对新来的测试数据进行预测。代表性的算法包括K—近邻、决策树、罗杰斯特回归、支持向量机、提升方法、随机森林、深度人工神经网络、结构化输出预测等。

(3)强化学习:强化学习是指通过智能体和环境的交互进行学习,其目标是让智能系统通过自主学习,通过与未知环境的交互学习最优(或者较优)策略。近年来,以阿尔法围棋为代表,强化学习在技术上获得了很大的推动和发展。代表性的算法包括基于深度Q网络的增强学习、基于策略梯度的方法(即直接学习控制策略策),以及融合Q估值和策略梯度的演员评论家算法。

在学习理论方面,2010年的图灵奖获得者莱斯利·瓦伦特教授提出的PAC学习框架以及美国工程院院士瓦普尼克教授提出的统计学习理论,为机器学习算法的性能分析提供了基础框架,并结合不同学习范式的特点,得到发展和完善。

近年来,机器学习获得越来越多的重视和关注。各大主要信息技术公司纷纷投入大量人力物力发展机器学习,并与企业级应用产品深度结合。机器学习逐渐变成了公司的核心竞争力。造成这种欣欣向荣局面的主要原因同样来自内部和外部两个方面。首先,在机器学习领域内部,以深度学习为典型代表的大规模机器学习算法和系统自2010年以来先后被研发出来,之前很难计算的模型和算法,首次实现了能够在大规模行业应用问题上的运行,使得机器学习的优势充分体现出来,吸引了实践者们的兴趣和关注。其次,除机器学习领域之外,由于大数据的出现和深入研究,大量的应用问题在人力处理范围之外,对机器学习技术的诉求变得更加急迫。最后,大规模计算资源(如超级计算机、CPU集群、图形处理器)的出现进一步促进了机器学习算法与海量数据的结合,使得之前很难充分学习的模型(如深度神经网络)发挥了巨大作用。

三、人工神经网络

人工神经网络是借鉴脑的结构和功能发展形成的一种智能计算方法。第一个人工神经元模型是 1943 年麦卡洛克和皮茨提出的，称为阈值逻辑（图 4-2-3），它可以实现一些逻辑运算的功能。在此基础上人们提出了各种神经网络，实现各种功能，早期主要是模式分类和回归，现在则开发出一些新的应用，如数据生成。

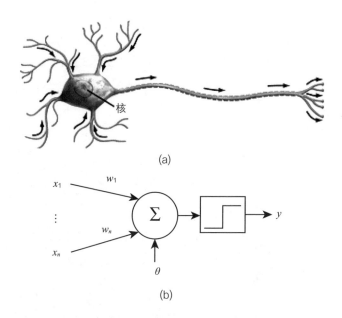

(a)

(b)

图 4-2-3　人工神经元起源于生物神经元
（a）生物神经元由胞体、树突和轴突构成。树突负责收集信息，
轴突负责发出信息，胞体负责信息的处理；（b）人工神经元借鉴了生物神经元的结构

早期的人工智能是基于符号的，强调符号运算和逻辑推理，而人工神经网络倡导的是连接，强调节点之间的连接关系和网络的学习能力。事实上，以第一个人工神经元模型的提出为标志，人工神经网络的起源早于人工智能十几年。但是时过境迁，现在人们把人工神经网络归为人工智能的一个分支，事实上它是近年来人工智

能的新一波高潮的主要推手之一。按照网络结构划分，人工神经网络可以分为如下几个主要类型。

（1）前馈神经网络：前馈神经网络的特点是分层结构和所有连接都是前向的。所以对于静态输入，神经元的状态是固定的。一个典型的网络是多层感知机（图4-2-4）。它有一个输入层、多个隐藏层和一个输出层。信息自下而上地进行处理，然后输出结果，比如输入样本的类别信息。所有的连接权值都可以通过最小化预测误差进行学习。根据它的这种特殊结构，人们提出了后向传播算法。该算法几乎是现在所有有监督的神经网络学习的基础。另一个典型的前馈模型是卷积神经网络。与多层感知机每个神经元都与下层所有神经元相连不同，它采用局部连接和权值共享，一方面减少了权值的数量，另一方面降低了过拟合的风险。而且，它引入了池化层对下层来的信息进行降采样，一方面得到了更加抽象和全局的信息，另一方面降低了计算量。该网络在很多领域包括计算机视觉和自然语言处理方面都取得了重大成功。

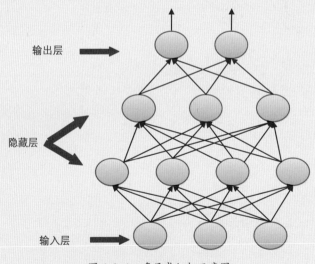

图 4-2-4　多层感知机示意图

（2）反馈神经网络：反馈神经网络的特点是存在层内的反馈连接或层间的反馈连接（图4-2-5）。隐藏层的神经元相互连接，信息的流动不再是单向的，神经元的状态会相互影响，造成即使输入信号是静态的，神经元在不同时刻的状态也可能不同。这种模型特别适合对序列信号进行建模，因为序列信号的前后关系可以通过调整模型的连接权值进行表达。

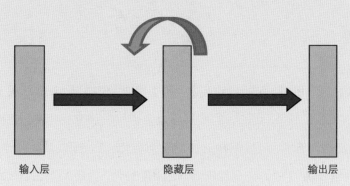

输入层　　　　　　　　隐藏层　　　　　　　　输出层

图 4-2-5　埃尔曼神经网络示意图

但是，一般结构的反馈神经网络（如埃尔曼网络）在表达时序关系上存在缺陷，信息容易衰减或爆炸，无法表示长时程的依赖关系。有鉴于此，人们提出了一种特殊结构的反馈网络，称为长短时记忆网络（LSTM）。该网络的主要思想是引入了一些门控结构，使得信息的流动可控性更强。该模型及其变种（如门控反馈网络）现在已成为序列信号建模包括语音处理、自然语言处理等领域的标准模型，在人工智能领域发挥着重要作用。

在反馈神经网络领域，还有一个重要的研究方向，神经动力学。这个研究方向的重点不在如何根据数据确定网络权值，而在于网络的动态特性本身如稳定、分叉、混沌，以及基于这些特性的应用如求解优化问题和联想记忆问题。相对于数值算法求解同类问题，反馈神经网络的优势是它可以在模拟电路上实现从而加速求解过程。这方面的典型代表是霍普菲尔德网络和它的各种变体。

（3）前馈与反馈结合：一般而言，前馈网络适用于求解感知问题，如图像识别，反馈网络适用于求解时序问题，如自然语言生成。但二者的功能分类不是绝对的。事实上近年来很多结果表明，有一种网络可以在传统认为它不擅长的应用问题上取得良好的结果，比如用卷积神经网络做语音识别。而且，两种网络进行结合，能提高单一网络在同一任务上的效果，比如在卷积神经网络内部引入反馈连接能提高图像识别的准确率。很多实际问题需要处理多种模态的信息，如从图像自动生成自然语言描述，这种情况下也需要结合前馈和反馈网络。

四、机器人

机器人融合了机械制造、自动控制、人工智能、传感器、计算机等多个学科领域的高新技术发展成果，因此它的发展与众多学科发展密切相关（图 4-2-6）。目前，在工业机器人方面，机械结构更加趋于标准化、模块化，功能越来越强大，已经在工业制造领域得到了越来越普遍的应用。另外，机器人正在从传统的工业领域，逐渐走向更为广泛的应用场景，例如家庭服务、公共医疗、仓储物流等。面向非结构化环境的服务机器人正呈现欣欣向荣的发展态势。总体来说，机器人系统正向智能化系统的方向不断发展。

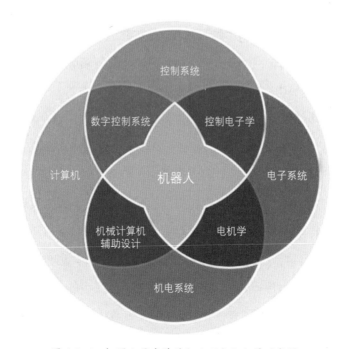

图 4-2-6　机器人是多学科交叉研究和发展的成果

1942年，美国科幻巨匠阿西莫夫提出"机器人三定律"，虽然说只是科幻小说里的创造，但后来成为学术界默认的研发原则。1954年，美国人乔治·德沃尔制造出世界上第一台可编程的机器人，并注册了专利。这种机械手能按照不同的程序从事不同的工作，因此具有通用性和灵活性。1962年，美国通用自动化公司推出的名叫尤尼梅特的机器人（图4-2-7）是采用示教再现机器人产品最早的实用机型。1968年美国斯坦福研究所公布他们研发成功的名叫沙基的移动机器人（图4-2-8）。沙基带有视觉传感器，能根据人的指令发现并抓取积木，它可以算是世界第一台智能机器人，拉开了智能机器人研究的序幕。

让机器人成为人类的助手和伙伴，与人类协作完成任务，是新型智能化机器人的重要发展方向（图4-2-9）。当机器人与人进行交互时，安全是首要因素，因此需要机器人有柔软的触感，这推动了软体机器人的发展；此外，为了使机器人更加全面精准地理解环境，还需要机器人采用视觉、声觉、力觉、触觉等多传感器的融合技术与所处环境进行交互（图4-2-10）。将人类与机器人相结

图4-2-7　尤尼梅特机器人

图4-2-8　沙基机器人

图4-2-9　智能送餐无人车

图4-2-10　具有视、触、力等多传感器电子皮肤的机械手

合的仿生学也引起了人们的浓厚兴趣,借助脑科学和类人认知计算方法,通过云计算、大数据处理技术,增强机器人感知、环境理解和认知决策能力;通过对人和机器人认知和物理能力、需求的深入分析和理解,构造人和机器人的共生物理空间。此外,虚拟现实技术、增强现实技术也已经投入了机器人的应用,与各种穿戴式传感技术结合起来,采集大量数据,采用人工智能方法来处理这些数据,可以开发出诊断系统等各种智能系统。汽车智能化是汽车发展的必然方向,无人车技术正在使汽车不断机器人化。科幻世界正在一步步变为现实。

五、计算机视觉

计算机视觉是一个研究使计算机理解视觉数据的领域。这里的视觉数据包括多种形式,比如一个或者多个视角的静止图像或视频(图像序列)、医学影像等。计算机视觉的研究覆盖视觉信息的获取、处理、分析和理解这几个过程,通过图像恢复、图像分割、运动估计、场景重建、物体检测、物体识别、物体跟踪、场景分类等一系列计算,得到真实世界基于视觉数据的数值化和符号化描述。

计算机视觉一方面研究从视觉数据中抽取描述信息的理论方法,一方面构造基于这些理论方法的人工系统。计算机视觉是一个涉及几何学、物理学、生理学、心理学、机器学习等多个领域的交叉研究。

早在20世纪60年代,研究人员已经开始相关的探索,以模拟人类的视觉系统,从而为机器人赋予视觉能力。1966年,美国麻省理工学院的研究人员在一个暑期项目中,将一个摄像头连接到计算机上,试图让计算机理解它所看到的世界。但是,人们很快发现要解决这个问题需要更长的时间。20世纪70年代,奠定了边缘提取、运动估计等一些计算机视觉算法的早期基础。20世纪80年代,计算机视觉出现了一些严格的数学方法,比如尺度空间。同时研究人员也认识到,很多数学概念可以作为统一的优化框架中的正则化手段。20世纪90年代,相机标定、三维重建、图像分割取得了进步,统计学习方法也被采用。人工设计的特征配合机器学习和优化方法，也成为许多计算机视觉任务的主流。2012 年以后，随着深度卷积神经网络在影像网（ImageNet）的大规模图像分类任务上的成功应用，深度学习的方法开始大量应用于计算机视觉，在物体识别与检测等很多任务中取得很大的进展，使得人脸检测与识别等技术逐步实用化。

计算机视觉包含了一些重要的研究任务，举例如下。

（1）恢复。从被噪声（比如运动模糊、传感器噪声、像素缺失等）干扰的图像中恢复高质量的图像，或者从低分辨率的图像中得到高分辨率的图像。

（2）识别。包括分类和检查，其中分类是指基于一个预先定义的类别列表，根据图像内容判断所属类别，比如物体的种类或者场景的种类；检测是指在图像中找到特定物体的位置。

（3）运动分析。相机运动估计：根据图像序列，得到相机的三维运动；跟踪：在视频中建立特定目标（物体或者兴趣点）的运动轨迹。

（4）场景重建。根据针对一个场景的多张图像或者视频，建立这个场景的三维模型。

计算机视觉技术在工业、军事、医疗等许多领域有广阔的应用前景，并且随着技术的进步，已经取得了很多成功。

（1）在工业上，计算机视觉技术可以用来在生产线上进行产品的缺陷检测，或者判断物体的位置和姿态以指导机器人进行抓取；

（2）在军事上，计算机视觉技术可以用来发现打击目标，进行预警或者指导导弹进行攻击；

（3）在医疗上，计算机视觉技术可以用来分析医学影像，辅助医生进行疾病诊断；

（4）在安全上，计算机视觉技术可以用来进行身份鉴别从而支持金融活动，或者发现可疑嫌犯进行抓捕或者监视。

第三节　自然语言处理技术

语言文字是人类信息的主要载体之一。自然语言处理是指以计算机为工具对人类语言的书面和口头形式表达进行转换、传输、存储、分析等各种处理和加工，涉及语言学、计算机科学、认知科学、数学、控制论、信息论、声学、自动化等多个学科，是 21 世纪的高科技难题之一。

随着互联网和 Web 2.0 技术的发展，微博等社交类网站、视频类网站及互动社区媒体逐渐兴起，自然语言处理的研究对象逐渐由传统规范单一的信息变化为海量规模、结构丰富、具备发散性和随意性等新特点的多模态信息，用户及其应用场景对信息的理解起更加重要的作用，从而对整个自然语言处理领域提出了崭新的挑战。当前自然语言处理领域的研究热点主要集中在信息抽取与服务、语音交互技术、机器翻译、信息检索与自动问答、机器阅读、多模态情感计算与交互、社交媒体分析等七个方面（图 4-3-1）。

各研究领域的研究概述如下。

图 4-3-1　自然语言处理主要研究方向

一、信息抽取与服务

　　进入 21 世纪以来，信息总量呈爆炸式的指数级增长，全世界信息总量以每三年增加一倍的速度递增。为了防止人们被海量信息淹没，信息抽取技术起着十分重要的作用。信息抽取（IE）是从非结构化（或半结构化）电子文档中自动提取结构化信息（实体、关系、事件等）并保存于数据库的操作，涉及命名实体识别、指代消解、关系抽取以及事件抽取等。一般来说，信息抽取的对象是人类语言文本，广义的信息抽取还包括从图像、音频、视频等多媒体文件中进行自动标注和内容提取。信息抽取为话题检测、信息检索、文本分类、文本挖掘、自动问答、自动文摘等各种应用提供服务和支撑，在经济、政治、军事、科研等领域有极大的应用空间。根据抽取模式获取方式的不同，信息抽取研究主要包括基于知识工程的方法、基于机器学习的方法和多策略综合的方法等。

二、语音交互

语音交互是基于语音识别、语音合成、语义理解等技术，赋予产品"能听、会说、懂你"式的智能人机交互体验。其中，语音识别指将计算机接收、识别和理解的语音信号转变为相应的文本文件或者命令；语音合成又称文语转换，指将任意文字信息实时转化为标准流畅的语音朗读出来。语音交互适用于多个应用场景，包括智能问答、智能质检、法庭庭审实时记录、实时演讲字幕、访谈录音转写等场景，在金融、保险、司法、电商等多个领域均有应用案例。

随着智能移动终端的广泛普及，语音交互技术正从传统的计算机输入技术转变为智能化人机交互的核心技术，而面向复杂任务的口语对话技术成为核心研究难题。语音交互的主要研究内容有基于对话结构的用户意图预测模型和实现、对话模型超大状态空间表示及对话策略、基于对话口语描述体系的口语分析与理解、对话结构下的用户意图表示模型，以及口语对话系统设计评估方法与技术。

三、机器翻译

在互联网以及经济全球化时代，人们对于了解其他国家和地区的文化的需求更加迫切，在不断增长的需求面前，机器翻译技术应运而生。机器翻译（MT）指利用计算机自动地将一种语言翻译成另外一种语言的技术。其中，被翻译的语言称为"源语言"，翻译得到的语言称为"目标语言"。机器翻译的构想最早在 20 世纪初就被提出，目前主要的技术手段有基于规则的翻译、基于实例的翻译、基于统计的翻译和神经网络机器翻译。最初的机器翻译研究以人工设计翻译为主要技术手段，而现阶段发展迅速的机器学习方法均采用数据驱动的策略，使机器自动地从数据中学习翻译所需的知识。

四、信息检索与问答

随着互联网和大数据技术的快速发展,网络信息资源日益丰富。搜索引擎为信息获取提供了极大的便利,网络信息检索与问答已成为人们信息和知识获取的重要途径。信息检索(IR)是从信息资源集合中获取与信息需求相关的信息资源的活动,检索的对象包括文档中的文本片段、文档本身、元数据以及图像或声音等。自动问答(QA)是信息获取的一种高级形式,用户输入以自然语言形式描述的问题,计算机利用知识表示、理解推理等技术,从大量的数据或知识资源中查找出精准、简洁、人性化的答案并反馈给用户。因为自动问答系统能够更快、更准确地找出用户所需的答案,从而更好地满足用户的检索需求,所以被认为是新一代的搜索引擎。根据数据处理方式的不同,问答系统分为知识库问答、社区问答、检索式问答三类。

五、机器阅读

为了克服信息处理技术认知水平低、智能化程度低的问题,基于海量知识的语言信息智能理解与推理技术是当前国际范围内的高技术前沿。机器阅读指抽取用于推理的因果机制、蕴含机制、关联分析等复杂关系,并将这些关系融合语义理解模型,进而在此基础上进行推理来产生"解释"。机器阅读旨使计算机具有像人一样阅读、理解和推理能力的技术,既是类人智能知识理解与推理关键科学技术之一,也是机器能够自动利用知识的根本性标志之一。现阶段机器阅读研究主要依托大规模本体库等海量知识的构建,研究面向大规模异构源的深层语义关联计算、基于多任务学习与迁移学习的跨领域本体自动挖掘与更新、基于本体的篇章结构理解和基于海量知识库的概念扩展化理解,实现面向海量知识的词汇语义、领域概念、篇章结构"多领域—分层次—细粒度"可扩展高效推理机制。

六、多模态情感计算与交互

情感是人们在沟通交流的过程中传递的重要信息，情感状态的变化影响着人们的感知和决策。情感计算与交互是模式识别的重要研究领域，它将情感维度引入人机交互。多模态情感计算与交互指计算机通过处理包括文本、音频、图片、视频、面部表情、肢体动作、生理信号（如脉搏、血压）等多模态数据，对主体针对特定客体的观点、情感、评价以及态度进行观察和理解，并生成各种情感与主体完成交互的过程。情感计算研究初期仅对带有情感色彩的主观文本进行极性分析，依据对情感分析粒度的不同可以分为词语级、短语级、句子级、篇章级以及多篇章级情感计算等，依据处理文本类别不同可以分为新闻评论情感分析和产品评论情感计算等。随着研究深入，研究发现不同模态的数据在情感表达中具有互补性。例如，在愉悦度表达方面文本模态优于音频模态，而在激活度表达方面音频模态则优于文本模态，因此多模态情感计算与交互应运而生。

七、社交媒体分析

社交媒体是一种给予用户极大参与空间的新型在线媒体，深刻地改变了人们传统沟通、思维和行动的方式，其信息特征表现为实时性、交互性、稀疏性、不规范性、无领域性等。社交媒体分析是从海量半结构化和非结构化的社交媒体数据中挖掘、分析和表示有价值信息的过程，旨在通过挖掘社交媒体中用户生成内容和社交关系网络衡量用户之间的相互作用，进而发现其中蕴含的特定模式，更好地理解人类行为特点。按照所处理信息类型分类，社交媒体分析研究可分为客观信息挖掘和主观信息挖掘两类。社交媒体客观信息挖掘主要从用户的属性信息、网络结构信息和行为信息等方面出发，研究用户画像、社交圈识别、信息传播分析等；社交媒体中的主观信息主要包括人们的观点、情感、意图、建议等，主观信息挖掘主要研究内容包括社交媒体情感分析、消费意图挖掘等。

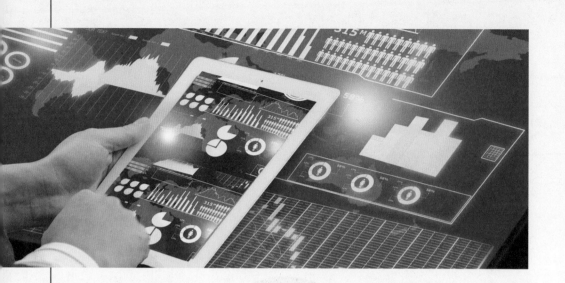

第二篇
计算技术发展及现状

>>>

第五章
计算技术发展回顾

第一节　理论计算机科学

一、数理逻辑与理论计算机科学

　　理论计算机科学的主要数学基础是数理逻辑。数理逻辑的起源可以追溯到古希腊哲学和 17 世纪莱布尼兹的"通用语言"。最早的形式是 19 世纪乔治·布尔提出的布尔代数。现代数理逻辑兴起于"希尔伯特的数学纲领"（1922—1930年）。1903 年，罗素发现现代数学的根基——康托集合论存在矛盾，即著名的罗素悖论。这引起了第三次数学危机。如何构建可靠的数学大厦的基石是当时数学家们，甚至哲学家们面临的最大挑战。各种学术思潮相继提出，其中著名的有三大学派：以罗素、怀特黑德、弗雷格为首的逻辑主义学派。他们主张数学实际上是逻辑学，认为全部数学都能从逻辑学中推导出来，而不用任何特有的数学概念（如数、集合等）。以希尔伯特为代表的形式主义学派主张建立一个可靠的、完备的形式系统，所有为真的数学命题均可以从这个形式系统中严格证明。这就是著名的"希尔伯特的数学纲领"，希尔伯特的想法非常类似莱布尼兹的想法。以布鲁尔为首的直觉主义学派认为，集合悖论的出现不可能通过对已有数学做局部的修改和限制加以解决，而必须对数学作全面审视和改造，他们所依据的可信标准是"直觉上可构造性",著名口号为"存在必须是被构造",直觉主义者的"直觉",是指思维的本能,一种心智活动。1930年,高德尔证明的不完备性定理宣布了"希尔伯特的数学纲领"的失败。这样,数理逻辑作为现代数学的基石是不可能的。但是,数理逻辑作为数学的一个重要分支得到空前发展,这为现代计算机的产生建立了理论基础。现代计算机的硬件及通信依赖的香农信息论的数学基础是布尔代数。递归论研究了各种算法模型,特别是图灵机直接为现代计算机提供了数学模型。告诉计算机"做什么"的程序设计语言本质上是一个形式系统。为了确保一个程序语言的不同实现具有相同结果,程序设计语言需要形式语义。而数理逻辑正好提供了这种工具,特别是其中的模型论。验证编写的程序代码是否实现了需求是不可能通过传统的测试技术来保证的,形式验证是唯一能够保证程序正确性的手段,而形式验证严重依赖现代逻辑。在人工智能领域,实现自动推理和专家系统,甚至深度学习,显然也需要现代逻辑。随着互联网的普及,信息安全和隐私变得日益重要。安全漏洞查找和修复及隐私防护等均依赖现代逻辑,等等。

二、算法模型

算法的提出可以追溯到古希腊和中国的古代数学,例如欧几里得算法、祖冲之求解圆周率的算法等。但是,现代严格意义上的算法概念是希尔伯特在1928年关于"判定问题"中提出的。后来,他的提法被进一步形式化成"有效可计算性"或者"能行方法"的数学模型,即算法模型,包括高德尔—赫尔布兰德—克林递归函数、阿隆佐·邱奇的λ演算、图灵的图灵机和埃米尔·珀斯特的"构想1"。这几种算法模型的表达能力被理论上证明是等同的。但是,给出一个符合人们直觉的形式定义至今仍旧是一个挑战性难题。因而,邱奇—图灵论题说"任何现实可计算问题均可以转换成一个图灵机可计算的问题"。

三、算法复杂性

关于计算复杂性的研究始于 1965 年哈特马尼斯和斯特恩斯的工作。他们提出并证明了关于时间复杂性和空间复杂性的层次化定理。他们因此于 1993 年获得图灵奖。1965 年，埃德蒙兹给出了一般图上匹配问题的多项式时间算法，并提出了用多项式复杂性类 P 来代表计算机可以有效解决的问题。

（一） P 对 NP 问题 [①]

在 1959 年，迈克尔·拉宾和斯科特首次提出了非确定性计算的概念，包括非

[①] P 代表多项式时间，一个复杂问题如果能在多项式时间内解决，那么它便被称为 P 问题。虽然可以在多项式时间被验证，但往往不容易解决，这类问题被称为 NP 问题。

确定性自动机和图灵机。他们因此于 1976 年获得图灵奖。1971 年，库克和列文分别独立的证明了布尔表达式的可满足性问题是 NP 完全的，即库克—列文定理。库克于 1982 年获得图灵奖。事实上，最近学者们发现在 1956 年一封由高德尔写给冯·诺依曼的信中，高德尔就已经在问一个类似于 co-NP 是否等于 P 的问题，这比库克—列文定理早了 15 年。如今，P 对 NP 问题已经不只是理论计算机领域。它已成为计算机领域乃至数学领域最重要的问题之一。2000 年，克雷数学研究所邀请多位著名数学家提出新世纪七大数学难题，P 对 NP 问题与黎曼猜想、庞加莱猜想等一起并列其中。1972 年，卡普利用库克—列文定理证明了 21 个组合和图论中的计算问题是 NP 完全的。这 21 个问题覆盖了整数规划、顶点覆盖、子团问题等计算机领域常见的各类计算问题。卡普于 1985 年获得图灵奖。

（二） 随机算法

1976 年，迈克尔·拉宾为了解决计算几何中最近点对问题提出了第一个随机算法。1977 年，罗伯特·索罗维和沃尔克·施特拉森提出了第一个素数判定的随机多项式时间算法。由于素数判定问题的重要性而受到广泛关注，从而刺激了随机算法的飞速发展。很快，迈克尔·拉宾和米勒给出了素数判定的另外一个随机算法。现在，随机算法已经被广泛地应用到了计算机科学研究的各个方面。

四、程序设计理论

冯·诺依曼设计第一台现代意义计算机 ENIAC 时采用了两个重要概念，即"共享程序技术"和"条件控制转移"。这对现代计算机程序设计语言的发展具有决定性的影响。"共享程序技术"是说硬件尽可能简单，且不依赖特定程序；相反，复杂指令应该控制简单硬件，并允许对控制指令进行快速重新编程。"条件控制转移"是说程序不是单一路径顺序执行，而是可以根据控制逻辑进行跳转。这带来了子程序概念，并且要求程序设计语言具有"If…Then"条件语句以及"For"或者"While"等循环语句。受冯·诺依曼思想的影响，程序设计语言的发展经历了三个阶段：第一个阶段是机器语言，程序员直接使用"0"和"1"编写机器指令代码。第二个阶段是汇编语言，如短代码。但是早期，人们需要手工将汇编语言翻译成机器语言。霍珀在 1951 年写了第一个编译器 A-0，可以自动将汇编语言编译成机器语言。第三个阶段是高级程序设计语言，例如早期的 Fortran、COBOL 等。高级编程语言可以根据编程风格分为：命令式程序设计语言，例如 C、ALGOL、PASCAL 等；函数式程序设计语言，例如 ML、HASKEL 等；逻辑式程序设计语言，例如 PROLOG 等；面向对象式程序设计语言，例如 C++、EIFFLE、Java 等。

第一个成功并广泛使用的高阶程序语言是由巴克斯领导的 IBM 团队于 1954 年至 1957 年开发的 Fortran 语言；1958 年，MIT 的麦卡锡基于 λ- 演算开发的 LIST 语言主要用于人工智能中的推理，是第一个由学术界开发的成功的高级程序设计语言；另一个对程序设计语言研究具有深远影响的语言是由欧美计算机科学家联合开发的程序设计语言 Algol 58 及后续语言 Algol 60 和 Algol 68。Algol-W 语言首次使用巴克斯范式（BNF）严格定义其语法，并严格定义了其语义；Algol-W 首次引入模块化程序设计，提出递归程序调用，特别是提出名调用和值调用两种参数传递机制,等等。总之,Algol-W 提出了许多先进的程序设计概念,深刻影响了后来程序设计语言,例如 Pascal、C、Java等。1960 年前后,达尔和尼加尔德设计了 Simula 语言,这是第一个面向对象语言。1972 年前后,第一个逻辑式程序设计语言 Prolog 诞生。1978 年前后,第一个函数式程序设计语言 ML 诞生。19 世纪 70 年代末,霍尔、罗宾·米尔纳等分别提出了并发程序设计语言 CSP、CCS 等。

程序设计语言的理论主要包括定义形式、表达能力和如何理解,其中定义形式和表达能力是形式语法研究范畴,而如何理解是形式语义研究内容。形式语法的研究始于 20 世纪 50 年代,在 60 年代基本成熟。形式语法主要用于设计程序语言编译器,特别是语法、词法分析。从表达能力上,根据乔姆斯基分层,所有程序设计语言均处于下面 4 层中的某一层:0 层,即正则语言层;1 层,即上下文无关语言层;2 层,即上下文敏感语言层;3 层,即图灵表达完备语言层。形式语言涉及的主要理论问题包括:给定一个语句,判定是否在一个给定语言中;给定两个程序语言,判定是否它们相等,等等。所有这些问题均可以表示为有限自动机及其扩展上的问题,本质上是可计算性、计算复杂性等问题。

形式语义的研究始于 20 世纪 60 年代,至今仍旧是计算机科学研究的前沿和热点。1965 年前后,兰丁首次使用 SECD 抽象机来解释 λ– 表达式,这是操作语义诞生的标志。但是,现在使用最多的操作语义是由戈登·普洛特金在 1981 年提出的结构化操作语义。1967 年,斯特雷奇提出多态概念;而 1969 年,辛德雷提出如何使用组合逻辑推导类型;1978 年罗宾·米尔纳为 ML 语言引入辛德雷—米尔纳类型推到算法,标志着类型理论诞生,并实际应用于程序语言设计。指称语义首先由斯特雷奇

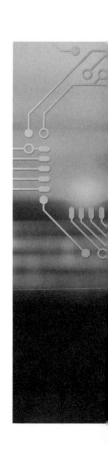

于 1967 年提出, 斯科特于 1970 年提出论域理论从理论上解决了递归程序和循环程序指称存在性问题, 标志着指称语义的诞生。后来, 为了处理不确定程序、概率程序、并发程序, 指称语义和论域理论得到相应发展。霍尔在 1969 年提出霍尔逻辑, 这标志着程序公理语义的诞生。程序逻辑的发展极为丰富, 例如霍尔逻辑已经被扩充至并发系统、实时系统、混成系统, 甚至量子计算和私密性验证等。为了处理程序指针和面向对象程序设计, 雷诺兹和奥赫思等扩充了霍尔逻辑, 在程序状态中引入堆, 在断言逻辑中引入分离合取和分离蕴含, 建立分离逻辑。当然, 除了霍尔风格的程序逻辑, 人们还提出了其他风格的程序逻辑, 比较著名的包括: 动态逻辑、模态逻辑、时序逻辑等。代数语义在某种意义下可以看成是公理语义的一种形式, 它起始于 Simula 语言及利斯科夫和齐勒斯等提出的抽象数据类型, 戈根和古塔格基于初始代数建立了它的理论基础。

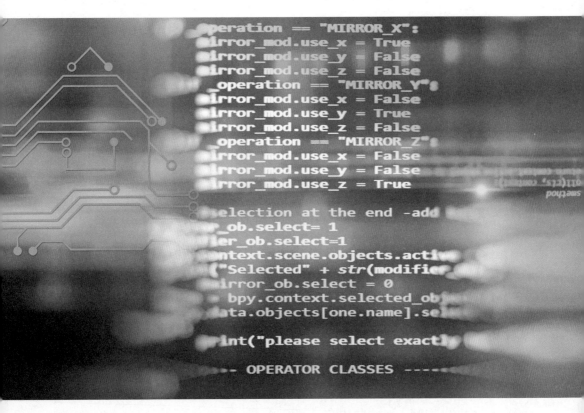

五、形式化方法

(1)建模方法。人们提出了各种系统建模方法,总体上可以划分为基于动作的建模方法和基于状态的建模方法,以及它们的后续发展。前者如各种进程代数、Petri网、自动机、模态和时序逻辑等;后者如精化演算等;后续的发展主要考虑实时、概率、随机、混成、容错等。以自动机为例,其后续扩展包括:时间自动机、混成自动机、概率时间自动机、随机混成自动机等等。这些模型已经不再局限计算机领域,已经广泛应用于控制、生物、物理、化学等多个领域。

(2)形式验证技术。形式验证技术主要包括模型检测、类型检测、判定过程、抽象解释为主的自动验证技术以及交互式定理证明。验证技术的主要瓶颈在于验证问题规模以及验证自动化程度。基于插值的方法天生具有组合性,可以用来和已有验证技术结合,提高验证能力。其核心是插值生成问题。近年,人们提出了各种插值生成方法,可以解决线性和非线性公式,一阶逻辑各个可判定子集,带非解释函数等词逻辑以及它们组合的插值生成问题,并成功应用于软、硬件验证。

(3)验证。为了解决程序验证不同数据结构问题,各种新的验证技术应运而生,例如针对数组、指针和对象等数据结构,人们提出了分离逻辑;针对程序中各种不同类型数据共存问题,人们提出了可满足性膜理论(SMT)。同时,为了处理概率、混成、多核等计算现象,多种基于连续数学理论的验证技术应运而生,例如,基于马尔科夫链或者马尔科夫决策过程的概率模型检测,基于各种微分方程理论的嵌入式系统验证技术,基于计算代数几何的不变量生成理论,等等。此外,人们开发大量验证工具,并成功应用于许多大型系统软件和硬件的验证,例如,微软公司开发的 Z3 及相关工具已经成功应用于微软公司各种软件产品,特别是核心驱动程序;法国国家信息与自动化研究所(INRIA)使用 COQ(一种交互式定理证明器)

成功验证 C 编译器（CompCert）；澳大利亚信息与通信技术部使用 Isabelle/HOL 成功验证操作系统微内核（seL4），等等。

（4）程序自动生成。有别于通用程序开发方法，首先手工编写程序代码，然后使用测试、仿真和形式验证技术保证代码正确性，程序自动生成技术根据程序规范，利用程序精化理论，逐步精化程序规范，直到程序代码为止。因为精化理论可以保证每一条精化规则都是正确的，因而最终程序的正确性是在程序构造过程中得到保证的。如何由程序规范自动生成程序或者设计问题最早由秋奇于 20 世纪 60 年代初提出，始终是计算机科学的核心问题。传统程序自动生成主要有两类方法，要么将程序自动生成问题归结为树自动机为空问题，要么将程序自动生成问题归结为博弈问题。但是，这些方法的主要问题是仅仅能够生成非常简单的程序，且生成算法过于复杂。艾米尔·伯努力在 20 世纪 80 年代考虑了如何由时序逻辑性质自动生成反演系统控制程序。几乎同时，拉马奇和旺纳姆考虑了基于自动机语言包含理论的离散控制系统控制程序自动生成问题。另一方面，基于霍尔逻辑及其后续理论，人们提出了各种程序精化理论，例如，迪杰斯特拉的最弱前置谓词演算、霍尔和何积丰院士的程序统一理论（UTP）等。根据精化理论，人们可以利用精化规则将高抽象程序模型转换为低抽象程序模型，直至程序代码。精化规则可以保证转换前后语义一致性。但是，规则的选取和抽象模型的分解需要人工参与，因而是半自动过程。这种半自动的代码生成在软件工程和实际软件开发中取得巨大成功，特别是在嵌入式系统控制软件领域，例如，空中客车 A380 的控制程序中，70% 的代码由高安全性应用开发环境自动生成，提高效率 50% 以上，特别是软件的可信性大幅提高，生成的代码无需进行单元测试。

第二节 新型计算模型

一、量子计算

量子计算是利用量子力学的基本原理来实现计算任务的。在经典计算中，信息的基本载体是比特。一个比特可以处于两种不同的状态，分别用 0 和 1 表示。同一时刻，一个比特只能处于 0 或者 1，因此 n 比特的经典计算机同一时刻只能表述 2^n 个不同状态之中的一个。在量子计算中，信息的基本载体是量子比特。与经典比特不同的是，一个量子比特可以处于 0 态和 1 态的线性量子叠加。因此，n 量子比特的计算机同一时刻可以同时描述 2^n 个不同的状态。这一特性使得量子计算机的信息存储能力随量子比特数的增加呈指数级上升，当 $n=250$ 时，可同时存储的状态数已达 2^{250}，比已知宇宙中全部原子数目还要多。当然，由于这 2^n 个不同状态都是以叠加的形式存在，而对量子系统的测量只能以一定的概率得到某个状态，并不可逆转地破坏其他状态的信息。因此，如何有效的提取和利用这些叠加在一起的信息是非常困难的，这也是量子信息论研究的中心课题之一。

量子叠加也是量子并行的重要来源。由于构成量子电路的基本门都是线性的，这意味着对处于 2^n 个状态叠加的量子态作用一次量子门就相当于同时对这 2^n 个状态进行了操作。因此原则上量子算法相对于经典算法在效率上可以有指数级的提升。然而，由于量子测量的破坏性和结果的随机性，对含有 2^n 个不同计算结果的量子态直接进行测量只能以一定概率读出某个有效的计算结果。因此，我们必须发明聪明的量子算法使得既能有效地利用量子计算机高效的存储和并行能力，又能尽可能准确和以更高的概率得到想要的计算结果。

1994 年，彼德·秀尔发明了因数分解的量子算法，可以在多项式时间内将任何一个正整数分解成质因数的乘积，而已知最快的经典算法所需要的时间则随输入规模呈指数增长。比如，要分解一个 1000 位的大整数，经典的算法需要约 12^{25} 年，而秀尔算法则只需要不到 1 秒。这一算法的高效性使得量子计算机很容易破解目前广泛使用的公开密钥密码体制公钥加密系统，严重威胁到银行、网络和电子商务等的信息安全以及国家安全。因此，秀尔算法的提出迅速引起了研究人员对量子计算研究的高度重视。

1997 年，格罗弗发明了无序数据库的量子搜寻算法，可以快速从 N 个未经排序的数据中找出某个符合特定条件的数据。由于数据排列是无序的，经典的确定性算法只能逐个进行查询，直到找到满足要求的数据为止，因此，最坏的情形下需要进行 $N-1$ 次操作。格罗弗的量子算法通过建立所有 N 个数据的量子叠加态，使得每一次查询操作（通过一个线性酉变换实现）可以同时检查所有 N 个数据，并增加满足条件的数据 x 对应的概率振幅。格罗弗证明，经过大约根号 N 次查询操作，x 对应的概率振幅将接近于 1。此时只要对系统进行一个简单的量子测量，就可以以很高的概率得到 x 的准确值。格罗弗算法的一个重要应用是可用来有效攻击数据加密标准密码体系，其基本原理是从 2^{56} 个可能的密钥中寻找一个正确的密钥。若以每秒 100 万个密钥的速度进行搜索，在最坏的情形下经典计算机大概需要 1000 年才能成功，而采用格罗弗算法的量子计算机则只需小于 4 分钟的时间。

二、生物计算

合成基因线路的概念最早在 2000 年出现,加德纳和埃多威兹等在同一期《自然》上发表了能够在细胞中实现双稳态开关和振荡器功能的人造基因线路,标志着合成基因线路研究的正式诞生。2003 年,美国克莱格·文特尔研究团队利用人工合成的寡核苷酸组装成完整的噬菌体的基因组,并在 2008 年,实现了第一个细菌基因组的人工合成。2010 年,雷戈在《自然》的工作实现了通过多类不同细胞协同完成的分布式运算。2010 年,克莱格·文特尔团队根据基因组序列信息,设计、合成和组装了蕈状支原体基因组,将其移植进一个山羊支原体受体细胞,使其成活并具有蕈状支原体的表型特征,打破了生命自然遗传规律,证明了人工合成生命的可行性。2017 年,《科学》上发表了首个真核细胞酵母的基因组人工合成工作。基因线路的研究进入高速发展的全新阶段。

早期的合成基因线路设计主要借鉴了电子电路设计中的相关理念。研究者首先构建出基础的功能元件,如双稳态开关、振荡器等,然后尝试对这些元件进行组装,实现更为复杂的功能。近年来,合成基因线路的设计和构建取得了一些可喜进展,人们构建出了信息存储器、稳定可调的振荡器、空间图样生成和模拟量计算器等一批功能模块。与此同时,研究者试图在合成基因线路的设计中引入设计标准化和设计自动化的概念,开发了合成生物学开放语言 SBOL,为描述合成基因线路提供了标准方法。基于此类描述语言,研究者开发了一些可以自动化设计合成基因线路的工具。例如,MIT 的沃伊特课题组开发的基因线路自动化设计平台 Cello,可以根据用户输入的描述语言自动地对一系列事前经过详细测定的相互绝缘的基础逻辑器件进行排列组合,并基于计算机仿真优化设计结果,最终将其编译为相应的 DNA 序列。研究者基于这一平台,在大肠杆菌中对 60 个 2 输入或 3 输入逻辑门进行设计构建,实验验证的结果表明,75% 的逻辑门的实际输出与设计预期基本相符。

第三节 新材料与新器件

传统计算器件技术、神经计算器件技术、量子计算器件技术这三个方面都经历了长足发展过程，下面分别介绍。

一、传统计算器件技术的发展过程

（一）　CMOS 器件技术

CMOS 器件能够执行信息的处理、存储和输入输出，是传统冯·诺依曼计算架构中最重要的基本单元（图 5-3-1）。CMOS 器件能够按照等比例缩小法则提高集成密度、降低成本并提高性能。这正是过去半个多世纪集成电路规模能够根据摩尔定律指数级增长的技术原因。然而，随着器件尺寸的缩小，CMOS 器件将受到短沟道效应和随机涨落的严重影响，一方面，静态泄漏电流快速增长，造成器件的功耗增加，工作失效，另一方面，作为信息载体的电荷数量减少，在热力学涨落的支配下产生不可预测的噪声，可能掩盖正常的信息。其他方面，诸如寄生电阻、寄生电容、迁移率退化、自热效应、可靠性等问题也随着器件尺寸缩小日益凸显，引起器件特性退化。

  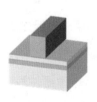

（a）传统 MOSFET　　（b）FinFET　　（c）UTB-SOI　　（d）纳米线器件结构示意图

图 5-3-1　晶体管

为此，在 22 纳米节点之前的经典等比例缩小阶段，研究者提出了许多适用于短沟道 CMOS 器件的结构设计和与之适应的理论模型，并通过改进工艺技术来克服短沟道效应对 CMOS 器件特性的影响，比如超浅源漏结、防穿通衬底掺杂、超薄高 k 栅介质、金属栅电极、源漏应变技术、金属硅化物接触技术、低 k 介质隔离层、铜互连等。这些新技术在一定历史时期内确可以帮助抑制短沟道效应引起的性能退化和功耗增长，然而在进入 22 纳米以下特征尺度时，却再也无法维持传统平面体硅 CMOS 器件的正常工作，只能转向更具有革命性的新型器件结构、新型材料体系乃至新型工作原理。

首先出现的突破性器件技术来自美国伯克利大学加州分校的胡正明教授的发明——三维鳍型晶体管，亦称作 FinFET（图 5-3-1b），栅电极形成"几"字形状，将鳍型半导体结构从三个不同方向包裹起来。这样的结构使得电荷受到更多的栅电极更多方向的控制，极大地减少了源漏之间的泄漏成分，提升了有效的电流密度。相比传统的平面器件，FinFET 器件在相同功耗条件下可以获得 50% 的性能提升。此外，FinFET 器件从理论上可以达到与鳍型结构厚度相近的最小栅电极长度。与 FinFET 器件同时出现的，还有另一个重要的新器件技术叫作绝缘层上超薄体器件，也称作 UTB-SOI 技术（图 5-3-1c），其衬底被压缩成一个平行于栅电极的薄膜，使得电荷分布在靠近栅电极的区域内，与 FinFET 一样减少了源漏间不必要的泄漏成分。

不论 FinFET 还是 UTB-SOI 技术，在特征尺寸持续缩小的情况下必然也将面临更为严峻的短沟道效应挑战，从而被更新的器件技术所替代，如同它们替代平面 CMOS 器件技术一样。人们对于 FinFET 和 UTB-SOI 之后的替代技术进行预测时，尽管还在谈论如何进一步缩小尺寸，但是更愿意模糊器件尺寸与器件特性之间的必然联系，为探索革命性的新器件技术提供更多的可能。其中广受关注的有纳米线器件、高迁移率材料器件以及新机理器件等。

纳米线器件（图 5-3-1d）半导体衬底退化为近似一维的纳米线条，完全被栅电极所包裹，从物理意义上来讲，其中的电荷受到的栅电极控制力最强，因而源漏之间的泄漏成分基本可以得到控制。

小尺度下的迁移率强场退化作用对器件性能的影响十分严重，特别是通过工艺应变进行迁移率增强的手段随着尺寸缩小而逐渐失效，需要采用更高迁移率的半导体材料替代传统硅材料，诸如锗、锗硅、锗锡、三五化合物半导体等。

在新结构与新材料的思路之外，新原理器件则通过改变 CMOS 器件中的电流调控机制来实现高能效。其中代表性的器件有利用量子隧穿实现超陡亚阈摆幅的隧穿晶体管。

（二） 存储器件技术

作为传统计算的一个主要技术品类，半导体存储器是信息的重要载体和媒介，在不同信息系统中起数据存储和交互的重要作用。特别是随着大数据、物联网等新技术的兴起，对海量数据的存储和无处不在的数据交互的需求使得半导体存储器的作用越来越重要。作为半导体存储器的代表，随机存储器（RAM）因其可以随意存取任何一个存储单元，在数据存储中已经逐渐代替与之相对的传统机械硬盘和光盘，成为主流的存储载体。

随机存储器可以按存储数据保持的时间长短分为两大类别，即易失性存储器和非易失性存储器（图 5-3-2）。易失性存储器主要包括静态随机存储器（SRAM）和动态随机存取存储器（DRAM），需要持续对存储器供电进行数据保持。前者因其速度快、电压低往往作为 CPU 计算过程中的高速缓存。而后者在结构上相比前者更为简单，单位面积小，因此拥有更好的集成密度，被广泛用于计算机的内部主存储器（内存）。非易失性存储器不需要持续供电而形成长时间的数据保持能力，所以被大量用于各类电子产品的静态数据存储。随着移动、可穿戴设备的快速普及，非易失性存储器变得越来越重要，已经超过 DRAM 成为当今市场份额最大的一类存储器件。

衡量半导体存储器性能的重要指标有存储密度、数据保持能力、读写速度、可

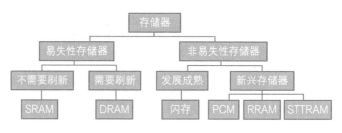

图 5-3-2　存储器技术分类

擦写次数、工作电压等。传统半导体存储器由于工作机制和材料的限制，越来越难以满足上述性能指标的需求，未来的新兴存储器在材料、结构和集成工艺等方面的创新有望突破目前半导体存储器件的瓶颈。

（三）　非硅半导体材料与器件技术

在传统计算技术中，硅作为微纳电子器件的材料基础已经存在了超过半个世纪，目前暂时还没有其他新材料能够动摇它的地位。作为地壳中含量最高的固态元素，硅的来源极为廉价和稳定，所具备的稳定的半导体特性使之难以被其他新材料完全替代。但是也需要看到，单纯的硅技术在尺寸缩小的经典路线上已经接近其物理极限，主要表现在其本征的迁移率难以满足日益增长的性能需求，而非本征的次生效应则导致功耗的快速增长。因此，亟须寻找其他更为新颖的材料，在硅基材料的应用区间之外开辟更多的器件应用。

实际上，在过去硅基材料一统江湖的同时，仍然有其他诸如锗、三五族化合物半导体、碳化硅、氮化镓等非硅基材料在功率器件、微波器件、射频器件、光电器件等领域内发挥着重要的作用，但是与硅基的交叠性不大，更谈不上对硅的替代作用。近年来，随着材料科学的发展，人们逐渐发现了一些新颖的半导体材料，其中具有代表性的有石墨烯和过度金属硫化物等二维材料。而随着制备工艺的完善，碳纳米管也开始重新受到关注。

（四） 自旋电子器件技术

在传统微纳电子器件技术中，只有电子的电荷属性得到了利用，其工作机制与电子自旋属性毫无关联。随着微纳加工工艺的迅猛发展，具有非平衡自旋态的自旋极化电流已经可以通过实验方法产生、探测和控制，促使诸多自旋相关输运现象的发现和应用。1988 年，法国南巴黎大学的 A. 费特和德国于利希研究中心的 P. 格伦伯格各自在铁／铬多层膜中发现，铁磁层磁矩相对取向的改变能够引起多层膜电阻的急剧变化，其变化率远高于传统的各向异性磁电阻，因而称为巨磁阻效应（GMR）。巨磁阻效应的发现被认为是自旋电子学研究的开端。

与传统电子学不同，自旋电子学意味着电子的电荷和自旋属性均可作为信息的载体，有望掀起一场信息学的技术革命。目前，除硬盘读出磁头外，自旋电子学在微纳电子器件领域进展最显著、未来应用潜力最大的领域是磁阻式随机访问存储器（MRAM）。人们还在研究将来可以用于计算功能的自旋电子逻辑器件。一些基于自旋电子学的逻辑器件，比如自旋电子场效应晶体管（Spin-MOSFET）、磁畴逻辑门（NML）、全金属逻辑门等器件能够实现更低的开关能耗，并可以实现逻辑—存储融合的新型计算架构，成为下一代高能效计算技术的有力竞争者。

二、神经计算器件技术的发展过程

长期以来，制造具有智能的机器一直是人类的梦想。1946 年，通用电子计算机 ENIAC 的出现原本承载着人类实现这一梦想的期望，然而与人脑迥异的体系架构和运算法则最终使得计算机更适于执行抽象的逻辑运算任务。这不仅与人类的自主意识、对于环境的自适应能力存在天壤之别，同时还难以完成许多对人类大脑来说轻而易举的任务，比如感知、学习、分类和推理能力等。传统计算机由于采用分离的存储、计算单元，当前已经面临"性能墙"和"功耗墙"的挑战，这些问题随着大数据时代的到来变得尤为突出，因此，迫切需要寻找具有更高智能、更高能效的新一代计算架构。

作为宇宙中最复杂的系统之一，人脑能在约 20 瓦功耗、10 赫兹低频下实现远超计算机的高级智能，是自然界高性能、低功耗计算硬件的典范。除大脑外，没有任何一个自然或人工系统能够具有类似的对于新环境、新挑战的自适应能力、新信息与新技能的自动获取能力以及在复杂环境下进行有效决策并稳定工作的能力。同时，也没有任何自然或人工系统能够具有像人脑一样好的鲁棒性和低功耗特性。原因在于人类大脑拥有超级庞大、高度互联的神经回路，尽管神经网络传导信号的速度很慢，但凭借分布式和并发式的信号传导方式进行并行运算弥补了单个神经元处理速度的不足。此外，人脑的部分神经元在不使用时可以关闭，从而使得大脑在实现高智能的同时整体依然保持超低的能耗。整体来讲，人脑可实现与外界环境的自动交互与自主学习，并且具有低功耗、高容错、高度并行性、异步信息处理等鲜明优势。构建像人脑一样能够自主学习并且具有类脑通用智能的计算系统将是计算机和智能技术发展的终极目标。

神经计算技术是指借鉴大脑神经网络的体系结构和信息处理方式而实现的新型计算硬件和软件，与传统计算机相比具有逻辑与存储相融合的特点，有望从根本上支撑、实现更为灵活、高效甚至智能的信息处理与计算模式。在神经计算中，传统的冯·诺依曼架构将被彻底摒弃，转而通过拟神经网络架构实现高度并行运算，从而以极低的硬件代价实现传统计算机无法达到的智能水平，进而引领未来计算机和智能产业的发展。

神经计算由美国加州理工大学的科学家卡弗·米德在 1990 年提出。作为一门典型的交叉学科，神经计算需要生物学、计算机科学、智能科学、材料科学、微电子学等学科之间的深度融合。目前，神经生物学已经在分子生物学、细胞生物学等层次上精确解析了神经元和神经突触的离子输运、电信号输运等特性，对于生物神经网络的基本构造、信号加工和处理的具体过程也已基本清晰，这为神经计算技术的发展提供了极好的硬件模板。以此为基础，神经计算技术在器件、材料层面上高精度模拟生物神经元、突触的信息处理功能，在体系架构上借助大脑神经网络的结构加以规模化集成。硬件网络的通信、协同等同样需要借鉴大脑神经网络的运行模式。

三、量子计算器件技术的发展过程

量子计算机最早由美国天才物理学家费曼在 1982 年提出。它是利用量子力学原理，进行高速数学和逻辑运算、存储及处理量子信息的物理装置，处理和计算的是量子信息，运行的是量子算法。量子信息最大的特点是，表达信息的量子比特状态可以处于不同态的叠加之中。例如，电子自旋态可以朝上，也可以朝下，还可以在自旋朝上的同时自旋朝下。这听起来很矛盾，实质是自旋被测量时有概率朝上也有概率朝下。

正是由于这种量子力学的原理，量子比特具有量子相干、叠加、纠缠等非经典特性，这使得利用量子计算实现大规模并行运算成为可能。在传统计算机中，分别用低电平和高电平表达逻辑 0 和 1，每个比特的状态只有可能是 0 或 1。但在量子计算机中，由于量子比特可以表达出两个逻辑态 0 和 1 的相干叠加态，换句话讲，它可以同时存储 0 和 1。打个比方，一个 N 位的经典存储器同时只能存储 $2N$ 种数据中的一个，但对于 N 位的量子存储器，它则可以同时存储 $2N$ 个数。随着比特数 N 的增加，其存储信息的能力将指数上升，这也意味着在进行运算时可以同时对 $2N$ 个数据进行运算，大大提高了计算效率。量子计算的天然并行特性在处理某些大规模并行运算时将发挥巨大作用，能在很大程度上满足现代社会对海量数据快速处理的需求。

另外，阻碍传统半导体芯片迅速发展的另一个重要难题是功耗，但是在量子计算中，功耗将迎刃而解。量子计算利用幺正变换处理量子信息，幺正变换的可逆性保证了信息处理过程的低功耗，因此从原理上解决了芯片的高功耗难题。

当然，在真实物理体系中实现量子计算必须满足几个基本要求：①具有可扩展的可控量子比特。第一，要能制备和控制量子比特；第二，具备足够数目的量子比特才能体现量子计算的优越性，因此系统要求具有可扩展性。②能够将量子比特制备到初态。在进行量子计算之前，所有量子比特都需要初始化到已知的状态。③较长的量子相干时间。量子体系与环境的耦合会造成量子相干性的丧失，较长的相干时间才能保证完成量子运算的操作和测量。④能够实现普适量子逻辑门操作。通过组合普适逻辑门实现任意的量子操作，实现任意量子计算。⑤能够进行量子逻辑门测量。即能够得到量子体系演化结果。⑥静止比特和飞行比特间能够耦合。⑦飞行比特能够准确传输。

由于量子计算机对于未来国家经济、社会、安全等将产生巨大影响，受到国际社会高度关注。美国、欧盟、日本、澳大利亚等均投入巨资进行相关研究。量子计算机功能强大，但由于量子比非常"脆弱"，极易受到外界干扰、破坏，其研究也充满挑战。虽然目前量子计算机的研究进度低于人们最初的预期，人们还很难预测第一台通用量子计算机何时诞生，但是随着一系列困难相继突破，在科学家看来实现量子计算已经没有太多原理性困难。

第四节　系统结构

一、CPU

CPU（中央处理器）是计算机的核心部件。CPU 的发展经历了电子管、晶体管、小规模集成电路、大规模集成电路、微处理器的历史阶段，但其基本结构被称为冯·诺依曼结构保持不变，主要包括控制器和运算器，负责解释指令的功能，控制各类指令的执行过程，完成各种算术和逻辑运算。

世界上第一台通用计算机 ENIAC 于 1946 年在美国宾夕法尼亚大学诞生（图5-4-1）。它采用 18000 个电子管实现，体积大，耗电量大，易发热，因而工作的时间不能太长。

晶体管（图 5-4-2）CPU 主要在 20 世纪 50—60 年代研制。晶体管的出现使得无须采用体积大、不可靠的真空管和继电器等来设计计算机。采用晶体管使得 CPU 可以在一块或者几块印刷电路板上实现，单块印刷电路实现独立的部件。晶体管 CPU 相对于电子管 CPU，不仅具有更高可靠性、更低功耗，并且具有更高速度，主频能达到数十兆赫兹。1964 年，IBM 研制出了划时代的 System/360 计算机；1965 年，美国数字设备公司（DEC）研制出了 PDP-8 计算机。

图 5-4-1　ENIAC 计算机

小规模集成电路 CPU 主要依赖于集成电路技术。该技术使得在一个半导体晶片上制造许多晶体管。小规模集成电路在一个晶片上能集成几十个晶体管。最初只有基本的数字电路元件如或非门被实现在晶片上，实现整个 CPU 需要数千个晶片，但相比基于独立的晶体管 CPU 已经在空间、功耗上大幅减少。IBM 产品 System/370、DEC 的 PDP-8/I 和 PDP-10 都采用了这种方式进行制造。

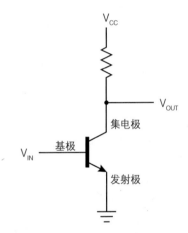

图 5-4-2　NPN 双极型晶体管电路图

大规模集成电路 CPU 在 20 世纪 60—70 年代出现。制造大规模集成电路的方法是采用 CMOS 工艺，可以在晶片上集成数百到数千个晶体管。采用大规模集成电路，可以减少实现整个 CPU 需要的晶片数目。到 1968 年，实现一个完整 CPU 只需要 24 个晶片，每个晶片包含 1000 个 CMOS 晶体管。DEC 的 PDP-11 第一次用大规模集成电路实现，只需要 4 个晶片。但是由于 CMOS 工艺比采用双极型晶体管工艺的速度要慢，在 20 世纪 70 年代，CPU 主要采用基于双极型晶体管的中小规模集成电路来实现，CMOS 工艺只在某些不考虑速度、要求低功耗的领域采用。

微处理器是指使用很少（通常是 1 片）晶片实现的 CPU。美国 Intel 于 1971 年推出了世界上第一款商业微处理器 4004，1974 年又推出 8080 处理器。微处理器 4004 运行速度只有 108 千赫兹，集成 2300 个晶体管。得益于过去 40 多年 CMOS 工艺按照摩尔定律发展，芯片上每 18 个月晶体管数目翻一番，速度提高一倍，微处理器取得了巨大发展，现在几乎所有的 CPU 都是微处理器，主频从几十兆赫兹到几吉赫兹。20 世纪 70 年代，微处理器主要采用复杂指令集架构；20 世纪 80 年代早期，精简指令集架构被开发出来，它指令简单，实现高效，速度更快。20 世纪 80 年代中后期，采用指令流水线来挖掘指令级并行性来提高微处理器性能；20 世纪 90 年代，超标量、乱序执行和猜测执行技术被开发出来，进一步挖掘指令级并行性；2000 年以后，多线程技术和多核处理器结构被开发出来，挖掘任务级并行性来提高性能。目前，主流的 CMOS 工艺的特征尺寸已经到 14 纳米，通用微处理器的最高频率为 6GHz，集成数十个处理器核，集成晶体管数接近百亿个。

二、编程语言

编程语言分为硬件编程语言和软件编程语言。

（一）硬件编程语言

20 世纪 70 年代之前，集成电路较为简单，设计工程师直接通过搭建和连接电子元件的方式进行电路的设计和完成电路的实现。20 世纪 70 年代以后，随着集成电路复杂程度的增长，搭建元器件的工作量巨大，使得工程师根本无法完成。硬件描述语言应运而生，工程师可以将精力放在电路逻辑功能的设计上，而把烦琐耗时的门电路的连接和布局等工作交给电子设计自动化工具，如综合器、布局布线器等。这些工具能够自动完成硬件描述语言到具体门电路的转换，把设计工程师从这些烦琐的门电路搭建连接工作中解放出来，极大地提高了生产效率。例如，综合器把 Verilog 语言描述的设计转换成门电路（图 5-4-3）。转换的门电路有多种可能性，综合器会根据设计对面积、功耗、时延等方面的约束进行选择。

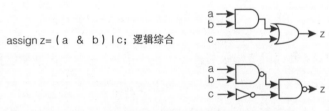

assign z= (a & b) | c；逻辑综合

图 5-4-3 综合器将硬件描述语言设计转换成门电路

到 20 世纪 80 年代，硬件描述语言百花齐放，出现了上百种，对设计自动化起到了极大的促进和推动作用。但是，这些语言面向特定的设计领域和层次。此时，急需一种面向设计的多领域、多层次并得到普遍认同的标准硬件描述语言。20 世纪 80 年代后期，VHDL 和 Verilog HDL 语言适应了这种趋势的要求，先后成为了美国电气和电子工程师协会（IEEE）标准。直到今天，它们仍是硬件设计中广泛使用的描述语言。

2016 年对全球的硬件设计公司进行的硬件设计语言近 10 年的使用情况进行了统计。从统计结果（图 5-4-4）可以看出，传统的硬件设计语言 Verilog/VHDL 的使用有减少的趋势，抽象层次较高的硬件设计语言 SystemVerilog、SystemC、C/C++ 的使用逐年增多。随着设计规模的增加和设计越来越复杂，硬件设计语言的发展趋势是抽象级别逐步提高。

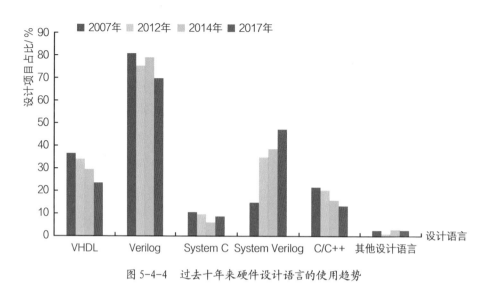

图 5-4-4　过去十年来硬件设计语言的使用趋势

相对于门级 / 寄存器传输级（RTL）的硬件描述，基于更高抽象级别的描述，如事务级（TLM）和电子系统级（ESL）等，可以更高效地描述设计，利于更早开展软、硬件协同开发，利于在设计早期开始验证。

（二）软件编程语言

在计算机诞生之初，程序员通过手动编写机器代码来编程，使得无论是程序的编写还是维护都非常困难。20 世纪 50 年代 Fortran 作为第一个高级语言诞生以来，涌现出众多的编程语言，近几十年来主要的编程语言家族树（图 5-4-5）中用加粗的颜色标注了 Fortran、C、Java、函数式语言、脚本语言等几类主流的语言。纵观编程语言的发展历史，呈现出两个显著的特点：第一个特点是新的编程语言不断地涌现。这既包含了一个语言自身的不断发展和演化，例如 C/C++，也包含了全新语言的出现，例如 Java 等，同时活跃的语言也为数不少。第二个特点是编程语言呈现出领域针对性。在语言发展的初期这一趋势已经出现，例如针对金融业务出现的 COBOL 语言，针对人工智能出现的 Lisp 语言，针对初学者的 BASIC 语言，针对系统编程的 C 语言等。未来几十年，上述两个趋势仍将持续，计算机编程语言将继

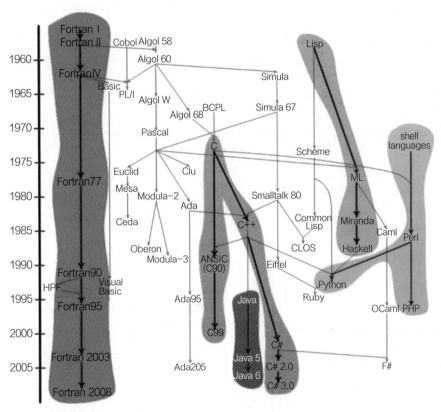

图 5-4-5　软件编程语言历史

续呈现百家争鸣的景象，领域的划分将越来越细。

　　驱动编程语言发展的是编程范式。所谓编程范式，是一类典型的编程风格，如函数式编程、过程式编程、面向对象编程、指令式编程等。编程范式提供了、同时也决定了程序员对程序执行的看法。例如，在面向对象编程中，程序员认为程序是一系列相互作用的对象；在函数式编程中，一个程序会被看作是一个无状态的函数计算的序列。不同的编程语言也会提倡不同的编程范型，一些语言是专门为某个特定的范型设计的，如 Smalltalk 和 Java 支持面向对象编程，Haskell 和 Scheme 则支持函数式编程。同时，还有另一些语言支持多种范型，如 Ruby、Common Lisp、Python 和 Oz。编程范式和编程语言之间的关系十分复杂，一个编程语言可以支持多个范式。例如，C++ 设计时，就考虑支持过程化编程、面向对象编程，以及泛型编程。然而，设计师和程序员们要考虑如何使用这些范式元素来构建一个程序。一个人可以用 C++ 写出一个完全过程化的程序，另一个人也可以用 C++ 写出一个纯粹的面向对象程序，甚至还有人可以写出杂糅了两种范式的程序。图 5-4-6 展示了 4 种代表性语言编写的 Hello world 程序。

```asm
      section .data
msg      db        'Hello,
world!',0xA
len      equ       $-msg
      section .text
global  _start
_start:
        mov       edx,len
        mov       ecx,msg
        mov       ebx,1
        mov       eax,4
        int       0x80

        mov       ebx,0
        mov       eax,1
        int       0x80
```
汇编语言

```c
#include <stdio.h>int
main(void){
printf("Hello,
world!\n");    return 0;}
```
C语言

```lisp
(format t "hello,
world!~%")
```
Lisp语言

```java
import java.awt.*;
import java.awt.event.*;
public class HelloFrame extends Frame
{
  HelloFrame(String title)
  {
    super(title);
  }
  public void paint(Graphics g)
  {
    super.paint(g);
    java.awt.Insets ins = this.getInsets();
    g.drawString("Hello, World!", ins.left + 25, ins.top
+ 25);
  }
  public static void main(String args [])
  {
    HelloFrame fr = new HelloFrame("Hello");

    fr.addWindowListener(
      new WindowAdapter()
      {
        public void windowClosing(WindowEvent e)
        {
          System.exit( 0 );
        }
      }
    );
    fr.setResizable(true);
    fr.setSize(500, 100);
    fr.setVisible(true);
  }
}
```
java语言

图 5-4-6　用 4 种语言编写的 hello world 程序

三、高性能计算机

1964 年，公司（CDC）推出的巨型机 CDC6600，被公认为是世界上第一台高性能计算机（图 5-4-7）。CDC6600 采用了多项在当时看来非常先进的技术，包括晶体管、多功能单元并行技术、专用 I/O 处理机等，峰值性能达到了 3MFLOPS。

此后,高性能计算机按照大概每10~12年性能增长1000倍的速度飞速发展:1985年,第一台G级高性能计算机Cray-2发布;1997年,第一台T级高性能计算机的桂冠由Intel的ASIC Red摘得;2008年,IBM发布的Roadrunner成为全球第一台达到P级计算能力的高性能计算机。近年来,中国高性能计算机的研制也取得了巨大进步,2010年,曙光星云系统在500强排行榜中排名第二,创造了中国高性能计算机全球排名的最好成绩,成为亚洲首台实测性能超千万亿次的超级计算机(图5-4-8)。此后,天河一号A和天河二号都曾先后登顶500强排行榜第一。2017年6月,500强排名第一的高性能计算机是位于中国无锡的神威太湖之光计算系统(图5-4-9),峰值性能达到了125PFLOPS,相较于CDC6600,性能提高了约400亿倍。

图5-4-7 第一台使用超标量设计的超级计算机CDC6600

图5-4-8 曙光星云计算机系统

图5-4-9 神威太湖之光

在过去的 50 多年里,高性能计算机之所以能够持续快速发展,主要得益于体系结构和处理器技术的推动。体系结构方面,大体上经历了 4 个技术阶段,即多功能单元并行阶段、向量机阶段、大规模并行处理机(MPP)阶段和机群(Cluster)系统阶段。上面提到的几台标志性机器中,CDC6600 属于多功能并行机,Cray-2 则属于向量机,Intel ASIC Red 以及太湖之光是 MPP 系统的典型代表,IBM Roadrunner 则属于 Cluster 架构。目前,500 强的高性能计算机架构主要被 Cluster 和 MPP 系统所垄断,以 2017 年 6 月的 500 强为例,有 432 台是 Cluster 系统,其余 68 台则全部是 MPP 系统。

处理器是高性能计算系统的核心部件,高性能计算不断增长的计算需求也是推动处理器性能不断提升的动力。在高性能计算系统中,处理器从最早的单核处理器逐渐发展到并行多核、大规模并行的众核处理器架构,单核时期又经历了从微处理器,发展到向量处理器,再到乱序超标量处理器的过程。多核 / 众核处理器架构仍在不断演进(图 5-4-10),片内集成的处理器核数也还在不断增加。目前,高性能计算系统中使用的众核处理器已经做到数百、甚至数千个处理器核的规模,单个芯片已经可以提供 TFLOPS 级别的计算能力。

1993年,Intel第一款
超标量处理器产品

2005年,Intel第一款
双核处理器产品

2012年,Intel第一款
众核处理器产品

图 5-4-10　Intel 高性能处理器发展过程

随着高性能计算机的系统规模越来越大、峰值性能越来越高,对应的互联和编程技术也都在不断演进。互联网络方面,为了提供更高的互联带宽和更小的延迟,互连介质从传统的电互联、正在向光电混合互连演进,未来很可能发展到全光互连。互联网的结构也从早先的总线直联、逐渐演进到各种复杂的高维互联结构。编程语言方面，从以 Fortran 为代表的过程编程语言发展到以 C++ 为代表的面向对象编程语言，再到以 Chapel、X10 等为代表的各种新型编程语言。编程模型方面，随着各类加速器的出现，目前，主要采用的是以 MPI+OpenCL、MPI+CUDA 为代表的混合编程模型。

此外，高性能计算机的出现，对科学与工程计算应用也产生了巨大的影响。回顾科学计算的历史，不难发现理论研究和观测实验在计算机出现之前一直是主要的研究手段。到 20 世纪 60 年代，高性能计算机的出现使人们看到了利用强大的计算能力对物理过程进行推导的曙光。例如，随着有限元、有限差分等计算方法的发展，计算流体力学快速成为一种重要的研究手段和方向，开始广泛应用于航空航天、船舶、汽车、海洋、城市规划设计等领域。在流体力学、天文学、生命科学、能源环境、材料化学等诸多领域，高性能计算机的出现改变了人类科学探索的方式，科学计算已经成为与理论、实验并重的第三大科学研究手段。与此用时，工程计算能力的跃升推动新技术、新设备的开发，不断拓宽人类活动与探索的疆界。

第五节　软件技术

软件技术的发展可以是从操作系统和软件工程两个主要方面分别回顾。

一、操作系统

操作系统一直是计算机系统的核心软件。早期操作系统的原型是 1956 年开发的 GM-NAA I/O。它的主要功能是在一个程序执行完成之后，自动开始下一个程序的执行（即批处理）。在具体实现上提供了在程序间共享的一些例程，从而使它们都可以访问相应的输入 / 输出设备。随着操作系统的发展，逐步添加了越来越多的公共功能，不仅在功能和结构上越来越接近现代操作系统，而且还逐渐添加了与网

络相关的功能。

　　随着计算机系统的功能越来越强，又出现了分时系统和虚拟机的概念，从而可以把一台大型计算机共享给多个用户同时使用。早期的计算机只用来满足科学与工程计算等专用功能，并没有考虑通用性。随着新的应用需求的不断出现，特别是个人计算机的普及，软、硬件捆绑的系统无法满足灵活多变的应用需求，提供通用和易用的用户接口就逐渐成为操作系统发展的必然选择。

　　在 20 世纪 60 年代，IBM 推出 System/360 系列计算机之前，几乎每台计算机都是为特定的用户和目的而设计和制造的。System/360 系列中拥有不同规模和能力的计算机都采用了相同的指令集，并且为这些计算机设计和开发了统一的 OS/360 系列操作系统。OS/360 不仅支持批处理，而且可以通过对内存进行划分以支持多个程序的同时运行（即多道程序）。另外，IBM 也为 System/360 系列计算机提供了支持多用户分时使用的功能，包括 TSS/360（分时共享系统）、TSO/360

（分时共享选项）、VM/370（虚拟机）等机制。在采用 VM/370 之后，可以把每台虚拟机都当作是一台真正的 System/360 机器，在其上运行不同版本的 OS/360 操作系统，通过分时使用来进一步提高计算机的利用率。根据 OS/360 项目负责人弗雷德·布鲁克思的回忆，虽然该操作系统在开发过程中遇到了许多困难，例如系统过于庞大，采用的实现语言可扩展性不强等，但是 OS/360 依然是历史上最为成功的操作系统之一。在首个版本开发完成 40 多年之后，在 IBM 的许多主机系统（例如 Z/90）上，还能看到 OS/360 的影子。

公认的第一个现代操作系统是从 20 世纪 70 年代开始得到广泛应用的 UNIX 系统。与 OS/360 采用汇编语言不同，UNIX 采用了与机器无关的语言（C 语言）来编写的操作系统，从而可以更好地支持硬件平台可移植性。在发展过程中，C 语言和 UNIX 彼此促进，都在各自领域成为了最为成功的典范。采用高级语言来编写操作系统具有革命性意义，不仅极大地提高了操作系统的可移植性，还促进了 UNIX 和类 UNIX 系统的广泛使用。同时，UNIX 还提供了标准化的编程接口以及相应的函数库（lib），并且集成了 C 语言的开发环境，提供了更易用的编程平台。

从 20 世纪 80 年代开始，以 IBM PC 为代表的个人计算机（PC）开始流行，开启了个人计算时代。PC 上的典型操作系统包括 Apple 公司的 Mac OS 系列，微软公司的 DOS/Windows 系列，以及从 UNIX 系统中衍生出来的 Linux 操作系统。PC 时代的操作系统主要面向个人用户的易用性和通用性需求，一方面提供图形用户界面（GUI），可以很好地支持鼠标等新的人机交互设备，另一方面提供丰富的硬件驱动程序，从而使用户可以在不同计算机上都使用相同的操作系统。目前，90% 以上的个人计算机采用的都是 Microsoft 公司的 Windows 系列操作系统。

进入 21 世纪之后，在个人计算机普及的同时，出现了以智能手机为代表的新一代的移动计算设备，从黑莓到 iPhone，再到谷歌安卓手机的广泛流行。智能手机已经成为了新一代的小型计算设备。在智能手机上运行的操作系统从核心技术上并无实质性变化，但主要着眼于易用性和低功耗等移动设备的特点，对传统操作系统（例如 Linux）进行了相应的裁剪，并开发了新的人机交互方式与图形用户界面。伴随着这些智能手机操作系统,也出现了以 Apple AppStore 为代表的新型应用软件发布模式,基于客户端操作系统和后端应用软件商店提供的服务,用户可以在线查找所需的应用,并按照需要进行安装和使用,这在很大程度上改变了传统操作系统上的应用开发和部署模式。

近年来,绝大多数计算机采用的处理器已经从单核处理器发展为双核、四核甚至更多核的处理器。然而目前的多核处理器上采用的操作系统依然是基于多线程的传统操作系统架构,很难充分利用多核处理器的处理能力。为了更好地提高多核处理器的执行效率,研究人员已经在尝试专门针对多核处理器开发多核操作系统的原型。

除了单机操作系统的发展主线之外,在操作系统的发展历史上还存在另外一条重要辅线,那就是扩展操作系统的能力为网络提供支持。操作系统上的网络支持能力大致可以分为两个层次:一个层次是随着局域网、广域网以及互联网的逐步普及,通过扩展操作系统的功能来支持网络化的环境,主要提供网络访问和网络化资源管理的能力;另一个层次是在操作系统和应用程序之间出现了新的一层系统软件——中间件,用以提供通用的网络相关功能,支撑以网络为平台的网络应用软件的运行和开发。下面分别按照这两个层次介绍操作系统网络支持能力的发展。

(1)扩展单机操作系统以支持网络化环境。最早的计算机系统都是孤立运行的,在早期操作系统中并没有考虑网络支持的功能,例如 Windows 系列操作系统直到 Windows 95 才开始把对网络的支持(例如网卡驱动和 TCP/IP 协议)内置到操作系统中。

在 20 世纪 70 年代,首先在局域网中出现了以太网的概念,可以实现分布式的数据包交换。随着广域网的发展,在 1983 年的阿帕网(ARPANET)中提出了 TCP/IP 协议,然后到 1985 年 UNIX 系统中出现了网络化的文件管理功能,也就是 NFS。随后在 20 世纪 90 年代出现了网络操作系统的概念,例如 Novell Netware,Artisoft LANtastic 等。严格来讲,这一类网络操作系统只是在原来单机操作系统之上添加了对网络协议的支持，从而使得原本独立的计算机可以通过网络协议来访问局域网或者广域网之上的资源。还出现过分布式操作系统的概念。分布式操作系统对用户来讲看起来像是一个普通的集中式操作系统，但是却运行在多个独立的中央处理单元之上。它的关键概念是透明。用户可以把分布式系统看作是一台"虚拟的单机"，而不会看到分布式系统中的独立计算机。分布式操作系统在提供网络支持的前提下，面向多处理器系统提供完全透明的任务分配、并行执行的功能，并进一步可以扩展到对网络计算资源的分布式管理。

（2）基于单机操作系统的系统软件层——中间件。中间件的概念最早出现在1968年北大西洋公约组织（NATO）软件工程会议的报告中。在1972年出版的英国杂志《会计师》中给出了对中间件的完整描述："由于有些系统过于复杂，需要对标准操作系统进行增强或修改，因为它们位于操作系统和应用程序之间，由此得到的程序被称作是'中间件'"。

作为操作系统的补充，网络中间件为应用程序提供了一系列的应用编程接口，以辅助应用程序以更加透明的方式访问网络资源。网络中间件的主要特点是凝练网络应用程序共性，简化开发和运行，并且对系统底层分布环境（网络、主机、操作系统、编程语言）的复杂性和异构性进行抽象，使得网络化应用程序只需关注应用逻辑自身。网络中间件的功能主要包括远程过程调用、负载均衡、事务处理、容错、安全保障等，典型例子包括 DCE/RPC，CORBA，.Net，J2EE 等。

随着过去20年来互联网的快速发展，操作系统面对的计算平台已经从单机平台和局域网平台向互联网平台转移。操作系统不仅需要提供网络支持能力，而且更重要的是需要解决如何管理互联网平台上庞大的计算资源和数据资源，以及如何更好地利用分布式计算能力等诸多问题。在互联网时代，随着单机操作系统的核心功能基本定型，网络化逐渐成为主流发展方向，因此，面向互联网就成为了操作系统发展的新主线，出现了互联网操作系统（Internet OS）、Web 操作系统、云操作系统、物联网操作系统等新型操作系统。

二、软件工程

软件开发技术和平台的发展受到应用和硬件发展的牵引和制约，大致可分为以下几个主要阶段。

（一） 第一阶段

从第一台计算机上第一个程序出现到实用的高级程序设计语言出现（1946—1956 年）

初期计算机的工作和应用领域较窄，主要是科学计算。就一项计算任务而言，输入、输出量并不大，但计算量却较大，主要处理一些数值数据。机器结构以中央处理器为中心，存储容量较小。编制程序所用的工具是低级语言，即以机器基本指令集为主的机器语言和在机器语言基础上稍加符号化的汇编语言。这一阶段，程序的设计和编制工作复杂、烦琐、费时和易出错。设计和编制程序采用个体工作方式，强调编程技巧，主要研究科学计算程序、服务性程序和程序库，研究对象是顺序程序。这一阶段，人们对和程序有关的文档的重要性尚认识不足，重点考虑程序本身，尚未出现软件一词。

（二） 第二阶段

从高级程序设计语言出现到软件工程出现（1956—1968 年）

计算机应用领域的逐步扩大，出现了大量的数据处理问题，其性质和科学计算有明显区别。就一项计算任务而言，计算量未必很大，但数据存储和输入、输出量却较大。这时，机器结构转向以存储控制为中心，因而出现了大容量的存储器，外围设备发展迅速。为了提高程序人员的工作效率，出现了高级程序设计语言。为了充分利用系统资源，出现了操作系统。为了适应大量数据处理问题的需要，出现了数据库及其管理系统。20 世纪 50 年代后期，人们逐步认识到与程序有关的文档的重要性，20 世纪 60 年代初期出现了软件一词，将程序及其有关的文档融合为一体，称为软件。这时，软件的复杂程度迅速提高，研制周期长，正确性难以保证，可靠性问题突出。20 世纪 60 年代中期出现了人们难以控制的局面，即所谓的软件危机。为了克服这一危机，人们进行了以下三个方面的工作：①提出结构化程序设计方法；②提出用工程化方法开发软件；③从理论上探讨程序正确性和软件可靠性问题。这一阶段的研究对象增加了并发程序，并着重研究高级程序设计语言、编译程序、操作系统以及各种应用软件。计算机系统的处理能力得到加强。设计和编制程序的工作方式逐步转向合作方式。

（三） 第三阶段

工程化开发阶段（1968—1990 年中期）

大型软件的开发是一项工程性任务，众多参与人员需要提高合作效率，提高软件产品可靠性，并且保障按时完成。1968 年的北大西洋公约组织的学术会议提出了软件工程的概念，其目的是倡导以工程的原理、原则和方法进行软件开发，以解决"软件危机"问题。从此，软件开发方式逐步由个体合作方式转向工程方式。人们开发了各类工具与环境，用以支撑软件的开发与维护，并研制了一些软件自动化系统，极大地促进了软件的工程化、系统化开发。同时，人们致力于研究软件开发过程本身，研究各种软件开发范型与过程模型。

（四） 第四阶段

工业化开发阶段（20 世纪 90 年代中期—21 世纪初）

软件开发的需求日益扩大，众多大型软件企业成为了世界百强企业中的翘楚。软件产业成为了信息化时代工业发展的主要发动机。大规模的软件开发使得提高效率和质量的目标更高更难。借鉴传统产业的大规模生产机制，软件产业开始研究和实践大规模的工业化生产模式。软件的大规模生产类同于传统工业生产，即通过复用已有的软件来提高生产效率和质量。这个时期，基于构件的软件复用研究如何开发可供复用的软件构件，如何管理和组织海量的可复用资源，以及如何通过组装已有构件的方式快速构造出客户需要的系统。一系列的复用方法和机制被提出和广泛实践。例如，美国卡内基梅隆大学（CMU）提出的软件产品线方法，北京大学提出的青鸟软件生产线系统等。这个时期也伴随着对传统工业的流程管理和组织方法的借鉴和发展，在软件企业中广泛采用了推动过程优化的软件开发能力成熟度模型（CMM）和质量保证模型（ISO 9000 系列）等的实践活动。总体上讲，这个阶段充分体现了企业管理下的开发优化研究和实践。

（五）第五阶段

群体化、社会化开发阶段（21 世纪初至今）

随着开源软件几十年的发展和积累，网络化和开源软件相结合，形成了大规模软件共享和复用的局面。从各方面的系统软件，包括操作系统、软件开发平台到各类共性基础软件，大量的开源软件基本上能够满足一般软件开发的要求了。而商业目标下大型企业推动的开源活动也形成了规模庞大、较为规范的开发社区。由此形成了软件开发的社会化模式。大型开源软件开发中经常汇聚几十万的开发活动参与者。相对于传统的企业开发中强管理的类型，也演化出了各种敏捷软件开发方法。群体化软件开发成为主流，在传统的自愿合作模式基础上，商业企业资助的开源项目和以 TopCoder 为代表的竞赛方式分包开发软件模式等不断创新，目前国际上主流开源软件社区中的相关人员数量已经超过千万级。同时，针对软件开发和应用的问题解答，也形成了以栈溢出（StackOverflow）和中国开发者社区（CSDN）等的技术问答社区和软件知识社区，其上的资源、知识也成为了软件大数据的重要组成部分。在软件开发环境方面，智能化推荐机制成为开发工具的主要发展目标，建立在云计算基础上的云开发环境也成为主流发展方向。

综上所述，软件技术在很长一段时期主要是针对单机系统。随着网络技术尤其是互联网的高速发展，计算机软件的运行环境开始从单机和局域网环境，延展到复杂互联网环境，软件技术发展进入互联网软件新阶段。在该阶段，信息世界、人类社会、物理世界之间逐渐趋于融合，各种网络化新型计算模式层出不穷，如网格计算、普适计算、云计算、移动计算、智能计算等，软件从支撑各个领域的行业应用，发展到支持人—机—物融合的网络化、智能化、普适化的应用，软件形态发生了很大变化，软件技术发展面临全新的挑战。同时，与互联网发展密切相关的开源软件运动蓬勃发展，对软件产业甚至整个人类社会产生了深刻影响。

第六节　数据库技术

数据库技术的发展史可以用 4 位图灵奖获得者的成就来概括。他们分别是 1973 年获奖的查理士·巴赫曼、1981 年获奖的埃德加·科德、1998 年获奖的詹姆斯·尼古拉·格雷和 2015 年获奖的迈克尔·斯通布雷克。他们分别代表了数据库技术的不同时代。

一、层次与网状数据库

数据库技术的发展可以上溯到 1960 年代出现的层次数据库技术。当时计算机已经开始在商业上获得应用，文件系统已经无法满足对商业应用（如银行业务）中复杂数据关系进行管理的需求，同时又受制于当时的技术限制，因此第一代的数据库管理系统是层次型的。后来，又进一步扩展到网状型数据库。这里所谓的层次型或者网状型是指数据组织方式是按照树或者（受限）图来组织的。树由于每一个节点最多只有一个父节点，故可以采用更加有效的手段来存储数据。网状模型则通过引入基本层次联系的概念，将图切分为一组基本层次联系的集合。而基本层次联系实际上就是一个命名的层次联系。因此，这两类数据库本质上还是一样的。巴赫曼 1960 年加入通用电气，在这里他开发出了第一代数据库管理系统——集成数据存储（IDS），这是最早的数据库产品之一，其他还有 IBM 的 IMS 系统等。查理士·巴赫曼的另一项成就就是积极推动与促成了数据库标准的制定，在美国数据系统语言委员会下属的数据库任务组（DBTG）提出了网状数据库模型以及数据定义和数据操纵语言规范说明，于 1971 年推出了第一个正式报告——DBTG 报告。在这个报告中总结了对数据库技术发展影响深远的三级模式结构。该报告成为数据库历史上具有里程碑意义的文献。查理士·巴赫曼因此于 1973 年被授予图灵奖。

层次与网状数据库的以下几点进展即使对于今天的数据库技术而言也是有意义的。

（1）实现了跨文件的数据组织。以前是面向文件（或者说是面向实体对象）的数据组织方式，数据库是面向业务整体（或者说是面向组织整体）的数据组织方式。这样使得数据库的数据组织更科学，更好地反映了数据之间的本质关系。

（2）三级模式结构（图 5-6-1）使得数据具有独立性。所谓数据独立性是指数据和应用程序之间实现了一定的分离。通常可以分为两种数据独立性，一种是数据逻辑独立性，当数据的逻辑结构（模式）发生改变的时候，应用程序可以保持不变，这是通过图中的"映射 1"来实现的，因为，当数据逻辑结构即模式发生改变的时候，可以通过修改从外模式到模式的映射而保持外模式不变，由于应用程序是定义在外模式之上的，自然无须修改应用程序。第二种是数据物理独立性，指当数据的物理存储结构（内模式）发生变化后，应用程序也可以不变，因为可以修改模式到内模式的"映射 2"。

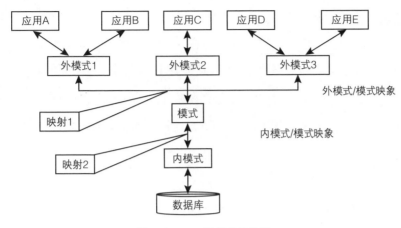

图 5-6-1 三级模式结构图

二、关系数据库

20 世纪 70 年代是关系数据库形成并实现产品化的年代，主要的代表人物就是 IBM 的埃德加·科德。1970 年，埃德加·科德发表题为《大型共享数据库的关系模型》的论文。文中首次提出了数据库的关系模型。由于关系模型简单明了，具有坚实的数学理论基础，所以一经推出就受到了学术界和产业界的高度重视和广泛响应。尽管一开始产业界还充斥着对关系数据库性能的怀疑，但是，经过埃德加·科德所开发的 System R 系统的验证，证明关系数据库系统的性能是有保障的。这一结论极大地推动了关系数据库技术的发展，关系数据库产品化的活动此起彼伏，IBM 公司也在 System R 系统基础上推出了 DB2 数据库产品，其他最著名的要数美国甲骨文软件系统有限公司的 ORACLE 关系数据库了。可以说 20 世纪 80 年代以来，就是关系数据库迅速占领市场并取代层次和网状数据库的历史，数据库的研究工作也围绕关系数据库展开。1981 年的图灵奖很自然地授予了这位"关系数据库之父"。埃德加·科德的图灵演讲题目就是"关系数据库：提高生产率的实际基础"，关系数据库成功的关键就是这项技术提高了生产率。

关系数据库的关键技术中，核心的有查询优化技术、事务管理、安全性与完整性控制以及数据库系统架构等。詹姆斯·尼古拉·格雷的贡献主要在事务处理技术上的创造性思维和开拓性工作。事务管理提供对并发事务的调度控制和故障恢复，确保数据库系统的正确运行。这些问题如果不能圆满解决，无论哪个公司的数据库产品都无法进入实用，最终不能被用户所接受。正是在解决这些重大技术问题使数据库管理系统成熟并顺利进入市场的过程中，詹姆斯·尼古拉·格雷的成就汇聚成一部厚厚的专著《事务处理：概念和技术》，他也众望所归获得了 1998 年度的图灵奖。

关系数据库的主要优点，有以下几点：

（1）非过程性的描述性查询语言 SQL。SQL 语言也称为第四代语言，它不需要描述算法，只需要明确表达想要的数据集要满足的性质，因此，容易理解和使用。这是提高信息系统开发生产率的很重要的因素。关系数据库为什么在长达 30 年的时间里长盛不衰，与此有关。

（2）关系模型的提出，有统一的数据结构以及关系语言。关系模型具有严谨的数据基础，这一改层次网状数据库主要是玩数据结构不同，关系数据库可以有自己的理论，这套理论有很多好处。第一，为查询优化提供了理论技术；第二，为数据库设计提供了"好"的标准和工具。关系模型的这些好处在很长一段时间里，成为关系数据库先天优势，受到青睐。尽管早期也被质疑是"中看不中用"的花架子，认为系统运行性能不行！但是，经过近 10 年的实践努力，在性能上也能完胜层次关系系统。

（3）事务理论与实现技术。数据库的事务系统是支持数据库可共享和故障恢复的重要基础设施。通过将应用程序分解为一个个语义上不可分割的最小单位（称为事务，这个性质称为事务的原子性），来控制数据库的共享和故障恢复。这一技术使得关系数据库成为了信息系统的核心和基础。

三、现代数据库的探索与实践

关系数据库成熟并广泛应用后，数据库研究和开发一度走入一段迷茫期。数据库届一直无法打破关系数据库的魔咒，被关系模型和系统的"完美"所陶醉，无法自我突破。提出的一些新概念，比如面向对象的数据库系统，很快就被关系数据库所消化，没有能够成气候。整个 20 世纪的 90 年代都是在这样的气氛中度过的。迈克尔·斯通布雷克也不能免俗，也难以逃脱关系数据库的束缚，他曾经激烈地批判过海杜普（一个能够对大量数据进行分析或处理的软件框架）（Hadoop），认为是对数据库技术的巨大倒退。他在美国加州大学伯克利分校计算机科学系任教达 29 年，在此期间领导开发了交互式图形和检索系统（INGRES）、对象—关系数据库系统（Postgres）、联邦数据库系统（Mariposa），他同时创立了多家数据库公司，将大量研究成果和原型系统实现商业化。他在"一个尺码不适合所有人"的思想指导下，开发了一系列"专用"关系数据库产品，例如流数据管理系统、内存数据库管理系统、列存储关系数据库系统、科学数据库管理系统等。他的图灵奖获奖理由是因"对现代数据库系统底层的概念与实践所做出的基础性贡献"，他当之无愧。

现如今在大数据处理中独霸天下的技术海杜普，并不是数据库群体提出的，是系统领域的学者首先提出的，据说当时的有关论文投给了数据库的学术会议，被无情地拒稿了。这一事实也充分说明，学科之间的交叉非常困难，但必不可少。

第七节　互联网起源与发展简述

说起互联网的起源，就不得不说 DARPA 网络和 TCP/IP 协议的诞生。

一、互联网的起源

为了抗衡苏联的技术发展，1958 年 1 月 7 日，美国艾森豪威尔总统正式向国会提出要建立国防高级研究计划局（DARPA）。DARPA 起步阶段可以说是招兵买马，挖墙脚笼络人才的阶段。1962 年，拥有心理学博士学位的心理学教授约瑟夫·利克莱德被请到 DARPA 来领导指令和控制技术的研究工作。这位富有传奇色彩的人物进入 DARPA 后把办公室更名为信息处理技术办公室，并在不到半年时间里，就把全国最强的电脑专家团结到 DARPA 周围。这些人就是后来研制 ARPANET 的中坚力量。1962 年前后可以说是分组交换网络理论的诞生阶段。首先提出这一思想的是美国麻省理工学院的伦纳德·克兰罗克。1961 年 7 月，伦纳德·克兰罗克曾

发表了第一篇分组交换网络的文章《大型通信网络中的信息流》。1962年，在素有军方思想库之称的美国兰德公司（RAND）工作的保罗·巴兰为公司提交了11份报告，讨论了"包交换"以及"存储和转发"的工作原理。无独有偶，英国41岁的物理学家唐纳德·瓦茨·戴维斯，也在研究一个相似的网络理论。伦纳德·克兰罗克、保罗·巴兰和唐纳德·瓦茨·戴维斯被称为分组交换网络的3个独立发明人。

　　1965年，为了实现不同电脑互联，DARPA建议美国麻省理工学院的林肯实验室主持这项实验，当时，劳伦斯·吉尔曼·罗伯茨正好在MIT林肯实验室工作，负责这项实验的任务落到了他的肩上。在劳伦斯·吉尔曼·罗伯茨的带领下，曾经是约瑟夫·利克莱德学生的心理学家马里尔设计了最初的互联小实验，最终实现了第一次互联。1966年，劳伦斯·吉尔曼·罗伯茨来到了信息处理办公室，把全部精力转移到设计ARPANET上，他被人称为阿帕网之父。在劳伦斯·吉尔曼·罗伯茨的带领下，阿帕网搭建成功。1969年10月29日，伦纳德·克兰罗克教授发出指令，一台主机成功向网络发送了第一个消息，这件事被认为是互联网的诞生。到此为止，互联网的前身已经形成。然而网络发展总是风云变幻，后面的故事更加曲折富有戏剧性。

二、TCP/IP 协议的诞生

TCP/IP 诞生的过程相当曲折。如果说 ARPANET 是骨架的话，TCP/IP 就是血肉了，两者直接导致了互联网的飞速发展。20 世纪 70 年代前期，ARPANET 逐渐形成，并不断壮大。但 ARPANET 无法做到和个别特定的计算机网络进行通信，设计需要太多的控制和繁杂的网络中继器设备。网络通信设计急需一个标准化方法。因此，研究者开始设想新的计算机通信协议。早在 1969 年就加入信息处理办公室的鲍勃·夫恩一直是 ARPANET 的硬件架构设计者，他曾使用 ARPANET 连通了 20 台不同的主机。同时，伦纳德·克兰罗克在美国加州大学洛杉矶分校的博士生温顿·瑟夫也正在研究分组传输协议，并且见到了鲍勃·夫恩。温顿·瑟夫和鲍勃·夫恩后来被人们称为"互联网之父"。1973 年，两人在国际网络工作小组特别会议上提交了 TCP/IP 协议草稿，标志着协议的诞生。

20 世纪 70 年代末到 80 年代初，是网络的战国时代。各类网络应运而生，阿帕网、UNIX、以太网群雄并起。1979 年以后，网络技术的发展重心逐渐从政府转移到大学，标志着互联网由军用向民用方向拓展。20 世纪 80 年代，人们发明了路由器和硬盘，微软公司操作系统也随之出现。一开始，各个公司都有自己的网络体系结构，有助于该公司垄断自己的产品。但是，随着社会的发展，不同网络体系结构的用户迫切要求能够互相交换信息。

1983 年，国际标准化组织（ISO）发布网络开放系统互联参考模型（OSI）。1988 年，美国政府采用了开放系统网络互联标准作为它的官方标准，这对 TCP/IP 是一记沉重打击。就在这时，一名叫作比尔·乔伊的 UNIX 计算机黑客取得了 DARPA 的资助，他把 TCP/IP 编写进了 UNIX 之中。欧洲的大学里也兴起了使用 TCP/IP 的地下运动。TCP/IP 已无所不在。

TCP/IP 作为分组交换网络的代表成为了事实上的网络标准协议，并如火如荼地发展和进化。

ISO 在提出的开放系统互联参考模型将计算机网络体系结构划分为七层，迄今仍然是标准的网络设计参考模型。IP 和 TCP 按照功能任务被划分在第三层网络层和第四层传输层。OSI 参考模型并没有提供一个可以实现的方法，而是描述了一些概念，用来协调进程间通信标准的制定。即 OSI 参考模型并不是一个标准，而是一个在制定标准时所使用的概念性框架。随着网络需求的发展，网络体系结构的细腰结构弊端也逐渐显现，比如过度依赖 TCP/IP 协议等。

第八节 物联网发展概况

一、国际物联网的发展

正是由于物联网对社会经济发展的重要意义，世界各科技强国都将物联网放到未来发展战略中的重要位置，投入巨资深入研究探索，积极抢占物联网发展制高点、培育新的经济增长点。2009 年 1 月，IBM 提出"智慧地球"的概念，得到奥巴马政府积极响应，纳入美国国策。IBM 围绕"智慧地球"的概念，开发出了涵盖智能电力、智能医疗、智能交通、智能银行、智能城市等多个领域的物联网应用方案。美国政府还将与物联网理念相似的信息物理系统列为扶持重点，组织企业与大学的技术专家制定其参考框架和技术协议，持续推进物联网在各行业中的部署。美国参议院商业委员会 2016 年批准通过成立工作委员会，为美国政府推动物联网创新提供顶层框架设计、创新建议，为推动物联网发展制定频谱规划。

2009 年 6 月，欧盟提出物联网 14 条行动计划，确保欧盟在物联网构建中的主导作用。2009 年 11 月，欧洲联盟发布了《未来物联网战略》，提出要让欧洲在基于互联网的智能基础设施发展上领先全球。2009 年 12 月，欧洲物联网项目总体协调组发布了《物联网战略研究路线图》，将物联网研究分为感知、宏观架构、通信、组网、软件平台及中间件、硬件、信息提炼、搜索引擎、能源管理、安全 10 个层面，系统地提出了物联网战略研究的关键技术和路径。近年来，欧盟尝试打造开环物联网的新策略，组建了物联网创新平台（IOT-EPI），同时通过"地平线 2020"研发计划在传感器、架构、标识、安全和隐私、语义互操作性等方面进行重点研发，建设连接智能对象的物联网平台，推动物联网集成和平台研究创新。此外，欧盟还在第七科研框架计划下，设立了 IoT-A、IoT6、openIoT 等一系列物联网研发项目，在智能电网、智慧城市、智能交通等方面进行了积极部署。

韩国通信委员会 2009 年出台了《物联网基础设施构建基本规划》，目标是要在已有的应用和实验网条件下构建世界最先进的物联网基础设施、发展物联网服务、研发物联网技术、营造物联网推广环境等四大战略任务和十二个重点项目。2015 年，韩国政府发布了 ICT 研究与开发计划"ICT WAVE"，将物联网平台被列入十大关键技术之一。2009 年，日本政府信息技术战略本部制定了日本新一代的信息化战略《i-Japan 战略 2015》，该战略旨在到 2015 年让数字信息技术如同空气和水一般融入每一个角落，激活产业和地域的活性并培育新产业，以及整合数字化基础设施。日本总务省和经济产业省于 2016 年主导成立由 2000 多家日本国内外企业组成的"物联网推进联盟"，并与美国工业互联网联盟（IIC）、德国工业 4.0 平台签署合作备忘录，联合推进物联网标准合作。

二、中国物联网的发展

中国也高度重视物联网的研究和发展。2009 年 8 月 7 日，时任国务院总理温家宝在无锡视察时发表重要讲话，提出"感知中国"的战略构想，表示中国要抓住机遇，大力发展物联网技术。2009 年 11 月 3 日，温家宝总理向首都科技界发表了题为《让科技引领中国可持续发展》讲话，指出逐步使新兴战略性产业成为经济社会发展的主导力量，强调科学选择新兴战略性产业非常重要，要着力突破传感网、物联网关键技术，及早部署后 IP 时代相关技术研发，使信息网络产业成为推动产业升级、迈向信息社会的"发动机"。2010 年 3 月 5 日，温家宝总理在政府工作报告中指出：国际金融危机正在催生新的科技革命和产业革命。发展战略性新兴产业，抢占经济科技制高点，决定国家的未来，必须抓住机遇，明确重点，有所作为。加快物联网的研发应用,加大对战略性新兴产业的投入和政策支持。中国政府高层一系列的重要讲话和相关政策措施表明:大力发展物联网产业将成为今后一项具有国家战略意义的重要决策。随后,国务院各个相关部门对物联网技术和产业进行宏观指导和战略布局,制定了一系列发展规划。北京市、江苏省、上海市、广东省、重庆市等地方政府也纷纷推出相关政策和具体措施促进物联网产业发展。

为了加强顶层设计,国务院于 2013 年发布《国务院关于推进物联网有序健康发展的指导意见》,成立物联网发展部际联席会议和专家咨询委员会,统筹协调和指导物联网产业发展。相关部门制订和实施 10 个物联网发展专项行动计划,加强技术研发、标准研制和应用示范等工作。同年,国务院还发布了《国家重大科技基础设施建设中长期规划(2012—2030 年)》,重点建设未来网络试验设施,物联网是其中的重要内容。工业和信息化部在 2012 年发布了《物联网"十二五"发展规划》,重点支持超高频和微波 RFID 标签、智能传感器;2013 年发布了《物联网标识白皮书》,提出了物联网标识体系;2014 年在《工业和信息化部 2014 年物联网工作要点》中重点支持传感器及芯片技术、传输、信息处理技术研发,开展物联网技术典型应用与验证示范,构建科学合理的标准体系;2017 年发布了《物联网"十三五"规划》,重点支持核心敏感元件与新型智能传感器技术与产品研发、体系架构共性技术、用户交互型与实时操作系统、物联网与移动互联网、大数据融合关键技术等。2016 年《中共中央关于制定国民经济和社会发展第十三个五年规划的建议》明确提出"发展物联网开环应用",将致力于加强通用协议和标准的研究,推动物联网不同行业不同领域应用间的互联互通、资源共享和应用协同,通过开环应用示范工程推动集成创新,总结形成一批综合集成应用解决方案,促进传统产业转型升级,提高信息消费和民生服务能力,提升城市和社会管理水平。

在物联网国家标准建设方面,国家标准化管理员会于 2010 年 11 月成立了物联网技术标准工作组,积极推进共性和关键技术标准的研制,重点关注物联网标识和解析、应用接口、数据格式、信息安全、网络管理等基础共性标准;大力推进智能传感器、超高频和微波 RFID、传感器网络、机器与机器对话(M2M)、服务支撑等关键技术标准的制定工作；面向重点行业需求，依托重点领域应用示范工程，以应用示范带动标准研制和推广，开展重点行业应用标准的研制，从而形成一整套物联网标准体系。

第九节　计算机图形学与虚拟现实技术

计算机图形学与虚拟现实技术在计算机的数字世界中重构三维场景并模拟仿制真实世界的对象为人所用。从几何造型与数字几何处理、计算机动画、可视化与可视分析、虚拟现实和真实感图形学这五个方面，计算机图形学与虚拟现实从概念产生、技术实现、到产业发展，先后经历了如下几个阶段。

一、几何造型与数字几何处理

长期以来，参数曲线曲面一直是描述几何形状的主要工具，它起源于飞机、船舶的外形放样设计工艺，由孔斯、贝塞尔等于 20 世纪 60 年代奠定其理论基础。

弗格森在 20 世纪 60 年代首次提出了将参数曲线曲面表示为参数矢函数的方法，并引入了参数三次曲线，构造了组合曲线和由四个角点的位置矢量及两个方向的切矢定义的弗格森双三次曲面片。与此同时，MIT 的孔斯发表了一个更具一般性的曲面描述方法，即孔斯曲面。但这两种曲面都存在形状控制和光滑拼接问题。舍恩伯格利用样条函数成功解决了曲面片之间的拼接问题，并解决了插值问题。但插值样条曲线曲面的自由度较少，所以难以用于自由型曲线曲面的设计。1972 年法国雷诺汽车公司的贝塞尔提出了用控制网格定义曲线曲面的贝塞尔方法，并将其成功地用在自由曲线曲面设计系统 UNISURF 中。后来福里斯特对最初的贝塞尔曲线的形式作了重新处理，得到了当前常用的基于控制顶点和伯恩斯坦表示的贝塞尔曲线曲面的形式。贝塞尔曲线曲面的优点在于，曲线曲面的形状的改变只需简单地移动控制顶点就可实现，因而具有良好的交互性。在这个基础上，人们又陆续提出了三角域上的张量积曲面和伯恩斯坦—贝塞尔曲面（即 B–B 曲面）。

贝塞尔曲线曲面的不足之处在于它缺少局部性，而且在处理曲面片之间的光滑拼接方面也存在困难。1972 年，德布尔和考克斯分别独立提出了 B 样条的德布尔—考克斯递推公式，使 B 样条曲线曲面开始得以广泛的应用。1974 年美国通用汽车公司的戈登和里森菲尔德首次将 B 样条理论应用于外形设计，较好地克服了贝塞尔曲线曲面在局部控制方面的不足。上述方法成功地解决了自由曲线曲面的形状描述问题，但其不能精确表示除抛物线和抛物面以外的二次曲线曲面，只能给出近似表示。1975 年美国雪城大学的维斯普里尔首次提出了有理 B 样条方法来克服上述缺陷。有理贝塞尔曲线、曲面不但能表示自由曲线、曲面，而且能精确表示圆锥曲线、二次曲面与旋转曲面，因而获得广泛的应用。经过其他学者的深入研究，形成了丰富的非均匀有理 B 样条（NURBS）理论和方法。因为它在外形表示方面的强大功能与潜力，NURBS 已被作为工业产品数据交换的 STEP 标准，也被作为描述工业产品几何形状的唯一数学方法。

经过 30 多年的发展，参数曲线曲面造型现在已经形成了以有理 B 样条曲线曲面参数化特征设计和隐式代数曲线曲面表示这两类方法为主体，以拟合、插值、逼近手段为骨架的几何理论体系。

二、计算机动画

动画是指通过以每秒若干帧的速度顺序地播放静止图像帧以产生运动错觉的艺术。动画利用了人的视觉残留这一特点，即上个画面的残留还未消失，下一个画面又进入视觉，这样循环往复，在人的眼中形成动态的画面。1831 年，法国人威廉·乔治·候纳发明了西洋镜。把画好的图片按照顺序放在机器的圆盘上，圆盘可以在机器的带动下转动（图 5-9-1）。这部机器还有一个观察窗，用来观看活动图片效果。在机器的带动下，圆盘低速旋转。圆盘上的图片也随着圆盘旋转。从观察窗看过去，图片似乎动了起来，形成动的画面，这就是原始动画的雏形。后来法国发明家皮埃尔·德斯维格斯将它称为西洋镜。

图 5-9-1　西洋镜

传统动画需要大量的劳动力和烦琐的手绘工作。先由动画设计师用手工方式在塞璐路片（一种可以覆盖到背景上的透明胶片）上画好画面，与背景画面合成后，通过连续拍摄存贮在胶片上。《大闹天宫》是中国第一部彩色动画长片，由上海美术电影制片厂历时 4 年完成，放映时间达 117 分钟，共绘制全长 3140 米的 154 000 张画面。若采用计算机动画，可以比较容易地制作传统动画难以制作的动画。

三、可视化与可视分析

自 18 世纪后期计算机图形学诞生以来，抽象信息的视觉表达方式一直被人们用来揭示数据及其他隐匿模式的奥秘。20 世纪 90 年代问世的图形化界面使得人们可以直接用可视化技术与计算机进行交互，从而带动了信息可视化研究。信息可视化的英文术语是由斯图尔特·卡德、约克·麦金利和乔治·罗伯逊于 1989 年提出来的。之后，信息可视化逐渐兴起并在各个应用领域崭露头角。

在 1995 年在美国电气和电子工程师协会可视化分会（IEEE VIS）国际年会上出现 InfoVis 子领域，经过十多年的发展，在 2006 年出现 VAST 子领域。目前这两个方向正处于百花齐放、蓬勃发展的时期。信息可视化与可视分析领域中的研究内容、方法、应用场景丰富多彩，极具多样性。由于可视化的直观性、易懂性和有效性等特征，它广泛应用于各种生产和研究例如科学研究、数字图书馆、数据挖掘、金融数据分析、市场研究、制造业生产管理和药物发现等。

四、虚拟现实

虚拟现实是一种可以创建和体验虚拟世界的仿真系统，它利用计算机生成一种模拟环境，使用户可沉浸到该环境中。

1929 年，埃德温·林克发明了一种飞行模拟器，使乘坐者体验到了飞行的感觉。随着控制技术的不断发展，各种仿真模拟器陆续问世。1956 年，莫顿·海利格开发出一种摩托车模拟器，该模拟器具有三维显示和立体声效果，并能产生振动感觉，这一产品已具有虚拟现实的思想萌芽。1963 年，作家、发明家和未来学家雨果·根斯巴克在《生活》杂志发表文章，论述了他发明的"望远镜眼镜"，这是一款头戴式电视收看设备，是虚拟现实头盔显示设备的萌芽。

1965 年，计算机图形学、虚拟现实奠基人伊万·萨瑟兰博士发表了一篇短文《终机显示》，以敏锐的洞察力和丰富的想象力描述了一种新的显示技术。他设想，使用这种显示技术，观察者可以沉浸在计算机生成的虚拟环境中，就如同生活在真实世界中一样。同时，观察者还能以自然的方式与虚拟环境进行交互，如触摸感知和控制虚拟对象等。1968 年，伊万·萨瑟兰研制了第一个头戴式显示设备，称为"达摩克利斯之剑"，这是第一个虚拟现实原型设备，开启了虚拟现实研究领域。

1973 年，克鲁格提出了"人工现实"一词，这是最早出现的虚拟现实词语。由于受计算机技术本身发展的限制，20 世纪 70 年代虚拟现实技术发展较为缓慢。进入 20 世纪 80 年代，随着计算机技术，特别是个人计算机和计算机网络的发展，虚拟现实技术发展加快，这一时期出现了几个典型的虚拟现实系统。1983 年美国陆军和美国国防部高级项目研究计划局共同制定并实施仿真网络（SIMNET）

计划，开创了分布交互仿真技术的研究和应用，对分布式虚拟现实技术的发展有重要影响。1984 年，M. 麦格里维和 J. 汉弗莱斯开发了虚拟环境视觉显示器，将火星探测器发回地面的数据输入计算机，构造了三维虚拟火星表面环境。此外还有 VIDEOPLACE、VIEW 等，这些系统的开发推动了虚拟现实的应用。

1986 年，费舍尔等发表虚拟现实方面的论文《虚拟环境显示系统》。1987 年，詹姆斯 D. 福利在《科学美国人》发表了《高级计算接口》。该杂志还发表了报道数据手套的文章，引起了人们的关注。1989 年，美国 VPL 公司的创立者杰伦·拉尼尔提出了"虚拟现实"一词，很快这一词语被学术界、产业界所接受，并成为这个领域的专用名称。

20 世纪 90 年代以后，随着高性能计算、人机交互技术与设备、计算机网络与通信等科学技术领域的突破和高速发展，以及军事演练、航空航天、复杂设备研制等重要应用领域的巨大需求，虚拟现实进入快速发展阶段。

五、真实感图形学

真实感图形生成为虚拟现实技术提供了关键技术支持。1975 年，蓬等人提出了一种经验式的局部光照模型，被称作蓬模型。该模型将反射光分解为环境光、漫反射光和镜面反射光。环境光近似为常量，漫反射仅和入射光方向相关，镜面反射光与入射、出射方向均相关。蓬模型是使用最为广泛的局部光照模型，集成在工业图形标准 OpenGL 中。1979 年，惠特德等人提出了递归光线跟踪方法，通常称作惠特德光线跟踪方法，该方法通过追踪从成像平面像素出发的视线，计算与场景中物体的求交情况，并递归的模拟反射、折射等现象。

辐射度方法是最早的全局光照方法之一，由美国康奈尔大学的戈拉尔等人在 1984 年提出。全局光照需要模拟光在场景中一次、两次甚至多次反射。辐射度方法借鉴物理学中的热辐射理论，将场景分为多个面片，并假设每个面片均为漫反射表面，通过求解光能传输方程，得到每个面片的辐射度。

1986 年，卡吉亚提出了绘制方程的概念。绘制方程是一个积分式，出射光强通过计算入射光强与反射属性的乘积在半球面积分得到。绘制方程完全依据光学原理，在理论上给出了一个正确的结果。后来的许多绘制方法理论上都是在绘制方程基础上的推导、简化或近似。论文中也给出了采用蒙特卡罗数值法求解绘制积分的方法，通常我们称作蒙特卡罗光线跟踪方法。蒙特卡罗光线跟踪方法可以生成电影级的逼真效果，但是绘制速度较慢，如何进一步加速是这方面研究的重点。光子图和虚拟光源法是两种常见的改进方法，相比蒙特卡罗方法，这两种方法大幅提高了绘制速度，但是支持的材质种类有限。其他的改进思路包括：更高效地进行采样、支持更复杂的光路、支持高光材质和如何利用光传输矩阵的冗余性等。蒙特卡罗光线跟踪方法以及其他离线绘制方法主要应用于电影、特效等的绘制。

除离线绘制外，实时绘制、复杂材质绘制也是真实感图像绘制研究的重点。其中，阴影是 3D 应用中的展现逼真感的最重要效果之一，因此得到了最多的关注。阴影绘制方法最早可以追溯到 1978 年威廉姆斯等人提出的阴影图方法和 1977 年克劳等人提出的阴影体方法。阴影图方法是使用最为广泛的实时阴影绘制方法，集成在几乎所有绘制引擎中。然而，阴影图方法只用于绘制点光源或方向光源下的硬阴影。后来许多学者在阴影图方法的基础上，改进生成软阴影。一些常用的软阴影方法包括：方差阴影图、卷积阴影图和指数阴影图等，不同方法的滤波计算方法不同。

随着图像处理器（GPU）计算性能的不断提升，简单光源和直接光照的绘制方法已经非常成熟并广泛应用于游戏等 3D 实时交互应用中。为了实现全局光照效果的实时绘制，2002 年，斯隆等人提出了预计算光照传输方法，通过预先计算光路中较为费时的可见性遮挡、间接光照等光照传输数据并存储下来，实现实时绘制的目的；另一类实时全局光照方法无须预计算，而是通过简化、加速传统的离线绘制的方法，如光子图或虚拟光源法，并在图形处理器上实现。

随着绘制效果的不断提高，虚拟场景中的材质研究并不局限在基于蓬模型或其他经验式双向反射分布函数模型所表达的不透明材质。复杂材质模型，包括用于绘制牛奶、面包、皮肤等效果的半透明材质模型，用于绘制云、雾等的参与介质模型，以及用于绘制逼真人物场景的毛发散射模型和皮肤散射模型，得到了越来越多的研究和关注。理论上，半透明材质、毛发、皮肤等都可以采用蒙特卡罗光线跟踪方法进行准确的绘制，但绘制效率较低。2001年，斯坦福大学的詹森等人提出了一种半透明材质的近似绘制模型，大幅提高了绘制速度。该模型采用对偶极点方法对多次散射分量进行近似，因此通常称作"对偶模型"，是最广泛使用的半透明绘制模型。2003年，康奈尔大学的马施纳等人提出了一种基于物理的毛发散射模型，可以快速、准确地用于毛发的绘制。中国学者在复杂材质绘制方面也做出了许多工作：包括任意拓扑非均质半透明物体的实时绘制，半透明物体切割效果的高效绘制，环境光照下毛发的高效绘制等。

第十节　人工智能技术

人工智能学科诞生于 20 世纪 50 年代中期，由于计算机的产生与发展，人们开始了具有真正意义的人工智能的研究。人工智能（AI）创立至今，已经度过了 60 多个春秋（图 5-10-1）。

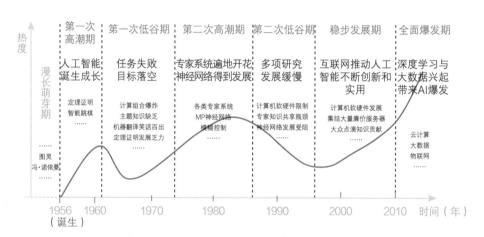

图 5-10-1　智能技术的基础理论发展历史

人工智能的发展经历了曲折的过程，但在自动推理、认知建模、机器学习、神经元网络、自然语言处理、专家系统、智能机器人、辅助决策等方面的理论和应用都取得了称得上具有"智能"的成果。以军事需求为代表的许多领域将知识和智能思想引入各自的领域，使一些问题得以较好的解决。尤其是面向特定应用的多类专用人工智能取得突破性进展，产业化应用蓬勃发展。应该说，人工智能的成就是巨大的，影响是深远的。

一、人工智能的诞生

人工智能的早期奠基性的人物之一图灵，图灵思考怎么去创造一个可以思考的机器。他认为，要建造一个智能的机器的话，最好的方法就是让它能够学会并且使用应用语言。也就是说智能的机器，它需要两个特别重要的元素：①感知。我们可以看人最大的感知系统是视觉，人还有其他的感知系统，机器也可以有其他的感知系统，但视觉是一个最大的感知系统。②对含义的理解和推断。语言是人类最特别的一个能力，动物是没有这样的能力的。

1956 年夏，美国达特茅斯学院助教麦卡锡、哈佛大学明斯基、贝尔实验室香农、IBM 信息研究中心罗彻斯特、卡内基—梅隆大学纽厄尔和赫伯特·西蒙、麻省理工学院塞夫里奇和索罗门夫，以及 IBM 塞缪尔和莫尔在美国达特茅斯学院举行了为期两个月的学术讨论会。在会上，大家从不同学科的角度探讨人类各种学习和其他职能特征的基础，并探讨用机器模拟人类智能等问题，并首次提出了人工智能的术语。从此，人工智能这门新兴的学科诞生了。这次会议之后，在美国很快形成了三个人工智能研究的中心：即以西蒙和纽威尔为首的卡内基—梅隆大学研究组，以麦卡锡、明斯基为首的麻省理工学院研究组，以塞缪尔为首的 IBM 研究组。随后，这几个研究组相继在思维模型、数理逻辑和启发式程序方面取得了一批显著的成果。

二、人工智能的困惑

在初步发展阶段，各个领域都有了一定的进展。但是，这离当初设想的人工智能程度还相距甚远。1969 年，明斯基与派波特发表著作《知觉》，其中写到知觉是不能通过像异或问题（XOR）的过程这样的逻辑处理的。这极大地打击了研究者的信心。20 世纪 70 年代初，对 AI 提供资助的机构（如 DARPA 等）对无方向的 AI 研究逐渐停止了资助。人工智能的第一次寒冬到来。在机器学习这个领域崛起之前，人工智能的系统都是人制定的规则，这个规则十分复杂，而且都是人工制定的。但是这些规则有 3 个致命问题：①可扩展的。不可能把所有的规则都写进一个程序。②可适应的。当给系统设计规则的时候，很难把它转换到另外一个规则。比如，根据英文的语法、语义不同可以设计很多规则。可是如果把它放进中文，它的语法就完全不一样了，就得重新设计另一套规则。③人工智能是一个封闭的空间。

所以，规则在人工智能这个领域发展的早期，给我们带来了一些曙光，但是它并没有把我们带进真正的光明。

三、专家系统和知识工程的兴起

在低谷阶段，人工智能界开始了反思。一派是以德雷福斯为代表，无情地对人工智能进行批判。他曾说道人工智能研究终究会陷入困局。而另一派则对人工智能抱有希望，代表人物为费根鲍姆，他认为要摆脱困境，需要大量使用知识。于是，知识工程与专家系统在各个领域崭露头角。

人工智能的科学家从各种不同类型的专家系统和知识处理系统中抽取共性，总结出一般原理与技术，使人工智能又从实际应用逐渐回到一般研究。围绕知识这一核心问题，人们重新对人工智能的原理和方法进行了探索，并在知识获取、知识表示以及知识推理等方面开发出一组新的原理、工具和技术。1977 年，在第五届国际人工智能联合会的会议上，费根鲍姆教授在一篇题为《人工智能的艺术：知识工程课题及实例研究》的特约文章中，系统地阐述了专家系统的思想，并提出了知识工程的概念。费根鲍姆认为，知识工程是研究知识信息处理的学科，它应用人工智能的原理和方法，对那些需要专家知识才能解决的应用难题提供了求解的途径。恰当地运用专家知识的获取、表示、推理过程的构成与解释，是设计基于知识的系统的重要技术问题。至此，围绕开发专家系统而开展的相关理论、方法、技术的研究形成了知识工程学科。知识工程的研究使人工智能的研究从理论转向应用，从基于推理的模型转向基于知识的模型。

　　为了适应人工智能和知识工程发展的需要，在政府的大力支持下，日本于1982年开始了为期10年的第五代计算机的研制计划，该计划总共投资4.5亿美元。它的目的是使逻辑推理达到数值运算那样快。日本的这一计划在国际上形成了一股热潮，推动了世界各国的追赶浪潮。美国、英国、欧共体、苏联等都先后制订了相应的发展计划。专家系统与知识工程的热潮也到了极点。

四、神经网络的重生

　　其实，神经网络的雏形要追溯到1943年，匹茨与麦克卡洛提出了著名的MP神经元模型。他们将神经元视为二值开关，通过不同的组合方式可以实现不同的逻辑运算。该模型的意义在于其开创了人工神经网络的研究。1949年，唐纳德·赫布提出赫布学习模型，赫布认为，如果在突触前后的两个神经元被同步激活，那么这个突触连接增强。MP模型与赫布学习模型的确立为后期的神经网络开了一个好头。不过随着符号主义的盛行以及第一次寒冬期的到来，业界似乎很少有人关注神经网络这种方法。进入20世纪80年代后，人工智能界重新肯定了早期人工智能研究中神经网络的方法。1982年，霍普菲尔德提出了霍普菲尔德网络，引入了计算能量的概念，给出了网络稳定性判断。1984年，霍普菲尔德又提出了连续时间霍普菲尔德神经网络模型，为神经网络的研究做了开拓性的工作。1986年亨顿、卢默哈特和麦克勒蓝重新提出了反向传播算法，即BP算法。值得一提的是，联结主义不同于符号主义，其研究方法巧妙地避开了知识表示所带来的困难。

　　2006年，杰弗里·辛顿提出深度置信网络，使反馈深入到各隐含层之间，这也使得深度学习迎来了春天。深度学习技术的突破为人工智能的发展提供了必要工具。深度学习起源于传统的神经元网络，属于传统的联结主义学派。它通过建立多层隐含层模拟人脑分析学习的机制，以及大量数据的经验建立规则（网络参数）实现特征的自主学习。主要适用于无法编制程序，需求经常改变有大量数据且无须精确求解的一类问题。深度学习能够通过大量数据对多层神经网络的训练，形成对概念和规律等知识的逐层抽象和理解，并将对概念和规律的理解以神经元网络的形式固化下来，这就是深度学习能够进行认知智能的根本原因。神经网络训练，无论是有监督学习还是无监督学习，均需大量训练样本和大规模计算能力支持，而且其层数越多，需要数据越多，运算量越大，计算规模也越大。如谷歌公司为识别猫脸，用了1.6 万个 CPU 运行了 7 天才从 1000 万幅图片中得到猫的概念，而分布式阿尔法围棋系统也采用了 1202 个 CPU 和 176 个 GPU，从 3000 万个人类下法和 3000 万局自我对弈中达到职业玩家的水准，这完全不同于（深蓝）基于规则的暴力遍历搜索，也不同于（沃森）基于语义网络的统计推理方式。目前，深度学习已在天文学、光学、医学、图像、语音、视觉和自然语言理解等多个应用领域引起颠覆性革命，并在智能决策领域取得巨大突破。2015 年，深度思考团队报道了一种建立在深度学习网络结构基础上的深度增强学习方法，在仅输入连续关键帧（I 帧）游戏画面和游戏得分的情况下，电脑人工智能完全靠自学而非人工编码方法，学会了 49 种雅达利视频游戏，并在其中 23 种游戏中表现出相当于或超越人类职业游戏玩家的水准。

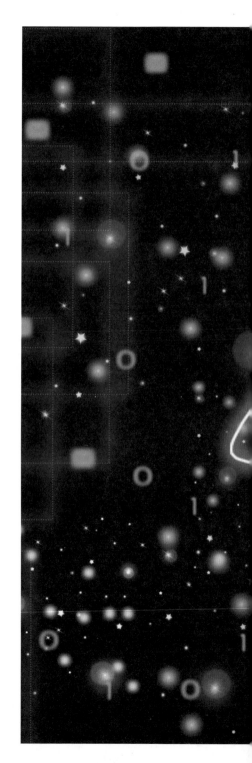

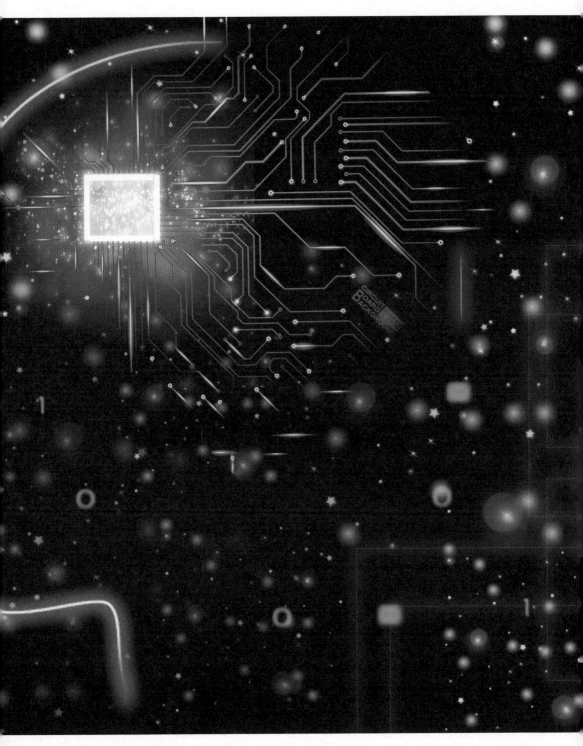

第十一节 自然语言处理技术

从 20 世纪 40 年代的机器翻译研究算起，自然语言处理已有长达半个多世纪的发展历史。在这个进程中，学术界和产业界提出和实现了许多重要的理论、方法和技术，并开发了相应的商业产品。自然语言处理研究的发展过程可以概括为初创期、发展期和繁荣期等三个阶段。

一、初创期

20 世纪 40 年代—20 世纪 60 年代，基于规则的"理性主义"占据主导。

自然语言处理研究肇始于机器翻译研究，对人类语言理解与认知的研究工作大潮初起，很多理论研究工作都是在这一时期奠定了坚实基础。

这一时期对自然语言处理的研究主要建立在对词类和词序分析的基础之上。20 世纪 40 年代末开展的机器翻译试验，大多采用人工编制规则匹配系统来实现人机对话。到了 20 世纪 60 年代，乔姆斯基的转换生成语法得到广泛认可。在这一理论的基础上，开发了一批语言处理系统。基于层次化的前提假设，自然语言处理从一开始就致力于对语言形式的处理，分析过程中主要在分词基础上对单个语词进行处理。这些基于语形规则的分析方法，可以称之为自然语言处理中的"理性主义"。这个时期的另外一项基础研究工作是用于语音处理和语言处理的概率算法的研发。香农把通过诸如通信信道或声学语音这样的媒介传输语言的行为比喻为噪声信道或者解码，借用热力学的术语熵来作为测量语言信道的信息能力或者语言的信息量的一种方法。这些研究与数学和统计学有密切的关系，属于信息论的基础性研究。基于上述理论研究，自然语言处理领域的研究源远流长，例如机器翻译、语音识别、自动问答等，大都发轫于这一时期。

20 世纪 40 年代，韦弗提出将自然语言的翻译问题视为密码破译问题的思想，但是忽略了机器翻译在词法分析、句法分析以及语义分析等方面的复杂性。早期机器翻译系统的研制受到上述思想的很大影响。许多机器翻译研究者都把机器翻译的过程与解读密码的过程相类比，试图通过查询词典的方法来实现词对词的机器翻译，因而译文的可读性很差，难以付诸实用。机器翻译研究者们开始反思，在机器翻译中，原语和译语两种语言的差异，不仅只表现在词汇的不同上，而且还表现在句法结构的不同上。为了得到可读性强的译文，自动句法分析研究开始受到重视。这个时期机器翻译的另外一个特点是语法与算法分离。

20世纪50年代末期到60年代中期，自然语言处理分成了符号派和随机派两大阵营。符号派的工作可分为两个方面：一方面是20世纪50年代后期以及20世纪60年代初期和中期乔姆斯基等的形式语言理论和生成句法研究，很多语言学家和计算机科学家的剖析算法研究，早期的自顶向下和自底向上算法的研究，以及后期的动态规划的研究；另一方面是人工智能的研究，1956年，约翰·麦卡锡、马文·明

斯基、克劳德·香农和纳撒尼尔·罗切斯特等著名学者汇聚到一起组成了一个为期2个月的研究组，讨论关于他们称为"人工智能"的问题。尽管有少数的人工智能研究者着重于研究随机算法和统计算法（包括概率模型和神经网络等），但是大多数的人工智能研究者着重研究推理和逻辑问题。典型的例子是纽维尔和西蒙关于"逻辑理论家"和"通用问题解答器"的研究工作。上述工作被认为是早期自然语言理解系统的起点，这些简单的系统把模式匹配和关键词搜索与简单试探的方法结合起来进行受限领域的推理、自动问答和机器阅读。"随机派"主要是一些来自统计学专业和电子学专业的研究人员，例如在20世纪50年代后期，贝叶斯方法开始被应用于解决最优字符识别的问题等。

自然语言处理初创期的这些出色的基础性研究，为自然语言处理的理论和技术奠定了坚实的基础。这一时期还涌现出了自然语言处理研究的多个"第一次"：1954年，美国乔治敦大学和IBM使用IBM-701计算机进行了世界上第一次英语—俄语机器翻译试验；

1952 年，贝尔实验室研发了第一个语音识别机器来识别由一个单独的说话人说出的 10 个任意的数目字，由此揭开语音交互研究序幕；20 世纪 50 年代出现了基于转换语法的第一个人类语言计算机处理的可严格测定的心理模型，以及 100 万单词规模的布朗美国英语语料库，这是人类历史上第一个联机语料库；1968 年，伍姆达等研制出第一个完全的文本语音转换器。

二、发展期

20 世纪 70 年代—20 世纪 80 年代，基于统计的"经验主义"回归主流。

20 世纪 70 年代中期到 20 世纪 80 年代末期是自然语言处理的发展期。在自然语言处理的发展期，各个相关学科彼此协作、联合攻关，取得了一些令人振奋的成绩。

这一时期开始引进语义甚至语用和语境的分析，利用机器学习方法构建了一批大规模语义知识库，试图抛开对规则方法的依赖，采用了与"理性主义"相对的"经验主义"研究思路。20 世纪 70 年代以后，随着认知科学的发展，人们认识到转换生成语法缺少表示语义知识的手段，因而相继提出了语义网络、概念依存理论、格语法等语义表征理论，试图将句法与语义、语境相结合，逐步实现由语形处理向语义处理的转变。但仍然不能摆脱句法形式的限定，无法灵活地处理自然语言。到了20 世纪 80 年代，一批新的语法理论脱颖而出，主要通过对单句中核心词的分析，进而完成对整个单句的语义分析。但是，在缺乏词一级的语义知识库的前提下，要实现对自然语言的语义分析是不可能的。此外，造成自然语言处理困难的根本原因，在于自然语言的语形与其语义之间是一种多对多的关系，从而造成歧义现象广泛存在。这就要求计算机进行大量的基于常识知识的推理，由此给语言学的研究带来了巨大困难，致使自然语言处理在大规模真实文本的系统研制方面成绩并不显著。这一时期已研制出的一些系统大多是小规模的、研究性的演示系统，远远不能满足实用的要求。因此，构建基于真实语料的大规模语义知识库（或语义词典），就成为实现自然语言语义处理进一步发展的必要条件。

通过大量的科学实验的实践，机器翻译的研究者认识到，机器翻译中必须保持原语和译语在语义上的一致，即一个好的机器翻译系统应该把原语的语义准确无误地在译语中表现出来。因此，语义分析在机器翻译中越来越受到重视。瓦库瓦等提出"机器翻译金字塔"理论；威尔克斯等提出优选语义学，并以此为基础设计实现把语义放在首位的英—法机器翻译系统。这些出色的工作，为语义的形式化研究奠定了基础。1976 年，加拿大蒙特利尔大学与加拿大联邦政府翻译局联合开发了具有里程碑意义的天气预报服务系统，机器翻译研究正式迈向实用；1978 年，人们提出了面向欧洲共同体（即现在的欧洲联盟）内部 11 种语言互译的欧洲翻译系统。

在这一时期，统计方法在语音识别算法的研制中取得成功，其中特别重要的是隐马尔可夫模型和噪声信道与解码模型。统计学方法在自然语言处理其他领域都有良好的应用效果，开始成为主流研究思路。

此外，逻辑方法与语言学的有机结合，在自然语言处理中取得了很好的成绩。例如，1970 年科尔麦劳尔等应用于机器翻译研究的 Q 系统和变性文法，1980 年佩雷拉等提出的定子句文法，1982 年布鲁斯南等提出的词汇功能语法等。

自然语言理解和自然语言生成取得了明显的成绩。这一时期的自然语言理解肇始于威诺格拉德等于 1972 年研制的 SHRDLU 系统，该系统能够接受自然语言的书面指令，模拟一个玩具积木机器人行为。在自然语言理解研究中也使用了逻辑学的方法。例如，1967 年伍兹等在 LUNAR 问答系统中使用谓词逻辑来进行语义解释。这一时期的话语分析重点探讨话语研究的关键领域，包括话语子结构研究、话语焦点研究、自动指代消解研究、基于逻辑的言语行为研究等。

随着研究成果的不断积淀，人们逐渐考虑如何对各类自然语言处理算法进行权威比较并增进学术交流，所以开始针对相关任务组织评测，发布统一数据集和评测规则来公平评测各类算法。例如，在信息抽取领域，20 世纪 80 年代，消息理解系列会议的召开，极大带动了信息抽取研究的发展，并将信息抽取任务主要定义为命名实体识别、指代消解、关系抽取、事件抽取等。

　　20 世纪 80 年代，人们对过去的研究历史进行了反思，发现过去被否定的有限状态模型和基于统计的"经验主义"方法仍然有其合理的内核。因此，自然语言处理的研究又回到了 20 世纪 50 年代末期到 20 世纪 60 年代初期几乎被否定的有限状态模型和"经验主义"方法上来，主要表现在：这一时期，受 IBM 的语音识别和机器翻译概率模型的强烈影响，大量面向语音和语言处理的概率模型被提出。这些概率模型和其他数据驱动的统计方法还传播到了词性标注、句法分析、词义消歧、情感计算、自动问答等研究中。

三、繁荣期

20 世纪 90 年代至今，崭新信息时代下 "百花齐放"。

从 20 世纪 90 年代开始，自然语言处理进入了繁荣期。这个新纪元的重要标志是在基于规则的技术中引入了语料库方法，其中包括统计方法、基于实例的方法、通过语料加工手段使语料库转化为语言知识库的方法以及新兴的基于深度神经网络的方法等。20 世纪 90 年代以来，自然语言处理中的概率和约束问题，引发了新一轮对语言理论问题的思考，出现了一批有实用价值的大型语义知识库。这些大型语义知识库在应用领域取得了一定的成绩，但仍然无法突破单句的限制，过多地依赖于统计学方法，这也是现阶段自然语言处理中最主要的瓶颈之一。然而，从理论方法角度看，基于规则的 "理性主义" 方法，虽然在一定程度上制约了建立在 "经验主义" 基础之上的语义知识库的发展，但是日益出现在 "经验主义" 方法中的不足，也需要依靠 "理性主义" 的方法来弥补，两类方法的融合也正是当前自然语言处理发展的趋势。

在 20 世纪 90 年代的最后 5 年以及 21 世纪初期，自然语言处理的研究发生了巨大的变化，出现了空前繁荣的局面。这主要表现在几个方面：①概率和数据驱动的方法几乎成了自然语言处理的标准方法，句法分析、词性标注、指代消解和话语处理等领域的算法全都开始引入概率；建立在大规模真实文本处理基础上的统计机器翻译，是机器翻译研究史上的一场革命，它把自然语言处理推向一个崭新的阶段。②由于计算机的运算速度加快和存储量的增加，使得在语音处理和语言处理的一些子领域，特别是在语音识别、拼写检查、语法检查这些子领域，开始进行商品化的开发。③网络技术的发展对于自然语言处理产生了的巨大推动力，90% 信息以自然语言形式存在的互联网的发展使得对网络空间进行信息抽取、信息检索和信息推荐的需求变得更加凸出，数据挖掘的技术日渐成熟。为了有效地获取分布在全世界网络上的信息，搜索引擎应运而生。面对互联网的迅速发展，如何有效地获取在互联网上的这些浩如烟海的信息，成了当前自然语言处理的一个关键问题，信息抽取和信息检索技术成为研究热点，1998 年，美国斯坦福大学的谢尔盖·布林和拉里·佩奇基于 Page Rank 算法推出了谷歌搜索引擎。20 世纪 90 年代，文本检索会议和亚洲语言信息检索评测会议开始举办，分别成为国际和亚洲最权威的信息检索评测会议。目前，互联网搜索正处于从简单关键词匹配搜索走向深度推理问答的深刻变革的风口。以直接而准确的方式回答用户自然语言提问的自动问答系统将构成下一代搜索引擎的基本形态。

近年来，随着深度学习在图像处理领域取得显著进展，在同属认知范畴的自然语言处理任务中，也取得重大突破。传统机器学习工作的有效性，很大程度上依赖于人工设计的数据表示和输入特征的有效性；机器学习方法在这个过程中的作用仅仅是优化学习权重以便最终输出最优的学习结果。与传统机器学习方法不同的是，深度学习试图自动完成数据表示和特征提取工作，并且更强调通过学习过程提取出不同水平、不同维度的有效表示，以便提高不同抽象层次对数据的解释能力。从认知科学角度来看，这个思路与人类学习机理非常吻合。目前，深度学习技术已经在语音识别、机器翻译等领域取得最优性能，已被各大互联网企业应用推广、达到产业化标准。如何将深度学习与现有自然语言处理具体任务相结合，是目前自然语言处理研究领域热议的话题。

这一时期自然语言处理研究的一大特征是百花齐放。依托巨大社会、经济、军事等需求，自动问答、机器阅读、社交媒体分析等自然语言处理领域新兴研究方向都得到长足发展，很多研究都迈向市场化和产业化阶段。此外，随着研究的深入，多模态信息处理成为新兴研究热点。各项研究的多模态方向发展，能够实现多特征、多维度融合（特征级融合、模型级融合和决策级融合），进而显著增加语义建模深度。面对互联网的迅速发展和知识规模的快速膨胀，如何从网络空间中浩如烟海的信息中有效挖掘有用知识和信息，成了当前自然语言处理的一个关键问题。

第六章
计算技术现状

第一节　理论计算机科学

一、算法和算法复杂性

过去十多年对于算法基础理论研究领域的科研经费支持力度空前。2008 年，美国科学基金会（NSF）资助 3000 万美元，由美国普林斯顿大学高等研究院，美国纽约大学，美国罗格斯大学共同承担的项目（理解、处理难解性问题并从中受益）获得批准，"计算难解性研究中心" 在美国普林斯顿大学成立。项目致力于搞清楚理论计算机科学最核心的问题："到底什么样的计算问题是可解的，什么样的计算问题是难解的，以及为什么是难解的"。2013 年，中心获得了 NSF 的延续资助（5 年）。2012 年，由西蒙斯基金会资助 6000 万美元成立的西蒙斯计算理论研究所在伯克利成立，其目标是 "汇聚世界顶尖的理论计算机科学和相关领域的研究人员、优秀青年学者，探讨关于计算的本质和局限性的深层次未解难题"。

在过去十几年间算法和计算复杂性领域取得了多项重要的突破性进展。2002 年，阿格拉瓦尔、卡亚尔和萨克森那提出了素数判定问题的确定性多项式时间算法（AKS 算法），他们因此获得了 2006 年的高德尔奖。

2004 年，奥马尔·莱因戈尔德证明了无向图的连通性问题可以在对数空间内解决，他因与此相关的一系列工作而获得了 2009 年的高德尔奖。

2002 年，苏巴什·霍特提出了"独特的游戏"猜想，该猜想断言图上的某个特定的约束满足问题即使是求一个近似最优解也是 NP 难的。苏巴什·霍特因为这一杰出工作在 2014 年获得了国际数学家大会颁发的奈望林纳奖和 2016 年的麦克阿瑟奖。

2011 年，克里斯蒂亚诺等给出了无向图的拉普拉斯变换的高效近似算法，并将其应用于网络流算法中。2011—2014 年，丹尼尔·斯皮尔曼和滕尚华在一系列的工作中给出了一般图拉普拉斯变换的几乎线性时间的算法，他们因此获得了 2015 年的高德尔奖。

2011 年，弗里德曼、汉森和茨威克的一系列工作证明了求解线性规划问题的单纯形算法，即使采用随机的旋转规则仍然有亚指数量级的下界，而在 1977 年学者已经证明了对于线性规划确定形的单纯形算法有指数量级的下界。对于线性规划问题，已经知道椭球算法和内点算法的复杂性都是多项式量级的，它们都是弱多项式算法，即复杂性与数值精度有关，而线性规划问题是否存在强多项式算法还不清楚。

矩阵相乘是最常用的矩阵运算之一，1969 年施特拉森提出了首个突破 $O(N^3)$ 复杂度的矩阵相乘算法，施特拉森算法的复杂度是 $O(N^{2.81})$，施特拉森因此获得了 2008 年的高德纳奖。矩阵乘法的复杂度不断地被改进，1991 年，科珀史密斯和威诺格拉德提出算法复杂度为 $O(n^{2.3729})$ 的算法。2013~2014 年，斯托尔泰、威廉姆斯和勒加尔等多位学者先后改进了科珀史密斯－威诺格拉德算法，将之前的算法复杂度降为 $O(n^{2.3729})$。

1972 年，图灵奖得主卡普提到了 3 个可能不是 NP 完全的计算问题，包括：素数判定，线性规划和图同构问题。前两个问题都已经知道有多项式时间的算法，而图同构问题之前最好的算法由鲍鲍伊和卢克斯在 1983 年提出，其复杂度为 $O(2^{\sqrt{n\ln n}})$。2015 年鲍鲍伊宣称其给出了一个新的图同构问题的算法，其复杂度是准多项式量级的，即 $O(2^{\lg n^c})$，鲍鲍伊因此于 2015 年获得了高纳德奖。

二、形式化方法和程序设计理论

以计算机为核心的信息技术已经渗透到经济、军事、文化及社会生活的各个方面。包括硬件、软件、网络以及相关附属设备在内的计算机系统，计算机系统的各种功能属性和非功能属性必须满足应用需求，能检测和处理运行环境的异常情况以及抵御信息攻击，否则，软、硬件缺陷或失效、网络协议或信息安全的漏洞都可能导致难以预料的后果，在一些关键领域，还可能带来人员伤亡、环境的巨大破坏和经济的重大损失等灾难性后果。例如，Intel 设计的奔腾芯片中的浮点除法错误导致 Intel 损失近 4.75 亿美元；阿里安 −5 型火箭首次发射失败导致了 5 亿美元的损失；2011 年 "7.23" 甬温列车事故导致 40 名乘客死亡、近 180 名乘客受伤；ASTRO−H 发射 1 个月后的失联导致日本宇航局深空探测项目失败，并因此损失约 3 亿美元；美国 F−22 飞机，由于后期发现的软件缺陷太多，维护成本过大，最终宣布停产；美国无人侦察机在海湾地区被伊朗捕获等。这些事件都与计算机系统是否可信密切相关。计算机系统可信性问题已经成为国际上普遍关注的热点问题，构造高可信计算机系统是现代计算机技术发展和应用的重要趋势和必然选择。

各国政府、学术界和工业界投入了大量人力、物力和财力研究软、硬件的可信性，取得了许多重要进展，并成功应用于软、硬件设计，网络协议验证和信息安全分析。美国 DARPA、NSF、NASA、美国联邦航空管理局（FAA）、美国国防部（DOD）等机构都积极参与可信软件和系统的研究。美国国家软件发展战略（2006—2015 年）将开发可信软件放在首位。美国政府的网络与信息技术研究发展计划列出 8 个重点研究领域，其中 4 个与 "可信软件" 密切相关。欧盟的第五框架计划和第六框架计划都把可信软件技术发展的重点。中国国家自然科学基金委员会的可信软件基础研究重大研究计划(2007—2016 年)总投入 2 亿元人民币, 共支持 200 多个项目。

学术界在著名计算机专家、图灵奖获得者霍尔爵士等倡导下, 于 2003 年开始, 发起了"软件验证: 巨大挑战"行动。在全球计算机理论专家的共同努力下, 许多新的软、硬件设计理论相继提出, 许多实用验证工具相继开发并在实际应用中取得巨大成功。例如, ACL2 成功应用于 IBM、AMD、摩托罗拉等公司的微处理器设计; SAT 求解器已经成为硬件设计的必备工具; 基于 SMT 约束求解器和符号执行的测试、分析与验证技术已经广泛应用于软件开发及信息泄露检测; 基于 Isabelle/HOL, NICTA 证明了实时操作系统 seL4 的正确性和安全性; 基于 Coq, INRIA 证明了 C 编译器的正确性(CompCert)。微软公司计算机科学家开发了几十个程序建模、验证、分析和测试工具, 譬如建模语言 Spec#, 程序验证工具 VCC、SLAM、Zing 等, 测试工具 Pex, 动态与静态分析工具 SAGE 等。这些工具已经成功应用于微软公司各类软件产品的研发和日常维护, 产生巨大经济效益。同样, Intel 为了提高芯片设计质量和可靠性, 避免类似浮点除法错误的设计缺陷, 投入巨资研究定理自动证明技术及其在硬件设计中的应用, 产生了巨大效益。NASA 为了保证航天器等关键控制软件的正确性, 也投入了大量人力和物力研究自动定理证明技术及相关工具开发。

然而, 形式化方法仍旧面临巨大挑战。

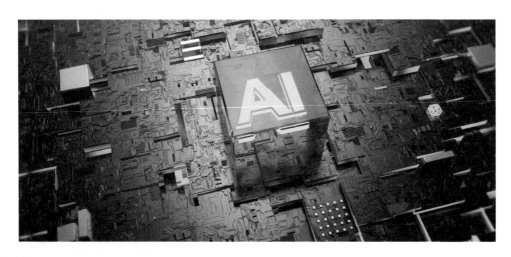

首先，基于通信、控制和计算深度融合的信息物理融合系统必将是可信软件理论研究的重点。目前，信息物理融合系统缺乏能够同时描述通信、控制和计算涉及的多种特征的形式模型，但缺乏能够基于模型预测系统行为的分析与验证技术。

信息物理融合系统的概念最早由 NSF 的海伦·吉尔于 2006 年提出，并被 NSF 列为美国未来优先支持的研究方向。第二年，在美国总统科技顾问委员会的建议下，NSF 实施了信息物理融合系统研究计划，合计支持了 65 个项目，前后共计 9000 万美元。2012 年，德国教育和研究部资助一个项目探讨信息物理融合系统对下一代计算技术的影响、作用以及面临的挑战和机会，研究表明信息物理融合系统将在工业、社会各个方面起着决定性作用，将会带来第三次信息革命，彻底改变人们与物理世界交互形式。这促使了德国政府在 2013 年实行 "工业 4.0" 计划。几乎同时，美国政府实施了 "先进制造计划"。中国科技部制订并实行了 "智能制造" 国家科技计划。欧盟的 "Horizon 2020" 也有类似的计划。

其次，各种验证技术的瓶颈仍旧是效率和自动化水平，如何提高现有验证技术的效率和自动化水平将是一个重大挑战。

再次，最近 10 多年，各种新型计算模型先后提出，已经取得重大进展，可能在不久的将来成为现实，从而颠覆现有信息技术，例如量子计算和生物计算等。但是，相关程序设计理论仍旧处于起步阶段。

最后，传统上，仿真和测试是保证系统可信的主要技术手段。仿真和测试的主要问题是不完备性及难于定位错误。现在，人们找到了形式验证与仿真和测试结合的各种方法，从而可以发挥各自的优势而避免彼此缺陷。例如，基于仿真的验证技术既可以提高验证效率又提高仿真完备性；基于符号执行和约束求解方法能够大大提高测试覆盖率；而不变量技术可以用来定位错误；执行时验证技术已经成为保证系统可信性的重要途径。

第二节 新型计算模型

一、量子计算

由于在计算速度方面具有超越经典计算的潜在优势，以及可以提供绝对安全的密码方案，量子计算的研究受到了广泛的重视。欧盟第六框架将量子信息与量子计算的基础结构作为重要研究内容，并集中了英国牛津大学、英国布里斯托大学、英国约克大学、法国巴黎第七大学、奥地利因斯布鲁克大学以及加拿大麦吉尔大学的研究人员。由英国工程与物理科学研究理事会（EPSRC）和国家 e-Science 中心共同资助、英国计算研究委员会负责的英国大挑战演习中七个主题之一的非经典计算之旅将量子软件工程列为最主要内容。美国国家标准技术研究所、美国麻省理工学院、美国华盛顿大学、美国哥伦比亚大学、英国牛津大学、法国国家科学研究中心等著名学术机构已经开始量子软件相关的研究。美国密歇根大学开展了量子计算机体系结构以及量子设计自动化方面的工作。2014 年，IBM 宣布耗资 30 亿美元研发下一代芯片，主要是量子计算和神经计算。2016 年 5 月 4 日，IBM 发布了 5 个量子比特的量子计算云服务。2014 年，美国加州大学圣巴拉拉分校的知名物理学家约翰·马丁尼斯研究组加入谷歌公司研发量

> 由于在计算速度方面具有超越经典计算的潜在优势，以及可以提供绝对安全的密码方案，量子计算的研究受到了广泛的重视。

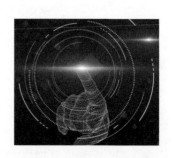

子计算处理器，并于 2016 年 9 月提出量子霸权量子机研制计划。美国总统科学技术办公室发布量子信息文件称："预计几十个量子比特、可供早期量子计算机科学研究的系统可望在 5 年内实现"。欧盟委员会于 2016 年 7 月发布《量子宣言》，宣布将支持一项 10 亿欧元的量子技术旗舰计划。《量子宣言》对量子计算机的研制做出了详细部署，计划 5 年内发展出量子计算机新算法；5~10 年用大于 100 物理量子比特的、特定用途的量子计算机解决化学和材料科学难题，并使研制出的通用量子计算机超过传统计算机的计算能力。澳大利亚近年来专注于硅基、磷掺杂的量子计算方案，并于 2016 年年初成立了硅基半导体量子计算国家实验室。

在国内，清华大学、中国科技大学、国防科技大学等在量子计算和量子软件基本理论、量子密码的理论与应用、量子计算机的物理实现等方面的工作卓有成效。欧洲物理学会新闻网站《物理世界》发布 2015 年度国际物理学领域的十项重大突破，中科大潘建伟院士团队的多自由度量子隐形传态成果荣登榜首；"墨子号"量子通信卫星发射升空，离实用的量子保密通信距离迈进了坚实的一步；长达 2000 千米的量子通信"京沪干线"已于 2016 年完成验收；连接杭州、乌镇、上海三个城域网的"沪杭量子商用干线"将用于商业量子保密通信。

二、生物计算

在合成基因线路设计和构建过程中，研究者发现很多因素都会影响基因线路的功能，例如信号分子的绝缘性能、基因线路元器件的非线性特性、生命体内调控机制的复杂性、宿主和环境的异质性等。研究者针对这些因素，不断改进合成基因线路的设计原则。

随着基因线路规模的扩大和应用范围的拓展，传统的合成基因线路设计思路面临着新的挑战。近年来，尽管 DNA 合成与组装技术取得了巨大进步，合成基因线路规模的增长依然十分缓慢。目前在单个细胞内实现的最大规模合成基因线路，其中的逻辑门不超过 10 个，启动子的数量也只能达到 10 个左右。其中，基因表达噪声和竞争效应是制约基因线路规模化的重要因素。随着基因线路规模的扩大，一方面基因表达噪声在合成基因线路中传播、积累、甚至放大，直接影响合成基因线路的准确性和稳定性；另一方面人工基因线路与生命体内的其他生命过程共同使用宿主细胞内有限的物质、能量资源，这种对有限资源的竞争效应不仅制约着合成基因线路自身的性能，对宿主细胞的生存状况也有不可忽视的影响。

下面从基因线路规模化设计的角度出发，重点关注基因表达噪声和竞争效应对合成基因线路造成的干扰，并从理性设计的角度，分析、归纳当前研究的关键问题。

关键问题1： 基因表达噪声对合成基因线路的影响

系统在一定的外界扰动和内部波动下仍能正常维持性能的能力被称为鲁棒性。系统鲁棒性是工程设计中的一个重要指标。理想的合成基因线路设计应当能够使其具有较好的鲁棒性。然而在实践中，合成基因线路的性能与设计预期之间经常显示出较大差异，甚至完全不能执行预期的功能。其中，基因表达的随机噪声是导致这种现象的一个重要原因。了解基因表达噪声的来源和性质，有助于人们更好地理解合成基因线路在生命系统中的实际工作情况和性能异常的原因；同时，在设计合成基因线路时规避噪声对基因线路性能的影响，可以提高基因线路的鲁棒性，使基因线路在更多场景下更好地发挥功能。

关键问题2： 竞争效应对合成基因线路的影响

在设计合成基因线路时，研究者往往只对与基因线路直接相关的组分进行建模和分析。然而，很多看似与基因线路无关的组分也会对基因线路的功能产生影响。由于细胞内的能量、资源是有限的，基因线路的元件会与细胞内的其他生物过程产生竞争，对有限的资源进行重新分配，这不仅会影响宿主细胞的状态，也会影响合成基因线路本身的功能。此外，合成基因线路的元件也有可能在内部产生竞争效应，这些竞争效应使看似"绝缘"的模块间产生相互作用，对基因线路本身的影响是不可忽略的。随着基因线路的规模不断增大，竞争效应的影响越来越难以被忽视。因此，在设计合成基因线路时，必须将竞争效应作为约束条件，纳入整体考虑。

第三节 新材料与新器件

一、传统计算器件

（一）CMOS 器件技术

目前 FinFET 器件已经实现了 7 纳米及 14 纳米节点的大规模生产，并预测可以延续到 5 纳米节点左右。UTB-SOI 器件技术存在一定的劣势，因为器件的有效电流密度并没有得到增加，反而因为衬底的减薄而引起一定的退化。此外，UTB-SOI 器件受到薄膜结构参数涨落和寄生效应的影响尤为严重。相比较其技术上的劣势，UTB-SOI 面临的最大困境是生态链的欠缺，在缺少用户的情况下难以取代 FinFET 的市场地位。不过，一旦现有的先进 FinFET 技术产能不能满足更为快速增长的集成电路需求，那么 UTB-SOI 技术未尝不能取得一定的市场份额。

纳米线器件是在尺寸缩小这条路线上最接近终点的形态，而纳米线中近似弹道输运的机制使得纳米线器件具有很高的本征性能，但是寄生效应和工艺涨落问题也同样突出。不过，根据北京大学研究小组的平衡优化设计，在考虑寄生效应和涨落效应的情况下，纳米线器件仍可达到远高于 FinFET 的能效比。此外，纳米线器件非常适合堆叠方式的三维集成架构，能够实现超高的集成密度。纳米线器件的这种结构优势使得它成为 5 纳米以下更小尺度上的有力候选者。

高迁移率新材料可以有效提升器件性能，并通过降低电源电压减少功耗密度，但是新材料的界面问题以及与硅工艺的兼容性问题是其未来可能进入大规模应用需重点解决的问题。

新原理器件的代表性器件隧穿晶体管是利用量子隧穿实现超陡亚阈摆幅的，但是其最大的短板是电流驱动能力不足。为此，北京大学研究小组提出了一种量子隧穿与肖特基热发射混合调控的新机制，很好地在高能效与驱动能力之间取得优化平衡。这种与传统 CMOS 器件工作机制不同的新原理器件用于不同特征尺寸的技术平台，能够在包括逻辑、存储、传感等广泛的集成电路相关领域内得到应用，是未来器件发展路线上的重要选择。

（二） 存储器件技术

在非易失性存储器方面，传统基于晶体管"0"态和"1"态在强场作用下翻转的闪存技术经过 30 多年的发展，在现今存储器市场中占有优势和主导地位，然而随着器件尺寸缩小，各种寄生效应和先天工作机制上的不足使得平面集成的闪存技术逐步走入密度和容量提升的瓶颈。提升非易失性存储器密度和特性需要从器件的材料基础、工作机制以及集成结构方面进行突破，比如基于二维材料的新型闪存器件和基于三维集成的垂直堆叠闪存器件。其中，三维集成技术被认为是拯救传统闪存技术的重要手段。三星集团等存储器早在 10 年以前就开始了三维闪存技术的开发，直到 2016 年已经推出了 64 层堆叠的商业化闪存产品。

还有一类基于材料属性突变的新兴非易失性存储器技术非常重要，包括通过自旋极化改变电流隧穿强度的磁阻存储器（STT-RAM）、基于材料晶相变化的相变存储器（PCM）和通过外加电场改变介质层阻值的阻变存储器（RRAM）。MRAM 和 STT-RAM 的工作原理基于铁磁材料在外部磁场作用下产生的自旋极化效应，属于自旋电子器件类别，将在后续进行详细的阐述。PCM 依靠相变材料在焦耳热作用下发生的相变来改变电阻值，从而记录数据；RRAM 则在强电场作用下改变阻变介质层的电导实现存储功能。上述三种器件中，MRAM 和 PCM 的工作机制最为清晰，而 RRAM 结构则最为简单。

PCM 和 RRAM 近年来吸引了广泛的关注。一方面，这类器件具备多值存储的能力，可在单个器件中存储多比特数据，其次，这类器件结构和工艺十分简单，是一种金属与阻变材料的简单堆叠结构，因此很容易进行尺寸缩小，并非常适合三维集成，在高密度存储应用方面拥有很好的潜力。目前，基于 PCM 和 RRAM 的大规模存储芯片已经出现，包括三星集团报道的存储容量为 8 吉字节的 PCM 存储器，闪迪公司基于 RRAM 的 32 吉字节存储器以及索尼公司联合美光公司研制的 16 吉字节 RRAM 存储器等。这些成果均展示了 PCM 和 RRAM 在高密度数据存储中的巨大潜力。当然，PCM 和 RRAM 也存在诸多挑战，比如，在存储阵列中对存储单元进行选择控制的高性能选通器就是其中之一。如果通过三端晶体管实现选通功能，在存储单元面积和三维集成方面需要牺牲一些优势，因此未来需要一种与存储器单元结构相同、材料兼容的两端型选通器件，在现今的研究中仍然属于一个难点。此外，诸如 PCM 中的热效应、RRAM 中的阻值一致性问题也是制约这类新器件获得大规模集成应用的关键性因素。

总的来说，PCM 和 RRAM 这类新兴存储器因为其新颖的工作机制在存储特性方面展现出了吸引人的优势和特点，另外也正因为新机制的引入也带来了新的可制造性问题。除了在制备工艺、材料以及工作机制方面进行改进创新外，为新兴存储器寻找合适的应用场景也许更为符合实际情况。

（三） 非硅半导体材料与器件技术

二维材料是指具有层状结构的一类材料。它们层内原子由共价键结合，层间作用则一般由范德华力结合。单层二维材料的厚度一般在 1 纳米以下。二维材料家族初步统计不低于 500 种，包括石墨烯、黑磷、硅烯、氮化硼、过渡金属硫化物等典型材料（图 6-3-1），涵盖了金属、半导体、绝缘体、超导体。其中，石墨烯、黑磷等烯类二维材料由单原子的六角排布构成，而过渡金属硫化物则由过渡金属原子和硫族原子的三明治结构形成。结构上的差异使得石墨烯拥有更高的迁移率，而过渡金属硫化物则具有更大的禁带宽度。二者均拥有原子级沟道厚度，理论上可以实现理想的短沟道特性，为"后摩尔时代"的微纳电子器件可能带来新的技术变革。另外，二维材料之间还可以自由组合，形成多种范德华异质结，有可能用于隧穿晶体管、光电探测器、发光二极管等多种器件，是应用十分广泛的一类新材料。

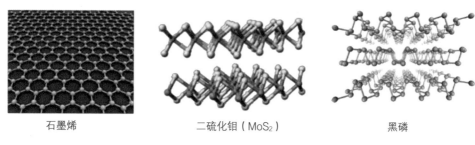

石墨烯   二硫化钼（MoS₂）   黑磷

图 6-3-1   三种典型二维材料的结构

二维材料在全球范围内的研究热潮从 2004 年单层石墨烯的成功剥离开始。石墨烯的超高理论迁移率对于微纳电子器件来说无疑是一个巨大的研究动力，但它是零带隙材料，极大地限制了逻辑器件方面的应用。尽管研究人员发展了多种在石墨烯中打开带隙的方法，包括石墨烯纳米带、双层 AB 堆垛、氢化/氧化石墨烯等，但都无法同时保持高迁移率和高开关比。目前，国际主流的观点认为石墨烯不适合做数字逻辑器件，更适合做模拟射频器件或者柔性器件和柔性电极。

近几年，对二维材料的研究热点逐渐由石墨烯过渡到二维半导体材料。其中以 MoS₂ 为代表的过渡金属硫化物和以黑磷为代表的类石墨烯成为最受关注的体系。它们具有 0.3eV–2eV 的带隙，初步解决了石墨烯的最大瓶颈，具备了逻辑器件集成的基本条件。过渡金属硫化物还具有良好的物理与化学稳定性和工艺兼容性，可以大面积化学气相沉积（CVD）合成，也有利于大规模集成。2011 年，瑞士洛桑联邦理工学院的基斯研究组首次报道了高性能单层 MoS₂ 场效应晶体管之后，掀起了过渡金属硫化物的研究热潮。2016 年美国加州大学伯克利分校的艾里·杰维研究组在《科学》上发表论文，利用单根碳纳米管作为栅极，成功实现了具有优异开关性能、物理栅长为 1 纳米的 MoS_2 场效应晶体管，证明了 MoS_2 在器件尺寸缩小能力方面的巨大潜力。2016 年，台湾纳米器件实验室陈敏成等人与美国加州大学伯克利分校的胡正明教授合作，报道了一种硅基集成的 U 形 MoS_2 PMOS 晶体管，在物理栅长为 10 纳米的情况下展现出了优异的开关性能，证明了过渡金属硫化物与传统半导体技术的兼容性。因此，FinFET 之父胡正明教授在 2016 年曾公开表示二维过渡金属硫化物材料有可能成为进一步延续摩尔定律的候选技术。随着研究的不断深入，人们还发现过渡金属硫化物具有能带结构随层数可调控、电子输运各向异性、拓扑奇异性等特点，为发展新型微纳电子器件提供了更多可能性。

除了二维硫化物材料外，黑磷也受到了人们的关注。在 2014 年，复旦大学的张远波研究组和中科大陈仙辉研究组报道了首个黑磷晶体管，室温迁移率可以超过 1000 平方厘米每伏每秒，同时具有较高的开关比，引起了学术界的广泛关注。后续研究在黑磷中观测到了量子震荡以及量子霍尔效应，表明黑磷是一种质量很高的二维电子材料。目前黑磷电子器件研究还处于起步阶段，主要问题是其化学稳定性不好，容易与水和氧气反应，与传统微电子工艺不兼容。另外，大面积、高质量黑磷薄膜材料合成尚未实现，也是制约其在微电子器件中应用的瓶颈之一。

在二维材料引起广泛关注的同时，碳纳米管也重新回到人们的视线。理论上碳纳米管具有十分优良的输运特性，被认为是一种理想的沟道材料。但是碳纳米管的可控性图形化生长、组装、提纯、掺杂、栅界面控制、欧姆接触引出等技术难题多年来一直是限制其应用的科学工程问题。近年来，随着工艺技术的进步，上述问题逐步得到缓解，特别是最近碳纳米管在集成化技术方面取得的一些突破又引起了大家的兴趣。2013 年 9 月，美国斯坦福大学的研究人员在《自然》杂志上报道了一个由 178 个碳纳米管晶体管组成的电路。北京大学的研究人员提出了碳纳米管"无掺杂 CMOS 技术"，通过接触电极的选择和控制，实现了性能对称的碳纳米管 n 型和 p 型晶体管(FET)。2017 年年初,还在《科学》上发表了 5 纳米栅长碳纳米管 CMOS 器件的制备技术,通过采用石墨烯作为源漏,有效地抑制了短沟道效应和源漏直接隧穿。上述工作使人们看到了碳纳米管的集成化曙光。

(四) 自旋电子器件技术

目前,自旋电子学在微纳电子器件领域进展最显著的领域是磁阻式随机访问存储器,MRAM 的基本存储单元是磁隧道结,它的核心部分是由两层铁磁金属夹着一层氧化物势垒而形成的三明治结构,其中一个铁磁层称为固定层或参考层,其磁矩方向固定不变,另一铁磁层称为自由层,其磁矩可与参考层同向或反向。若两个铁磁层的磁矩同向,在隧道结上施加偏压时,通过隧道结的隧穿概率较高,能够形成较大的电流,使磁隧道结呈现低阻态,反之,若磁矩反向,磁隧道结呈现高阻态。该现象被称为隧穿磁阻效应(TMR)。磁隧道结的两种阻态可用于存储二进制数据,这是 MRAM 的基本原理。MRAM 的优势在于:① MRAM 依靠磁矩状态而不是电荷量来存储数据,无须外部电源来保持状态,有助于解决传统易失性存储器的静态功耗问题;②与同为非易失性存储器的闪存、RRAM 以及 PCM 相比,MRAM 具有更高的读写速度(2 ~ 30 纳秒)和高达 10^{15} 以上的写入次数,能够满足高速缓冲存储器等应用场景的性能需求;③磁隧道结的制造与 CMOS 工艺兼容,并且对于 100 纳米尺寸以下的磁隧道结而言,其写入电流约为几十微安(以当前主流的自旋转移矩写入方式为例),满足 CMOS 电路对电流的需求,因此 MRAM 便于集成在现有的系统芯片之中。

但是,限制 MRAM 大规模产业化的问题依然存在,主要表现在:

(1)磁隧道结隧穿磁阻率还不够高。最早在 1995 年,日本东北大学的宫崎等人和美国麻省理工学院的穆德拉等人分别观测到磁隧道结的室温 TMR 效应,当时所采用的势垒层材料为非晶三氧化二铝(Al_2O_3),分别获得了 11.8% 和 18% 的磁阻率。这样的磁阻率不足以很好地识别"0"和"1"。此后,为进一步提高磁阻率,学术界进行了大量探索,例如,利用单晶氧化镁(MgO)的晶格对称性对隧穿电子波函数的筛选作用产生增强的 TMR,使理论磁阻率可提升至 1000%。目前,单晶 MgO 已成为磁隧道结势垒层应用最普遍的材料,其最高磁阻率可达 604%。[①]

(2)磁隧道结的热稳定性势垒还不够高,难以保证较长的数据存储寿命。早期的磁隧道结多采用面内磁各向异性,主要来源于薄膜平面的形状非对称性(如椭圆),随着磁隧道结平面尺寸的减小,薄膜的边际效应加剧,难以维持足够的磁各向异性,不利于存储密度的提高。解决该问题的有效途径是采用垂直磁各向异性。2010 年,日本东北大学大野浩的研究组制备了钴铁硼 / 氧化镁(CoFeB/MgO)磁隧道结,并证实,若铁磁层厚度足够薄,界面磁各向异性足够强,从而克服退磁能,呈现垂直磁各向异性。这样的器件具有较高的热稳定性势垒、较大的磁阻率和较低的临界翻转电流。但是随着工艺尺寸的不断缩小,铁磁层的体积减小,磁隧道结热稳定性势垒的维持成为难题。2012 年,日本东北大学的佐藤宏等人提出 CoFeB–MgO 双界面结构,通过超薄间隔层实现两层 CoFeB 之间的强耦合,等效于增加了铁磁自由层的厚度和体积,有助于在小尺寸下维持足够的热稳定性势垒。这种 CoFeB–MgO 双界面结构有望用于实现 MRAM 的大容量高密度存储。

(3)MRAM 的写入功耗还不够低。早期的 MRAM 利用电流产生的磁场进行状态写入,需要毫安级的写入电流,功耗较高,而且随着器件尺寸的减小,写入电流急剧增大,此外,还需要较长的载流金属线,电路设计复杂度较高。因此,纯电学的写入方式更有利于 MRAM 的大规模应用。1996 年,美国科学家 J. 斯隆切斯基和 L. 伯杰提出一种由电流驱动的磁性写入方式,称为自旋转移矩(STT),克服了传统磁场写入方式的缺点,因此更适用于高密度低功耗 MRAM 的设计。STT–MRAM 已经成功实现了商用。尽管 STT–MRAM 商用产品已问世,但是它的应用仍受限于自旋转移矩固有的写入速度和可靠性瓶颈。这是因为自旋转移矩的初始

① 赵巍胜,王昭昊,彭守仲,等 . STT–MRAM 存储器的研究进展[J].中国科学:物理学,力学,天文学,2016, 46(10):63–83.

化主要依赖于热涨落，需要较长的初始延迟。这导致 STT-MRAM 的写入速度还无法满足高速缓冲存储器的要求。为进一步提高 MRAM 的性能，新型的写入方式亟待探索。近期，自旋轨道矩被认为是有望超越自旋转移矩的新一代 MRAM 写入技术。[1]

综上所述，自 1995 年首次观测到磁隧道结的室温 TMR 效应以来，在 20 多年的时间里，MRAM 的技术发展十分迅猛，在许多商业化产品中得到应用。例如，日本的 SpriteSat 卫星已使用 MRAM 替换掉原有的闪存元件。宝马汽车公司在发动机控制模块采用 MRAM 以保证数据在断电情况下不丢失。鉴于磁性存储具有抗辐射的优势，空中客车公司在 A350 的飞行控制系统中采用 MRAM 以防止射线造成数据破坏。然而，在工艺成本和写入速度等方面，MRAM 与现有成熟的 SRAM 和 DRAM 之间还存在差距，因此，它尚未在计算机、微处理器和移动终端等领域大规模应用。随着三星集团、英特尔公司及格罗方德等集成电路领军企业加强在 STT-MRAM 研发及生产线的投入，STT-MRAM 有望在近 5 年内逐步开始量产，部分取代 SRAM 及 DRAM 产品，成为主流存储器之一。近期，双界面结构磁隧道结和自旋轨道矩等新技术的涌现，使 MRAM 在数据热稳定性、读写速度和功耗等方面能够得到进一步优化，应用前景得以拓宽。

二、神经计算器件

当今世界范围内对于神经计算的研究方兴未艾，已经成为大国之间角力的前沿阵地，包括北美洲、欧洲、亚洲在内的许多高校与研发机构都在针对机器智能和神经计算技术进行探索，但目前绝大多数研究仍集中在"深度学习"等软件算法（如谷歌公司研发的阿尔法围棋系统）以及利用定制专用集成电路芯片与神经网络算法相结合实现硬件加速等方面。从 2008 年起，美国国防部高级研究计划局就开始部

① 赵巍胜，王昭昊，彭守仲，等 . STT-MRAM 存储器的研究进展 [J]. 中国科学：物理学，力学，天文学，2016，46（10）：63-83.

署神经计算芯片领域的关键技术研发，资助 IBM、HRL 实验室、美国斯坦福大学、美国密歇根大学、美国加州大学等多个研究机构开展"神经形态自适应可塑可伸缩电子系统"（SyNAPSE）研究项目，计划打造新型仿生电子认知计算机。2014 年美国高级情报研究计划署继续发起了以"大脑皮层网络机器智能"为代表的 5 年综合研究计划，目标是在复杂信息处理任务上获得类似人脑的性能。2015 年白宫科技政策办公室进一步宣布将类脑智能作为今后 10 年的重大挑战。针对神经计算研究，欧盟也于 2013 年启动了金额约为 11.9 亿欧元的"人类大脑工程"旗舰项目，其重要研究内容之一就是打造由新型器件组成的神经计算系统。目前国际上许多知名企业和研究单位如惠普、英国 ARM 公司（ARM）、Intel、瑞士洛桑联邦理工学院、英国曼彻斯特大学、德国海德堡大学、美国加州大学、美国斯坦福大学等均致力于寻求能够高效模拟大脑信息处理方式的神经计算新材料、新器件以及芯片解决方案，近期诞生了诸如 IBM 的 TrueNorth、海德堡大学的 BrainScaleS、斯坦福大学的 NeuroGrid 等基于 CMOS 技术的第一代神经计算芯片，并在图像识别、手势识别、低功耗计算等方面显示了神经计算的巨大潜力。

国内在神经计算方面也已经开始了布局。北京大学成立了涵盖信息科学、生命科学和脑医学等学科的"脑科学与类脑研究中心"，在新型神经形态器件、电路、算法、大脑功能解析等方面取得了突出的进展。清华大学成立了跨多个院系的"神经计算研究中心"，并研制了基于 CMOS 电路的"天机"芯片。中国科学院计算技术研究所研制了"寒武纪"深度学习加速芯片，同时开发了专门面向深度学习处理器的指令集。中国科学院自动化研究所也成立了"类脑智能研究中心"。此外，"中国脑计划"也即将出炉，并在神经计算领域进行重点部署。随着一系列国家级重大类脑研究项目的启动，中国在神经计算领域的研究呈现蒸蒸日上的态势，部分研究已经位居国际领先水平。

但是，当前国内外已有的第一代神经计算芯片均基于传统 CMOS 器件，神经元与突触的行为模拟仍然需要通过极为复杂的 CMOS 电路来实现，因此在芯片面积、功耗、智能等综合性能方面仍然与人脑存在极大的差距，严重制约了芯片的自适应能力与智能水平。要实现真正的类脑智能必须从根本上突破能够高效模拟大脑信息处理机制的新材料、新器件，从基础元器件层面进行根本性的创新，才有可能有朝一日研制出真正符合大脑神经网络原理的神经计算系统。

从器件角度来讲，在单个器件层面上实现类似生物突触的可塑性无疑能够从根本上减轻算法和硬件的复杂度。同时，如果能够从器件层面上模拟生物神经元的功能，也将取代现有的复杂 CMOS 神经元电路，大幅降低现有神经计算芯片的面积和功耗。

这种仿生类神经形态器件的主要候选技术包括相变存储器、忆阻器等新型非易失存储器件。IBM、美国斯坦福大学等研究机构都曾利用相变存储器构建神经网络硬件，但是由于相变存储器自身工作原理的限制，基于相变存储器的电子突触在模拟突触可塑性时存在较大的权值调整非线性，并且功耗较高。与之相比，基于忆阻器的电子突触在器件结构、电学特性与微观动力学机制方面与生物突触存在本质上的相似性，当前已成为神经形态器件的主要选择。2015 年，美国加州大学圣芭芭拉分校通过训练由 60 个忆阻器组成的人工神经网络原型使得该硬件从实验上识别了英文字母图像 Z、V 和 N，初步证明了神经形态器件的潜力，但在器件尺寸、网络规模、学习算法等方面仍有待进一步改善。2016 年，IBM 苏黎世研究实验室进一步报道了纳米尺度随机相变神经元的研究成果，通过相变材料在电流累积过程中逐渐发生的晶态—非晶态转变过程以更加经济的方式模拟了生物神经元的累积发放特性。未来研制能够小型化至纳米尺度并能精确模拟生物神经元、突触信息处理功能的神经形态器件和新型功能材料将成为实现神经计算芯片的基础和关键。

三、量子计算器件

近年来，量子计算机的前景吸引了包括微软公司、英特尔公司、谷歌公司、IBM 等国际巨头的目光，工业界已经以极大的热情相继投入量子计算机的研究浪潮。微软公司早在 2005 年就在美国加州大学圣巴巴拉分校成立了 Q 站研究院，研究通用量子计算机；2013 年，谷歌公司与美国国家航空航天局联合成立了量子人工智能实验室，研究将量子计算应用于人工智能领域；2014 年，美国军火巨头洛克希德马丁公司与马里兰大学合作研究下一代量子计算机；2014 年，美国加州大学圣巴巴拉分校的约翰·马丁尼斯教授加入谷歌公司，负责研究量子处理器；同年，IBM 宣布 5 年耗资 30 亿美元研发下一代芯片，其中就包括量子计算；2015 年，半导体芯片巨头英特尔公司投入 4500 万欧元用于荷兰代尔夫特理工大学研究基于硅量子点的量子计算机，并积极开发硅基量子计算所需相关工业技术；2016 年 5月，IBM 公司推出 5 个量子比特的量子计算云服务；同年 8 月，马里兰大学与美国国家标准与技术研究院发布 5 量子比特的可编程量子计算机。

经过 20 年的发展，目前量子计算的研究主要集中到了半导体、超导、离子阱、钻石空位和拓扑等系统。在这些体系中，半导体和超导系统因为与现代半导体工艺兼容，具有良好的可扩展性，受到学术界和工业界的格外关注。但需要指出的是，工业界和学术界一样，都还不能断定量子计算机会在哪个领域最终实现，各体系百花齐放、百家争鸣，如半导体系统中主要有英特尔公司，超导体系主要有谷歌公司、IBM 和量子线路公司，离子阱系统有 IonQ 公司，钻石空位则有量子钻石技术公司，拓扑体系则有微软公司和贝尔实验室。

中国也很重视量子信息技术的发展，在《国家中长期科学和技术发展规划纲要 (2006—2020 年)》中将 "量子调控研究" 列为四个重大科学研究计划之一，同时中国科学院、国家自然科学基金委员会等也都给予量子信息技术大力支持，特别是 "量子通信和量子计算机" 被列入 "科技创新 2030 重大项目"，并于 2017 年全面启动。在这些基金和项目支持下，中国科研工作者取得了一系列创新性研究成果，如新型量子保密通信技术等已经处于国际领先地位并逐步走向应用。在量子计算方面同样也取得了不俗的成绩，特别是在半导体量子点、超导量子比特等体系取得了一系列重大突破。

但我们也应当清醒地认识到与国际量子计算的顶尖水平还有相当差距。一方面中国量子计算研究起步晚，另一方面中国现代工艺技术发展时间短，在相关核心领域长期处于追赶状态，尖端研发缺乏热情，创新动力不足。这导致中国量子计算研究大都局限于原理性地验证和演示层面，缺乏专门的高精尖实验平台，特别是以实用化量子计算机为目标的科研人员严重不足，例如可扩展固态量子计算作为最有可能实现量子计算的研究体系，国内仅有中国科学技术大学、南京大学、清华大学、浙江大学和中国科学院物理研究所等少数单位开展相关研究，在人力和物力的投入方面更是远不如欧美发达国家。

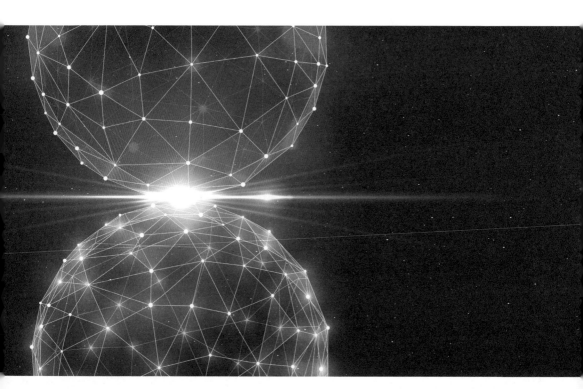

第四节 系统结构

一、CPU

CPU 按照应用领域可大致分为：通用 CPU、移动 CPU 和嵌入式 CPU（图 6-4-1）。其中，通用 CPU 主要面向桌面和服务器应用；移动 CPU 主要面向智能手机、平板电脑等移动终端应用；嵌入式 CPU 主要面向工控等领域。由于面向不同的应用领域，这些芯片的关注点不同，价格也相差很大。例如，服务器 CPU 关注可用性、可扩展性和高吞吐率，价格为 200 ~ 2000 美元；桌面 CPU 则更关注性能价格比、能耗和图形的性能，价格为 40 ~ 500 美元；移动 CPU 关注实时性和能耗有效性，价格为 20 ~ 100 美元；嵌入式 CPU 一般设计简单，主要关注低功耗、低成本和特定应用的性能，价格为 0.01 ~ 10 美元。

Intel Xeon 服务器 CPU   Intel Core i5 桌面 CPU   ARM Cortex-A8 嵌入式 CPU

图 6-4-1 CPU 的代表性产品

从材料和工艺角度来看，目前 CPU 主要基于 CMOS 硅工艺，当前主流为 14 纳米和 7 纳米工艺，未来 5 年将采用 5 纳米工艺。从时钟频率的角度看，CPU 时钟频率趋于平缓，当前 CPU 的最高频率为 5 ~ 6 吉赫兹，主流 CPU 的频率为 2.8 吉赫兹~ 4.5 吉赫兹，这种现状将维持很长一段时间。从芯片面积来看，芯片面积缓慢增长，主流芯片的面积为 100 ~ 600 平方毫米，如苹果公司的移动 CPU 芯片 Apple A10 的面积为 125 平方毫米，Intel 的服务器 CPU 芯片 Xeon E7-8890

的面积为 456 平方毫米。从芯片中集成晶体管的数目来看，仍然呈增长趋势，主流 CPU 的晶体管数目为数亿个到数十亿个，如 Apple A10 的晶体管数为 33 亿个，Intel Xeon E7-8890 的晶体管数为 72 亿个（表 6-4-1）。从 CPU 性能的角度来看，性能增长变得越来越困难，主要采用在单芯片上集成多个处理器核的多核架构来获得高性能和低功耗。从芯片集成度角度看，集成度越来越高，逐渐将电路板级功能集成到芯片上，系统芯片和系统级封装成为主流。

表 6-4-1　典型 CPU 的参数示例

	服务器 CPU	桌面 CPU	移动 CPU
示　　例	Intel Xeon E7-8890 v4	Intel Core i7 6900K	Apple A10
微结构型号	Broadwell-EX	Broadwell-E	Hurricane
工艺 / 纳米	14	14	16
频率 / 吉赫	2.2 ~ 3.4	3.2 ~ 3.7	2.34
面积 / 平方毫米	456	246	125
功耗 / 瓦	165	140	1 ~ 3
晶体管数 / 亿个	72	32	33
管脚数 / 个	2011	2011	—
处理器核数 / 个	24	8	4（2 大 +2 小）

二、编程语言

随着编程语言的发展，程序员的层次化现象越来越显著，分硬件程序员、系统程序员、领域专家程序员、大众程序员 4 个层次来说明编程语言的现状（图 6-4-2）。

硬件编程的发展趋势是：正在向更高抽象级别发展，但是低抽象级别的设计方法仍然会存在（图 6-4-3）。硬件编程近年来逐渐向高抽象级别发展，通过系统级、事务级的描述，能更高效地进行设计开发和调试，并不断融入现代软件编程语

图 6-4-2　编程用户的层次关系

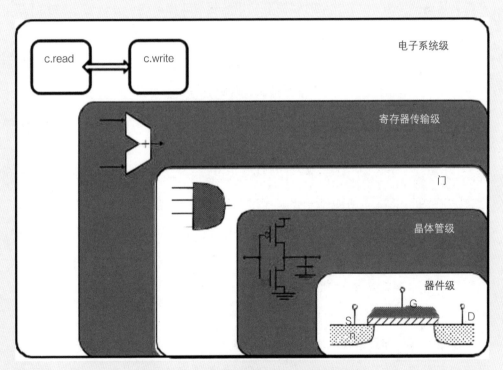

图 6-4-3　当前硬件编程语言的主要抽象层次

言的面向对象的抽象、继承、封装以及新的高级编程语言特征。通过高层编程语言的自动综合技术，可将接近于软件的高层硬件设计转换为较低抽象级别描述的硬件设计，从而与底层的硬件设计流程衔接。为了顺应这种硬件编程软件化的趋势，高层编程语言的自动综合技术也将迅速发展，主要的工作包括：根据高层的存储描述生成寄存器文件、专用寄存器、流水线锁存器、高速缓冲存储器，甚至片上的各种存储部件；根据高层的指令格式和指令编码描述生成译码器和控制通路；根据高层的指令行为描述生成处理器的数据通路；根据高层的结构描述生成处理器的功能部件和相应的连接线路；根据高层的流水线描述生成流水线的结构和相应的控制逻辑。尽管高抽象级别的设计是未来发展的趋势，但是低抽象级别的设计方法仍然会存在，作为设计方式的补充。比如，当设计对面积、功耗、时延等参数有特别严格的要求，仅通过高层语言描述出来的设计经过综合以后生成的电路不一定能满足这些要求，那么这个时候需要使用能更好地描述硬件设计细节的方式进行设计，对于这些设计或者模块，设计工程师需要通过寄存器传输级（RTL）进行描述，甚至通过门级、晶体管级等低层抽象级别进行搭建设计，对器件的布局和连线也需要手工定制化的精心设计，才能满足这些严格设计要求。

系统程序员编程的发展趋势是：编程范式和编程语言没有大的变化，过程式编程仍是主要的编程范式，C 语言仍将占据主导地位。对于底层的系统程序员来说，其编程语言不会有很大的变化，特别是考虑到对系统软件而言，继承性和兼容性是很重要的问题。一方面过程式编程和 C 语言仍然是底层系统程序员主要的编程语言，另一方面由于计算机系统多样性的存在，可用性、效率、安全性等因素使得系统程序员的编程压力会更大，因此在 C 语言上一直在持续扩展新的语言特性，以支持新型应用和新型体系结构的出现，如 OpenMP、MPI、OpenCL、CUDA等。可以看出这些新的语言扩展大都围绕并行技术发展。

领域专家程序员编程的发展趋势是：编程范式没有大的变化，但是编程语言可能会有变革。对于领域专家程序员来说，他们有两方面的角色，一方面与底层系统程序员协助构建针对领域特定的编程工具，如 Hadoop、Spark、Matlab、TensorFlow 等。另一方面他们也是领域编程环境的使用者，利用这些工具结合他们丰富的领域知识来编写相应领域的应用程序，例如大气应用、智能处理、金融业务等。这批程序员的编程范式不会有大的变革，因为编程范式是由领域的特点决定的。例如，智能领域的专家习惯采用函数式编程，历史上智能领域广泛使用过的语言包括 Lisp, ML, Spark, TensorFlow 等，这些语言各有不同但是其编程范式都是函数式编程。再例如，Web 程序员习惯采用命令式编程范式，历史上曾经广泛使用过 ASP、PHP、JavaScript 等命令式编程语言。

未来 30 年，人人都会成为程序员，大众程序员的编程范式将有大的变革，计算机编程将是中小学教育中的必修课。

三、高性能计算机

观察高性能计算机（超级计算机）过去 50 多年的发展历程，可以发现，高性能计算机的发展有 3 个主要驱动力：性能、应用、效率。依据这 3 个驱动力，可以将高性能计算机发展历程大致分成三个主要阶段：性能优先、应用优先和效率优先（图 6-4-4）。

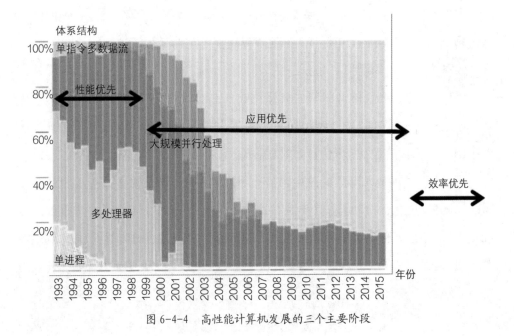

图 6-4-4 高性能计算机发展的三个主要阶段

　　第一个阶段是性能优先阶段。从 20 世纪 60 年代开始到 2000 年前后。这一时期，高性能计算机主要关注浮点峰值性能的提升，架构上向量机和 MPP 系统非常盛行，此时成本和应用面不是主要的考虑因素。这也是为什么当时美国克雷公司、NEC 等公司研制的追求浮点计算速度的超级计算机风光一时的原因。到了 1995 年后，这些公司逐渐衰落了，主要原因就是随着高性能计算的应用范围越来越广，此时的高性能计算机必须更多地考虑应用因素，以及包括成本、功耗等市场因素。

　　随着通用处理器性能的快速提升，以及 Linux 开源操作系统和 MPI 编程语言的出现，从 2000 年前后开始，高性能计算机的发展进入了应用优先阶段。在这一时期，基于通用软、硬件部件构建的机群系统逐渐成为主流体系结构，在近年的 500 强中基本都占据超过 70% 的份额。通用型高性能计算机使得应用面和市场规模得到空前发展。

　　目前，应用优先的思路仍在主导着高性能计算机的发展，但是局限性已经显露得越来越明显，尤其是受到扩展性和应用效率的限制，现有的技术方案已经难以适应未来后 E 级计算^①所需的极高能效比要求。预计从 2025 年前后开始，高性能计算机将进入一个效率优先的新阶段，此时需重点考虑的是性能功耗比、并发效率、应用效率等效率相关因素。

　　当前，主流的高性能计算机主要采用机群或者 MPP 架构，以 2017 年 6 月的 500 强为例，有 432 台是机群系统，其余 68 台则全部是 MPP 系统。中国的神威太湖之光，采用 MPP 架构，峰值计算性能达到 125PFLOPS，线性系统软件包实测性能 93PFLOPS。神威太湖之光是中国第一台采用国产处理器构建的进入 500 强的超级计算机，整机包括 4 万多个申威 26010 众核处理器芯片。在 2016 年度的国际超级计算大会上，有 6 项应用成果入围"戈登·贝尔奖"（ACM 高性能计算应用奖）最终提名，其中 3 项都是在神威太湖之光上完成的，最终，"全球大气非静力云分辨

① E 级计算：指每秒可进行百亿亿次数学运算的超级计算机。

模拟"应用一举摘得该项最高奖，实现了中国高性能计算应用成果在该奖项上零的突破（如图 6-4-5）。

图 6-4-5　中国首获超算应用最高奖"戈登·贝尔奖"

　　在高性能计算机采用的处理器方面，近年来排名靠前的高性能计算机使用众核处理器的趋势越来越明显，2017 年 6 月 500 强排名中，排名前三的机器全部采用了众核处理器。目前市场上主流的众核处理器包括 NVIDIA[①] GPU、AMD GPU 以及 Intel Xeon Phi 芯片等。500 强排名第一的神威太湖之光系统采用的是中国自主研制的申威 26010 众核处理器，双精度浮点峰值性能达到 3TFLOPS，该处理器已经达到和 NVIDIA、Intel 高端众核处理器相当的性能和能效水平。500 强排名第二和第三的天河二号、瑞士 Piz Daint 则分别装配了 Intel Xeon Phi 和 NVIDIA GPU 众核处理器。

　　高性能计算机的后续发展计划是在 2020—2022 年前后达到 E 级计算水平。美国将 E 级计算列为 21 世纪美国最主要的技术挑战。美国国防部、能源部、国家科学基金会、国家核安全局等部门，以及日本文部省、欧盟、俄罗斯联邦原子能署

---

① 美国英伟达公司的简称，英伟达是一家人工智能计算公司，主营显示芯片和主板芯片制造。

等均对 E 级计算机研制进行了大量的投入。国际相关 E 级计划表明，由于现有集成电路工艺条件的制约，在有限功耗的条件下，E 级计算机开发面临许多技术挑战，仍具有较多不确定性。2010 年，美国能源部第一次提出 E 级系统的设计方案，并预计在 2018 年建造完成，然而，到了 2012 年又对原来的设计方案作了大幅调整，将部署 E 级超级计算机的时间推迟到 2020—2022 年。美国 E 级系统部署时间的推迟，也从一个侧面反映了 E 级系统在研发与构建方面存在诸多挑战。近年来，中国在高性能计算机领域已经取得一系列令人瞩目的成果，在 100P 系统的研制方面已经走到世界前列，并且在科技部高性能计算重大专项的支持下，中国高性能计算机研制的优势单位也已经开始了针对构建自主的 E 级计算系统的关键技术研究和原型系统研制的工作，有望在 2020—2022 年前后完成 E 级计算系统的研制。

四、数据中心

（一） 概述

数据中心是由计算机系统、存储系统以及网络设备等组成的一套复杂设施，对数据执行组织、处理、存储及传输等任务，并提供电源、制冷、冗余备份和安全等机制（图6-4-6）。根据用户在数据中心所扮演的角色，可分为平台提供商、服务提供商以及终端用户三类。其中，平台提供商为整个数据中心提供软、硬件基础设施；服务提供商提供各种各样的应用软件；终端用户则是整个数据中心所服务的主要对象。

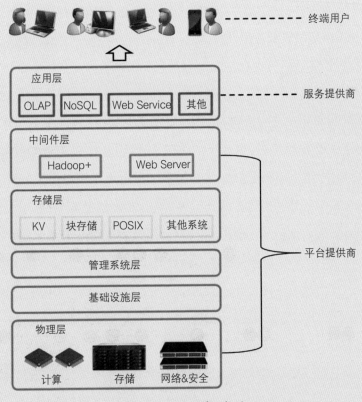

图 6-4-6　数据中心概述

可以将数据中心按软、硬件自顶向下分为六个层次。

(1)应用层：该层是对所有应用提供商发布的各类应用的总称，包括在线服务（OLAP、NoSQL、Web Service 等）和离线分析应用。

(2)中间件层：该层软件栈为了实现应用的各种功能，而提供的一整套软件子系统或组件，例如 Web Server、Hadoop 等。

(3)存储层：该层存储所有应用的相关信息，典型的存储系统有 KV 键值存储、POSIX 存储、块存储等。

(4)管理系统层：用于管理和调度整个数据中心的所有服务器资源，如 YARN、Mesos 等。

(5)基础设施层：该层是底层硬件和其他以上各层的接口，为它们提供必要的服务和相应的支持。

(6)物理层：数据中心所包含的各类物理资源，主要有计算、存储、网络、安全设备。

（二）　发展历程

初期应用都是以计算为中心，所以只有计算中心。随着计算机的计算能力的大幅提升和数据越来越重要，计算中心逐步向数据中心和超算中心两个方向发展（图 6-4-7）。

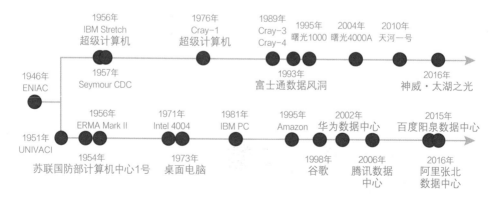

图 6-4-7　数据中心发展历程

超算中心最早可追溯到 1956 年 IBM 研发的 Stretch 和 Seymour Cray 在 CDC 公司设计的一系列计算机。超算中心侧重于计算能力，同时需要强大的数据传输和存储的能力，主要是面向需要大规模科学计算的科学领域，如预测天气变化、量子物理、分子模拟气候研究、物理模拟等。

数据中心的源头可以追溯到 1951 年第一台商用计算机 UNIVAC I，关键的时间节点是 1971 年，Intel 将通用可编程处理器 4004 推向市场，用户可以通过购买和定制软件实现对不同硬件设备的操作。随着桌面电脑和个人电脑的出现，以及虚拟化技术的发展，数据中心的雏形逐渐形成。与超算中心不同的是，数据中心主要是面向大众的商用中心，以提供各种数据处理和互联网服务为核心。数据中心比超算中心应用范围更广，对数据的传输和存储能力要求更高。

数据中心的发展可简略地分为三个阶段，简称为 DC1.0、DC2.0 和 DC3.0（表6-4-2）。可以从主流应用、性能要求、终端用户等多个维度比较三代数据中心的特征。DC1.0 面向关系数据库应用和企业用户，代表系统是 IBM 的关系数据库 DB2，以吞吐量为衡量指标。DC2.0 面向互联网用户和非关系型数据、Web 应用，

表 6-4-2　三代数据中心综述和比较

数据中心	主流应用	机器结构	性能要求	终端用户	评价指标	代表企业	年度	代表性系统
DC1.0	关系数据库	大型机	十万级吞吐率	专业人员	吞吐率	IBM	1983	DB2
DC2.0	互联网（电子商务、搜索引擎、社交网络）	服务器集群	秒级延迟	所有人	吞吐率、延迟	雅虎，谷歌	2003	Borg, Omege, YARN, Mesos
DC3.0	物联网与云计算（智能终端、大数据）	高通量计算机	毫秒级延迟	人和智能终端设备	延迟可控、高资源利用率	谷歌，华为	2020	--

Web 应用的交互特性以及用户对服务质量的要求，使得保证应用服务的延迟成为数据中心的性能要求。随着未来 10~30 年万物互联时代的到来，DC3.0 将面向高通量应用，即亿级终端用户和物联网上的千亿级智能终端设备，在云计算数据中心中进行泽字节（ZB）、尧字节（YB）级海量数据的处理和分析。更为关键的是，用户对服务质量要求大大提高，使得毫秒级延迟响应成为新的性能要求。

在当前的数据中心，不同的租户和工作负载常常共享相同的计算基础设施，数据中心面临一些关键技术挑战。

（1）支持千万级海量并发请求。当前数据中心主要面向移动互联网应用，任务并发数量巨大，实时性要求高。例如，电子商务平台在流量高峰时期需要在低延迟情况下处理千万级在线用户的并发请求。

（2）拍字节 / 艾字节（PB/EB）级大数据处理。信息技术的发展大大丰富了数据来源，每个人、物都可以是数据的产生者，因此数据规模巨大。同时，非结构化数据占据主要的部分，例如实时图像分析和推荐、音视频的实时处理等。当前，需要处理的数据规模已经达到艾字节 ~ 拍字节（PB~EB）级。因此，需要构建面向海量大数据的系统平台，提供高效的数据处理和分析能力。

（3）异构的机器和工作负载。在当前的数据中心中，需要调度的作业类型种类繁多，主要包括在线服务、离线分析作业、存储作业、测试和监控作业。同时，数据中心中会有不同配置的机器，性能有差异。有些任务因需要使用某些机器特定的资源，如图形加速硬件，这增加了管理的难度。

数据中心管理系统是其中非常重要的技术，解决关键问题包括：数据中心基础服务如作业调度、系统部署与监控、集群节点协同服务、数据生命周期管理、系统安全等；数据中心的资源管理，如基于虚拟化和容器技术的计算资源管理；以及存储与网络资源管理。数据中心管理的基本目的是针对不同的应用负载，在保障应用服务质量的同时，提高数据资源利用率和降低能耗。当前代表性的数据中心管理系 统 包 括：Google Borg、Hadoop YARN、Apache Mesos、Google Omega、HARMONY、Sparrow 等。

第五节　软件技术

当前软件技术在网络化软件、开源软件和行业软件三个方向异彩纷呈，发展迅速。下面探讨新出现的类脑计算软件技术。

一、网络化软件

在计算技术发展的较长时期内，软件技术研究主要针对单机系统。近年来，以互联网为主干，电信网、广电网、传感网等多种网络正在不断交叉渗透，信息世界、物理世界和人类社会之间渐趋融合，为计算技术及其应用开辟了更为广阔的发展空间。相应地，计算机软件的运行环境也开始从单机和局域网环境，拓展到复杂网络环境；应用领域也从支撑各个领域的行业应用，发展到支持人—机—物融合的网络化、智能化和普适化的应用。

不断涌现的新型应用模式和计算模式（如云计算、网格计算、服务计算、普适计算等），均从某种视角或层次对基于网络的应用提出新的理念和技术体系。例如，云计算和网格计算主要从资源共享与管理的角度探讨未来网络系统的构造模式；服务计算主要从分布异构资源集成的角度探讨未来网络系统的开发和运维模式；普适计算主要从人机交互的角度探讨未来网络系统的应用模式。本质上，这些应用模式和计算模式均离不开软件技术作为其基础支撑。在这种情况下，软件形态发生了很大变化，逐渐呈现出自主性、协同性、演化性、情境性、自发性等新的特征，并对可信性提出了很高的要求，软件的基本形态和特征、概念框架、逻辑内涵、质量目标等都需随之发生相应的变化。在人—机—物融合的网络环境下，针对软件网构化、服务化、泛在化、高可信的发展趋势，需要新的软件范型，对软件开发方法、运行支撑平台、质量度量评估及保障机制提出了全方位的挑战。

软件运行平台逐渐向支持网络化和网络应用发展，除了在传统单机操作系统之上出现了软件中间件等新的系统软件层外，新型网络化操作系统也引起广泛关注，呈现出"云—端"融合的发展趋势，需要管理更大规模的资源（包括计算资源和存储资源）、支持更加多样化的应用、支持新型的应用模式和计算模式、支持用户以多种不同终端设备访问所需的服务。软件质量的关注重点向使用质量转移，可信、绿色等一些新的质量属性开始受到重视。

在软件开发方法方面，随着互联网上可复用软件资源（如软件服务、开源软件等）的不断丰富，基于软件复用的软件开发成为主要途径，出现了全球化软件开发等新型软件开发模式，数据分析、处理与应用在软件开发中的作用日益重要。同时，伴随着开源软件的快速发展，海量的可复用软件资源在网络上积累起来，如何复用现有代码、程序包等已在当代的软件开发实践活动中占有大部分工作。网络上大量的技术问答网站，如 StackOverflow、CSDN 等，也取代了传统技术文档、论坛等方式，实现了针对问题具体回答的技术支持机制。

中国学者从软件技术角度出发，于 2002 年提出了网构软件的概念。网构软件是互联网环境下的一种新型软件范型。一方面，网构软件是传统软件在互联网环境下的自然延伸；另一方面，为了适应开放、动态、多变的互联网环境及应用领域全球化、个性化、持续成长等特点，网构软件也有其独有的基本特征，如自主性（软件实体具有相对独立性、主动性和自适应性）、协同性（软件实体之间多种方式的互连、互通、协作和联盟）、演化性（软件实体的个数可变、结构关系和形态动态可调）、情境性（软件实体具有感知外部运行和使用环境的能力）、自发性（软件实体之间的交互往往是非预设、不确定、随需应变的，可能隐含非预期的行为和结果）等。经过10 余年的努力，网构软件的研究与实践已取得了一定进展，形成了一套以软件体系结构为中心的技术体系，主要包括：①在网构软件模型方面，通过开放协同模型、情境驱动模型和智能可信模型，实现了网构软件基本实体的构件化、主体化、服务化以及实体间开放的结构化的按需协同；②在网构软件运行平台方面，以构件化的中间件平台体系为基础，实现了支持网构软件基本实体运行的容器、支持按需协同的运行时体系结构以及基于反射的网构软件自治管理；③在网构软件开发方法方面，以全生命周期软件体系结构为核心，通过模型驱动的方式支持网构软件基本实体和结构化协同的高效开发，以及遗产系统向网构软件的半自动转换，并通过领域建模实现了网构软件无序资源的有序组织。

二、开源软件

20世纪末以来，开源软件取得了令人瞩目的成就：无论在开发质量还是在开发效率上，成功的开源软件都达到了与商业软件相媲美的程度；很多开源软件在市场占有率上已经远超同类商业软件，对全球软件产业的格局产生了重大影响。开源软件，从字面上说，是指开放源代码的软件。但开源软件不是简单的源代码开放，而是代码创作者在遵循相关开源协议（如许可证等）的基础上，将自己的源代码全部或部分公开，允许用户进行自主学习、报错、修改等活动，以共同提高软件的质量。与传统商业软件相比，开源软件在开发模式上展现出充分共享、自由协同、无偿贡献、用户创新等新特征。分布在全球的开源软件开发者在基于互联网的虚拟社区中进行交互与协同，颠覆了诸多经典软件工程的基本假设和理论。开源开发模式的核心机理可以概括为三个方面：大众化协同、开放式共享、持续性演化。

（1）大众化协同：大众参与为基础的群体协同实现了工业界通过严格工程化手段才能完成（甚至难以完成）的软件研发任务。分布在全球各地的专业开发者和业余爱好者根据开源社区的规则自由地参与，通过网络平台进行开发，通过协同开发工具实现局部产品的持续集成和测试，并实现阶段性产品的快速发布和体验，以充分获取大众用户的反馈，从而实现快速有效的创新微循环。

（2）开放式共享：开源软件开发周期中产生的阶段制品、开发工具和各类数据对外围和后续软件开发活动具有重要的复用和参考价值。开源社区不仅能够支持对内部资源进行充分共享，还通过其他互联网平台帮助开发者利用项目以外的海量软件资源，让产品和技术资源在"阳光下"充分共享，并根据需求和环境变化动态调整资源的价值度量，以尽可能提高创新群体对技术资源的使用效率及开发的透明程度。

（3）持续性演化：高质量的开源软件产品是不断演化而来的，互联网平台使用户预期的更新和验证得以伴随软件产品的整个生命周期，使开源软件的各利益相关方得以直接参与软件持续演化过程。开源软件不仅具有很好的客观质量品质，其质量属性还易于被用户分析和评估。

开源软件的巨大成功及其颠覆传统的开发模式对软件研究产生了巨大的冲击，吸引了一大批研究者展开各个方面研究。其中，基于数据的开源软件量化分析是全面揭示开源开发新机理的重要研究途径之一，也是近年来非常活跃的一个研究方向。目前，基于数据的开源软件量化分析领域的研究大致分为两个阶段：第一，对开源软件现象进行分析和理解；第二，基于这些分析和理解对开源软件乃至商业软件的开发实践进行改进。这些研究的关注点不仅在于开源软件制品本身，还涉及开源软件开发者以及由其形成的开源社区。例如，越来越多的公司和组织参与开源运动，建立起商业—开源混合项目，并搭建围绕开源软件技术和平台的各种业务模型，形成"开源软件生态系统"。

三、行业软件

结构化和渗透性是现代软件的基本特性。随着信息技术在国民经济方方面面的广泛应用，软件深入渗透到各个领域。纵观近年来应用软件的发展，呈现以下两方面的特点。

（1）面向行业领域的应用软件与领域知识结合，软件产品与咨询服务相互配合，成为行业解决方案的两个重要组成部分。越来越多的行业应用软件不仅可以帮助用户完成计算、记录、通信、文案整理等一些烦琐的日常业务，还通过软件承载的行业领域知识，向用户提供同行业领域中先进的业务与管理咨询服务。例如：全球最大的企业管理软件提供商德国思艾普公司（SAP），在为其用户提供的企业资源规划软件（ERP）中，集成了 SAP 公司在集团管控、企业业务流程优化、财务业务一体化、生产流程改造等方面的先进经验，同时也为企业提供相关的咨询服务。而中国最大的管理软件提供商用友公司也将其在不同行业领域中的管理经验融入其管理软件中，并开启了"咨询＋软件"的服务模式，为企业提供发展战略、IT管理、组织与流程、人力资源及营销管理相关的咨询。近年来，除了将专家头脑中的智能，以规则的形式附加到行业应用软件中，为企业提供领域知识支持的软件以外，大数据技术在组织内部数据分析与应用领域也得到日益广泛的应用，相关软件产品和企业发展迅速。

（2）智能装置和设备中的软、硬件紧密结合，形成软硬融合、深度优化的智能系统。软件渗透到汽车、飞机、家电、消费类电子产品等领域，与硬件密切结合，为传统硬件产品植入了智能。以汽车为例，在以嵌入式软件为核心、电子设备为载体的汽车电子产品领域，近年来持续的创新和发展，极大地推动了汽车工业的进步与发展，对提高汽车的动力性、经济性、安全性，改善汽车行驶稳定性、舒适性，降低汽车排放污染、燃料消耗起到了非常关键的作用，同时也使汽车具备了娱乐、办公和通信等丰富功能。近10年来汽车产业70%的创新来源于汽车电子软、硬件产品的开发应用，汽车电子技术的应用水平已成为衡量汽车档次水平的重要标志，其应用

程度的提高是汽车生产企业提高市场竞争力的重要手段。另外，谷歌公司、亚马逊公司、百度公司等企业，在汽车中加装了激光、图像、雷达等多种传感器，并利用感知数据、高精度地图、行驶记录等多种类型的大数据资源，运用人工智能技术，开发了汽车自动驾驶相关的智能软件。以谷歌公司无人驾驶汽车为例，从 2009 年推出第一代原型车开始，截至 2016 年年初，自动驾驶的测试里程已经超过 320 万千米。2016 年 10 月，美国加州政府宣布使用谷歌无人驾驶汽车无须驾照。这标志着装备智能软件的无人自动驾驶汽车逐渐从原型成为产品。

四、类脑计算软件

类脑计算是指仿真、模拟和借鉴大脑神经网络结构和信息处理过程的装置、模型和方法，其目标是制造类脑计算机和开发类脑智能。类脑计算机的"类"是从结构层次仿真入手，即采用光电微纳器件模拟生物神经元和神经突触的信息处理功能，其网络结构仿照大脑神经网络。在仿真精度达到一定要求后，类脑计算机将具备与生物大脑类似的信息处理功能和系统行为（包括自我意识和"灵感涌现"等高级智能）。简言之，目前的类脑计算机不是等待理解了智能或心智的机理后再进行模拟，而是绕过这个更为困难的科学问题，通过结构仿真等工程技术手段间接达到功能模拟的目的。

类脑计算机采用脉冲神经网络替代经典计算机的冯·诺依曼体系结构，采用微纳光电器件模拟生物神经元和突触的信息处理特性，或者说，类脑计算机是按照生物神经网络采用神经形态器件构造的新型计算机，更准确地应该称为"类脑机"或"仿脑机"。

类脑计算机的硬件主体是大规模神经形态芯片，这种芯片主要包括神经元阵列和突触阵列两大部分，前者通过后者互联，一种典型联接结构是纵横交叉，使得一个神经元和上千乃至上万其他神经元联接，而且这种联接还可以是软件定义和调整的。类脑计算机基础软件除管理神经形态硬件外，主要实现各种神经网络到底层硬件器件阵列的映射，这里的"软件神经网络"可以复用生物大脑的局部甚至整体，也可以是经过优化的乃至全新设计的神经网络。

类脑计算相关研究已经有 20 多年的历史，经过多年的研究积累，终于在近年来取得了一些重要突破。典型的例子包括：IBM SyNAPSE 项目推出了类脑芯片（TrueNorth），德国海德堡大学在一个 20.32 厘米（8 英寸）硅片上集成了 20 万神经元和 5000 多万突触的"神经形态处理器"，以及欧盟人类大脑计划宣布把刚刚建成的 BrainScaleS 和 SpiNNaker 两套类脑计算机系统通过互联网对外开放使用等。在这些典型的类脑计算系统中，除了研究和制造新的神经形态芯片之外，很多功能都是通过利用相应的软件系统来实现的。IBM 的类脑计算项目虽然核心是类脑芯片，但在实现大规模类脑计算应用时采用了在 IBM Blue Gene/Q 大型机上进行软件仿真的方式，开发了可扩展的类脑模拟环境 Compass 来实现对多达 650 亿个神经元的仿真，并研制了新的 TrueNorth 编程模型与面向对象的编程语言 Corelet。欧盟 BrainScaleS 和 SpiNNaker 类脑计算系统也提供了新的事件驱动的编程模型，基于 Python 的神经网络编程语言 PyNN，以"硬件 + 软件仿真"的方式在大量的 ARM 核心处理器上实现类脑计算的目标。

目前类脑计算机的研究还处于起步阶段。随着基于神经形态芯片的类脑计算机的进一步发展，和类脑计算应用的逐渐丰富，类脑计算的软件系统也将会逐步完善。在目前类脑计算机运行所必需的模拟仿真环境和编程模型的基础上，可望进一步发展为包括操作系统、仿真环境、编程模型、编译器、应用软件等在内的一整套类脑计算软件系统。

（一）类脑计算操作系统

类脑计算操作系统是运行在类脑计算机上的操作系统。针对不同类型的类脑计算机架构与不同类型的类脑智能系统，类脑操作系统会呈现出不同的架构与形态。现有的类脑计算机相对简单，只提供非常简单的任务调度和资源管理功能，并没有完整的操作系统支持。随着类脑计算机的发展和应用的丰富，就需要研制相应的类脑操作系统来管理类脑计算机的资源，并为上层类脑应用提供支持。由于类脑计算机具有高性能和低功耗的优势，因此操作系统也会致力于充分发挥神经形态类脑芯片的计算能力，特别是对神经网络芯片中神经元和突触的行为管理。另外，适合类脑计算的应用并不是传统计算密集型的任务，而是类似于视觉处理、神经网络算法、智能推理等更接近人脑思维方式的计算任务，如何针对这些特定任务开发更好的操作系统将是类脑计算操作系统的一个重要研究目标。

（二） 类脑计算仿真系统

目前，由于类脑计算机的研发还处于初期阶段，因此类脑计算系统都采取了"类脑硬件 + 软件仿真"相结合的模式来推动类脑计算的研究和发展。为了在硬件层次提高类脑芯片的性能，首先需要在软件层次进行仿真，开发相应的软件平台进行算法或模型的仿真和模拟。如果能够在软件仿真方面发现算法或模型取得突破性进展，加上硬件器的加速，就可以促进类脑芯片性能的提升。

（三） 编程模型、编程语言与编译器

由于适合类脑计算的应用并不是传统的计算密集型任务，而是类似于视觉处理、神经网络算法、智能推理等更接近人脑思维方式的计算任务，因此需要研究针对类脑计算应用的新型编程模型与编程语言，并研制相应的编译器。

研究新的编程模型的主要目的是为了提高硬件的利用率和应用软件的开发效率。针对类脑计算的芯片和应用，新的编程模型与编程语言将会在充分考虑神经形态芯片的特点的同时，综合考虑类脑计算应用的开发和运行效率，并呈现出与现有的高级编程语言类似的语法结构与语言特性。在编程语言的基础上，还需研制相应的编译器，实现从软神经网络到硬神经网络的映射机制，把使用高级语言编写的类

脑计算应用转换为可以在类脑计算机上直接执行的程序。

实现类脑计算不是梦想。可以预见，类脑计算将是未来很长一段时间人类科学技术研究的热点和前沿。同时，随着人类对于智能系统、智能机器人的需求不断增加，类脑计算将具有非常广阔的应用前景。在类脑计算发展的过程中，尽早开始包括类脑操作系统、编程模型、编译器等相关基础软件的研究，将会在很大程度一促进类脑计算的研究开展与应用推广。

第六节　数据技术

经历了关系数据库的鼎盛，大数据对数据技术提出了新的挑战。大数据的数据特征，可以用 4V 来说明，就是大容量、多类型、变化快和低质量。这既是对大数据的特征的刻画，也是对大数据管理系统提出的新要求。如何管理好 4V 数据对现有数据技术提出了巨大的挑战，也是目前的主流研究的重点。

①大容量的挑战是与时俱进的挑战。1975 年，著名的超大型数据库会议召开第一届年会的时候，面临的挑战是管理 100 万条记录的商业数据。这在今天看来是很小的一个数据。在 21 世纪初，所谓数据密集型应用，数据量大约在 1 太字节左右。而今天所说的大数据，容量基本上在拍字节（PB）级别，才会对现有的数据技术产生真正意义上的挑战。②多类型是大数据显著的特点，关系数据库只能处理关系型数据，这是它的主要限制。应用并不能保证只有关系型数据，事实上，大数据就是要汇聚多个来源的数据，因此，数据种类既有结构化数据，也有各种非结构化数据，如何在一个系统平台中处理多种类型的数据是大数据的核心挑战之一。③关于变化快这一点，要求系统的吞吐量更高。④关于低质量，是指大数据通常都是自动采集的，天然具有噪声，如何在有噪声的情况下，数据还能有用？这不是传统的查询操作够用的，需要发展更复杂的数据分析和机器学习技术。

支持大数据的第一代系统就是 Hadoop. 这几乎成了大数据系统的标配。Hadoop

包括一个分布式文件系统 (HDFS)，一个并行计算框架 (MapReduce)，以及一个大数据存储系统 (Hbase)。HDFS 有高容错性的特点，适用于部署在低廉的硬件上。它提供高吞吐量来访问应用程序的数据。这些特点使得它特别适合那些有着超大数据集的应用。MapReduce 是一种并行编程框架，就如同 SQL 语言用于描述对关系数据的处理，MapReduce 用来描述对 Hadoop 上的数据进行的处理。Hbase 的数据模型极其简单，可以看成是一张由很多属性组成的大表。由于这一代系统不提供 SQL 语言的支持，因此也称为 NoSQL 系统。

然而，很快人们就发现 SQL 的重要性了。一方面应用 MapReduce 编程生产率低下，特别是在数据组织改变时，重构 MapReduce 的成本更高。另一方面，SQL 的编程风格由于关系数

据库的普及，已经深入人心，不能使用 SQL 觉得很不方便。于是，将关系数据库移植到 HDFS 上，或者在 Hadoop 系统之上，提供 SQL 接口，逐渐成为一种潮流。最终形成了一系列称为 NewSQL 的系统。这类数据库不仅具有 NoSQL 对海量数据的存储管理能力，还保持了传统数据库支持 ACID 和 SQL 等特性。已知的第一个 NewSQL 系统叫作 H–Store，其他系统还有很多，例如 Google Spanner, VoltDB, Clustrix, NuoDB. TokuDB, MemSQL 等。

由于 Hadoop 系统在执行时反复对 HDFS 进行读写，引起大量的 I/O 开销、效率不高，且在面对迭代重复计算的问题时（如大多数的机器学习算法）效率很低，因此出现了支持大数据的 Spark 系统。Spark 不仅兼容 Hadoop 生态系统中的大部分组件，而且充分利用内存来读写数据、节省了大量的 I/O 开销。最重要的是，Spark 提供了以内存弹性分布式数据集（RDD）为核心、以任务有向无环图（DAG）为组织形式的数据并行执行框架。从数据管理的角度，Spark 提供了 Spark SQL 组件，不仅具有 NewSQL 的特性，而且充分利用所在平台 Spark 内存计算的优势，针对不同格式的结构化数据进行迅速 ETL 操作[1]。此外，工业界也在 Spark 平台上搭建 Hive、MongoDB 等数据库，利用其内存计算的优势来提升数据处理效率。

纵观大数据技术，有几个趋势值得研究。

(1) 系统以分布式横向扩展应对大数据。当系统能力不足的时候，不是用一个更大的新系统去取代老系统，而是通过增加新的服务器、新的硬件来扩容。原来的系统还继续使用，新增的部分逐渐融入现有的系统并成为新的整体。进一步，为了应对应用负载的不均衡性，系统要做到可伸缩。也就是说在压力减少，不需要这么多的服务器的时候，还可以简单地撤掉一些服务器，而整个系统不受影响，无须重启等操作。例如，"双十一"购物节的"现象级"应用就采用了这一模式。

(2) 数据和系统冗余设计。为了提高系统的可靠性，数据采用多副本（通常为三副本）进行存储。这样当某一个节点失效后，其他节点上的备份数据仍然可以提供

---

[1] ETL 操作：将业务系统的数据经过抽取、清洗转换之后加载到数据仓库的过程。

服务。控制节点也采用冗余设计，当其中一个控制节点失效后，其他控制节点将接管控制权。

（3）系统功能分拆和单一化。传统的数据库非常复杂，因此运行维护也很复杂。大数据系统试图将功能单一化，按照层次设计形成一个个的独立系统。例如，数据存储的 HDFS 文件系统、缓冲区管理系统、图存储系统、键值对存储系统、关系存储系统、MapReduce 批计算系统、SPARK 内存批计算系统、图计算系统、流计算系统、资源管理系统、机器学习系统和交互数据分析系统等。这些系统可以组合成不同的更大的系统，满足大数据处理的需要。

（4）由于 CAP 理论的限制，为了提高系统的可用性，需要弱化数据一致性的要求，放弃 ACID 标准，采用弱一致性的 BASE 标准。

CAP 理论是指对于一个分布式系统，在系统的分区容错性、一致性、可用性三者之间，最多只能满足二个。

这是分布式系统的设计灯塔。由于分区错误容忍性是分布式系统的客观需要，因此，设计只能在可用性和一致性之间进行权衡。大数据库系统大多用于分析目的，因此自然而然地可以降低一致性的要求。ACID 和 BASE 都是数据一致性的标准，其中 ACID 是最高要求，BASE 要弱一些，只需要保证三副本数据最终能否达到一致即可，无需"随时随地"都是一致的。

目前，大数据管理系统技术还在快速进化之中，远还没有成型，总体而言，"管理"的成分还不多。从 4V 的基本要求来看，可以归纳得出大数据管理系统的三个系统特征。第一，大数据管理系统将是一个开放的系统。数据类型是开放的，不能仅仅是事先定义好的数据类型，需要支持各种非结构化的数据类型。不能仅仅是确定的操作算子，需要支持用户定义操作的实施。不能仅仅是单一的处理引擎，需要支持多个不同类型数据处理引擎并存。这样的系统在管理上，特别是执行优化上是一个巨大的挑战。第二，大数据管理系统将是一个量质融合的系统。系统不仅需要管理大容量的数据，还要管理带噪声的数据。传统的关系数据库通过数据完整性约束的检查与维护机制，在破坏数据库完整性操作发生的时候，通过拒绝等行为保证数据库不受侵害，因此，传统关系数据库可以认为不关心数据质量问题。但是，对于大数据管理系统，缺失数据、矛盾数据、不完整数据的存在是常态。因此，对数据的查询要用对结果的排序来取代，对数据的统计建模要用机器学习模型取代。第三，大数据管理系统的中心将是知识管理。大数据的价值在于知识，如何支持从大数据中发现知识，是大数据管理系统不可或缺的功能。有两种基本的方法，一种是知识图谱，还有一种是深度学习。这都是目前大数据知识发现中最重要的方法。

大数据管理系统还没有像关系数据库那样成型，我国在大数据与云计算重点研发计划中已经设立了面向领域的大数据管理系统的两个项目，一个是支持工业大数据领域，另一个是支持科学大数据领域。目标是结合领域应用的特点，探索大数据管理系统的基础架构、核心功能和示范应用。

第七节　互联网技术

一、核心技术

（一）　物联网

物联网（IoT）是互联网技术发展的重要产物。通俗地讲，物联网就是"物物相连的互联网"。当前，物联网作为信息科学领域的新兴产业已经受到国内外的广泛关注，而基于物联网的产业化应用和智慧化服务将成为下一代互联网的重要时代特征。以智能家居、智慧城市为代表的物联网应用与服务也极大地方便了人们的生产生活。从发展状况来看，美国、欧盟、日本等在物联网领域处于世界领先地位，美国提出的"智慧地球、物联网和云计算"就是要作为新一轮信息技术革命的领头羊。中国在物联网的研究与发展领域也占据重要一席，基于物联网的电力、物流、交通、农渔业和服务业都已经在全国很多地区得到推广。然而，相比于它的快速发展，物联网仍然存在很多令人担忧的问题。例如，大连接与异构网络环境下的物联网设备容易受到各种各样的网络攻击，及由此引起的用户数据与隐私的泄露都在一定程度上制约了物联网的发展，这些问题也成为了各国政府、学者试图解决的热点问题。

（二）　大数据

大数据时代是互联网技术飞速发展的必然结果，全球数据的增长超过历史上的任一时期，可以说是爆炸式增长。海量化、多样化、快速化和价值化是大数据时代的典型特征，它的价值不在于拥有庞大的数据信息量，而在于对这些海量数据的专业化处理。目前，大数据技术在政府公共服务、电子商务、交通、医疗、金融等领域得到了广泛的应用。从发展阶段来看，中国大数据产业处于快速推进期，虽然与欧美等发达国家和地区相比存在一定差距，但近几年来，大数据技术在中国的各行各业都得到了很大的发展。大数据时代带给我们更多的是惊喜，但在很多领域仍然面临很多挑战，爆炸式数据量增长给数据存储、数据分析和数据安全等带来难以回避的难题。

（三）　安全与隐私

安全与隐私是在任何领域都要面临的问题，也是互联网技术发展更应该关注的难题。物联网和大数据等技术领域迅速发展给互联网带来了"质"的飞跃，但也使得很多黑客更加有机可乘，安全与隐私问题带给人们的恐惧同样远远胜过历史上的任何时期。以比特币为代表的区块链技术近几年让人大饱眼福，姑且不谈其中的经济利益，单就以勒索病毒为代表网络攻击就能使人心惊肉跳。当然，安全与隐私本身就是一把双刃剑，其中的安全机制若被黑客利用，后果将不堪设想。

（四）　云计算与数据中心网络

除了安全，物联网和大数据的发展都离不开云计算，而云计算又需要数据中心的支持,从而构成了庞大的数据中心网络。就目前而言,全世界绝大多数的数据都存储在相对而言极少数的几个公司的数据中心中(比如谷歌数据中心、脸书数据中心)。云计算将大量的基础设备组织在一起,对外提供强大的计算能力,极大地改善了人们的生活水平。但是,随着数据量的不断增多和数据中心规模的持续扩大,数据中心内设备与设备之间如何相互合作以及数据中心之间如何进行数据的传输与同步面临众多挑战。比如,如何通过合理调度充分利用设备资源、如何降低数据中心网络的能源消耗进而减少对资源的浪费和环境的污染,一直是研究人员关注的重点问题。

（五） 软件定义网络与网络功能虚拟化

软件定义网络(SDN)和网络功能虚拟化(NFV),在数据中心网络中得到了广泛的应用,极大地提高了数据中心网络的工作效率,同时进一步改善了数据中心网络的服务质量。随着 SDN 与 NFV 技术的成熟,同时第五代移动通信(5G)技术得到越来越多的关注与期待,SDN 与 NFV 如何应用到 5G 中成为了当前有关 SDN 与 NFV 的研究热点。比如,5G 希望能够支持设备与设备之间的通信,这在工业界有着广泛的应用。该功能的实现需要灵活的可编程的基础架构,而 SDN 与 NFV 恰好具备灵活可编程的特性。因此,如何通过 SDN 与 NFV 技术来实现 5G 中的潜在功能,吸引了大量的科研人员。

二、2010 年以来中国互联网的发展和机遇

回顾中国互联网发展的历史,2010 年 10 月 18 日,国务院发布《国务院关于加快培育和发展战略性新兴产业的决定》,列出七大国家战略性新兴产业,其中就包括新一代信息技术产业。发展新一代信息技术产业的主要内容是:"加快建设宽带、泛在、融合、安全的信息网络基础设施,推动新一代移动通信、下一代互联网

核心设备和智能终端的研发及产业化，加快推进三网融合，促进物联网、云计算的研发和示范应用。着力发展集成电路、新型显示、高端软件、高端服务器等核心基础产业。提升软件服务、网络增值服务等信息服务能力，加快重要基础设施智能化改造。大力发展数字虚拟等技术，促进文化创意产业发展。"

2012 年 4 月，国家发改委发布消息称："新一代信息技术产业是中国战略性新兴产业重点发展的七大产业之一，具有创新活跃、渗透性强、带动作用大等特点，被普遍认为是引领未来经济、科技和社会发展的一支重要力量。电子信息产品制造、信息网络、信息服务和软件产业的融合发展，极大地推动了云计算、物联网、移动互联网、新一代移动通信等新兴业态的发展。中国新一代信息技术产业已形成了一定的发展能力，市场应用需求广阔。"

2015 年伊始，最热的产业概念莫过于"互联网+"：力图推动各行各业与互联网建立关联，把产业融合和技术创新变成经济增长的新动力。各领域针对"互联网+"都在做一定的论证与探索，并且互联网真正难以改造的是那些非常传统的行业，但是这不意味着传统企业不能做互联网化的尝试。事实上，很多传统企业都在过去几年就开始尝试营销的互联网化，多是借助 B2B、B2C 等电商平台来实现网络渠道的扩建。更多的线下企业还停留在信息推广与宣传的阶段，甚至不会、不敢或者

不能尝试网络交易方面的营销，因为他们找不到合适的方案来解决线下渠道与线上渠道的冲突问题。还有一些商家自搭商城，但是成功的不是很多。

与传统企业相反的是，在"全民创业"时代的常态下，与互联网相结合的项目越来越多。这些项目从诞生开始就是"互联网+"的形态，因此不需要再像传统企业一样转型与升级。"互联网+"正是要促进更多的互联网创业项目的诞生，从而无须再耗费人力、物力及财力去研究与实施行业转型。可以说，每一个社会及商业阶段都有一个常态以及发展趋势，"互联网+"提出之前的常态是千万企业需要转型升级的大背景，后面的发展趋势则是大量"互联网+"模式的爆发以及传统企业的"破与立"。

三、不可忽视的互联网信息安全

在大力发展新一代信息与计算技术的同时，信息安全问题也日渐凸显出来，特别是与互联网相关的网络空间安全问题。人们在享受科技进步带来的便捷时，不可避免地遭受由于信息泄露所带来的威胁。当前，互联网违法犯罪现象日益增加，犯罪类型和形式趋于多样化、隐蔽化、复杂化。同时，大量的网络谣言借助现代信息技术快速传播，传播速度与影响范围呈几何级数增长，容易成为社会震荡、危害公共安全的引发因素，必须引起全社会的高度警惕。

（一） 移动通信安全

从最贴近人民生活的角度来看，自 2005 年以来全球移动电信产业蓬勃发展，最为普适的移动蜂窝网络从低速低覆盖度的 2G（GSM 模式）发展到高速高覆盖度的 3G（CDMA 模式），并进一步发展到更高速更高覆盖度的 4G（LTE 模式）。伴随蜂窝网络模式的进化，移动用户使用蜂窝网络不再局限于语音电话和文本短信，而是越来越依赖于互联网数据流量。到 2017 年，国内三大移动运营商在全国范围内已部署基站总数达到 559 万台，其中 4G 基站占比达 47%。此外，伴随苹果手机以及高端安卓手机对近场通信（NFC）的全面支持，一系列行业专有网络（例如银行网络、公交网络）同互联网之间的物理隔离不再有效。依赖谷歌公司硬件模拟技术（HCE），近场通信从逻辑上打通了行业专有网络和移动互联网之间的壁垒，进一步扩展了移动电信产业的范围和功能。同时，伴随全球信息产业向软件化、虚拟化方向的进化，国际国内都出现了多家移动虚拟运营商（例如小米移动、蜗牛移动），他们通过共享实体运营商的部分网络资源灵活地开展各项增值业务，给移动电信产业带来更丰富的功能和更富有弹性的服务。

首先，移动电信诈骗的科技含量也越来越高，犯罪分子的作案手段越来越隐蔽。运营商大量部署移动基站提升服务性能的同时，出现了大量非法的伪基站设备，利用超高强度信号诱骗附近的蜂窝终端设备（主要是手机）断开与合法基站的连接、建立与伪基站的连接，从而向用户发送广告或诈骗短信，并经常冒充权威号码（如 10086 中国移动、10010 中国联通、95588 中国工商银行等）增加用户的信任度。其次，近场通信在打通行业专有网络和移动互联网之间壁垒的同时，也将互联网中各种各样的安全攻击引入专有网络，使得原本就不设防的专有网络暴露出诸多安全漏洞和隐患。最后，虽然移动虚拟运营商能够扩展移动电信功能、优化移动电信服务，但由于审计过于宽松，所售出的手机号码被犯罪分子广泛利用以实施诈骗。这些高科技的"前沿"诈骗手段严重威胁和伤害人民群众的生命和财产安全，屡屡导致悲剧的发生。

在和高科技移动电信诈骗长期斗争的过程中，学术界研究者和工业界开发者都发现面临着一个严峻的挑战：获得移动电信诈骗行为的地面真相越来越困难。地面真相指那些可以确定为移动电信诈骗的行为数据，比如用户手机收到的一条可以确定为来自伪基站的非法短信、近场通信设备收到的一条可以确定已被篡改的事务消息，以及由虚拟运营商手机号码拨出的一个可以确定为诈骗目的的语音电话。地面真相对识别移动电信诈骗行为具有极大的辅助作用，特别是能够作为用户行为数据挖掘的训练集（以及测试集）来使用。不幸的是，由于高科技电信诈骗行为的隐蔽性，地面真相往往严重缺失甚至完全没有，从而给安全部门的识别、定位与抓捕工作带来极大障碍。以伪基站电信诈骗为例,在硬件层面,研究者极难获得伪基站设备,并且即使获得了伪基站设备也很难部署较大规模的实验。在数据层面,即使是移动运营商内部的电信专家也极难识别一条短信是否来自伪基站。类似地,即使是移动虚拟运营商内部人员也很难确定哪些手机号码已经被犯罪分子所使用。

伪基站是未经移动网络运营商授权的基站设备,相比于运营商基站的通信功能,伪基站主要被用于收集用户信息,典型应用场景如高速公路出入口、灾区、执法机构和战场。由于国家对电信设备的制造和销售监管不严,近年来伪基站设备经常被犯罪分子利用,严重威胁移动用户的个人隐私和信息安全。从技术角度讲,目前仍在广泛应用的 GSM 协议存在单向认证的漏洞,即只允许基站向用户发起身份认证,用户不能向基站发起身份认证。因此,通过使用非常大的信号强度,伪基站可以迫使周围的用户断开与合法基站的连接从而连接到伪基站,趁机向用户发送垃圾短信或者诈骗短信,并且往往使用权威发送者号码,如 10086、95588 等。根据网络报道,2014 年中国手机用户总共收到超过 42 亿条伪基站短信,造成上百亿元人民币的巨大经济损失。由于伪基站最明显的特征是超高信号强度,中国公安部门经常在可疑区域部署电子栅栏以捕捉伪基站信号。电子栅栏的基本构成是一系列蜂窝信号传感器或低功耗的功能性手机。虽然电子栅栏技术能够有效探测伪基站的出现,但部署成本太高,可扩展性太弱,不适合大面积探测。类似地,中国三大移动运营商经常派出专用的信号探测车在街道上巡逻,以捕捉伪基站信号。虽然信号探测车比电子栅栏更具动态性,但这种随机游走的方法依然缺乏足够的覆盖度,而且很容易被犯罪分子识别和躲避。从用户角度出发,中国公安部门和三大移动运营商都鼓励用户积极上报可疑伪基站信息,比如拨打 12321 热线。这种方法看似拥有广泛的群众基础,但由于普通群众缺乏电信专业知识,甚至根本意识不到伪基站的存在,实际效果十分有限。

虚拟运营商是近年来全球 ICT 产业的前沿和热门领域,在美国、欧洲国家、中国都得到了广泛实践和大规模部署,被认为是促进运营商改革、优化运营商服务、为移动用户带来更佳使用体验的关键所在。虽然如此,虚拟运营商在探索的过程中也碰到了非常多的问题和十分激烈的挑战。根据小米移动近年来运作虚拟运营商产业的实际经验，典型问题和挑战包括但不限于三个方面：①诈骗电话鉴别。针对目前诈骗电话猖獗、诈骗号难于审计的问题，对用户进行分析鉴别并给出相应诈骗概率。②用户流量预测。对用户所使用数据流量、通话时长等进行次月使用量的预测分析。③用户离网预警。对用户次月退卡注销的概率进行分析预警。前些年，有一个庞大的非法产业链在我们国家迅速形成并膨胀，犯罪分子利用移动虚拟运营商监管较松、购买手机号无须登记身份信息的漏洞，诈骗极其猖獗，对人民群众生命及财产安全构成严重危害，并进一步损害了整个移动虚拟运营商产业的声誉。目前，国际上针对移动虚拟运营商的专业研究非常少，在性能方面仅有一些小规模的基准测量，而在安全方面至今还没有发现直接相关的研究文献，可见移动虚拟运营商的安全问题十分前沿且具备很大的挑战性。

从现状可以看出：国内外针对高科技移动电信诈骗的防治技术还处在十分初级和原始的阶段，缺乏多维度的数据支持、多角度的行为分析、多领域知识的综合利用以及大规模的系统部署实践。针对移动电信诈骗当前的严峻形势，更多的政府机构、高校和互联网企业将致力于在地面真相严重缺失甚至完全没有的前提下，结合前端移动设备群智感知与后端云计算平台数据挖掘，深度探索高准确率、高精度、高用户参与度的移动电信诈骗防治技术，并展开大规模系统部署。

（二） 信息安全是国家大事

从国家层面来看，信息安全问题更是不容忽视。"斯诺登事件"揭开了美国"棱镜门"计划的冰山一角，涉及的信息网络安全问题引起各国的高度关注，也为中国信息网络安全保障敲响了警钟。《第三次浪潮》的作者阿尔文·托夫勒断言："谁掌握了信息，控制了网络，谁就拥有整个世界。"目前，美国实际上已经拥有了对整个世界互联网的控制权、核心技术的垄断权、资源的分配权、网络空间行为管理的话语权和数据的掌控权等。

2012 年，国务院发布《关于大力推进信息化发展和切实保障信息安全的若干意见》，要求提升网络与信息安全监管能力。完善国家网络与信息安全基础设施，加强网络与信息安全专业骨干队伍和应急技术支撑队伍建设，提高风险隐患发现、监测预警和突发事件处置能力。加强信息共享和交流平台建设，健全网络与信息安全通报机制。加大对网络违法犯罪活动的打击力度。进一步完善监管体制，充实监管力量，加强对基础信息网络安全工作的指导和监督管理。倡导行业自律，发挥社会组织和广大网民的监督作用。

面对复杂的国际安全形势和严峻的网络安全挑战，中国迫切需要将信息网络安全提升到国家战略地位，做好国家信息网络安全顶层规划和设计。总结现行互联网体系架构的优势和不足，结合未来发展趋势，立足自主创新，创建新一代安全可控的互联网络。面对网络安全新挑战，全面排查安全风险，总结分析重点安全问题，集中力量尽快从技术、管理和法律等方面解决。

四、互联网演进的三不变

自 20 世纪 60 年代以来，随着现代通信技术以及软、硬件技术的发展，全球互联网以让人瞠目结舌的速度发展演进，俨然变成了人类社会重要的信息基础设施，甚至成为了人类文明发展与传播的重要载体。近些年，互联网已经渗透到经济、政治、文化、社会生活等各个方面，并仍在不断加速，改变着人类传统的交往方式和思维方式。

互联网从诞生以来，就一直没有停下其前进的脚步。当下的互联网，与诞生之初相比，从外在来看已经是很难将两者联系到一起，但从最核心的机制和原则来看，变化甚微。

互联网的发展迅速，而且对新应用的支持良好，其原因在于互联网的核心机制和设计原则依然充满活力，仍然适用于新一代互联网。关于未来网络体系结构的发展变化，在考虑到技术、经济和社会等因素影响的前提下，我们认为互联网体系结构发展应该注意三个必要条件。

（1）为了保护现有业务和网络基础设施，互联网体系结构的发展必须具有良好的稳定性，也即是说新的协议或应用能在当前互联网体系结构中保持增量部署的特性，以便新一代互联网能够在当前体系结构基础上稳定过渡。

（2）为了保证互联网能够满足需求的增长并促进新型应用的发展，互联网体系结构必须实现良好的可扩展性，也就是说为了保持互联网体系结构的持续发展，互联网体系结构需要进行必要的创新性改革。

（3）作为面向用户服务的当前互联网体系，在发展过程中除了具备良好的技术前瞻性外，还需要能够产生良好的经济效益。由此，未来互联网体系结构的发展应当采用一种"可演进"的路线：保持互联网的核心和设计原则相对稳定，谨慎地改

变约束其扩展的基本要素，以适应和更好地支持未来的新型应用和底层传输技术的多样性。

可演进的互联网体系结构的核心要素包括数据传送格式（IP）、数据转发方式、路由控制策略。这三个核心要素在互联网体系机构演进中要坚持尽量保持不变或是谨慎地修改，可以讲，"三不变"的演化原则不仅是现在互联网，也是未来互联网能够取得成功的精髓。从这个意义上讲，未来网络不管怎么变，核心要素仍然不变，在这个可靠不变的基础原则之上，可以衍生出纷繁复杂的未来网络世界，互联网会继续改写历史，以一种全新的面目再次颠覆人们当前的生活。

第八节 物联网技术

物联网涉及的关键技术众多，从传感器技术到通信网络技术，从嵌入式微处理节点到计算机软件系统，包含了自动控制、通信、计算机等不同领域，是跨学科的综合应用。感知是物联网的核心技术（图 6-8-1），是联系物理世界和信息世界的纽带，感知层既包括射频识别、无线传感器等信息自动生成设备，也包括各种智能

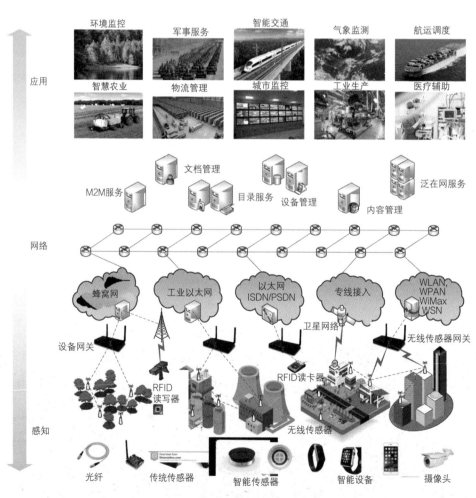

图 6-8-1 物联网技术体系架构

电子产品用来人工生成信息。网络层主要把下层（感知层）的数据接入互联网，供上层服务使用。互联网以及下一代互联网是物联网的核心网络，处在边缘的各种无线网络则是提供随时随地的网络接入服务。应用层主要完成大规模数据的管理和处理，并将这些数据与各行业的应用结合，提供智能的服务。

在物联网感知层中，目前最主要的技术为无线射频识别与无线传感器网络技术。RFID 技术在电子标签中存储着规范的信息，利用射频信号通过空间耦合（交变磁场或电磁场）实现无接触信息传递，并通过所传递的信息达到自动识别的目的。一般而言，RFID 系统由五个组件构成，包括传送器、接收器、微处理器、天线和标签。传送器、接收器和微处理器通常都被封装在一起，又统称为阅读器。RFID 技术目前被用于目标定位、身份确认及跟踪库存产品等。无线传感器网络通常包括传感器节点、汇聚节点和管理节点。大量传感器节点部署在监测区域内部或附近，能够通过自组织方式构成网络。传感器节点监测的数据沿着其他传感器节点逐跳进行传输，在传输过程中监测数据可能被多个节点处理，经过多跳后路由到汇聚节点，最后通过互联网到达管理节点，从而实现感知、采集和处理网络覆盖区域中被感知对象的信息。此外，近年来各类可联网电子产品层出不穷，智能手机、智能家电、无人机、VR 设备等迅速普及，可以随时随地连入互联网，分享信息。信息获取方式多样化是物联网区别于其他网络的重要特征。

互联网以及下一代互联网（包括 IPv6 等技术）是物联网网络层的核心网络，处在边缘的各种无线网络则提供随时随地的网络接入服务。无线广域网包括现有的移动通信网络及其演进技术（包括 5G、4G 通信技术），提供广阔范围内连续的网络接入服务。无线城域网包括现有的全球微波接入互操作性（WiMAX）技术（802.16 系列标准），提供城域范围（约 100 千米）高速数据传输服务。无线局域网包括现在广为流行的无线上网（Wi-Fi）（802.11 系列标准），为一定区域内（家庭、校园、餐厅、机场等）的用户提供网络访问服务。无线个域网络包括蓝牙（802.15.1 标准）、紫蜂（ZigBee）（802.15.4 标准）等通信协议。这类网络的特点是低功耗、低传输率、短距离，一般用作个人电子产品互联、工业设备控制等领域。各种不同类型的无线网络适用于不同的环境,合力提供便捷的网络接入,是实现物物互联的重要基础设施。

物联网服务架构用于支撑物联网任务编程、发现满足任务需求的服务以及实现各类服务之间互操作与服务组合。其中服务发现是按照用户提供的构建物联网应用所需服务的描述,采用匹配查找等机制来找到满足需求的服务。服务组合则按照应用需求通过服务发现模块找到需要的服务,并对其进行组合以形成新的物联网服务。面向服务架构(SOA)最早被应用到物联网应用层的服务提供上,支持物联网实体间的互操作性以及物联网服务的动态发现。事件驱动架构(EDA)也被广泛用于构建物联网服务框架,支持事件在松散耦合的组件和服务之间传输,提高了对不断变化的应用需求的响应,直接、迅速、有效地实施变更以达到物联网应用敏捷性和完整性。数据处理技术是物联网智能服务的支撑,利用数据融合对多源异构数据进行过滤、关联分析及推理,发现和获取数据中蕴含的各类知识。按照数据处理的层次,数据融合可分为数据层融合、特征层融合和决策层融合。对于物联网应用而言,数据层融合主要根据数据的时空关联性去除冗余信息,而特征层和决策层的融合则与具体的应用目标密切相关。

为了更好地推进物联网标准化工作,国际电信联盟(ITU)于 2015 年6 月成立新的物联网标准化研究组 SG20,2017 年 3 月正式更名为物联网和智慧城市研究组。SG20 成立之后,共有将近 40 项物联网和智慧城市相关标准立项,涉及网络服务能力开放框架、物联网设备管理能力、物联网大数据需求和物联网语义本体描述等通用标准。工业互联网环境下的智能制造、交通安全服务、电子健康服务以及可穿戴设备的需求等物联网和智慧城市的应用类标准,互操作服务的标识业务需求、开放数据框架以及城市基础设施等智慧城市相关标准等。中国也已完成了 200 多项物联网基础共性和重点应用国家标准立项。

第九节 计算机图形学与虚拟现实技术

进入 21 世纪以来，计算机技术得到了更高速的发展，互联网、移动终端等改变了人类生活工作的方式，推动社会发展的作用凸显。计算机图形学技术在以下五个方面得到了长足的发展与应用。

一、几何造型与数字几何处理

几何造型主要研究在计算机图像系统的环境下对曲面的表示、设计、显示和分析，其理论的发展经历了长期的应用实践酝酿，主要包含以下一些表达形式和发展。

（一） 参数曲线曲面造型技术

主要研究参数曲线曲面造型技术和方法，讨论常用样条理论及其优缺点。具体介绍见本书第五章第九节。

（二） 隐式曲线曲面造型技术

在计算机科学中，通常也用隐函数来定义几何物体。不等式 $f(x, y, z) \geq 0$ 描述了半空间（即实体），它可定义该半空间的边界（即隐式曲面），这种曲面表示方法在几何造型和图形学中也得到了应用。参数化表示具有许多优点，如计算曲线曲面的几何量较简单、曲线曲面的显示方便、具有离散等优良性质。然而，在另外的一些几何操作，如判断一个点是否在曲线或曲面上以及在哪一侧时，参数化表示又极为不便。与之相反，隐式化表示给这些操作带来了极大的方便。同时，隐式化表示在曲线曲面求交方面也有极其重要的应用。因此,在计算机辅助几何设中也越来越多地使用曲线曲面的隐式化表示。

值得一提的是,塞德伯格和戈德曼等人在曲线与曲面的隐式化表示方面做出了一系列重要成果,包括提出了一套崭新的曲线曲面的隐式化方法。该方法的效率比传统方法高许多,并且当曲线或曲面具有基点时仍然有效。同时,运用新兴的开花原理,无须利用多项式理论,实现了 n 次有理贝塞尔曲线的隐式化。

(三) 细分曲面造型技术

为了解决任意拓扑上的曲面造型,人们提出并发展了细分曲面造型方法。细分曲面是一类采用组成曲面的多边形网格的点、线、面及其拓扑信息完整地描述的曲面,这个多边形网格可以从手工模型上输入,也可以由激光扫描输入。它与连续函数所描述的曲面在方法和数据结构上有着本质的区别。其基本方法是:从初始多面体网格开始,按某种规则,递归地计算新网格上的每个顶点,这些顶点都是原网格上相邻的几个顶点的加权平均。随着细分的不断进行,控制网格就被逐渐磨光。在一定条件(一定的细分规则)下,细分无穷多次之后多边形网格将收敛到一张光滑曲面。

细分曲面的最大优点就是算法简单,几乎可以描述任意复杂的曲面,显著地压缩了设计和建立一个原始模型的时间。而且,这种曲面造型方法在生动逼真的特征动画和雕塑曲面的设计加工中如鱼得水,得到了高度的运用。早在 20 世纪 70 年代,蔡金利用细分割角原理给出了一种快速曲线生成算法。与此同时,卡特穆尔和克拉克以及嘟和萨宾分别提出了著名的从任意拓扑网格上生成三次与二次 B 样条曲面的造型方法。此后,特别是 20 世纪 90 年代以来,以网格细分为特征的离散造型与传统的连续造型相比,大有后来居上的创新之势,成为一个非常热门的研究领域。

（四）离散网格造型技术（数字几何处理）

随着三维扫描数据获取技术的发展，数字几何（通过对真实物体的表面进行采样而得到的几何数据）已成为继声音、图像和视频之后第四种重要的多媒体数据形式。数字几何的基本表示形式主要有两种：直接由采样数据形成的三维点云与多边形网格。点云的数据结构比较简单，可以表示任意形状的几何物体，不受连续性约束。多边形网格采用点、线、面来表示几何物体，其中三角网格是最常用的表达形式。三角网格的表现形式更加简单灵活，非常适合于图形学中底层硬件的绘制。当三维物体的复杂度增加时，可以通过增加三角网格中的顶点和三角片的数目来描绘几何模型的细节特征。此外，除了包含模型的形状信息，三角网格还可以包含模型的外观属性信息，比如材质、颜色、纹理等。

随着三维几何数据获取能力的增强，现实世界中的物体越来越容易被转化为三维网格模型，基于网格模型的造型技术及其处理（数字几何处理）成为近 10 余年计算机图形学研究者所共同关注的问题。数字几何处理是指用计算机对获取的 3D 几何数据进行建模、结构分析、数据优化等的处理技术，包括几何数据的获取、几何模型的处理及几何形状的分析等。传统的数字几何处理主要包括点云获取、数据配准、几何表示、曲面重建、光顺去噪、简化、多分辨率分析、重采样、重网格化、参数化、传输压缩、纹理映射与合成、动画与变形、形状分解、模型匹配与检索等。随着 3D 数据的日益增多及各种三维模型数据库的建立，三维几何形状的分析和理解日益成为当前数字几何处理的热点问题，包括三维形状的语义分割和理解、视觉特征检测、对称检测与分析、模型的感知构建、形状的语义匹配和基于内容的检索等。

（五）变形曲面造型技术

许多复杂曲面都是由多张曲面拼接而成，如果用传统的曲面编辑技术对物体的外形进行整体或局部的修改，既烦琐又费时，且难以达到预期效果。为了解决这个问题,在计算机动画和几何造型中就产生了曲面造型的变形技术。这种方法具有良好的交互性,使用户在修改物体形状时,可以像雕塑家用油泥进行造型一样直观方便。另外,此方法与物体的具体几何表示无关,从而使这一技术很容易集成到现有的几何造型或动画系统中。

巴尔率先将变形思想引入几何造型领域,提出了一套对实体进行整体和局部变形的方法。他模拟了力学中常见的几种变形,如拉伸、均匀张缩、扭转和弯曲等,并给出了这些变形的数学表示。应用巴尔的方法,可生成许多类型的三维几何形状。由于该方法仅能用于特定的几何形体,一般称其为非自由变形技术。

巴尔之后,许多学者继续探索如何将变形造型方法融合到传统的几何造型系统。1986 年,塞德伯格和帕里提出了自由变形技术(简称FFD)。自由变形的想法最早出现于文献,其核心思想在于:变形操作不直接作用于物体,而作用于物体所嵌入的变形空间;如果变形空间被改变了,则嵌入其中的物体的形状自然随之改变。FFD首先引入一个变形工具,由一个均匀剖分的三参数张量积贝塞尔体的控制顶点组成,称为格栅;然后将变形物体线性地嵌入到此贝塞尔体的参数空间。当调整格栅中的控制顶点位置时,参数体的形状会发生变化,嵌入其中的物体就会随之变形。

为了表达丰富的几何细节模型,近 10 年来人们提出了网格曲面的微分域方法。不同于传统方法,微分域方法不再将网格视为欧氏空间中的点集,而是将其视为定义在三维域网格上的拉普拉斯坐标或标量场。相应地,几何处理算法从空间点集或控制点集的直接坐标操纵转化为间接的微分属性操纵,这样能更好地保持几何细节。

变形技术起源于几何造型,它最初是作为一种几何造型方法提出来的,后来由于它在模拟柔性物体动画方面的巨大潜力,逐渐地在计算机动画领域中得到了很大的发展和广泛的应用。

（六） 其他曲线曲面造型技术

人们在发展了曲线曲面的多种表现形式的同时也创造出了曲线曲面的各种构造技术和方法，包括散乱点拟合造型技术、蒙皮造型技术、广义扫描造型技术、基于物理的造型技术、基于变分原理的造型技术、偏微分方程（PDE）曲面造型技术以及分形造型技术等许多方法。随着应用领域的扩大和对造型质量要求的提高，人们还是在不断地发展新的造型方法。中国科研人员在 20 世纪 70 年代末开始对几何造型，特别是对贝塞尔及 B 样条理论和方法，进行了广泛的研究。后来又逐渐开展了其他方面的几何造型以及数字几何处理方面的研究。

在国内几何造型与数字几何处理研究中，有一批重点实验室长期开展基础研究，如浙江大学计算机辅助设与图形学国家重点实验室、北京航空航天大学虚拟现实技术与系统国家重点实验室等。同时，各个高校及研究院所的科研工作者也同时开展各方面的研究，包括中国科学院计算技术研究所、中国科学院软件研究所、清华大学、北京大学、浙江大学、北京航空航天大学、复旦大学、中国科学技术大学、大连理工大学、吉林大学、山东大学等。"十二五"期间，科技部和国家自然科学基金委员会分别设置和支持了有关样条理论和技术、隐式曲面建模和数字几何处理的 973 计划项目、863 计划项目以及重点项目等，使得这些方面的研究得到迅速的发展。

二、计算机动画

计算机动画的一个核心应用是影视特效模拟。以下我们从影视特效模拟的典型效果、国际和国内计算机动画的里程碑式应用几个方面进行介绍。

（一） 影视特效模拟的典型效果

看过《魔鬼终结者 II》（1991 年）的观众，一定会对片中那个打不死的液态金属人 T1000 留下深刻的印象。由科技创造出来的角色成了好莱坞大片的票房卖点，并成为观众观赏电影的主要驱动力之一。在电影中成功应用计算机特效带动了 20 世纪 90 年代美国电影广泛导入计算机动画技术的潮流。而影视业高质量画面、高艺术水准、大胆的想象、大投资、紧迫的拍摄进度等极大地刺激了图形学研究的进一步深入。

1993 年，电影《侏罗纪公园》采用计算机特技和动画技术制作的恐龙片段获得了该年度的奥斯卡最佳视觉效果奖。1996 年，世界上第一部完全用计算机动画制作的电影《玩具总动员》上映，该片不仅获得了破纪录的票房收入，而且给电影制作开辟了一条新路。1998 年，电影《泰坦尼克号》用计算机动画模拟了船的远景、海水、船翻沉时乘客的落水镜头等。

在 20 世纪 90 年代，美国沃尔特·迪斯尼公司预言：21 世纪的明星将是一个听话的计算机程序。从而不再有艺术上的争执，不再要求成百上千万美元的报酬或头牌位置。计算机动画不仅可以生成现实世界中无法拍摄到的场景，如恐龙等。计算机动画也可以生成现实世界中可拍摄但成本太高和太危险的场景，如龙卷风、核爆炸、地震、大规模人群等。

（二） 国际计算机动画的里程碑式应用

在国际上，计算机动画一个里程碑式的应用是电影《阿凡达》。这是一部由著名导演詹姆斯·卡梅隆执导，20 世纪福克斯出品的科幻电影，该片有 2D、3D 和 IMAX–3D 三种制式供观众选择。该影片的预算超过 5 亿美元，成为电影史上预算金额最高的电影，这部电影包含了 3000 余个特效镜头、60% 的内容为特效制作。

历经 4 年的拍摄制作，卡梅隆曾信心十足地介绍："《阿凡达》将带给观众真实的体验感，电脑创造的角色有照片般的真实感。而且在 3D 立体效果下，这些角色比在普通 2D 银幕上看起来更加真实，大脑会感觉这就是真实的事物。"而《阿凡达》的制作经历也被卡梅隆称为"有史以来最复杂的一次电影制作"。这部电影创造了无数第一。全球票房第一，$27.175 亿美元；全球电影票房历史排名第一；北美票房第一：$7.475 亿美元；北美电影票房历史排名第一；北美第一部票房突破 7 亿美元的影片；海外票房：$19.70 亿美元，历史海外票房第一。

（三） 国内计算机动画的里程碑式应用

在中国国内，《西游·降魔篇》2013 年 2 月 10 日内地上映首日获得 7685 万元票房，刷新华语片首日票房纪录。两日累计 1.51 亿元，三天票房突破 2.2 亿元。从大年初一到初六《西游·降魔篇》上映 6 天票房突破 5 亿元。2013 年 4 月 8 日影片在国内影院全面下线，内地总票房 12.45 亿。2013 年 3 月 21 日，《西游·降魔篇》全球累计票房已达 2.15 亿美元，刷新了由《卧虎藏龙》创下的 2.13 亿美元的华语片全球票房纪录，成为全球最卖座的华语电影。而 2016 年 2 月 16 日上映的《美人鱼》更是达到了惊人的 33.91 亿元的票房。这两部电影采用了大量的特效镜头，其成功与计算机动画的贡献是分不开的。

中国科研人员自 20 世纪 90 年代开始对计算机动画进行研究，如浙江大学、北方工业大学、中国科学院计算技术研究所、清华大学、北京大学、山东大学、中国科学院自动化研究所等。"十二五"期间，科技部设置了虚拟现实与数字媒体主题，从素材数字化获取、智能内容创作、特效模拟、群体模拟、辅助创意和衍生产品开发、内容发布、网络化服务等方面，部署了多项国家科技支撑计划、863 计划项目，如"支持全过程动漫创作和产业化的关键技术研究及应用示范""动漫游戏产业公共服务平台技术支撑体系研究"等。

经过几十年的发展，计算机动画已经取得了长足的发展，并在影视特效、游戏、虚拟现实、电影、电视、工业设计、艺术、医学、广告、教育、战争模拟、仿真、新媒体等领域取得了广泛应用。但仍存在制作成本昂贵、入门门槛高、逼真性不足等缺点。

三、可视化与可视分析

近年来，可视化与可视分析的研究及应用主要集中在高维数据可视化、多变量数据可视化、层次数据可视化、网络可视化、文本数据可视化、时序数据和流数据可视化等几个方面。

（一）　高维数据可视化

高维数据指具有多个独立属性的数据。高维和低维之间的界限并不是很明显。通常来说，高维数据指具有四个以上独立属性的数据。在实际应用中，高维数据随处可见。例如，在一篇文档中，一个词的词频可以看作这篇文档的一个独立属性。基于此，一篇文档可以看作由一组词组成的高维数据（词袋模型）。高维数据可视化是指通过可视化方法将高维的数据展示在二维或三维空间中，并辅以交互手段，帮助用户方便地理解嵌入在高维数据中的异常信息和模式信息，从而提升数据和模型工作机制的可理解性和可信度。

目前，高维数据可视化主要分为三大类方法：降维方法、非降维方法和混合方法。降维方法采用某种映射方法，将原高维空间的数据投影到低维空间，并尽量保留高维空间中原有数据的特性和相关结构比如聚类关系和异常信息等。主成分分析（PCA）、多维尺度分析（MDS）、自组织图（SOM）、t-SNE等都属于降维方法。这些方法将高维数据通过数学方法降维，进而在低维（主要是二维）屏幕空间中用传统的散点图来显示这些高维数据。通常，数据在高维空间中的距离越近，在投影图中两点的距离也越近。降维的初衷是将原始维度中冗余无用的信息滤掉，不过这个过程可能会丢失掉某些有用信息。因此低维投影图可以很好地展示高维数据间的相似度以及聚类情况等，但并不能表示数据在每个维度上的信息，也不能表现维度间的关系。高维投影图损失了数据在原始维度上的细节信息，但直观地展示了数据之间宏观的结构。

非降维方法保留了高维数据在每个维度上的信息，可以展示数据的所有维度。各种非降维方法的主要区别在于如何对不同的维度进行数据到图像属性的映射。当维度数量较少时，可以直接通过与位置、颜色、形状等多种视觉属性相结合的方式，对高维数据进行编码。例如在形状、大小、颜色上映射数据维度的小图标方法，或用不同角度表示不同数据维度、呈放射形状的星形图。但当维度数量增多，数据量变大，或对数据呈现精度的需求增加时，这些方法往往难以满足需要。在处理科学、社会研究和应用中复杂高维数据时，需要可扩展性更强的高维数据可视化方法。

降维方法通过散点图展现数据在任意两个维度间的相关特性以及聚类情况。它的缺点是不能显示各个数据在多个维度上的协同关系，同时需要很大的显示空间，需要显示空间的面积正比于维度数目的平方。非降维方法如平行坐标是将高维数据的各个变量维度用一系列相互平行的坐标轴来表示，它能够帮助分析数据在多个维度上的分布和多个维度之间的关系，且平行坐标需要的显示面积仅正比于维度的数目。但平行坐标在两个维度之间关系的表现不如散点图清楚，易受图元堆叠的影响。为了结合降维方法和非降维方法的优点，研究者提出了混合降维方法。

高维数据可视化技术在进行探索性数据分析及对聚类或分类问题的验证中有重要的应用。例如，在生物学研究中，生物数据通常由成百上千个基因表达。理解并探索这些高维生物数据对于研究不同疾病的发病原因有重要的作用。另外，高维数据可视化在证券交易数据、多媒体图形图像数据、航空航天数据、生物特征数据、多源空间等高维数据的分析中都有至关重要的作用。

（二）多变量数据可视化

多变量数据指每个数据对象具有多个相关属性。当数据同时具有独立和相关属性时，通常较为科学准确地描述为高维多变量数据。1994 年，王等人给出了这些概念详细定义和描述。多变量数据在现实生活中十分常见。例如，选购电脑时需要评估不同型号电脑的配置，如 CPU、内存、硬盘大小、主板型号等参数。每个参数描述电脑的一个属性，这些参数彼此相关，组成的配置是一个多变量数据。通常，人们购买电脑的时候就是选择较为重要的参数进行对比，衡量不同型号的优劣，选择性价比最好的一个型号。多变量数据可视化旨在提供数据分布以及不同数据属性之间关系的全局分析。

自 20 世纪 70 年代以来，多变量数据的可视化研究一直是人们关注的一个问题。多变量数据可视化面临的一个主要挑战是在有限的屏幕空间显示海量数据，因此研究人员主要研究如何在低维的空间内利用不同的视觉编码显示多变量数据。已有的多变量数据可视化技术主要分为四大类：几何投影法、基于像素图的方法、图标法和层次方法。

几何投影法旨在构造有限的空间映射和转换，从而将多变量数据布局在低维空间（通常是二维空间）中，数据对象在空间中的位置反映了变量属性及相互之间的关联，而整个数据集在空间中的分布则反映了各个变量之间的关系及数据的整体特性。常用的几何投影方法包括散点图矩阵、表格透镜、平行坐标以及各种变化的平行坐标，如圆形平行坐标。该方法的优点是非常易于理解不同维度的相关性以及检测异样信息。缺点是尽管各个数据属性在布局的时候被同等对待，可是视觉效果却不是等同的。另外，数据量大的时候会有严重的视觉混淆现象，影响用户观察和分析数据。

基于像素图的方法利用单个像素作为可视化的基本显示单元。在一个分辨率为 1600 像素 ×900 像素的显示器上，最多可以显示 1440000 条数据。从理论上达到了对整个屏幕空间的最优使用率。该方法将每个多变量数据表示为由一组像素组成的矩形，每个像素代表一个属性。将所有矩形按照一定的布局策略排列在二维空间，生成最终的像素图。基于像素图的方法降低了由数据量大引起的视觉混乱现象，同时可以展现数据属性之间的关系。基于像素图的方法的缺点是不直观，一般用户难于理解。

图标法采用图标表示每个多变量数据，图标中不同的视觉元素用来表示多变量数据的不同属性。典型的方法有雷达图和切尔诺夫脸谱图。图标法的优点是所采用的图标视觉突出，可辨认性非常高，利于用户判断。由于不同的用户对不同的视觉编码可辨认性不同，图标法的缺点是在理解结果的时候有偏差。

层次方法递归地划分数据空间并用相应的子空间表示层次数据的一个分支。通常来说，由于不同属性值分布不同，布局时需要采用不同的划分方法。因此对结果的理解需要一定的时间。该方法主要用于处理层次数据。典型的方法有层次轴和树状图。该方法的优点是非常有效地展示层次数据的不同属性，缺点是不同属性数据的布局划分不同，因此结果分析比较费时。

多变量数据可视化作为信息可视化的一个分支，在众多关注相关属性及其关系的领域中，如在科学计算、工程设计、市场经济分析中有重要的应用。

（三） 层次数据可视化

层次数据主要描述个体之间的层次关系，比如包含和从属关系，是日常生活和应用中常见的一种数据类型。常见的层次数据包括家谱图、物种图、图书馆藏书目录、计算机文件系统和组织结构关系等。层次数据可视化主要是对数据中的层次关系及相应节点上的数量属性进行有效的描述，从而帮助用户在尽可能短的时间内，以最自然的方式了解和分析大量的层次数据并做出决策。

层次数据可视化技术主要分为两大类：节点－链接图和空间填充法。节点－链接图是最为直观的层次数据可视化方式，它将每个数据个体展现成一个节点，节点之间的连线表示数据之间的层次关系。代表方法有基于缩进法的层次结构可视化、莱因戈尔德－蒂尔福德树型图、空间树、圆锥树等。这种方法直观清晰，特别擅长展示层次关系。缺点是当数据比较多的时候，广度和深度相差较大时，此方法可读性较差，大量数据点聚集在屏幕局部范围，难以高效利用有限的屏幕空间。

空间填充法根据数据节点数量属性的分布，将空间区域递归划分。划分空间中最底层的分块区域表示每个数据个体，嵌套的空间区域表示数据中的层次关系。代表方法是树形图、旭日图和沃罗诺树形图（图 6-9-1）。空间填充法空间利用率高，允许用户根据节点的属性或权重，直观地考察数量属性比较大的节点。该方法的缺点是空间嵌套的层次视觉效果不如节点－链接图直观，当层次深度较大时尤其如此。

图 6-9-1　沃罗诺树形图

（四） 网络可视化

　　网络数据是最常用的数据类型之一。社交网络上的好友关系、计算机的网络连接关系以及代码中函数调用关系等都组成了网络。网络数据通常用图来表示。网络可视化能够帮助用户对数据进行概览，了解数据中隐藏的模式，作出更好的决策。例如，利用网络可视化技术对大量神经元和神经元之间的连边进行可视化，帮助机器学习专家了解复杂的深度神经网络，对训练出现问题的神经网络进行调试，从而对网络的可能优化方向提供思路。

　　现有网络可视化方法可以按照是否考虑网络随时间的变化分为静态和动态两类。

　　静态的网络可视化方法主要包括节点－链接图和邻接矩阵。节点－链接图每个节点表示一个顶点，每条边表示相应顶点之间存在关联。为了生成美观、实用的节点－链接图，需要对图进行合理布局。目前，节点－链接图的常用布局方法是力导向法。力导向法借用弹簧模型进行布局。它在两个点之间加入虚拟的弹簧，弹簧的弹力保证过近的点会被弹开，过远的点会被拉近。整个过程不断迭代，从而最小化整个弹簧系统的能量函数，完成布局。邻接矩阵将 N 个节点之间的连接关系表示为 $N \times N$ 的矩阵 M。矩阵中元素 m_{ij} 表示了节点 v_i 和 v_j 之间的关系。一种常见的表达方式是 m_{ij} 为 1 代表节点之间存在连边，m_{ij} 为 0 代表节点之间不存在连边。要凸显网络中存在的模式（例如节点的聚类效果），需要对邻接矩阵中的节点进行合理排序。给定一个排序方法的能量函数，要最大化或者最小化这个能量函数是一个 NP 问题，因此实际应用中往往采用启发的方法找到近似解。与节点－链接图相比，邻接矩阵在图接近于完全图的情况时，也可以保证没有视觉混乱。但是当边的数目比较少时，节点－链接图的空间利用率更高，且能够更好地展示网络中心和关系的传递性。为了综合这两个方法的优点，研究人员提出了混合式的布局方法 NodeTrix。该方法首先利用连接关系对节点进行聚类。因为同一类的节点之间关系紧密，这些节点之间的关系用邻接矩阵进行展示，而不同类节点之间关系则用节点－链接图的形式展示。

动态网络可视化方法根据时间的表示方式分为两类：基于动画的方法和基于时间轴的方法。基于动画的方法利用动画的方式平滑地将上一个时间点的图转化成下一个时间点的图，从而保证用户的心像地图不会发生突变。基于时间轴的方法将时间维度映射到空间上的一个坐标轴，将不同时间点的图显示在该时间点对应的空间位置。

这两类方法适合完成的任务不同，没有绝对的优劣之分。当不需要对多个时间点的图进行频繁对比时，动画的方式更加直观，且更容易吸引人的注意。如果需要对比不相邻的时间点的图，基于时间轴的方法则更加快速、有效。

（五）文本数据可视化

文本是语言的书面表现形式，通常是具有完整含义的一个或多个句子的组合。文本数据在日常生活中广泛存在，例如新闻、微博、书籍等都是我们经常接触到的文本数据。随着信息技术的迅速发展，文本数据增长迅速，传统的文本阅读方式已经不能满足人们需求。文本可视化可以帮助人们更高效地分析文本，辅助人们作出更好的决策。常用的文本可视化方法可以按照词级和主题级分为两类。

词级的文本可视化方法首先从文本中提取关键词，再根据每个关键词的重要程度展示这些关键词，从而反映文本的侧重点。关键词的提取方法有很多，比较常见的是基于词频（TF）的方法。该方法认为在文档中出现次数越多的词重要性越高。词频法的一个拓展是词频－逆文本频率指数（TF-IDF）方法，该方法在考虑词频的同时还计算了相应词出现在了多少文档中。如果这个词在很多文档中出现，则认为它对于区分文档侧重点意义不大，重要性较低。词级文本可视化方法著名的例子之一是 Wordle（图 6-9-2）。用户可以自定义边界形状（例如圆形或者任意多边形等），然后利用 Wordle 对词进行布局。Wordle 中，算法根据词重要性的降序逐个对词进行布局，重要性大的词位置确定以后再搜索重要性相对较小的词的位置。根据不同的位置搜索策略，Wordle 可以产生多种美观的布局效果。

图 6-9-2　词级文本可视化方法 Wordle 的可视化

主题级的文本可视化将主题挖掘技术和可视化紧密结合，可以自动（半自动）地分析大量文本中的主要内容，进一步减少用户理解和分析的负担。主题是文本中谈论的主要内容，常常由一组词或者词的分布来表示。例如埃博拉相关文本中可能存在一个与埃博拉病毒相关的主题，表示为：（埃博拉，0.4），（病毒，0.2），（致死，0.2），（传播，0.1），（体液，0.1）……这里，括号中的数字代表了相应的词在主题中出现的概率。主题提取的主要思路是将经常同时出现在一篇文档中的两个词放在同一个主题中。主题可视化可以让用户快速了解大量文本中包括哪些主题，这些主题的热度如何，主题如何随时间变化等。一个代表性的主题可视化例子是 TIARA（图 6-9-3）。

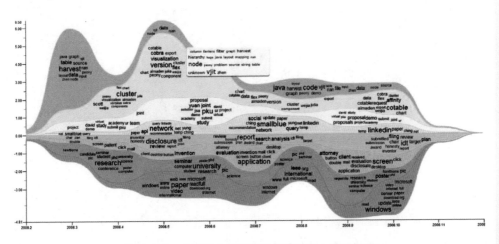

图 6-9-3　主题级文本可视化方法 TIARA 的可视化

（六）　时序数据和流数据可视化

　　时序数据是带有时间标签的、随时间不断变化的数据。现实生活中很多数据都是时序数据，例如随时间变化的股票价格、国家的国民生产总值以及城市车流量等。有效分析时序数据对生物医学、历史以及项目管理等都有重要意义。可视化为用户提供大量时序数据的概览，可以帮助人们找到数据背后隐藏的模式，是时序数据分析的一个重要方法。

　　常用的时序数据可视化可以分为两类：线性时间可视化与周期时间可视化。线性时间可视化关注随着时间离某个初始时间点越来越远的数据变化规律（图 6-9-4a）。周期时间可视化关注的数据一般是随时间周期性变化的。这种可视化往往采用类似螺线或者年轮的径向布局法来强调数据中隐含的周期性，一般需要手动设置时间周期。图 6-9-4b 和图 6-9-4c 展示的是一种典型的周期时间可视化方法（螺旋图形）。其中，图 6-9-4b 每一圈显示 27 天的数据，此时数据中的周期性并不明显。图 6-9-4c 每一圈显示 28 天数据，此时可视化可以有效反映数据的周期性。

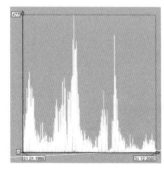 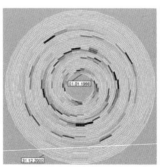 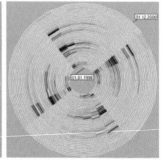

　　（a）线性时间可视化　　　　（b）以 27 天为周期的螺线图　　（c）以 28 天为周期的螺线图

图 6-9-4　时序数据可视化

　　时序数据中有一个特殊类型是流数据。流数据是随着时间的进行不断到来的，例如不断到来的传感器数值、新闻和推特消息都是流数据。处理流数据往往需要增量式的技术，将新来的数据与原有模型有机地融为一体。例如，文本流可视化系统利用在线层次主题挖掘、增量式树切算法以及改进的沉积可视化来有效展示不断到来的新文本数据如何与原有的主题进行融合。因为文本挖掘和可视化模块都是增量式的，这个系统一方面可以保证新数据到来时的快速、高效处理，另一方面保证专家之前找到的主题变化规律不会发生突变，并且能够和新到来的文本中的主题快速进行对应，保证了专家心象地图平滑变化。

四、虚拟现实

虚拟现实研究的主要内容是实时三维图形生成技术、多传感交互技术，以及高分辨率显示技术等，其研究和应用向行业高端和大众普及两个方向拓展。

（一） 行业高端方向

由于虚拟现实在 20 世纪 80 年代及 90 年代初期取得一定成效，开始受到一些发达国家的重视，并将对其发展的支持提升到国家战略层面。美国、欧洲、日本和中国先后在国家科技发展战略中布局虚拟现实。中国科研人员自 20 世纪 90 年代开始对 VR 进行研究，其中有一批重点实验室长期开展基础研究，如北京航空航天大学虚拟现实技术与系统国家重点实验室、浙江大学计算机辅助设计与图形学国家重点实验室、北京理工大学光电学院研究团队，以及中国科学院计算技术研究所、清华大学、北京大学、中国科学技术大学、中国人民大学等。"十二五"期间，科技部设置了虚拟现实与数字媒体主题，科技部和国家自然科学基金从 VR 显示、VR 内容感知、VR 内容智能处理、VR 内容生成、VR 内容呈现、VR 交互等方面，部署了多项 973 计划项目、863 计划项目和重大项目。

2009 年，电影《阿凡达》使人们对虚拟现实有了更直接的感受，该年也被称为"3D 元年"。随后许多国家掀起了制作 3D 电影的热潮，更具虚拟现实交互体验感的"四维影院"成为受大众喜爱的观影方式。2014 年，奥克卢斯公司头盔显示器（Oculus Rift）入选 MIT《技术评论》年度 10 大突破性技术。评论认为：虚拟现实头盔和沉浸式虚拟环境已经出现了 30 多年，这项技术似乎开始进入最终的广泛使用，从各种媒体报道来看，该头盔显示器不但价格便宜，而且摆脱了传统昂贵头盔带来的不适感，体验感更好。2014 年 3 月脸书宣布斥资 20 亿美元收购奥克卢斯公司。7 月亚马逊电子商务公司发布 Fire Phone 3D 手机，增强 3 维购物 / 娱乐体验，9 月微软公司研发了 3D 触觉反馈触摸屏，可以辅助医生"触摸"肿瘤，提升医疗诊断水平。

各路巨头也纷纷进入头盔显示器和移动终端三维处理等方向。2015 年，谷歌公司领投数亿美元研究将光纤投影技术用于光场头盔显示，这项技术能使虚拟物体看起来完全与现实生活中的显示方式一样，将给影视、游戏、商务、旅游和电信等行业带来全新的机会和颠覆性影响。

（二） 大众普及方向

1987 年《科学美国人》报道数据手套的文章，引起了人们的关注。随后一批用于虚拟现实系统开发的软件平台和建模语言开始出现。1989 年，量子 3D（Quantum 3D）公司开发了实施三维场景驱动软件（OpenGVS）。1992 年，美国太阳计算机系统有限公司推出了无线开发工具包（WTK）。1994 年 3 月在日内瓦召开的第一届 WWW 大会上，首次提出了虚拟现实建模语言（VRML），开始了相关国际标准的制定，并逐步形成了可扩展三维（语言）（X3D）、基于超文本标记语言 5.0（HTML5）的网络三维绘图标准（WebGL）等。2002 年，NVIDA 和冶天 (ATI) 等公司推出可编程图形处理单元（GPU），大幅提升了个人计算机的三维图形实时处理能力，并成为高性能计算机的重要组成部分。

随着虚拟现实人机交互设备，特别是头戴式显示器性能提高、价格降低，迅速进入大众消费领域，如虚拟现实游戏、虚拟现实影视、虚拟现实新闻、虚拟现实运动、虚拟现实社交、虚拟现实购物等。2016 年初美国高盛集团发布的一份报告，详细讨论了虚拟现实与增强现实（AR）产业的未来发展状况。高盛集团认为虚拟现实与增强现实拥有巨大潜力，到 2025 年虚拟现实与增强现实软、硬件营收将达到 800 亿美元以上。美国信息技术及科技咨询公司（IDC 公司）预测，虚拟现实设备将快速销售，行业将迎来爆发式增长。因此，许多媒体将 2016 年称为虚拟现实产业元年。

中国在虚拟现实产业化方面紧跟世界潮流，为促进 VR 的"产、学、研、用"等协同发展，2015 年 12 月成立了中国虚拟现实与可视化产业技术创新战略联盟，2016 年 9 月成立了虚拟现实产业联盟 IVRA。自 2016 年起，江西省南昌市、山东省青岛市、福建省福州市等政府部门，均开始筹备 VR 产业基地。中国 VR 研发和应用产业化热潮正在兴起。

五、真实感图形学

近年来，真实感图形学以真实感绘制为主。按照绘制效果区分，真实感图形绘制研究包含以下方面：明暗生成、纹理、参与介质、半透明效果、阴影、反射折射、全局光照、焦散效果、景深、运动模糊和非真实感图形绘制等。真实感图形绘制研究的主要矛盾在于绘制效果和绘制效率之间的矛盾。如何生成更加逼真的光影效果，同时又加快绘制的速度，一直是真实感图形绘制研究的目标。以下我们从实时绘制、离线绘制、复杂材质绘制等几个方面展开论述。

（一） 实时绘制

简单光源和直接光照的绘制方法已经非常成熟并广泛应用于游戏等 3D 实时交互应用中。当前的研究重点主要在于全局光照效果的实时绘制。这方面的研究主要沿着以下几个思路展开：①基于预计算光照传输，通过预先计算光路中较为费时的可见性遮挡、间接光照等光照传输数据并存储下来，达到提升绘制效率的目的；②无须预计算，通过简化、加速传统的离线绘制的方法，如光子图或虚拟光源法，在图形处理器上实现和优化，以达到高效的绘制速度；③采用解析积分的思路，通过近似求解绘制积分的解析表达，可以高效绘制全局光照效果，包括间接光照、互反射等复杂光路效果。

图形实时绘制的另一重要研究内容是软阴影的实时绘制。软阴影是 3D 应用中展现真实感的最重要效果。经典阴影图方法只用于绘制点光源或方向光源下的硬阴影，在阴影判断时只会得到一个二值结果（即在阴影或不在阴影中）。软阴影实时绘制的主要思路是：首先通过硬阴影绘制方法——阴影图方法绘制生成阴影图；然后，采用滤波的方法得到近似软阴影的效果，从而将硬阴影变为软阴影。一些典型的软阴影方法包括方差阴影图、卷积阴影图和指数阴影图等，不同方法的滤波计算方法不同。

（二） 离线绘制

离线绘制着眼于电影级的逼真效果，如何进一步加速和支持新的效果是研究的重点。传统的离线绘制方法包括准确积分方法一蒙特卡洛光线跟踪，近似方

法—光子图和虚拟光源法。其中蒙特卡罗方法速度最慢，而近似方法光子图和虚拟光源法对材质种的支持有限。

近年的研究主要集中在几个方面：如何更高效地进行采样、如何支持更复杂的光路、如何支持高光材质和如何利用光传输矩阵的冗余性等。采样是计算离线绘制结果的重要步骤，采样的好坏较大程度上决定了绘制的效果。中国学者在采样的优化方面提出了几种新的方法：基于随机渐进光子图绘制框架，提出了一种光子采样分布的优化方法，从而极大提升随机渐进光子图处理复杂场景的绘制效率；基于自适应采样和多尺度重构方法，提出了一种高效的景深效果绘制方法。基于GPU架构，中国学者提出了内存可伸缩的空间层次数据结构构建方法，基于可升缩的存储机制，该方法可以在GPU中构建大型场景的空间层次结构，支持的场景规模比以往方法要大数倍；提出了支持高效多片元绘制的空管可编程并行绘制框架；基于GPU实现的紧致层次空间包围盒结构和绘制重用方法，提出了高效的微多边形渲染框架，支持反射、折射、景深和运动模糊效果。

（三） 复杂材质绘制

在半透明材质的绘制方面，中国学者基于扩散方程的快速求解，提出了任意拓扑非均质半透明物体的实时绘制方法；基于离散扩散方程的解析公式和多分辨率求解方法，中国学者提出了高效绘制半透明物体切割效果的方法。

在参与介质的绘制方面，研究的重点在于如何高效地计算沿视线方向的单次散射积分。中国学者提出了一种均质参与介质单次散射、反射折射效果的高效绘制方法；基于梯度折射率光路方程，中国学者提出了一种支持非均匀折射率的折射效果高效绘制方法；基于体焦散的线表示模型，中国学者提出一种参与介质的体焦散效果绘制方法。在毛发材质的绘制方面，研究主要围绕如何建立更加逼真的毛发散射模型和如何支持复杂光照环境展开。基于球面高斯光源表达，通过分离毛发绘制积分中的可见性分量与散射积分分量，预计算并存储散射积分分量，中国学者提出了一种环境光照下毛发的高效绘制方法；基于圆面高斯函数表达，进一步提出了毛发散射模型的紧致表达和散射积分的解析计算方法，从而实现了环境光照下全动态毛发的高效绘制。

随着 GPU 计算能力、通用性和可编程性的不断提高，基于 GPU 的数据结构、绘制架构和引擎、绘制算法也成为近年国内外研究的热点之一。

第十节　人工智能技术

现代人工智能技术涉及数学、心理学、信息科学、认知科学等诸多学科，在知识推理和表达、决策与分类、计算机视觉与听觉和智能机器人等方面获得了广泛应用。近年来，人工智能在各个领域都取得了爆发式的应用增长，全球 IT 巨头谷歌公司、微软公司、苹果、IBM、脸书、Intel 等纷纷投入巨资展开研发与竞争。欧美发达国家纷纷推出人工智能计划：如欧盟"人脑工程项目"、美国"大脑研究计划"等，人工智能竞争日趋白热化。世界各国逐渐意识到，人工智能是开启未来智能世界的密钥，是未来科技发展的战略制高点；谁掌握人工智能，谁就将成为未来核心技术的掌控者。

人工智能是中国科技实现弯道超车的难得机遇。目前国际巨头在人工智能技术上还没有完全形成垄断。中国在人工智能研究上与发达国家相比，甚至与美国相比并不算落后。近年中国科技界不断向人工智能世界科技之巅发起冲击，如清华大学、北京大学等高校也在类脑计算、大数据机器学习等方面同美国 MIT、美国斯坦福大学等学校逐渐展开同台竞技；"百度大脑"计划、"讯飞超脑"计划等在全球诸多领域的人工智能应用中取得行业领先。目前，如果中国在国家层面加快推进人工智能发展，完全有可能利用市场需求、用户数据优势等，实现人工智能技术"弯道超车"，抢占人工智能产业制高点。

一、深度学习

深度学习的概念源于人工神经网络的研究。含多隐层的多层感知器就是一种深度学习结构。深度学习通过组合低层特征形成更加抽象的高层表示属性类别或特征，以发现数据的分布式特征表示。深度学习是机器学习研究中的一个新的领域，其动机在于建立、模拟人脑进行分析学习的神经网络，它模仿人脑的机制来解释数据，例如图像，声音和文本。同机器学习方法一样，深度机器学习方法也有监督学习与无监督学习之分。不同的学习框架下建立的学习模型很是不同。

深度学习的概念由杰弗里·辛顿等人于 2006 年提出。他们在《科学》杂志上发表了一篇文章，掀起了深度学习的浪潮。文章利用多层贪婪训练的受限波尔兹曼机（RBM），在多个问题上取得了很好的效果。这个结果表明，很多隐层的人工神经网络具有优异的特征学习能力，可以学到能够刻画数据的本质的特征；同时，逐层初始化的训练算法可以有效克服深度神经网络的训练困难，为解决深层结构相关的优化难题带来希望，随后提出多层自动编码器等一些深层结构。

严恩·乐库等人在 20 世纪 80 年代末提出的卷积神经网络是第一个真正多层

结构学习算法，它利用空间相对关系，通过共享权重减少了参数数目以提高训练性能，并且利用梯度反向传播算法进行参数的学习。卷积神经网络在字符识别等许多问题中达到了很好的性能，并在支票识别等一些实际应用中取得了很好的效果。

而早在20世纪80年代初，福岛等基于感受野概念提出的神经感知机，可以看作是卷积神经网络的第一次实现，也是第一个基于神经元之间的局部连接性和层次结构组织的人工神经网络。神经认知机是将一个视觉模式分解成许多子模式，通过逐层阶梯式相连的特征平面对这些子模式特征进行处理，使得即使在目标对象产生微小畸变的情况下，模型也具有很好的识别能力。这些深度结构都是受到了生物启发。比如胡贝尔－维赛尔模型，该模型由于揭示了视觉神经系统的机理而获得1981年诺贝尔生理学或医学奖。

近年来，随着大数据的发展和计算能力的提高，深度学习受到了前所未有的关注，多家著名信息技术公司（如微软公司、谷歌公司、百度公司等）相继宣布在语音识别、图像处理等应用领域取得突破性进展。相比传统机器学习算法，深度学习借助深层次神经网络模型，能够提取数据不同层次的特征，对数据进行更加准确有效的表达。而且数据量越大，深度学习算法越有优势，可以得到更好的结果。深度学习的兴起凸显复杂机器学习模型在利用大数据方面的突出优势。目前，广泛应用的深度前馈神经网络需要大量的标注数据来进行函数拟合，并且忽略了数据中的不确定性，没有深入挖掘数据本身的结构和模式，并且需要耗费大量的人力资源来标注数据。忽略数据中的不确定性也往往导致过拟合，同时无法处理数据维度缺失等问题。

深度生成模型，比如变分自编码器和深度玻尔兹曼机，通过将深度学习和生成式模型结合的方式在一定程度上解决了上述问题。与判别式模型不同，生成式模型旨在对数据的联合分布进行概率建模，因此可以做无监督学习来利用无标注数据；同时，通过概率推断，生成式模型可以预测数据缺失维度，对数据进行补全。深度生成模型利用神经网络进行概率推断中的非线性函数拟合，可以提取复杂数据中的抽象特征。另外，深度生成模型可以很容易地扩展到半监督学习中，利用少量标注数据和大量无标注数据达到很好的分类效果。

二、强化学习

强化学习又称再励学习、评价学习，是一种重要的机器学习方法，在智能控制机器人及分析预测等领域有许多应用。通俗地讲，强化学习就是在训练的过程中，不断去尝试，错了就扣分，对了就奖励，由此训练得到在各个状态环境当中最好的决策。

强化学习中有几个重要的组成元素，包括前面说到的奖励，可以认为是学习过程中的一个反馈；另外一个就是智能体，是一个被抽象出来感知周围环境的单元，可以想象为一个小的机器人，在实际的应用中可能是一个游戏玩家，一个棋手，一辆自动驾驶的汽车等。智能体感知到的环境被称作的状态，智能体试图通过一种策略决策来最大化奖励，通过策略便会引起智能体的行动动作。

强化学习常常被看作机器学习的一个分支，强化思想最早来源于心理学的研究。1911 年爱德华·李·桑代克提出了效果律：一定情景下让动物感到舒服的行为，就会与此情景增强联系（强化），当此情景再现时，动物的这种行为也更易再现；相反，让动物感觉不舒服的行为，会减弱与情景的联系，此情景再现时，此行为将很难再现。动物的试错学习，包含两个含义：选择和联系，对应计算上的搜索和记忆。所以，1954 年，马文·明斯基在他的博士论文中实现了计算上的试错学习。同年，法利和克拉克也在计算上对它进行了研究。强化学习一词最早出现于科技文献是 1961 年马文·明斯基的论文《迈向人工智能》，此后开始广泛使用。1969 年，马文·明斯基因在人工智能方面的贡献而获得计算机图灵奖。

1953—1957 年，贝尔曼提出了求解最优控制问题的一个有效方法：动态规划。贝尔曼于 1957 年还提出了最优控制问题的随机离散版本，就是著名的马尔可夫决策过程，1960 年霍华德提出马尔可夫决策过程的策略迭代方法，这些都成为现代强化学习的理论基础。1972 年，克罗普夫把试错学习和时序差分结合在一起。1978 年开始，萨顿、巴托、摩尔和克罗普夫等对试错学习和时序差分结合开始进行深入研究。1989 年沃特金斯提出了 Q—学习。1992 年，泰索罗将强化学习成功地应用到西洋双陆棋中。

三、计算机视觉

人类感知外部世界主要是通过视觉、触觉、听觉和嗅觉等感觉器官，其中约80％的信息是通过视觉器官获取的。视觉感知环境信息的效率很高，它不仅指对光信号的感受，还包括对视觉信息的获取、传输、处理、存储与理解的全过程。对人类而言，视觉信息传人大脑之后，由大脑根据已有的知识进行信息处理，进而判断和识别。计算机视觉是用机器代替人眼进行目标对象的识别、判断和测量，主要研究用计算机来模拟人的视觉功能。计算机视觉的发展史可以追溯到1966 年，著名的人工智能学家马文·明斯基给他的本科学生布置了一道非常有趣的暑假作业，就是让学生在电脑前面连一个摄像头，然后写一个程序，让计算机告诉我们摄像头看到了什么。在某种意义上这个题目代表了全部计算机视觉要做的事情，可以认为这是一个起点。

20 世纪 90 年代，智能技术又出现了一次比较大的变革，也就是统计方法的出现和流行。在这个阶段，经历了一些比较大的发展点，比如现在还广泛使用的局部特征。形状、颜色、纹理这些表征，其实会受到视角的影响，一个人从不同的角度去看物品，它的形状、颜色、纹理可能都不太一样。随着 20 世纪 90 年代统计方法的流行，研究者找到了一种统计手段，能够刻画物品最本质的一些局部特征。比如，要识别一辆卡车，通过形状、颜色、纹理，可能并不稳定，如果通过局部特征，即使视角变化了，也会准确对其进行辨识。局部特征的发展，其实也导致了后来很多应用的出现。比如图像搜索技术真正的实用，也是由于局部特征的出现。研究者可以对物品建立一个局部特征索引，通过局部特征可以找到相似的物品。

2000 年前后，机器学习方法开始盛行。以前需要通过一些规则、知识或者统计模型去识别图像所代表的物品是什么，但是机器学习的方法和以前完全不一样。

机器学习能够从海量数据里面去自动归纳物品的特征,然后去识别它。在这样一个时间点,计算机视觉界有几个非常有代表性的工作,比如人脸检测。在 2000 年前后,出现了一种非常好的算法,它能够基于机器学习,非常快速地去检测人脸。它是一种基于滑动窗口的目标检测算法人脸检测器,是当代计算机视觉的基础之一。

机器学习的盛行伴随着一个必要条件,就是在 2000 年前后,整个互联网的出现和爆发,产生了海量的数据,大规模数据集也相伴而生,这为通过机器学习的方法开发计算机视觉提供了很好的土壤。在这时期,出现了大量的、针对不同领域评测的数据集(图 6-10-1)。美国加州理工学院 101 等数据集逐渐得到普及,分类研究在不断增多。研究人员不再仅仅是对自己内部的数据集评估他们自己的算法,都有一个更加客观的标准方法来进行方法之间的比较。

图 6-10-1　图像数据集

四、大数据分析

大数据,指无法在一定时间范围内用常规软件工具进行捕捉、管理和处理的数据集合,是需要新处理模式才能具有更强的决策力、洞察发现力和流程优化能力的海量、高增长率和多样化的信息资产。

随着云时代的来临，大数据也吸引了越来越多的关注。分析师认为，大数据通常用来形容一个公司创造的大量非结构化数据和半结构化数据，这些数据在下载到关系型数据库用于分析时会花费过多时间和资源。大数据分析常和云计算联系到一起，因为实时的大型数据集分析需要像 MapReduce 一样的框架来向数十、数百或甚至数千的电脑分配工作。大数据需要特殊的技术，以有效地处理大量的容忍经过时间内的数据。适用于大数据的技术，包括大规模并行处理（MPP）数据库、数据挖掘、分布式文件系统、分布式数据库、云计算平台、互联网和可扩展的存储系统。大数据就是互联网发展到现今阶段的一种表象或特征而已，没有必要神话它或对它保持敬畏之心，在以云计算为代表的技术创新大幕的衬托下，这些原本看起来很难收集和使用的数据开始容易被利用了，通过各行各业的不断创新，大数据会逐步为人类创造更多的价值。

相关分析的研究成果中，最具影响力的是 1895 年由佩尔松提出的积矩相关系数。在长达 100 多年的时间里，相关分析得到实践的检验，并广泛地应用于机器学习、生物信息、信息检索、医学、经济学与社会统计学等众多领域。进入大数据时代，作为度量事物之间协同、关联关系的有效方法，大数据相关分析由于其计算简捷、高效，必将具有更强的生命力。但是，由于大数据具有数据规模大、数据类型复杂、价值密度低等特征，如何找到有效且高效的相关分析计算方法与技术则成为大数据分析与挖掘任务中亟待解决的关键问题。目前，常见的大数据相关分析分为两类：一类是面向高度复杂的数据关系（大数据的现实背景往往是非线性复杂系统），传统的线性相关分析方法显然难以刻画变量之间的非线性等复杂关系，因此，研究者基于互信息和距离测度探索了变量间的非线性等复杂相关关系；另一类是面向高维数据（如基因数据、天文数据），利用协方差矩阵内在的稀疏性特征，建立基于稀疏性约束的参数估计方程，通过快速求解来提升处理数据的能力。类似于利用稀疏技术处理主成分分析和回归方程。这两类问题经常混杂在一起，也就是高维复杂数据，需要同时进行维数约简和非线性描述。那么，从不同的角度采用不同的研究方法就得到大数据相关分析的各种模型。

在众多的统计相关系数中，典型相关系数由于能够考查随机向量间的相关关系，而在大数据时代受到了更多的关注。从典型相关分析的计算方法来看，本质上是将问题求解转化为矩阵的特征值与特征向量的求解，其中，矩阵的运算涉及随机向量的协方差矩阵以及协方差矩阵的逆。传统的统计分析中，存在一个重要假设，即协方差矩阵是可计算的。而主要的求解困难在于协方差矩阵的逆，如小样本问题导致矩阵奇异。针对这一困难，利用奇异值分解，采用伪逆来解决协方差矩阵奇异的问题。然而，在高维情况下，无论协方差矩阵还是协方差矩阵的逆，其计算耗时都将非常巨大。同时，存在的矩阵奇异问题也将导致逆矩阵的不可计算。从现有研究进展来看，正则化方法是一类主要的解决手段。实际上，正则化方法类似于岭回

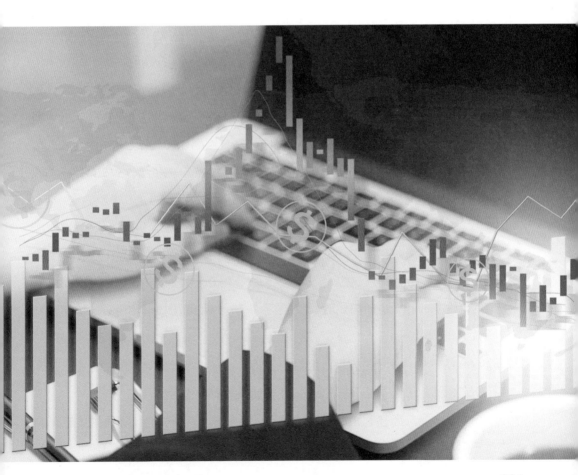

归，通过在协方差矩阵上添加参数倍的单位矩阵（即 $G = \Sigma + \lambda E$，其中 E 为单位矩阵），从而用正则矩阵 G 代替协方差矩阵 Σ，进而有效避免矩阵的不可逆问题。可以看出，参数 λ 的估计是保证正则化方法有效的关键问题。基于均方误差最小准则给出了参数 λ 的估计方法，且无须进行分布假设，同时还避免了类似于 Bootstrap 的复杂计算过程，进而保证了参数估计的计算效率；面向高维协方差矩阵，从正则矩阵正定性、计算效率的提升给出了系列的改进，为高维情况下典型相关系数的计算提供了有效的求解技术。此外，经典的典型相关系数只能度量随机向量间的线性相关关系，对于大数据中常见的非线性相关而言，仍然存在局限。因此，相关学者开展了典型相关分析从线性到非线性推广的研究。基于互信息方法对典型相关分析进行了推广研究。基于核化原理通过非线性映射，将样本映射到高维特征空间，从而提出了核典型相关判别分析方法，并针对抽样样本数的确定问题，基于在线稀疏思想给出了一个具有较高计算效率的自适应学习算法，这一方法可适用于大规模数据分析。当然，这些模型、算法仍然受到自身方法的约束：对于互信息方法而言，其密度函数的估计是难点所在；就核方法而言，如何选择恰当的核函数及相应参数显然是另一个挑战。

五、大规模概率建模与推理

由于环境噪声、物理随机过程、数据缺失等因素的存在，大数据中存在普遍的不确定性。概率论提供了严谨的数据工具刻画不确定变量的分布，已成为现代人工智能的理论基础。作为概率论与图论相结合的产物，概率图模型利用图结构能够简洁有效地描述复杂数据中广泛存在的变量依赖关系，为复杂数据概率建模提供了一个统一的框架。概率图模型已经成为统计学、信息科学、数学等领域的研究热点，并在图像理解、文本挖掘等很多应用领域发挥重要作用。

为了进一步刻画模型的不确定性，贝叶斯方法被广泛使用。经典的贝叶斯方法基于贝叶斯定理，2013 年是贝叶斯定理提出 250 周年。在建模方面，贝叶斯方法具有灵活直观的优点，基于层次贝叶斯模型，可以有效地描述复杂数据中的不确定性、数据缺失、隐式特征等属性。在学习方面，贝叶斯方法通常具有很好的鲁棒性，在训练样本不足的情况下，可以有效避免过拟合。在大数据环境下，过拟合仍然是一个重要的问题，甚至变得更严重，这是因为：①目前广泛使用的深度模型通常具有大量的参数，如果不采用有效的正则化机制，这些模型很容易过拟合；②大数据中往往存在大量的冗余，所提供的有效信息往往增长比较缓慢，可能不足以支持大规模模型的学习。因此，发展高效的贝叶斯方法成为保护深度模型避免过拟合的一个重要方向。另外，近期得到重要发展的非参数化贝叶斯方法具有自适应数据变化的优点，当学习环境变化时，能够从数据中自动推理出所需模型的复杂度。经典的非参数化贝叶斯方法包括狄利克雷过程、印度自助餐过程、高斯过程等。

总体来说，人工智能获得了蓬报的发展，很多人将今天的人工智能和 20 世纪 70 年代的 PC 萌芽、20 世纪 90 年代的互联网兴起相提并论，人工智能终将成为推动人类社会与经济形态演进的革命性力量，与蒸汽机、电力、核能等并列，在人类科技史上承前启后、熠熠生辉。

第十一节　自然语言处理技术

随着硬件计算能力的提升，以智能处理海量无标记数据为需求导向，深度学习技术已经在自然语言处理领域展现出极强的生命力，成为当前研究的热点与主流。深度学习通过建立深度神经网络，模拟人脑的机制进行解释并分析学习图像、语音及文本等数据，试图自动完成数据表示和特征提取工作。并且强调通过学习过程提取出不同水平、不同维度的有效表示，以便提高不同抽象层次上对数据的解释能力。从认知科学角度来看，这个思路与人类学习机理非常吻合。

综合来看，深度学习技术能够在自然语言处理领域中得到广泛应用并取得良好效果，主要是因为它有效迎合了自然语言处理继续深入发展的几点需求：①特征表示学习的需要。自然语言处理任务中首先要解决的问题是处理对象的表示形式，但是传统依赖手工的特征抽取方式费时费力而且完备性较差、领域迁移性较差，而深度学习技术能够自动从数据中学习获取特征。②无监督特征和权重学习的需要。传统统计自然语言处理研究严重依赖标注语料库及有监督学习方式，但是就实际应用而言，自然语言中大量存在的是未标注数据，而深度神经网络能够采用无监督方式完成预训练过程。③学习多层分类表示的需求。仿生学的研究表明，完成学习任务的人类大脑结构表现为一种多层皮质层，不同皮质层对应于从抽象到具体的不同学习表示结构，而深度学习技术能够模拟人脑处理信息的多层分类表示方式，抽取出有用的中间表示形式，而且能够有效迎合人类自然语言所具有的递归性。④当前可用的技术及硬件平台支撑。随着技术的发展，能够提供高性能计算的硬件平台目前逐渐成熟，如多核计算、图形处理器等，工业界和学术界开发了众多深度学习开源工具，为当前采用深度学习结构的自然语言处理提供了良好支撑环境。

深度学习技术方兴未艾，在自然语言处理诸多研究领域，如词性标注、句法分析、词义学习、词义消歧、机器翻译、机器阅读、语音交互、情感分析等有初步应用，并取得较好效果，展现出良好的前景。

语言模型是最早采用神经网络开展研究的自然语言处理问题。2003 年，本希奥等提出词嵌入方法，基于神经语言模型可以将词映射转换到一个独立的向量空间。有研究将其应用于语音识别任务的结果令人吃惊，在提高后续词预测的准确率及降低词的总体识别错误率方面都超越了当时最好的基准系统。2007 年，杰弗里·辛顿等提出了一种基于受限玻尔兹曼机的对数双线性语言模型，用于实现语言模型及词向量的训练。这可以认为是自然语言处理中较早开始深度学习应用的尝试。

在英文分词和词性标注方面，2011 年，科洛贝尔等基于词向量方法及多层一维卷积神经网络，实现了一个同时处理词性标注、组块切分、命名实体识别、语义角色标注 4 个典型自然语言处理任务的 SENNA 系统，取得了与当时业界最好性能相当接近的效果。在中文分词和词性标注方面，2013 年，有学者采用深度神经网络发现与任务相关的特征，利用大规模非标注数据来改善中文字的内在表示，然后使用改善后的表示来提高有监督的中文分词和词性标注模型的性能，在性能上接近当前最好的算法，但计算开销更小。

在句法分析方面，2011 年，科洛贝尔基于深度循环卷积图转移网络提出了一种应用于自然语言句法分析的快速判别算法，使用较少的文本特征，所取得的性能指标与当时最好的判别式分析器和基准分析器相当，而在计算速度上具有较大优势。2013 年，索赫尔等将概率上下文无关文法与递归神经网络模型相结合，充分利用了短语的语法和语义信息。这不仅比当时基准系统在性能上提高了约 3.8%，而且在训练速度上提高约 20%。

在词义学习方面，杰弗里·辛顿于 1986 年提出的词语分布式向量表示是现阶段自然语言处理中应用深度学习的首选表示方式。2012 年，黄等提出了一种综合局部和全局上下文信息的深度神经网络模型用于词义学习，不仅能够解释同名歧义而且词向量能够包含更丰富语义信息，达到了与人工标注语义几乎相近的实验结果。2013 年，米科洛夫等基于词袋模型和跳字模型研发词向量工具包 Word2Vec，能够训练得到具备很好的类比特性的词向量，在一定程度上可以表示词语的语义和语法性质。面向知识图谱的表示学习算法 TransE 正是受此类比特性启发而提出的。TransE 将知识表示为 < 主体，关系，客体 > 三元组的形式，并利用特征表示向量描述实体和关系，可以更加容易地计算实体之间的语义关系，在命名实体识别、实体关系抽取、自动问答、机器阅读等多个方向都获得成功应用。

在机器翻译方面，现阶段基于深度学习的统计机器翻译方法研究热点可以分为两类，分别是传统机器翻译模型上的神经网络改进，以及新构建的端到端神经机器翻译方法。对于传统机器翻译模型的神经网络改进，其初始输入为整个句子，并联合翻译输出的候选句子构成句子对。通过构建神经网络，并结合双语平行语料库来寻找条件概率最大时的候选句子对，最终输出目标翻译句。端到端的神经机器翻译则试图构建并训练一个可以读取源句子，直接翻译为目标句子的单一、大型的神经网络。事实上，目前提出的大多数神经机器翻译方法都属于一类编码器—解码器模型。例如，2016 年 9 月，谷歌公司推出谷歌神经机器翻译系统，并将该系统率先投入最困难的汉 – 英互译领域。该系统使用了当前最先进的神经网络机器翻译技术（例如深度长短时记忆模型、注意力机制和残差连接机制等），基于深度学习定制芯片开发实现，一经推出，便在机器翻译领域取得颠覆性的突破。在大规模数据测试实验中，翻译准确率高达 87%，较传统的自主机器翻译模型，将主流语言对之间的翻译错误率降低了惊人的 55% 到 85%，实现了目前为止自主机器翻译质量的最大提升，翻译效果非常接近人工翻译水平。2016 年 11 月，谷歌公司再次升级该系统，实现了针对稀缺资源语种的零数据翻译。在语音交互方面，深度学习技术同样硕果累累。2011 年，深度神经网络在语音识别领域也取得惊人成果，降低语音识别错误率达 20%~30%，从而大大推进了应用技术产品的开发。

在情感分析方面，2013 年，索赫尔等基于情感树库训练递归神经张量网络模型，将句子级情感分类准确率从 80% 提高到 85.4%，短语级情感预测准确率从 71% 提高到 80.7%。2014 年，金等依托卷积神经网络使用 Word2Vec 工具包完成了针对包含 1000 亿个单词的新闻语料的训练，在句子级别情感分类任务上取得了 88.1% 的准确率。

目前，面向自然语言处理的深度学习研究工作尚处于起步阶段，围绕适合自然语言处理领域的深度学习模型构建等研究有非常广阔的空间。目前来看，尽管面向自然语言处理的深度学习还存在各种各样的问题，例如，如何对深度神经网络提供更加合理的认知语言学解释，除了词向量之外是否还有更好的特征表示方式，采用何种模型来构建明显分层机制，如何像图像处理的影像网一样构建自然语言处理的大规模基准语料库等。但是总体而言，现有深度学习的特征自动表示及分层抽象思想为自然语言处理提供了一种将特征表示和应用实现独立分离的可行方法，这将使得在语言处理领域任务和语言之间的泛化迁移变得容易。

第七章
计算技术应用现状

近年来，随着移动终端、互联网、传感器网、车联网、穿戴设备等的流行，感知设备遍布全球，计算与人类密切相伴，网络连接着个体和群体，快速反映与聚集他们的发现、需求、创意、知识和能力。同时，世界已从二元空间结构（物理，人类社会）演变为三元空间结构（信息网络，物理，人类社会），它们之间的互动将形成各种新计算。随着各种成本低廉而速度越来越快的计算方法的发展，人类生活的各方面产生的活动轨迹和记录都以数据的形式被采集和存储，人类逐渐迈入了以数据为核心的新型计算技术时代，数据渗透到当今每一个行业和业务领域，成为重要的生产因素，使先进计算在交通、家庭服务、医疗、金融、工业、农业和教育等领域成为新技术、新目标，并促进经济社会的发展和使社会产生重大变革。

第一节 智能交通

随着大数据、人工智能等技术的发展，先进计算技术在交通领域以惊人的速度被广泛地采用，使传统的交通模式变得更加智慧、安全、节能、高效。智能交通系统的应用带来社会、经济、生态系统三个层次的效益提高。大数据和人工智能技术的广泛应用极大地促进了智能交通系统的发展。典型的智能交通包括先进的交通管理系统、先进的交通信息系统、先进的车辆控制系统、先进的公共交通系统和先进的电子收费系统等。智能交通影响公众对先进计算技术的感知。随着传感器价格的迅速降低和人工智能方法的成熟，包括视觉在内的自动化感知技术使计算机处理跟踪等任务的能力水平正在迅速接近甚至超越人类，而大数据软件和算法也将进一步提升智能交通系统管理和规划能力。一旦自动驾驶汽车做到足够安全和稳健，它将很快取代人类成为更好的司机，也将以超过公众想象的速度进入人类日常生活，从而带来一种全新的城市组织形式。智能驾驶技术不但将大大降低交通事故的伤亡，而且使人们可以在通勤中有更多的时间来工作和休闲，从而影响人类的生活方式。另外，随着交通大数据的蓬勃发展，结合合理的激励机制，出现了基于人工智能的交通资源调动和共享汽车，进一步地降低人类的出行成本，从而减少拥堵。

除此之外，随着城市基础设施的现代化改造，以及车联网、人机交互、动态规划等方法的进步，计算技术还在交通规划方面发挥重要的作用。比如公交车和地铁规划、跟踪交通状况以动态调整限速或在高速公路、桥梁上采用智能定价。还可通过道路网中的传感器和相机获取信息，优化交通定时以改善交通流和自动执法，从而更好地利用交通网中有限的资源。

第二节　家庭服务

随着技术的发展，安防、照明、家居、娱乐、智能化单品、环境健康等主要子系统在智能家居架构体系下不断融合。通过综合采用先进的计算机、通信和控制技术建立一个由家庭安全防护系统、网络服务系统和家庭自动化系统组成的家庭综合服务与管理集成系统，从而实现全面的安全防护、便利的通信网络以及舒适的居住环境的智能家庭住宅。智能家居系统的技术基础主要包括联网技术、远程管理技术、云计算技术、物联网技术、大数据技术等。这些技术都紧密地围绕人机交互展开，分为信息收集，信息处理和结果反馈三个步骤。

从信息收集的角度来看，目前的实时被动交互将逐步代替间歇性的主动交互，就是说大部分情景下用户不需主动"输入"任何信息，就可完成交互；同时协同交互模式取代单一交互模式，不同的智能硬件能够从不同的维度实时提取用户本体和周围环境数据，不同终端采集到的不同信息会被传递到云端，让超级平台更为全面的掌握用户状态，从而实现智能化的操控。传统的传感器主要采集文字、图像、语音、视频和位置信息等，而现有传感器可以采集重力感应、压力感应等"听"和"看"以外的信息，提升了系统的智能化水平。

在信息处理环节，随着人工智能和大数据分析技术的发展，智能家居系统已经可以逐步实现信息处理，从而理解用户的意图，做出符合用户需求的反馈。近年来，以深度机器学习为代表的人工智能技术快速发展，可基于收集的信息产生相应的

行为。同时，包括以大规模并行处理数据库、数据挖掘、分布式文件系统、分布式数据库、云计算平台、互联网和可扩展存储系统为代表的大数据分析技术使从数据当中快速获得有价值信息成为可能。

在信息的反馈方面，先进计算技术的发展使信息展示和反馈方式突破了显示屏和耳机的限制，利用虚拟现实产生的三维空间的虚拟世界，通过对人类视觉、听觉、触觉等感官的模拟，让用户及时、无限制地观察三维空间中的事物，有身临其境的感受，从而大幅度改变信息反馈的方式和手段。

在不远的将来，每一个人都能够有自己的个性化智能机器人，帮助人们处理日常事务，最优化地满足人们的需求。个性化智能机器人通过收集和记录个人及家庭等相关数据，即人的习惯、偏好、需求，恰当地为人提供各类服务。同时，作为个人助理将相关数据循环应用，并根据环境、个人及家庭生活状态等的变化，调整人的习惯、偏好和需求记录，动态优化"智能化"个人助理服务。智能机器人也能根据人的意愿，成为"掌控中心"，全方位安排人的生活。它还能成为人类连接万物的关键节点，人类将从复杂的事务和选择中解放出来。不断发展的人工智能将使智能机器人功能更强劲，优秀的智能机器人甚至能学会人类所具备的一些复杂的"软技能"，不仅能帮人进行日常事务处理，还能帮人做出至关重要的决定。

第三节　医疗健康

先进计算技术的发展为医疗健康带来了新的发展机遇和新的思路。在对用户的诊疗数据、健康监测数据的采集和分析的基础之上，可以实现用户身体状况的预测、监控，甚至可以确定用户是哪一类疾病的易感人群，从而提高用户的健康状况水平，降低患病风险。精准分析包括患者体征数据、费用数据和疗效数据在内的大型数据集，可以帮助医生确定临床上最有效和最具有成本效益的治疗方法。医疗护理系统将有可能减少过度治疗，比如避免不良反应大于疗效的治疗方式。先进计算技术的应用已经为千百万人改进了健康状况和生活质量。一个医疗智能化的时代将全面开启，医疗健康服务也向更加智能、优化和便利的方向发展，尤其在以下几个方面发挥最重要的影响。

首先，临床决策支持系统是指诊疗过程中能对医生的实时诊疗决策做出帮助的各种资源。常见的有科研文献、在线期刊、专家会诊意见、循证医学证据、临床决策支持系统等。这些资源将通过数据、模型等，以人机交互的方式辅助临床工作人员决策。近年来，得益于非结构化数据分析能力的日益加强，临床决策支持系统在大数据分析技术的帮助下变得更加智能，可以使用图像分析和识别技术识别医疗影像数据，或者挖掘医疗文献数据建立医疗专家数据库，从而为医生提出诊疗建议。

其次，远程医疗及远程患者监控系统是指从对慢性患者的远程监控系统采集数据，并将分析结果反馈给监控设备（查看患者是否正在遵从医嘱），从而确定后续的用药和治疗方案。利用移动智能终端及穿戴式设备实现远程监控，将患者的状态、参数纳入病历之中，特别是在慢性病患者的治疗过程中，远程监护可以有效地监测用户的健康状况。

再次，电子档案分析与公共健康是指在患者档案方面应用高级分析可以确定哪些人是某类疾病的易感人群，并进行药物使用的安全性分析。通过对相关患者的电子病历、药品代理商的药物资料、基因和遗传等数据的分析，找到针对特定患者的最佳治疗途径等。

最后，疾病模式分析与个性化医疗。随着物联网、大数据和人工智能技术的发展，可以通过对病人生理参数的长期监测，把患者的健康数据包括锻炼习惯、生活习惯、社交媒体信息等纳入疾病模式的分析和建模中，挖掘病人电子档案，实现疾病的预测和个性化的治疗。

第四节　工业和制造业

制造业是国民经济的主体，也是科技创新的主战场。经过改革开放 30 多年积淀，中国已成为名副其实的制造大国，因此如何充分发挥中国的工业基础优势，通过"互联网+""智能+"技术增强生产能力，利用新一代信息技术驱动实现从局部到全局、由浅至深的商业价值挖掘，实现智慧产品、智慧服务、智慧工厂的升级，将是中国产业升级的重要机遇，可解决中国工业"大而不强"的问题。

事实上，无论是中国制造 2025 还是德国工业 4.0、美国工业互联网，发展的根基都是工业互联网平台，即新兴制造业生态系统。借助人工智能、云计算、大数据、物联网等技术，通过人与智能机器的合作去扩大、延伸和部分地取代人类专家在制造过程中的脑力劳动，将制造自动化的概念扩展到柔性化、智能化和高度集成化，打通众多行业和企业研发设计、生产制造、产品流通等生产过程。在这种模式中，传统的行业界限将消失，并会产生各种新的活动领域和合作形式。创造新价值的过程正在发生改变，产业链分工将被重组。因此，智能制造对智能化的要求涵盖更广，涉及人工智能中机器感知、规划、决策以及人机交互等多个方面。①在智能化设计中，通过对产品数据分析，实现自动化设计和数字化仿真优化；②在智能化生产过程中，工业大数据技术可以实现在生产制造中的应用，如人机智能交互、工业机器人、制造工艺的仿真优化、数字化控制、状态监测等，提高生产故障预测准确率，综合优化生产效率；③在网络化协同制造中，工业大数据技术可以实现智能管理的应用，如产品全生命周期管理、客户关系管理、供应链管理、产供销一体等，通过设备联网与智能控制，达到过程协同与透明化；④在智能化服务中，工业大数据通过对产品运行及使用数据的采集、分析和优化，可实现产品智能化及远程维修，同时，工业大数据可以实现智能检测监管的应用，如危险化学品、食品、印染、稀土、农药等重点行业智能检测监管应用；⑤通过工业大数据的全流程建模，对数据源进行集成贯通，可以支撑以个性化定制为代表的典型智能制造模式。

第五节　公共安全

先进计算技术的发展，给城市管理提供了新的思路和途径。通过聚集、统合各类城市大数据，并对数据进行高效的分析和挖掘，可以有效地提取城市大数据的价值并服务于中国智能城市建设，提升公共安全管理能力。公共安全大数据往往涉及多类不同源的数据（如监控视频、社会媒体、手机图片/视频、GPS 和 RFID 数据等）。例如，美国波士顿爆炸案件中，美国警方是融合了从现场视频监控、手机图像、社会网络数据等取得案件调查的"重大突破"。人工智能技术可以应用在"智能城市"运行的各个环节和领域，从宏观到微观，大到城市管理、公共安全，小到交通调度。

近年来的国内外实践表明，视频监控和人工智能技术在安防侦控中发挥着不可或缺的作用，不仅是提高群众安全感、满意度的重要途径，更是公安机关适应并驾驭新时期公共安全局势的重要载体和打击犯罪的利器，成为了继刑侦、技侦、网侦之后的公安机关"第四大支柱技术"，在治安防控、打击犯罪中发挥更重要的作用。除此之外，人工智能在反恐维稳中发挥着无法替代的作用。通过高效的挖掘包括视频监控、社会媒体、手机数据等大数据，进行协同分析，可以有效地提高反恐维稳的管理水平，显著地提升公共安全管理的及时性和有效性。

近年来，监控网络随时组合、自动调整，自组织视联网使动态的监控任务和泛在的摄像头资源之间形成有序对接，提高了分布式监控终端的利用效率和改善了监控效果，其中分布式监控系统起到了重要作用。分布式对象技术是伴随网络而发展起来的一种面向对象技术。它采用面向对象的多层客户端／服务器计算模型，将分布在网络上的全部资源按照对象的概念来组合，使得面向对象技术能够在异构的网络环境中得以全面和方便地实施，有效地控制系统的开发、管理和维护。

第六节　金融

基础层的云计算、大数据等因素的成熟促进了人工智能的进步，而且影响甚至远大于互联网对各行业的改造，在各个领域彻底改变人类，并产生更多的价值。在金融领域，由于服务的本质仍然是人与人之间的交流，人工智能带来的影响将是重新解构金融服务的生态，将互联网时代下银行转嫁给客户的服务成本以一种更有效

的方式重新回归银行怀抱，从而降低客户选择倾向，加深客户对金融机构的服务依赖度。

首先，金融行业服务模式更加主动。金融属于服务行业，从事的正是关于人与人服务价值交换的业务，人是核心因素。人工智能的飞速发展，使得机器能够在很大程度上模拟人的功能，实现批量人性化和个性化地服务客户，这对深处服务价值链高端的金融带来深刻影响，人工智能将成为决定银行客户沟通、发现客户金融需求的重要因素。它将对金融产品、服务渠道、服务方式、风险管理、授信融资、投资决策等带来新一轮的变革。人工智能技术在前端可以用于服务客户，在中台支持授信、各类金融交易和金融分析中的决策，在后台用于风险防控和监督，它将大幅改变金融现有格局，金融服务（银行、保险、理财、借贷、投资等方面）更加个性与智能化。

另外，金融大数据处理能力大幅提升。作为百业之母的金融行业，与整个社会存在巨大的交织网络，沉淀了大量有用或者无用数据，包括各类金融交易、客户信息、市场分析、风险控制、投资顾问等，数据级别都是海量单位，同时大量数据又是以非结构化的形式存在（如客户的身份证扫描件信息），既占据宝贵的储存资源、存在重复存储浪费，又无法转成可分析数据以供分析，金融大数据的处理工作面临极大挑战。通过运用人工智能的深度学习系统，能够有足够多的数据供人工智能学习，并不断完善甚至超过人类的知识回答能力，尤其在风险管理与交易这些复杂数据的处理方面，人工智能的应用大幅降低了人力成本并提升金融风险控制及业务处理能力。

第七节　教育

一直以来，对于中国基础教育模式的探讨主要是课堂内容的分析和填充，以一对多的教学模式、应试教育的知识传授仍然充斥着课堂。随着现代技术的发展，教学过程也由"知识传授"向"自主学习"转变，已经开始有越来越多的学校和教师开始借助信息化手段来进行教学模式变革的实践。信息化教学借助网络、互动式设备，甚至云计算的模式，能够开创一种全新的、开放的教学模式，带来教学组织形式、教学方式、教学环境的变化。部分学校已经借助信息化技术，建设了数字化图书馆和多媒体教学资源、网络课程等教学资源库，建成与各学科门类相配套、动态更新的数字教育资源体系。部分地区还建设了专用教育资源共享平台，将优质教育资源集中上网，方便所有师生和学生家长选择并获取优质资源和服务，在增加学习趣味，调动学生积极性的同时，使学生可以通过网络自主学习最优质的课程，掌握学习的主动权。优质教育资源的共享和持续发展，在提高教育质量同时，也极大地促进了公平教育。

当前，日趋成熟的云计算从技术优势上提供了全方位资源运用、共享管理的基础环境。云计算跨平台环境使得复杂的设备管理变得统一简单，教育资源平台和教育管理平台的各种应用系统需求得以保证，知识的产生、加工、传输、缓存数据安全更具保障。未来，教育信息化领域的大容量资源调度管理、网络设备运营管理、大规模服务器资源统一管理对基础设施提出了全新的要求，以云计算、软件定义网络为基础的大规模数据中心、艾字节级云存储的管理应用也开始在基础教育信息领域开始应用。

随着人工智能技术的发展，教育机器人可以帮助学生随环境的不同做出反应学习，进而提高学生学习过程的乐趣。智能辅导系统可以模仿优秀的辅导师，基于暗示与答案，提供详细具体的反馈。随着自然语言技术的进步，人工智能系统可以根据学生的能力，自动生成问题，提升学习效率。可以预见，人工智能技术将在教育领域有越来越广泛的应用。教师将会在人工智能技术的协助下实现更好的交互。人工智能技术将逐渐模糊正式的课堂教育与自学的个人学习之间的界限，使定制化学习成为可能，而学生可以使用教育技术按照对他们最有利的节奏进行学习。

第八节　娱乐

近年来，以数字技术为载体的内容文化产业迅速崛起，在世界产业中的比重逐年增加，成为一个高速增长的产业，并引领当代文化产业发展的新趋势。这种内容产业以创意为动力，将各种"文化资源"与最新数字技术相结合，融汇重铸，建立了新的生产和消费方式，产生了新的产业群落，培育出新的消费人群，并以高端技术带动传统产业实现数字化更新换代，创造出了惊人的经济社会价值。随着可用的传感器和设备成本越来越低，以及娱乐系统在硬件上的不断创新，虚拟现实和触觉应用正在逐步进入我们的客厅，个性化伴侣机器人也在开发中了。伴随自动语音识别领域的进步，与机器人和其他娱乐系统的交互将会变成以对话为基础的形式进行，并会更加人性化。交互系统还将具有对情绪和环境适应性的特点。不远的将来，更先进的工具和应用将会使高质量内容的产生更加容易，比如创作音乐或使用虚拟角色编排舞蹈。娱乐产品的创造和创作将受益于自动语音识别技术、配音和机器翻译等技术的进步，这将使得内容可以低成本地针对不同的用户进行定制。

在传统的娱乐行业，剧组为了拍一部电视剧或视频，通常会在选演员上花费大量的精力，从主角的颜值、性格、经验等方面进行考察。而作为选择演员的导演也必须具有丰富的经验，因为在某些最核心的判断上，传统娱乐极其依赖经验，需根据模糊的感性做判断。这通常是极其困难和具有挑战性的工作。在很多的数字平台上，有来自全国各地数千万的优秀的艺人，大数据将会记录每一位艺人的颜值、才艺情况、粉丝数等。一旦需要选演员的时候，导演不需要再用传统的方法凭经验去大海捞针了，只需要把角色的一些基本要求列出来，然后通过大数据进行挖掘匹配，最后精准的匹配出所有符合条件的优秀艺人，甚至还可以挖掘出利用传统方法可能永远都无法发现的优秀艺人。随着内容传播的数字化和用户偏好、使用特点的大量数据被记录下来，媒体生产者将能够为日益特定细分的人群提供微分析和微服务的内容，直到能为个人定制。

第九节　农业

农业经历了原始农业、传统农业、现代农业，随着人工智能技术的发展，逐渐向智能农业的过渡。智能农业充分应用现代信息技术成果，集成应用计算机与网络技术、物联网技术、音视频技术、遥感＋技术、无线通信技术及专家智慧与知识，实现农业可视化远程诊断、远程控制、灾害预警等职能管理。

现代农业的发展已离不开以人工智能为代表的信息技术的支持，人工智能技术贯穿于农业生产产前、产中、产后，以其独特的技术优势提升农业生产技术水平，实现智能化的动态管理，减轻农业劳动强度，展示出巨大的应用潜力。将人工智能技术应用于农业生产已经取得了良好的应用成效。①农业专家系统，农民可利用它及时查询在生产中所遇到的问题；②农业机器人，可代替农民从事繁重的农业劳动，在恶劣的环境中持续劳动，大大提高农业生产效率，节省劳动力；③计算机视觉识别技术能用于检验农产品的外观品质，检验效率高，可替代传统人工视觉检验法，从而提高农业劳动效率。

先进计算技术的进步将引领中国农业走向集约、高效、安全、持续的现代农业。①以农业物联网技术和智能化精准作业技术为核心的大田精准生产技术系统，显著提高了农业资源（土、肥、水、药）利用效率和劳动生产率；②以农业机器人技术为核心的果园及设施农业智能化生产技术系统，显著提高土地产出率和劳动生产率；③以植物工厂、智能化动物养殖设施为核心的动植物周年连续生产高效农业智能系统，显著提高非耕地资源利用效率；④以农业大数据、农业云服务为核心的农产品全程质量安全控制技术体系，显著提升农产品流通效率和质量安全水平。

总之，目前较为成熟的先进计算技术（如语音、视觉识别、硬件产品等）的应用开发将引领产业变革，成为推动社会飞跃发展的新动力。在传统产业，先进计算技术可以在制造业、农业、教育、金融、交通、医疗、文体娱乐、公共管理等领域得到广泛应用，不断引入新的业态和商业模式；在新兴产业，先进计算技术还可以带动工业机器人、无人驾驶汽车、VR、无人机等处于产业生命周期导入期的公司飞跃式发展。

第三篇
计算技术发展展望

>>>

第八章
计算技术基础

第一节　理论计算机科学

　　理论计算机科学在未来30年的发展主要包括算法、算法复杂性、程序理论、形式化方法等。下面介绍理论计算机发展简史。

一、算法和算法复杂性

　　学者对算法和计算复杂性的未来发展趋势做出大胆的预测。预测分为两部分：在现有算法和计算复杂性研究框架下的延续性研究和对未来30年计算理论框架的开创性的研究。未来30年具体在哪一个算法研究问题上会取得突破是难预测的，只能通过不断的持续研究，在一些根本性的问题上，例如P和NP问题，将能够取得一些可喜的进展甚至突破。另外，30年的时间很长，随着新的物理学、数学的发展，有可能会出现不同于图灵模型的计算模型或设备，至少可能算法复杂性的度量可能会发生改变。也就是说，P和NP问题有可能会变成完全不同的形式。

（一） 关键算法方面延续性研究

1 大整数分解问题的多项式时间算法

前文已经提到大整数分解问题是公钥密码体系公开密钥密码体制的根基，因此关于它的算法复杂度研究有重要的理论意义和实用价值。学者普遍认为"大整数分解问题"不是 NP 完全的，但这并不意味着该问题一定可以在多项式的时间内求解，因为还有很大的可能性该问题的复杂度是介于多项式时间和指数时间之间的，例如像 $O(2^{(\lg n)^{100}})$ 这样的复杂度。1994 年，彼德·秀尔提出了大整数分解问题的一个多项式时间的量子算法。2002 年，阿格拉瓦尔、卡亚尔和萨克森那提出了素数判定问题的一个多项式时间的经典算法。这些都为寻找大整数分解问题的经典多项式时间算法提供了启示。

2 图同构问题的多项式时间算法

在 1972 年的经典论文中，卡普列出了包括"图同构"在内的 3 个当时并不知道是否是 NP 完全的问题。目前，另外两个问题，"素数判定"和"线性规划"问题学者已经给出了多项式时间算法。学者普遍认为，"图同构"问题是有多项式时间算法的，目前最好的算法即鲍鲍伊提出的准多项式时间算法。对于每个点引出的边的数目有上界的图该问题有多项式时间算法。"群同构"是与"图同构"相关的另外一个重要的计算问题，对于"群同构"学者已经有一些进展，而且"群同构"相对要比"图同构"简单，因此可能会先于"图同构"给出多项式时间的算法。

3 线性规划问题的强多项式时间算法

线性规划问题的单纯形算法的运行时间不是多项式量级的。关于线性规划问题，有两个多项式时间复杂度的算法，即哈奇扬在 1979 年提出的椭球法，算法复杂度为 $O(n^4 L)$，和卡马尔卡在 1984 年提出的内点法，算法复杂度为 $O(n^{3.5} L)$。这里，L 是问题输入中所涉及的数字的位数长度（即数字的精度）。这类算法称为"弱多项式时间"算法，相对于"强多项式时间"算法，算法的复杂度为 $O(n^c)$，即算法的复杂度与 L 无关。单纯形算法的复杂度与 L 无关，可惜不是多项式时间的。学者普遍相

信线性规划问题存在"强多项式时间"的算法。

4. 纳什均衡问题的算法

纳什均衡最早由数学家约翰·纳什在 1951 年提出, 是博弈论中的一个重要的概念。一个博弈的纳什均衡点是指对于博弈中的任何一个参与者, 如果博弈中的其他参与者都不改变他们各自采取的(混合)策略时, 该参与者的最优策略也是不改变自己的策略。例如, 两个人的"石头—剪刀—布"游戏, $(\frac{1}{3}, \frac{1}{3}, \frac{1}{3})$ 对双方都是一个纳什均衡混合策略。纳什关于均衡点存在的证明是基于拓扑学中的布鲁尔不动点定理, 但该证明确定了均衡点的存在性, 并没有给出求解均衡点的有效算法。1994 年, 帕帕迪米特里欧首先研究了计算纳什均衡的复杂度问题, 并提出了计算复杂性类有向图的多项式校验参数 (PPAD) 的概念。2008 年, 达斯卡拉基斯、戈德伯格和帕帕迪米特里欧在前人工作的基础上证明了计算 3 方 (或以上) 博弈的纳什均衡的复杂度是 PPAD 完全的。陈和邓进一步证明了计算两方博弈的纳什均衡也是 PPAD 完全的。之后, 陈、邓和滕证明了在一定条件下近似计算两方博弈的纳什均衡也是 PPAD 完全的。但是，这并不能排除计算纳什均衡存在类似 $O\left(2^{(\log n)^c}\right)$ 这样的准多项式时间算法。

5. 非凸优化算法

近年来，随着以脸书、微博、微信等为代表的社交网络平台的飞速发展，很多新的组合优化问题被提了出来。与传统的组合优化问题多数是线性优化、凸优化等不同，社交网络上的多数优化问题都是非凸优化问题。例如，社交网络上的影响力最大化问题、传染病的隔离阻断问题等组合问题中通常需要对一个非次模函数进行优化。这里，次模函数是指满足任给 $A, B \subseteq I, f(A)+f(B) \leq F(A \cup B)$ 的集合函数，对于次模函数通常可以采用贪心算法进行优化，近似比为 $1-\dfrac{1}{e}$。但是，对于非次模函数，目前没有一般性的优化算法，而为非凸优化问题发展类似线性规划、半正定规划等优化工具是一个重要的研究方向。

6. 其他重要的算法

其他重要的算法研究问题包括矩阵乘法的算法复杂度，机器学习（特别是深度学习）算法在具有特定分布数据上的复杂度，"独特的游戏"猜想等的算法复杂度，半正定规划等技术在近似算法中的应用，面向大数据的并行、参数与在线等新型算法等。

（二）计算复杂性的延续研究

1. 强电路复杂性下界

探索电路复杂性证明的新技术和新方法，理解问题的难解性，推动整个计算复杂性领域的发展。除了布尔电路复杂性下界外，强算术电路复杂性下界也是一个重要的研究方向。此外如何对 4 层的算术电路证明下界也是一个具有挑战性的问题。

2. 空间复杂度与去随机化

随机算法是指在算法的运行过程中允许使用随机数，并可根据随机数的不同相应地进行不同操作的算法。由于使用了随机数，因此算法的运行结果也是一个随机变量，即算法的运行结果可能出错，通常我们要求随机算法的运行结果正确率。

所有随机算法在多项式时间内能够解决的问题组成的复杂性类记为 BPP。随机算法在效率上的确会比确定性算法有提升，但是从计算复杂性类的角度，随机算法是否能比确定性算法解决更多的问题？即 BPP 对 P 问题，目前还远未解决。多数学者相信 BPP=P，也就是说随机算法多项式时间能够解决的问题，确定性的算法也可以在多项式时间内解决，只是运行时间上可能要更长一些（多项式量级）。

3. 通信复杂度与流式算法的研究

关于通信复杂度与通信矩阵之间关系的 log-rank 猜想从提出至今已经超过25 年，最近这一猜想的上界被洛维特改进到了亚指数量级，但是距离多项式量级的上界还很遥远。一些特殊的函数类，例如 XOR 函数等的 log-rank 猜想也尚未解决。随着大数据时代的到来，流式算法变得日益重要，流式算法要求数据只能顺序读取，而且通常只能读取一遍，算法希望使用尽可能少的存储。主要的算法设计技术包括数据绘制、压缩感知等。这些数据压缩的技术与多方的通信复杂度之间有密切的联系，多方通信复杂度可以给出这些压缩的一个下界。多方通信复杂度还被广泛地应用在研究像 MapReduce，Dremel 等分布式系统的通信中。

4. 判定树复杂度下界

判定树是一个十分简洁但又非常重要的计算模型，对其难解性的研究可以为理解布尔函数的难解性带来启示。在其研究过程中使用的各种数学工具，例如离散傅立叶变换，代数组合学等，也对其他方向的研究提供借鉴。除了对于判定树本身的研究之外，它在数据结构、量子计算等的下界证明中也发挥着至关重要的作用。关于单调图性质函数的卡普—姚猜想，近 20 多年来一直未能实质性地改进过去哈伊纳尔的 $\Omega(n^{4/3})$ 的下界，特别是对于量子判定树模型，单调图性质函数的下界仍停留在桑塔—姚证明的 $\Omega(n^{2/3})$。关于判定树度量的敏感性猜想，最新的研究表明它与 log-rank 猜想，以及格拉哈姆等提出的超立方体上的某中等周不等式有密切的关系，但目前的最好上界仍旧是指数规模的。除经典判定树外，关于奇偶校验判定树的研究也是近期的热点之一，它与 XOR 函数的 log-rank 猜想，无差错量子算法等有密切的联系。

（三） 开创性研究

1. 数据驱动的计算理论

过去 10 年，大数据已经不再是一个概念，而是各个行业各个领域都需要去面对、去研究的重要对象，并从中发现价值和规律。数据复杂性，或者说数据驱动的计算理论，可能是未来数据科学研究的一个重要基石。

未来一个重要的方向是需要更多地去关注实际问题中数据的产生机制和分布规律。也就是说，如果输入的数据具有某种特殊性，那么完全有可能设计一个更好的算法。因此，把数据的产生机制和分布规律也作为算法输入的一部分来考虑算法设计。一个可能的考察"特殊性"的突破口是科尔莫戈洛夫定义的描述复杂度。粗略地说，一个数据的描述复杂度是可以输出这个数据的算法的最小长度。换句话说，如果产生这个数据的背后机制越简单，那么这个数据的描述复杂度越低；反之，如果产生机理非常复杂，则描述复杂度也相对较高。通常来说，现实中很多问题的数据的产生机制比较简单，所以如果能够针对描述复杂度小的数据设计高效的算法，将会是非常重要的进展，具有巨大的实际应用价值。

2 人工智能辅助理论发展

自从深度学习提出以来，机器学习和人工智能得到了空前的发展。在很多方面，如竞技类游戏、医疗诊断等，都已经达到了可以实用或者接近于实用的水平。人工智能在围棋、扑克等竞技类项目上，已经拥有了超越人类的"智能"。可以预见，机器智能未来会在更多的单项上超越人类。人类是否可以利用这种机器智能来推动科学的发展？

博弈论中的相关结果指出：任何完全公开信息的、有限不会终止的，且无平局的两方游戏必有一方拥有必胜的策略，譬如围棋就属于这一类游戏。阿尔法围棋及深度思考等目前已经可以完胜人类棋手。是否它们已经找到了围棋游戏的必胜策略？即使目前它们还没有找到必胜策略，但不能排除未来它们可能找到围棋的必胜策略，或者一些局部残局的必胜策略，抑或者一些小规模游戏的必胜策略（例如 15×15 的围棋等）。一个自然的问题是，机器智能能否把围棋的必胜策略教会人类？

这里的围棋，或者一般的棋类游戏是一个多项式空间完全的问题。必胜策略需要满足无论对方怎么走，都有必胜的应对策略，而且这是一个多轮的过程。搜索树是指数规模的，人类自身是没有办法通过枚举去逐一检查的。与此类似，如果使用机器智能"证明"了某个定理，例如"丢番图方程 $x^{11}+y^{13}=z^{17}$ 没有正整数解"，人类如何能够检查这一"证明"的正确性。计算复杂性领域中有一个重要的复杂性类——交互式证明系统 IP 类。交互证明系统包括一个证明器和一个验证器。证明器被假设有强大的计算能力，验证器可以做任何随机多项式时间的计算，这里证明器就可以被看作机器智能，而验证器则可以看作人类，而 IP 就刻画了在这个模型下能够被证明的所有"定理"，也就是通过机器智能能够帮助人类学习到的所有"知识"。

这里还有很多问题需要研究，人工智能虽然有强大的智能，但无法保证人工智能不出错，这既有计算机程序的缺陷，也有可能人工智能遭受黑客的攻击，从而给出错误信息。人类的计算速度相对较慢，不可能完成所有的随机多项式时间的计算，例如在下围棋的例子中，人类在有限的时间内就需要决定下哪一步棋，这时候人类能考虑到的步数其实是有限的。此外人工智能的计算能力并不是无限的。因此，在"人类 + 人工智能"的组合决策上，有几个问题需要解决。①如何找到更好的方式，去刻画人类和人工智能的计算能力。②在刻画好人类和人工智能的计算能力的前提下，人类和人工智能组成的交互式证明系统，能解决哪些问题，能解决到什么程度？③在刻画好人类和人工智能的计算能力的前提下，对于给定问题，人类和人工智能的最优策略又是怎样的？

3. 物理定律与丘奇—图灵论题

量子计算的发展，特别是秀尔大整数分解量子算法的提出，使得人们更多地从物理的角度来看待计算的极限。受限于量子效应，摩尔定律的增长速度可能放缓，因此科学家希望通过量子的机制（可逆的计算）来制造比传统计算机更快的量子计算机。但是量子计算机仍受限于物理定律，丘奇—图灵论题是否是由于某些尚未发现的物理定律的限制所导致？

（1）物理对计算限制。利用物理定律，我们可以制造突破经典计算机的新型计算机。另一方面任何计算模型也要寄托于物理实体，遵循物理定律。所以有科学家开始从物理定律出发来分析计算的极限。

（2）兰道尔原理。1991 年，IBM 的兰道尔在《自然》发表了关于一个信息不可逆的过程理论上所要消耗的最少能量的文章，这些能量最后都会消散到环境中。兰道尔原理可以看作是热力学第二定律的直接结果，热力学第二定律表明了在一个封闭的系统中熵不可能减小。而计算机运行过程中，比特的擦除或者计算路径的合并都直接导致了计算机可能的逻辑状态的减少，从而导致熵的减少，进而违背了热力学第二定律。

（3）布莱曼极限。布莱曼极限是由汉斯·布莱曼命名的关于单位物质在单位时间所能达到的最快运算速度。由爱因斯坦的质能方程以及海森堡不确定原理得出，1 千克质量的物质在 1 秒内计算的极限是 1.35×10^{50}。这个数值常常被用于决定加密算法密钥的大小，以防暴力破解。

（4）丘奇—图灵论题。大多数学者支持丘奇—图灵论题，但是又无法证明该论题。特别是增强版的论题，是否有可能是由于某些尚未发现的物理定律所导致？另一方面，随着新物理学的不断发展，量子力学、量子引力等是否可以给我们提供更加强大的计算能力？这些目前都尚无定论。期待到 2046 年电子计算机发明 100 年的时候，无论是在理解图灵机的计算能力和限制方面，还是在不同于图灵机的新型计算模型方面，物理学都能够给我们更多的启示。

二、程序设计理论与形式化方法

下面，主要从当前热点研究的延续和新的开创性研究两个方面展望一下程序理论和形式化方法在未来 30 年的发展。延续性研究有以下几项内容。

（一） 对象和构件系统的理论基础

随着软件实现的功能越来越强大，软件系统变得越来越复杂，开发过程越来越难以驾驭。基于构件的程序设计方法基本思想是将大型软件系统分解成若干小系统，直至在构建库中可以直接找到相应代码，或者可以通过简单修改已有代码构建新的系统。基于构件的程序设计方法一方面可以通过分而治之的想法控制复杂软件开发过程的复杂度，另一方面可以充分利用已经开发的代码，提高软件开发效率和可靠性。 因而，基于构件的开发方法已经成为软件工程的主流方法，在技术上已经非常成熟，但是，缺乏理论基础。例如，面向对象程序设计语言已经成为最常用的程序设计语言，如 Java、C++ 等。但是，长期以来，如何定义能够被普遍接受的面向对象程序设计语言的形式语义一直是计算机科学中一个挑战性难题。同样，基于构件的建模语言，例如 UML、SysML、Modelica、Simulink/Stateflow 等已经广泛在工业界使用，但是至今没有一个普遍接受的理论基础。在未来 30 年内，估计这个问题能够有一个满意的解决方案，能够取得一些实质性进展，因为这是程序设计理论目前一个非常核心的问题。

（二） 统一的程序设计理论

类似于物理学的统一理论，需要一个统一的程序设计理论。首先，该理论能够定义各种软件需求；其次，能够对软件系统的各种行为建模，例如体系结构、软件运行的硬件平台和环境、实时、不确定性、随机和概率、混成、同步和异步通信等；最后，能够支持各种程序设计规范，例如命令式程序设计、函数式程序设计、逻辑式程序设计、面向对象程序设计、基于构建的程序设计等。

受物理学中统一理论的影响，从 20 世纪 80 年代，许多著名计算机科学家已经尝试统一各种计算模型和程序设计理论。例如，图灵奖获得者托尼霍尔爵士与中国何积丰院士试图基于一阶关系演算和伽罗瓦理论，建立统一程序设计理论，从而可以将程序设计语言的四种常用的形式语义，即操作语义、公理语义、代数语义和指称语义，统一在一个框架内；图灵奖获得者罗宾·米尔纳试图使用范畴理论统一各种并发计算模型；著名计算机科学家戈登·普洛特金也曾尝试统一各种并发计

算模型。但所有这些尝试均不成功。特别是在互联网环和云计算环境下，各种数据驱动的新型程序设计理论相继提出，大大增加了统一程序理论的难度。

（三）程序自动生成与控制技术

程序自动生成技术在各个特定领域得到广泛应用。未来，社会对程序员需求将不再像现在这样巨大，但是对程序员素质的要求将大大提高，因为程序员主要任务不再是编写具体代码，而在定义系统需求、软件体系结构及模型。一旦这些因素确定后，代码会自动生成。这样，软件开发的效率会大大提高，同时软件的正确性和可靠性均可以得到保证。代码生成也可以用于正在运行的复杂系统。当前的程序规模越来越大，利用代码生成可以从其需要满足的性质生成代码，在系统运行时利用生成代码对程序运行进行监控并且使用监控技术对系统运行时状态是否满足需求进行检验，以及在发现性质不被满足时对错误进行定位和纠正。这些技术的应用对保证实际程序的正确性发挥至关重要的作用。尤其是对于安全攸关系统，程序的控制技术至关重要。

（四）　高效、实用的各种专用验证技术

针对各种特殊问题的验证技术充分发展，解决了实际问题。多数验证技术理论瓶颈仍未解决。例如，模型检测技术仅仅可以解决可判定的问题，布尔可满足性问题的理论复杂度为指数，线性整数规划的复杂度为指数，非线性公式的判定过程是双指数，等等。随着高效算法的不断提出以及计算机硬件的快速发展，针对这些问题的高效验证工具会不断出现，可以验证代码的规模可以达到百万行甚至千万行，基本上能够验证软、硬件设计中的实际问题。例如，现在的布尔可满足性问题求解器已经能够求解含百万以上布尔变量公式，比 30 年前已经提高了 4 个数量级，10 年前不可解的问题，现在的工具可以轻易解决。如果假设在未来 30 年，仍旧可以提高 4 个数量级，那么足够验证现在的超大规模芯片。目前，基于布尔可满足性问题的静态分析和测试程序规模也相应提高了 4 个数量级，许多核心系统软件，例如操作系统、编译器、数据库等都可以验证。而布尔可满足性问题求解器的速度提升将推动寻找公式满足性求解器的提升，因为寻找公式满足性是基于布尔可满足性问题求解的。当前的软件的验证技术很多依赖于寻找公式满足性求解器，如著名学者奇马蒂基于寻找公式满足性求解器扩展了著名硬件验证算法（IC3，基于 SAT 求解器），并用于验证软件系统。寻找公式满足性求解器效率的提升可以相应地提升被验证系统的规模。

（五）　工具链

因为理论上的限制，不可能开发出一个万能的验证工具。比较可行的方法是针对不同性质，使用不同的验证工具。一个工具的验证结果可以作为另一个验证工具的输入。这样，对于一个复杂系统，可以将待验证性质逐条验证，这需要将这些专门工具集成为工具链。困难是需要为这些工具定义共同的语义，不同工具间的验证结果可以互相交换。为此，一个统一的程序理论是必须的。例如，网络、交通和软

硬件系统等复杂系统都具有并发、概率、混成和时间等特性。这些系统要求高度的并发性，同时各组件的出错遵循一定的概率分布。例如，硬件随着时间推移出现故障的概率遵循某种分布。同时，这些系统对于各组件之间的通信时延可能也会有相应的要求。这样的复杂系统在建模时要求建模语言能够表达并发、概率、混成和时间性质等。

（六）开源已验证代码库

开源代码需要一个开源验证代码库。当一段代码、一个算法甚至一个系统被验证后就共享到开源验证代码库。当其他人需要类似代码或者系统时，可以直接使用，或者仅仅做少许修改，并做相应验证。这样，随着开源验证代码库不断积累，重用这些已验证代码不仅可以提高软件开发效率，更能够提高代码的可信性。

（七）与人工智能紧密结合

首先，人工智能技术广泛应用于软件需求获取，可以根据软件运行环境的改变动态调整软件需求。其次，能够使用统一的规范语言形式定义软件各种需求。最后，人工智能技术将广泛应用于软件的测试、仿真、验证与自动生成中。例如，人工智能中的深度学习技术可以用来提高软件测试和仿真的用例生成，从而提高覆盖率，发现更多错误；人工智能可以提高定理证明的效率和自动化程度；人工智能中的自动机学习算法能够从一个软件中学习表示软件行为的近似自动机模型，从而为进一步验证和了解软件行为提供便利等。

（八）与云计算和大数据紧密结合

基于统一规范语言的各种验证技术充分发展，各种验证工具使用云计算平台分布于世界各地。人们可以根据实际需要，在软件开发不同阶段调用不同验证工具，且各阶段验证结果可以无缝连接。同时，类似开源软件，大量已验证代码通过云存储在不同位置。这样，开发者可以根据程序精化理论，将待开发系统分解为若干子系统，并利用数据挖掘技术，从这些已验证的开源代码中选取满足对应子系统规范的合适代码。如果无法找到适合的已验证代码，要么直接手写该子系统代码，并进行测试和验证；要么继续利用精化理论，进一步分解成更小子系统，直到能够在已验证代码库中找到合适代码。

未来 30 年，可能对生活产生颠覆性影响的新的理论研究方向有以下几个。

1. 针对新型计算模型的程序理论

随着其他学科的发展，例如物理、光学、生物等，新型计算模型相继提出，例如量子计算、光子计算、生物计算等。基于新型计算模型的新型计算机将会对计算机科学产生颠覆性影响。针对新型计算模型的可计算理论、程序设计理论等有可能成为理论计算机科学研究的主要研究内容。

2. 新型模型驱动的信息物理融合系统设计理论

信息物理融合系统具有广阔的应用前景，将彻底改变人与物理世界交互的方式，被认为是继现代计算机、互联网技术之后的第三次信息技术革命。信息物理融合系统是由若干自治或者半自治的系统在网络环境下通过通信协同完成任务的开放系统，这有别于传统嵌入式系统，是一个封闭系统。显然，传统的嵌入式系统设计方法不能对物理世界实现高效的"感、执、传、控"，迫切需要新的信息物理融合系统设计理论和开发平台。新的系统科学必须将计算世界和物理世界作为一个紧密交互的整体进行认知，深度融合计算、通信与控制于一体，这涉及物理学、力学、电子、通信、计算机、机械、控制等诸多学科。

(1)模型驱动的系统科学。传统嵌入式系统设计主要强调信息和物理的融合，而信息物理融合系统是系统的系统，必须强调数据驱动和模型驱动，且必须解决如下科学问题：①各个子系统可能具有不同时间粒度，因而具有不同时间模型；②各个子系统间具有多时空维度的交互行为；③各个子系统间需要灵活的、动态的、可以满足实时要求的通信机制；④信息的脆弱性，极易遭受攻击；⑤离散和连续行为的紧密耦合；⑥系统的复杂度及聚合行为；⑦系统的异构性；⑧系统的不确定性；⑨系统的自适应性，即系统能够根据环境的改变而改变自己的行为。这需要科学家们在未来能够建立一个新的系统科学，它的基础理论能够支持基于模型的设计从而可以控制系统设计的复杂度；能够支持数据驱动的系统设计理论从而可以解决各个子系统间多时空维度的交互；能够支持异构系统组合设计的理论；能够对复杂开发系统建模、分析和验证，从而使得系统的行为运行可期、可控、自适应。显然，建立上述系统科学理论需要学术界付出巨大努力。

(2) 信息物理融合系统开发平台。与此同时，需要工业界开发相应的信息物理融合系统开发平台。现有的模型驱动的嵌入式系统设计工具，例如 Simulink/Stateflow、Modelica、Scade 显然不适应上述要求，它们不支持开放系统体系结构的动态改变，不能很好地描述系统的聚合行为和不确定性，因而不能对系统的行

为作出精确预测，也不能保证系统的保密性和私密性等。

（3）信息物理融合系统的应用。因为信息物理融合系统技术的发展及应用直接关系到一个国家未来竞争力，因而很多国家均制定了自己的科技战略，开展信息物理融合系统的应用研究。例如，美国政府的先进制造计划、德国政府的工业 4.0 计划、中国政府的智能制造和中国工业制造 2025 等。信息物理融合系统的主要应用领域包括物联网、医疗、工业制造、交通、能源、智能机器人等。相信在未来 30 年，随着信息物理融合系统理论和技术上的突破，将被广泛应用于人们日常生活的各个领域，从根本上改变人们的生活。

第二节　新型计算模型

本节展望量子计算和生物计算在未来 30 年的发展，及其对社会和人们生活的影响。

一、量子计算

作为一门历史不到 30 年的新兴学科，量子计算的发展方向很难预期。目前，由于量子计算机的物理建造仍未达到真正实用的水平，甚至最终量子器件将使用何种物理方案尚存争论，给量子计算的未来带来了一定的不确定性。但从与计算机学科相关的研究上看，未来量子计算领域大体上将呈现如下的发展趋势。

（一）　与传统计算机科学各个领域的融合与渗透不断加强

目前，作为一门正在形成的学科，量子计算研究采用的是一种从经典理论出发渐进式扩展的方式。因此，在未来若干年内，研究量子计算在经典计算机科学各个领域的应用,讨论这样一种新的计算模式在计算模型、体系结构、计算机网络、算法复杂性、程序理论甚至人工智能等诸多方面可能带来的新变化将是主流的研究方向。

(二) 对量子计算所具有的独特性质的研究不断深入

量子力学作为经典力学的推广,具有很多经典力学没有的特征,比如纠缠带来的信息非局域性、态的振幅叠加引起的相干性等。正是由于这些特征,量子计算才能体现出对经典计算的优势。探讨这些不存在经典对应的量子特征及其能够多大程度上帮助量子算法超越经典算法也是一个非常重要的研究方向。

(三) 量子计算与量子通信理论之间不断融合

和经典计算情形一样,量子计算主要研究如何发挥量子计算机在计算效率方面的优势,更好地执行计算任务。而量子通信理论主要研究如何利用量子信道快速、有效、安全地传输(量子或者经典)信息,着重强调的是通信信道的容量、容错性、安全性等方面的问题。然而近年来,这两个分支之间出现了越来越强的耦合,比如量子即插即用软件的概念就是基于量子通信中非常重要的隐形传态协议。可以预计,在未来若干年内,量子计算和量子通信理论之间会出现越来越多的交叉,任何一方的发展都会促进和带动另一方的研究发展。

结合量子计算学科的发展趋势,未来若干年内该领域的主要研究方向将包括以下几个方面。

1. 量子计算模型研究

经典计算有多种等价模型:图灵机模型、逻辑电路模型、Lambda 演算等。这些模型对于从不同的角度理解计算的本质、分析计算所需要消耗的各种资源等具有不可替代的作用。探讨这些模型的量子推广、发掘其在量子计算的理解和分析中

的作用是量子计算模型研究的一个重要课题。值得注意的是，近年来人们还发现了很多不存在经典对应的量子计算模型，如绝热计算、单向量子计算、拓扑计算等。这些模型非常适合于理解和分析纠缠在量子计算中所起的作用，具有容易物理实现和扩展等优点，因此越来越受到重视。

2. 量子语言和量子编译器

量子程序语言是实现量子算法、充分发挥量子计算优势的关键。和经典计算一样，需要同时设计适合于量子计算机运行的低阶量子汇编语言和适合于编程与分析的高阶量子语言，以及能把高阶语言转化成低阶语言的量子编译器。特别需要指出的是，受目前量子计算机建造水平的影响，单个量子节点的计算能力受到很大的限制。如何把多个节点有效地组织成量子网络、开发相应的分布式量子算法以充分发挥其计算能力、深入研究量子网络的通信行为等就显得尤为重要。

3. 量子软件工程

面向对象的技术、基于组件的技术等设计方法已经非常成功地运用到经典程序的设计中，将这些技术扩展到量子情形或者开发不存在经典对应的全新技术都将是非常有意义的研究课题。当然，由于量子状态具有不可克隆的秉性，这样的研究必将面临严峻的挑战。另外，目前大部分科学家相信未来的量子计算机最可能的实现方案是以经典方式控制量子数据，即除了核心处理部分为量子以外，其他部分仍然是经典的。如果将来实用的量子计算机真的是这样两个部分组成的混杂系统，那么软件工程如何实现它们之间的无缝连接也是非常值得研究的。

4. 量子软件工程

量子计算具有经典计算无与伦比的优越性，但这种优越性是需要量子算法来实现的。因此，研究量子算法的设计方法和设计框架、为计算机科学中重要的计算问题设计实用有效的量子算法是至关重要的研究课题。在近期，探索并设计新的量子算法框架，并应用诸如量子相位估计、量子振幅放大、量子哈密顿量模拟等现有框架，设计高效的量子算法会进一步推动量子算法的发展，让量子算法设计走出只有秀尔算法和格罗弗算法的时代。到 2049 年，量子算法的研究会日趋成熟，具有与经典算法媲美的完整度和广泛的应用。

5. 量子复杂性理论

量子复杂性用复杂性理论研究的方法、技术和结果探讨不同量子计算模型的时间、空间、证明、深度复杂性，是从根本上进一步厘清量子计算的优势和局限的重要研究领域。最新的研究突破可能会在相应的经典复杂性理论比较成熟的部分率先发生，比如已经发展比较多的量子证明系统、量子电路复杂性、量子计算和计数复杂性的关系等。从长远看，量子复杂性理论也许会伴随经典复杂性的突破性进展而发生相应的革命性变革。预计到 2049 年，人们对于基本的计算复杂性问题会有更加深入的认识，可能的进展包括对随机性在计算中的作用、P 与 NP 及相关问题等。量子复杂性研究会与经典复杂性的发展相辅相成，形成良好的互动。

6. 量子密码学

量子计算从发展初期就和密码学有紧密的联系。一方面，利用秀尔算法，现有的密码体系将会被未来的实用量子计算机有效攻破。另一方面，基于量子力学的量子密钥分配协议却可以提供基于量子力学原理的可证的安全性。这一协议即使对窃听者拥有量子计算能力也是安全有效的。在公钥密码系统方面，新的抗量子攻击的新协议需要被重新设计并制定标准，美国国家标准技术局已经开始向全世界征集新的抗量子公钥密码方案，以促进这方面的研究并为量子计算机时代的互联网安全做准备。一方面，预计到 2049 年，一套或者多套完善的解决方案会在互联网协议栈中广泛布局。另一方面，由于实现量子密码协议对量子器件的计算能力要求并不高，量子密钥分配被认为是最有可能率先取得应用突破的量子计算 / 量子信息领域（事实上，商用的量子密码设备已经开始出现）。因此量子密码的研究毋庸置疑将是近年发展的主流方向之一。中国目前已经在这个方向上走在了世界前列，"墨子"号量子科研卫星已经开展了研究性质的地空量子密钥分配实现，为不久的将来开展更加广泛的军用和民用量子密码术提供指导。

（四） 量子计算框架下的人工智能

经典人工智能试图通过计算机的辅助理解人和动物的智能，并设计具有智能的机器。预计，量子计算机的出现将极大地促进人工智能的研究。一方面，经典人工智能的方法和工具已经开始应用于量子多体系统、量子信息、量子计算等问题的研究中。另一方面，量子算法设计有望给出经典人工智能核心问题的有效算法。例如，格罗弗算法将大大提高基于搜索的人工智能算法的运算效率。另外，量子线性方程算法也有加速解决人工智能中普遍存在的诸多优化题的趋势。讨论量子计算在人工智能各个领域，特别是神经网络、决策理论、机器学习以及博弈论等方面的应用都是非常有意义的。

由于量子计算与量子信息论的不断交叉和融合，量子信息论基本问题的研究将有力推动量子计算的发展。特别是量子纠缠的理论、量子信道各种容量的计算和可加性、量子态与量子操作的分辨等，这些问题对于理解量子计算的本质、构建量子网络、发掘量子计算机的优势都是非常重要的。

（五） 量子技术对未来生活带来的影响和变革

量子信息与量子计算经过 30 年的发展已经成长为计算机和信息科学一个全新的、重要的研究分支。量子计算的影响力和变革主要出现在学术研究领域，并一直在以惊人的速度发展。虽然，非常具体的描述这一技术对未来生活带来的影响和变革还有一定的难度，可以尝试从如下几个方面描绘量子计算与人们未来生活的关系。

1. 未来人们如何访问量子计算资源

量子信息极其容易受到环境噪声的干扰而丢失量子的特性并表现出经典系统的性质。如何精确地操控量子信息的存储、处理和读出还是目前量子技术研究的关键课题。当前，所有的量子计算体系都需要极其苛刻的条件，并且这种状况也许会存在相当长的一段时间。即使当大规模量子计算机真正被建造出来，也很可能如最早的经典计算机那样稀有、占用巨大的空间、需要专门的维护团队以维持其正常的运转。因此，最早的量子计算机很有可能是集中的分布在全世界少数几个政府和大公司的实验室里。普通的用户需要通过互联网分时访问云端的量子计算机。不久以前，IBM 发布了 5 个量子比特的量子云计算平台。据悉，谷歌也将在不久的将来发布 50 个量子比特的云计算 API。这些实验性平台的出现将为以后云端量子计算提供经验。随着技术的不断发展和进步，个人量子计算和量子存储硬件可能在2049 年前后出现。理论研究表明，允许客户端比较简单的量子信息处理能力可以完成保密的量子计算任务的外包，或者实现超越经典可能性的保密通信等。低成本、稳定的个人量子器件的发明无疑会带来量子信息应用领域的革命，具有广泛的应用前景。

② 通用的量子编程环境和接口

量子计算与经典计算相比具有本质的优越性，但更难以直观理解。而且，不同的量子器件实现方法千差万别，除非是这方面的实验专家，否则难以对运行机理、参数描述等细节有很好的把握。这就需要一套通用的量子编程环境来完成对量子器件的编程、驱动和验证。中国在这方面已经有了 10 余年的经验积累，相应的量子编程环境也在开发过程中，相信在不久的将来就能开始试用，并于不同的硬件平台实现互通。

③ 量子计算可能解决的核心计算问题

量子计算和量子模拟被普遍认为具有解决目前所面临的核心计算问题的能力。与人们密切相关的方面包括生物制药、量子化学、能源等领域的核心问题。量子计算也有望助力人工智能的进一步发展，形成基于量子计算原理的机器学习算法。

④ 后量子时代的密码学和互联网安全

量子密钥分配和相关密码学协议提供了经典密码不可能保证的安全性，进一步把量子密码术结合到互联网和通信领域会进一步增强网络安全保障。基于量子不可克隆原理的量子密码协议有希望构建全新的金融和信息产品，如量子货币和量子版权保护等。人们有望利用这些新的密码学和金融领域发展新的产品和生活方式。

5 量子计算学科发展

随着量子计算领域的发展和成熟，北美洲已有大学开始设立量子信息处理专业并授予量子信息博士学位。伴随量子计算的不断进步，可以预见，中国也会开始设立量子计算方面的专业，为迎接量子时代的到来做好人才储备。

6 量子计算概念的普及

随着量子计算技术的发展，越来越多的人会接触并认识到这一新兴计算模型。也许到 2049 年，人们早已不再对量子信息和量子计算有陌生的感觉，而是像现在的电脑和手机一样已融入了人们的日常生活。

二、生物计算

基因表达噪声和竞争效应之间有千丝万缕的联系。要降低基因表达中的噪声往往需要增加基因表达的强度，这会使细胞内有限的资源和能量产生竞争。反之，如果通过减少合成基因线路的元件数和表达量来降低其对资源的占用，则会增加基因线路的噪声水平和表达的不确定性。因此，合成基因线路的设计必须对这两种因素进行综合考虑，平衡它们对基因线路的影响。下面我们从理性设计的角度出发，归纳近年来一些新的设计思路和进展，并展望这一领域未来一些可能的发展方向。

（一）模拟运算设计与布尔逻辑设计

在合成生物学发展初期，基因线路的设计借鉴了在信息科学领域广泛应用的布尔逻辑运算，然而，随着基因线路规模的增加，利用布尔逻辑运算的基因线路无法良好地发挥功能。例如，如果基于布尔逻辑在细胞内设计加法器，基因线路的规模会随着计算位数的增加而快速膨胀，给基础元件有限的合成基因线路设计带来

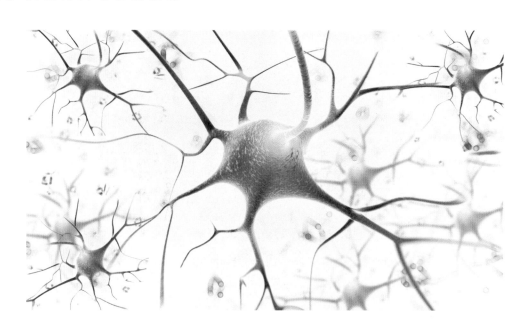

了巨大挑战。一方面，多逻辑门的基因线路会消耗大量的细胞资源，影响基因线路的正常工作和宿主细胞的状态。另一方面，生命活动可以看作是一系列有序的化学反应组合，其中相当多的调控作用都是通过浓度模拟信号来进行的，因而模拟量运算在自然界中广泛存在，在对不同的环境信号进行定量响应时发挥重要作用。在合成基因线路中，引入模拟量运算可以有效地突破资源和环境的限制，增加基因线路的运算能力，拓展合成基因线路的应用前景。例如，研究人员利用 3 组基因元件，构建了对数计算模块，并以此为基础，构建了除法、幂律等一系列的模拟运算线路。这些线路具有较大的动态范围，传递函数也可以在一定范围内进行调整。

模拟量运算为系统节约资源、提高效率，而布尔量运算则为系统提升准确率和稳定性。与布尔量运算相比，模拟量运算可以在更少的模块和能耗情况下，解决相同的问题，这可以有效规避合成基因线路对元件数量、资源、能量的限制。然而，模拟量运算元件会引入较大的噪声，在参与传递信号的分子数较低时这种现象尤为明显。在神经系统中，生命体把模拟运算和布尔逻辑运算相结合，在保证系统准确率的同时有效降低了功耗。如何在合成基因线路的设计中将二者结合发挥作用，在减少能量和资源消耗的同时增加计算的准确性,是合成生物学的工程实践中需要解决的重要问题。

(二) 基于网络拓扑的鲁棒性设计

基因往往通过组成基因网络来发挥功能。某些具有特定拓扑结构的基因网络出现频率显著高于其他结构,这些拓扑结构被称为基因网络模体。研究发现,特定的网络结构可以实现较为复杂的功能,如瞬态响应、细胞命运决策、生物振荡和倍数感知等。研究者通过对这些常见结构进行仿真,揭示了这些结构在面对外界信号时的响应模式,并在自然界中存在的基因线路中也观察到了类似的现象,从而阐明了这些拓扑结构的生物学意义。

在自然界中,生命体利用特定的网络结构抵抗噪声,增加系统稳定性。

自抑制的基因建立稳态的时间更快,其稳态对短时的信号扰动和自身的表达水平涨落不敏感,因而具有更小的表达噪声。具有某些特定网络模体的合成基因线路可以过滤短时的脉冲信号,而仅对持续时间较长的信号作出响应。视网膜紫质对光子的接收过程利用多步磷酸化反应控制噪声,其对光子的响应的离散程度与磷酸化位点数呈平方根反比关系。

有研究者通过穷举 3 个基因构成的所有网络拓扑结构,筛选出具有较好适应能力的基因网络拓扑结构,并由此在一定程度上解释了具有较好适应能力的网络模体之所以存在的原因。以此为基础,通过对基因线路进行结构设计,研究者可以筛选出那些对参数不敏感的基因网络拓扑,使合成基因线路在外源噪声干扰下依然能稳定工作。对基因网络的拓扑结构进行重构,可以有效地降低表达过程中个体间的差异。此外,有研究指出,通过对简单的生化反应进行组合,即可在一定程度上实现滤波器的功能;基于这一现象提出的滤波器的优化设计理论,可以对系统内部的噪声性质进行大概估计,并可应用于指导合成基因线路的设计,提高基因线路的鲁棒性。

以目前的计算能力,通过穷举多节点拓扑进行结构设计依然是不现实的。利用控制理论对现有的知识进行充分理解，抽象出一定的设计原则，同时拓展新的建模方法，可能可以在一定程度上缩小备选解的范围，提高设计效率。

（三） 基因线路设计的信息传递理论

生命体中基因调控可以抽象为信息传递的过程：细胞接收上游信号，对这些信号进行计算处理，并依据其结果决策下游的输出信号。信息传递过程可以利用香农信息论定量刻画输入输出分布间的联系。目前，依赖荧光蛋白技术和微流控技术的发展，已有一些工作尝试利用信息论中的互信息和信道容量等概念对基因网络的信号传递能力进行定量刻画。例如，研究者利用信息论的相关研究方法，成功揭示了果蝇发育过程中，胚胎如何利用调控基因的表达量信息精确决定位置信息。利用信道容量衡量不同信号通路的信息传递能力，研究者刻画出了某些特定信号通路信道容量的大致范围，解析了不同的信号通路结构对信息传递的影响，并借此推断细胞如何提高决策的鲁棒性。

（四） 利用动态信号传递信息

生命系统中，各个组分的表达量并不仅仅依靠静态的浓度值发挥调控作用，而是具有非常丰富的动态调控机制。例如，真核细胞中的 Ras/Erk 信号通路在接收上游信号刺激时会根据上游脉冲信号的持续时间开启不同的下游基因，这解释了为什么单一通路却可以控制多种不同的下游响应。在酵母中，转录因子 Crz1 展现出类似于频率调制的调控机制。在人类细胞中，p53 在受到 DNA 断裂信号的刺激时，会通过产生不同的动态信号来决定细胞命运。

第三节　新材料与新器件

一、传统计算器件

从CMOS器件技术的创新中展望2049年，可以预期CMOS器件技术仍然具有强大的生命力，但是单一的尺寸缩小技术路线必然遭到抛弃，更为多样化的技术路线及其融合将成为主要的发展方向。其中，纳米线结构几乎可以确定是未来占据主导地位的结构形态。它的材料基础和集成架构则随着应用领域不同有所不同，而三维堆叠的集成架构也许成为未来解决高密度集成的重要手段。新原理器件则将在多样化计算需求中获得重要应用。在CMOS器件技术之外，还将有更多不同体系的新材料和应用不同物理法则的新器件进入实际应用，其中就可能包括量子计算器件和神经计算器件。

从新材料的发展趋势来看，新型材料不断涌现，呈现百花齐放的特点。随着材料合成技术的发展，越来越多的二维材料将被发现，并且由单一材料向复合材料发展，以实现更加稳定可靠的器件特性、扩展更为丰富的电子器件功能。此外，新材料的硅基集成一定是未来重要的发展趋势。从目前的研究结果来看，过渡金属硫化物和碳纳米管在这方面展现出了良好的前景，硅基集成技术将是它们未来重点研究的方向。可以预测，到2049年，基于新材料的CMOS晶体管将实现可控和批量制备，从而发展出完整的纳米集成电路技术，包括CMOS晶体管、存储器、互联技术以及其他新型电子器件，并由于独特的光、电、力特性，有望在柔性电子、光电器件、生物芯片、物联网、高速互连、人工智能等方面获得应用。从某种意义上讲，现在和将来发展二维材料和碳纳米管这类新材料的终极目的并不是为了替代硅技术，而是为了更好地融合。完全的替代既没有必要，也存在着巨大的研发代价和风险。

就自旋电子器件技术而言，可以预见，随着自旋电子学的技术路线逐步清晰，自旋电子器件进入实际的商业化应用的前景十分乐观。在2049年之前，STT-

RAM（通过自旋电流实现信息写入的一种新型非易失性随机存储器）至少能够在主流存储器市场中占据一定的地位，而基于自旋电子学的逻辑门技术将取得长足的进步，促进新型计算架构的发展。

二、神经计算器件

神经计算的研究必将给人类的工作、生活方式带来重大影响。当前神经计算技术已经在图像识别、语音识别、智能客服等领域获得了应用，并且催生出了巨大的市场，显示了神经计算的应用前景。未来基于高度成熟、智能的神经计算技术，人类社会的生活方式必将迎来革命性的变革。神经计算有望应用于智能制造、自动驾驶、大数据分析、机器人等工业、运输、科研领域，构造新的社会形态，并带动计算机与智能产业的发展。同时神经计算技术还是实现高精准性、可靠性、智能化医疗的核心技术，是理解重大脑疾病发病原理的关键突破口，因此将成为未来医学科技发展的前沿方向。以类脑系统为对象有望仿真、理解、突破重大脑疾病如阿尔茨海默病、抑郁症、自闭症等的发病机理，并发展出相应的诊疗技术，从根本上解决困扰人类的重大疾病和难题，极大地改善人类的生活质量。

从当前神经计算的发展趋势来看，可以预计，到2049 年的时候，神经计算技术将获得前所未有的大发展——除了在软件层面上取得更多突破之外，新型的神经计算硬件也将出现。预计到 2020 年有望实现神经形态器

件的制备与规模化集成，并利用神经形态器件高精度模拟神经突触及生物神经元的生物特性，同时实现类脑信息处理功能，为未来通用神经计算芯片提供基础元器件平台。到 2030 年，将突破神经形态器件与传统 CMOS 电路的混合集成技术，研制出具有在线学习能力的混合集成低功耗类脑原型芯片，在芯片性能、面积、功耗等方面取得重大突破。最终，到 2049 年有可能研制出性能、规模、面积、功耗等综合性能高度优化的通用智能神经计算芯片，在基础元器件、体系架构、信息处理能力、能效等方面高精度模拟人脑功能，具有良好的通用性、可扩展性与可重构性，并利用新的神经计算技术开发出具有自我认知和复杂环境自适应能力的智能主体。

三、量子计算器件

未来大规模实用型量子计算机将能满足海量信息存储与处理、信息安全、重大科学研究对计算速度不断提高的需求，在社会发展、经济、国防、金融、能源、科技等与国家利益密切相关的领域发挥巨大作用，成为国防安全建设和国家创新体系的重要保障。首先，量子计算机有望突破经典极限，解决能耗和小尺寸下的量子效应问题，解决一些经典计算机难以处理的海量数据和超快运算问题。其次，通过量子计算机针对特定复杂体系进行模拟计算，如可以应用于强关联、高能等物理学领域，同时在天气预报、生物制药、人工智能等领域也将大展身手。最后，量子计算还将改变现代信息安全体系，对经济、金融、国防、军事等各领域产生深刻变革。

从量子计算技术的发展趋势来看，离真正意义上的大规模实用化量子计算还有很长的距离，但是在一些局部已经出现了令人充满信心的技术突破。可以预测，短期内量子比特数目有望进一步增加。量子比特数走在前列的超导体系量子计算技术将在几年后实现 40 ~ 50 量子比特。但即便达到这一水平,它距离真正的通用量子计算机 200 比特的要求还比较远。与此同时,继续提高量子比特的保真度,使达到或超过容错量子计算的阈值,仍然是未来 5~10 年量子计算研究的核心任务。此外,利用量子比特构建特定用途的量子模拟机有望率先实现突破,量子计算的优势将逐渐凸显。这些特殊的量子计算机将体现出超越传统计算机的计算能力,在解决某些物理、化学和材料等学科难题方面值得大家期待。虽然存在极大的困难,我们仍然乐观预计到 2049 年,也许世界上第一台真正意义上的量子模拟机将出现,为人类的科学、经济、社会带来不可估量的影响。

第九章
计算系统技术

第一节　软件技术

　　未来软件技术的发展可望呈现四大趋势，即软件定义一切基础平台、编程成为人人掌握的基本技能、软件代码可以自动生成、软件可以自动演化。

一、软件定义一切基础平台

　　近年来，软件定义成为信息技术领域的最为热门的技术术语。从软件定义的网络开始，软件定义迅速向计算、存储、运行环境等方面延伸，IT厂商纷纷围绕自己的核心产品提出了软件定义的数据中心、软件定义的基础设施、软件定义的环境等，几乎所有的IT基础设施均打上软件定义的标签。

　　软件定义的本质是将传统的一体式硬件设施分解为"硬件＋软件"两部分：硬件提供标准化的基本功能，以此为基础在新增加的软件层上为用户提供更灵活、更智能的系统服务。这样做的直接原因主要是互联网环境下新型应用对计算资源共享需求的推动。以云计算为代表的新型互联网应用要求硬件基础设施能够以服务的方式灵活提供计算资源，而目前的主机管理、存储管理、网络管理在很大程度上是与应用业务脱离的，几乎都是手工管理、静态配置、甚少变动、分割运行的，难以满足上层应用对计算资源个性定制、灵活调度和开放共享的需求。而要满足上述需求，就必须改变目前应用软件开发和网络资源管理各自分离的情况，使得网络计算资源能够根据应用需求自动管理、动态配置。因此软件定义就成为一条必由之路。

软件定义的核心技术是资源虚拟化和功能可编程。资源虚拟化，是将硬件资源抽象为虚拟资源，然后由系统软件对虚拟资源进行管理和调度。常见的如操作系统中进程对CPU的虚拟、虚拟内存对物理内存的虚拟、伪终端对终端的虚拟、套接字对网络接口的虚拟、逻辑卷对物理存储设备的虚拟，等等。资源虚拟化带来了如下益处：①支持物理资源的共享，提高资源的利用率；②屏蔽不同硬件的复杂细节，简化对资源的管理和调度；③通过系统调用接口对上层应用提供统一的服务，方便进行程序设计；④应用软件和物理资源在逻辑上分离，各自可分别进行独立的演化和扩展并保持整个系统的稳定。

功能可编程是软件定义的另一项核心技术，主要表现在两个方面：①访问资源所提供的服务；②改变资源的配置和行为。在资源虚拟化的基础上，用户可编写应用程序，通过系统调用接口，访问资源所提供的服务，控制资源的行为。所有的硬件资源在功能上都应该是可以编程的，如此才可以满足不同应用程序的需求。从程序设计的角度，功能可编程意味着计算系统的行为可以通过软件进行定义，成为软件定义的系统。

作为计算系统中最为重要的系统软件，操作系统一方面直接管理各种计算资源，另一方面作为虚拟机为应用程序提供运行环境，是软件定义的系统集大成的载体。在互联网及其延伸所形成的人—机—物网络计算环境下，当前出现的软件定义的网络、软件定义的存储等技术，如同单机操作系统的设备互联技术、磁盘存储技术一样，实际上正反映了网络化操作系统对网络化、分布式设备的管理技术需求，必将成为网络化操作系统不可或缺的底层支撑技术。不仅如此，软件正在成为连接信息空间、物理空间和人类社会的基础纽带和桥梁，信息技术正在全面走向软件定义一切的时代，无处不在的软件应用正在重新定义整个世界。

未来人—机—物融合的计算环境

下，软件定义将使硬件的架构在抽象层次上趋于一致，对于上层应用而言不再会有计算设备、存储设备、网络设备、安全设备的区别，使传统的 IT 设备制造业发生革命性的变化，进而使得云计算、大数据、移动互联网、物联网等新一代信息技术具有全新的软、硬件架构。这其中，为了实现软件定义对计算、存储、网络等多种异构物理硬件资源的虚拟化，需要研究更加轻量级、灵活化的虚拟化技术。例如，以应用容器引擎为代表的容器技术被认为是对现有主流的虚拟机监视器虚拟化技术的重要发展和补充，可简化对资源的管理和调度，大幅提高资源利用率和管理效率。在资源虚拟化基础上，需要突破细粒度管理接口生成技术和资源配置方法，支持用户更加方便地编写应用程序，通过系统调用接口访问资源所提供的服务，更加灵活

地管理和调度资源，改变资源的行为，以满足应用对资源的多样需求。

二、编程成为基本技能

未来的一切设施都运行在软件的控制下。换言之，所有的设施都将具备可编程的能力。在这个态势下，掌握了编程技术的人可以充分发挥各种设施和工具的能力，而没有掌握编程技术的人将在激烈的社会竞争中面临被淘汰的风险。未来，编程也将成为人们的一项基本技能，进入一个人人要编程、人人会编程的时代。未来的编程技术和方式将呈现如下几个特点。

（一） 编程教育普及化

虽然现在还有少部分学生在进入大学之前还没有接触过程序设计，但一些发达地区的中小学，程序设计早已成为了必修课程之一。从事早期程序教育的教师和科研人员也不断增多，并且开发出了 Scratch 编程语言、编程机器人玩具等多种教育产品。中小学生可以在游

戏中轻松学习程序设计。可以想象，随着社会的进步，程序设计必然成为所有中小学的必修课程，写程序的能力就和今天写字、算数的能力一样普及。

（二）编程方式自然化

在前面已经分析过，程序语言的发展脉络就是不断提高抽象级别，允许人们用越来越自然的方式进行编程。可以预想，未来的程序语言必然也会继续沿着这条路线进行发展，而2049年的程序设计必然将采用比今天更自然的方式来完成。我们预测，2049年的程序设计同今天相比将有以下几点不同。

1. 更接近自然语言和图形化的编程方式

最终用户编程是近年来越来越扩大的一个研究领域，基本目标就是探索出更自然的编程界面，让普通用户也能编写程序。目前，最终用户编程主要是探索如何利用自然语言或者图形化语言进行简单的编程。比如，美国麻省理工的Scratch编程语言可以采用积木拖拽的方式让小朋友很容易地掌握编程，在学习编程之前甚至不需要识字和掌握算术运算。而日本的抚子语言写出的代码都是符合语法的日语句子，可以直接阅读。可以预想，经过未来几十年的发展，编程语言必然能呈现更自然的状态，让更多用户更容易地编程。

2. 更多目标导向的编程方式

程序综合是目前的一个研究热点。在程序综合的研究中，程序员只需要给出程序要实现的目标，程序综合技术就能自动找到实现算法。比如，排序程序的目标是数组的元素集合和原来相同，同时每个元素都小于前一个元素。可以预想，随着程序综合未来几十年的发展，编程的人不用懂算法、数据结构等复杂的概念，只给定目标就能自动生成相应的程序，实现人人编程。

3. 领域特定编程语言将更为丰富和广泛

即使没有软件系统，各行各业通常也都有自己的一套技术描述语言。比如，会计使用的是各种账簿、建筑工程师使用的是各种设计图、基金经理使用的是各种金融数学模型等。目前，虽然这些领域都有一些针对领域特点的编程语言和软件系统来支撑特定领域的编程需求，但是总的来说这些语言的数量还比较少，表达能力还不够灵活。领域特定编程语言已成为研究界广泛关注的一个问题，可以预想几十年后设计领域特定语言的难度将被大大降低，领域特定语言的灵活性将大大提高，各行各业可能都能用本行业的通用术语灵活地编写程序。

4 可复用代码库将更加丰富和容易获取

目前的 Python 常常被称为万能的编程语言，就是因为 Python 包含了巨大的代码库，无论做什么任务都能很容易地从 Python 的代码库中找到合适的方法进行调用。一方面，随着编程的人越来越多，这样累积的代码库一定会越来越大，无论要编写什么样的软件都能很容易地从代码库中找到几个构件进行简单拼装。另一方面，使用大型代码库的一个障碍是难以快速而准确地发现代码库有什么样的构件可以组成目前需要的软件。但智能化技术处于一个大发展阶段，可以预想几十年后的智能化水平必然大大超过现在，在很多情况下可复用构件可以预先根据应用场景推荐给使用者，编程的时候只需要将少数几个合适的构件进行拼装就可以了。

（三） 传统编程语言和技术在特定的技术范围内使用

虽然新形态的更自然的编程技术会广泛存在，但传统编程语言和技术并不会消失，因为支撑自然编程技术的运行平台和开发平台中的关键代码可能还是需要用传统编程语言来编写，类似今天的操作系统中仍然要使用汇编代码来完成和硬件交互的部分。但同今天的状况相比，这类语言的应用必定局限在一个比较小的范围内。

除了对设施进行编程，另一个可能是利用已有的数据和经验直接生成程序，包括从不太精确的自然语言描述中生成程序，或者从人们对软件的使用过程中学习得出软件的需求等。

三、软件可自动生成

软件自动生成是近年来人们关注较多的热点课题，也是软件科学与人工智能领域共同关心的问题。不同领域的研究者对软件自动生成技术虽然有不同的理解，但却共同推动该问题的研究向前发展。

人工智能领域的研究者认为计算机程序的自动生成问题是人工智能的核心问题之一，他们认为在待解决问题已知输入与输出数据的基础上，如何找到并给出大量输入与相应输出之间的映射关系，从而识别出输入与输出之间的转换规律，是人工智能（特别是机器学习）要解决的关键问题，而计算机程序则是完成这一映射关系的实现物。因此，众多人工智能领域的学者将软件自动生成问题界定为：如何在不编写程序的前提下，依据大量存在的已知的输入输出数据，由计算机自动学习输入与输出之间的映射关系。相应的，在人工智能领域已出现的关于程序自动生成技术的研究也基于上述的认识展开。到目前为止，研究者已经能够利用已知的输入输出数据，基于深度神经网络技术和软件科学领域的领域特定语言（DSL）技术，实现特定应用范围内一些简单计算机程序的自动学习和执行。

　　软件科学领域的研究者对软件自动生成问题有更多工程方面的认识和考虑。第一，从研究范畴上，软件科学家认为软件不仅仅包含计算机程序，还包含与之相应的程序注释和测试数据，甚至应该包含相应的需求文档、设计文档、实现文档以及部署与维护文档等，因此对软件自动生成技术的研究不仅限于计算机程序的自动生成；第二，从问题性质上，软件科学家认为，软件的本质是客观世界的解决方案在计算机系统中的映射。软件需求是用自然语言等方式描述的解决方案，而计算机程序则是用程序语言描述的解决方案。软件制品（如计算机程序）与软件需求之间具有客观的对应关系，软件制品应该依据软件需求来制造或产生。因此，在软件科学领域，人们更倾向于将软件自动生成问题看作一个从自然语言描述的需求到程序语言描述的代码之间的映射。目前，研究者已经能够利用已存在的大量软件文档中的自然语言和程序语言之间的对应关系，找出满足特定需求的部分程序代码（例如 API 序列、程序片段等），并在一定的概率条件下，给出这些程序代码的综合结果，用于辅助此后人工进行的软件开发。

　　基于上述分析，可以对未来的软件自动生成技术进行一些合理的预测。在未来的软件开发中，一些场景下的软件开发可以通过自动生成的方式完成：①对于已存在大量输入输出数据作为学习资源，且该数据能够覆盖相应问题的所有可能的映射路径的前提下，该软件的实现体可以运用人工智能技术通过学习的方式构造出来；②针对那些已经存在大量类似程序代码实现的软件需求，可以结合软件工程方法和人工智能技术，通过软件自动合成的方法自动获得。总之，软件自动生成是一个需要多领域共同研究和推进的研究问题，其自动化程度也必将随着不同领域的技术进展不断提高。

四、软件可自动演化

　　随着互联网及其延伸所构成的"人机物融合"的泛在化网络计算环境深入到人类社会和物理世界的方方面面，运行于其上的软件系统也处于更加复杂的生态环境，即，不仅拥有大量异构的计算资源（如 CPU 和 GPU）、存储资源、网络资源、驱动程序、开发库、运行库、服务、协议、浏览器、中间件、服务器等软硬件基础设施，同时还要服务于大量在线用户，满足个性化、多样化和场景化的需求。为了管理复杂性，传统的软件系统通常都会对所依赖的生态系统的行为做出各种假设。然而，在"人机物融合"的环境下，软件系统所处的生态环境时刻处于变化之中，某些假设很可能不再成立，从而使得软件系统无法正常运行。这就要求软件系统能够即时捕获、感知和理解其所处生态环境的变化，推理和评估这些变化对于软件系统行为、结构和服务质量影响的显著性水平，并利用这些信息自动触发自身的变换过程并自动验证变换结果的正确性，实现自动、在线、可信的适应性调整。换言之，未来的软件系统将不再只是一个交互方式相对被动和单调的"计算实体"，而是应该"进化"为一个具备自我学习推理能力和主动适应能力的"智能体"，呈现出柔性可演化、连续反应式、多目标自适应的新系统形态。

软件的适应性被认为是这样一种新型软件系统必备的能力。所谓适应性，就是指软件系统能够与情境（主要由其他主体组成）自动地进行交互作用，在这种持续不断的交互作用的过程中，不断地学习或积累经验，并且根据学到的经验改变自身的结构和行为方式。可以从基本要素与应用场景、用户与系统的互动、情境规约与交互模式等多个侧面入手来进行分析、提炼和学习软件的适应性。从宏观过程上看，用户与系统不断进行互动，在互动过程中开始逐步利用各种信息（可包括人、空间、时间等）尝试改善互动方式与服务效果。随着互动过程的发展和互动效果的改善，逐步形成了用户与系统、相关的第三方实体集之间相对稳定的关联关系，并以此反馈并指导用户与系统的互动过程，从而使用户与系统之间的互动过程演变为用户、系统与外部情境（即相关的第三方实体集）三者之间的互动过程与关联关系，从而表现出一种涌现性质，它具有动态性、偶发性、关联性等特征。在实际的应用中，如果这样一种涌现性质可以经常性地被复用，并具有一般性的指导意义，那么，就可从情境角度将其提炼成一种具有可界定性、稳定性和分离性特点的上下文模式，以一种信息的形式加以编码，凝练为该软件系统的适应能力，从而可完成从涌现性质到固化性质的转变。

自适应软件是实现具备上述能力软件系统的主流技术途径，但其中自适应性与适应性的主要区别在于前者强调自动化（也就极大降低了软件开发、维护和演化的成本）。自适应软件可以评估自身的行为，当评估显示其自身没有接近待完成的目标、或有可能提供更好的功能或性能时，可以按需改变自身的行为。

值得一提的是，美国国防部高级研究计划局于 2015 年启动了一个为期 4 年的新的研究项目，项目名为构建资源自适应软件系统，该项目研究使软件系统及数据能够保持健壮使用一百年以上所需的基础性的计算需求。该项目针对能够适应所依赖的资源（包括逻辑或物理资源）及运行环境动态变化、具备长期持续运行和演化能力的软件系统，并希望能够在这类软件系统的设计方法和实现技术上取得根本性突破。

第二节　系统结构

通过回顾和梳理计算机系统结构技术的发展历程和现状，不难发现，不同的技术革命从不同的维度在不同阶段发挥了作用，推动了信息技术的不断发展，带来了人类社会发展的新阶段。可以预见，未来数十年，这种趋势还将继续。人类将在 2049 年前后全面迈入信息社会。

从器件角度看，基于晶体管集成度的摩尔定律即将走向终结，新的基于处理器核数的摩尔定律将在一定时间内起作用；从更长远来看，超导、光电子、非易失性存储等新材料、新器件的成熟和应用，必将带来计算机系统结构技术的极大进步。

从应用负载变化的角度看，未来数据量将呈爆炸式增长，应用类型多种多样，更多具有实时处理和大规模并行需求的应用场景将出现，高通量计算机将成为新型高性能计算机。

从人类信息化的新需求的角度看，万物互联、万物智能、智慧应用、智能处理的需求无处不在，伴随这一趋势，智能处理器将不断演进，最终在神经网络处理能力方面全面超越人脑。与之相应的是，编程将无处不在，编程技能也更容易掌握；"旧时王谢堂前燕，飞入寻常百姓家"，人人都将具备编程思维、掌握与各种各样的计算设备、智能设备打交道的技能。

未来 10 年前后，服务器 CPU 的核数将按照新的摩尔定律不断增加，一种新型的物端 CPU 类型将出现。

未来 20 年前后，高性能计算将迈入泽级时代，高性能计算机也将不断小型化，届时桌面系统将拥有超过 100P 的计算能力。

未来 30 年前后，高性能计算将迈入尧级时代，第三代数据中心将成为万物互联时代的核心基础设施，基于超级计算的数值模拟将极大促进各领域的科学研究和工程设计。

"心之所向，素履以往"。一直以来，人们对于人类信息社会的美好愿景和蓝图已经有过无数的展望和畅想，也经过了数十年几代科学家和工程师的实践、积累及探索。相信上面这些趋势和梦想已经越来越近，在不久的将来一定会实现。为此，特梳理和筛选出计算机系统结构技术领域未来十大趋势，供广大科学爱好者、计算机工作者等一起讨论和畅想。

> **趋势一** 未来 10 年，服务器 CPU 将按照新摩尔定律发展，处理器核数将每 3 年翻一番。

未来 10 年，服务器 CPU 仍将基于 CMOS 硅工艺来持续提升计算性能。最初半导体摩尔定律的表现是，集成电路芯片上集成的晶体管数目，每隔 18~24 个月增加 1 倍，性能也将提升 1 倍。性能提升主要体现为 CPU 主频的提升，即每隔 18~24 个月主频翻一番。但是由于现在 CPU 主频提升会造成功耗的大幅增加，摩尔定律已经演变为新摩尔定律，即每隔 36 个月前后，处理器核的数量翻一番。

预测 1 在提高计算性能方面，未来 10 年服务器 CPU 主频为 3~6 吉赫兹，处理器核将达到 128~256 核。

通过进一步提高主频来提升性能已经不可行，因为更细划分流水线的收益越来越小，且功耗随着主频提高大幅增加，采用多核架构集成更多核成为提高性能的主要方式（图 9-2-1）。目前服务 CPU 主频为 3~5 吉赫兹，集成 16~32 处理核，预测未来服务器 CPU 主频将基本保持稳定，处理器核将每 3 年翻一番。

图 9-2-1　一款众核处理器及开发板

预测 2 在增强功能方面，将集成一些特定应用的专用加速器，包括视频处理、图像处理、智能算法、图处理、数据挖掘等。

这些专用加速器一般比通用 CPU 的能效比高数十到数百倍，有些计算相对规则的应用甚至能达到数千倍（如智能算法）。通用 CPU 由于需要适应不同应用的运行，特定应用在其上的运行效率不高，集成专用加速器将成为趋势。主要有两种实现方法，一是采用系统芯片设计方法，CPU 集成专门的应用加速模块（图 9-2-2）；二是采用 CPU 加可编程逻辑器件现场可编程门阵列（FPGA）的集成封装方式，通过 FPGA 来实现专门的应用加速功能。

图 9-2-2　加密算法加速器

预测 3 未来服务器 CPU 的存储组织会发生改变，将存储与 CPU 融合在一起，既提高数据的传输带宽，又降低访问延迟。

存在几种可能的集成方式。第一种方式是采用非易失性存储技术将内存和硬盘融合在一起，例如 Intel 基于 3D Xpoint 技术的 Optane DIMM 内存条，综合了内存的性能和闪存的成本，使得吞吐率大幅度提高，延迟大幅度下降。第二种方式是将 CPU 和内存进行融合，如 eDRAM 技术将 CPU 片上的存储达到 512 兆字节至 4 吉字节，eDRAM 和 CPU 通信总线位宽达到 512 ~ 1024 位。第三种方式是元件堆叠封装技术，可以将 CPU 和 DRAM 封装在一起，降低布线的延迟，这属于 2.5D 的范畴；3D 堆叠技术通过穿透硅通孔（TSV）将 CPU 和 DRAM 的裸片集成在一起，大幅度提高访问存储器的带宽和降低访问存储器的延迟。

预测 4 服务器 CPU 的输入输出带宽将比目前水平提升 3 倍，达到 1000 交换带宽（Gbps）以上。

CPU 输入输出带宽的提升使得同样时间内能传输更多的数据，对类似于高清视频、虚拟现实等应用非常重要。从主流高速输入输出接口标准 PCIe 的发展来看，过去 10 年单通道的传输速率提升了 3 倍，从 2.5 交换带宽（Gbps）提高到 8 交换带宽（Gbps）。目前主流服务器 CPU 的输入输出带宽可达 400 交换带宽（Gbps），预测未来 10 年服务器 CPU 的输入输出带宽还是按 3 倍速度增长，将达到 1200 交换带宽（Gbps）左右。这一目标可以通过高速串行总线或者高速发送接收电路的技术进步来达到。当然未来随着光通信技术的进步，在 CPU 芯片间采用光通信技术也是可能的，如果采用光通信则输入输出带宽将达到数千 Gbps。

另外，未来 10 年服务器 CPU 自身将具备一定的智能化，可以根据运行的应用特征，进行动态配置和调整使之更好地执行应用。

趋势二 未来 10 年将出现一种新的处理器类型——物端 CPU。

目前，CPU（图 9-2-3）主要分为服务器 CPU、桌面 CPU、移动 CPU 和嵌入式 CPU。其中：服务器 CPU 主要面向服务器和数据中心应用；桌面 CPU 主要面向个人电脑和笔记本电脑；移动 CPU 主要面向智能手机、平板电脑等移动终端应用；嵌入式 CPU 主要面向工控等领域。随着物联网应用的兴起，使得物与物之间互连成为一种趋势，预测未来 10 年物端设备将达到 1000 亿个。物端设备的泛在性特点导致对 CPU 的独特需求，例如超低成本、超

图 9-2-3　基于开源指令集 RISC-V 设计的 CPU 原型

低功耗、控制能力、智能处理能力、交互能力、对不同环境或者应用的适应性等，这些需求将导致了物端 CPU 的诞生。目前并没有专门针对物端的 CPU，通常是采用移动 CPU 或者嵌入式 CPU 来代替，预测未来 10 年物端 CPU 将得到极大发展。

预测 1 物端 CPU 设计将依赖开源开放的生态资源。

物端设备不同于桌面、移动设备具有的集中产品形态（如台式机、笔记本电脑、手机等），产品形态十分碎片化，因此可能需要很多种类型的芯片去适应不同的产品需求。目前的 CPU 设计几乎都是封闭的，从底层单元库，到开发工具，再到指令系统，都是私有的，使得设计一个芯片很难。开源在软件领域有十分成功的历史，如 Linux 和数据库，大量的开源资源可用，极大地降低了软件创新的门槛。因此物端 CPU 设计极有可能遵循软件开源的轨迹，走向硬件开源开放的模式，采用开源硬件来设计。这种模式下设计 CPU 将不再是难事，可以像搭积木一样很快设计出产品需要的架构。

预测 2 物端 CPU 的成本将极低。

由于物端设备横跨广阔的细分市场，装机量及物端设备本身的价格限制导致作为物端计算与通信核心的 CPU 无法占据较大的比重，因此传统高附加值 CPU 芯片如 Intel 处理器，需要高额授权费的 ARM 处理器，将无法被用到某些细分物端设备市场，成本更低、定制开发代价更小的架构有可能占据主要的市场份额。另外，成熟的半导体工艺成本会逐渐降低，比如采用 65 纳米工艺，采用多项目晶圆

（MPW），芯片验证的成本为几十万元，这会带来芯片成本的大大降低。

预测 3 物端 CPU 具有更强的边缘计算能力。

所谓边缘计算是与云计算相对应的，也就是把数据分析和处理放在互联网的边缘设备上，而不是云上。当前的物联网系统更重视通信能力，包括局部或近场通信或云端通信，因此物端 CPU 更多的是负责管理通信模块或对通信数据进行简单处理。但是，随着物端应用对于智能处理、控制能力的需求变得越来越迫切，在特定场景下无法依赖云端提供解决方案，必须依赖本地边缘计算能力或者局部的群体协同处理能力，提供有效的数据预处理、功能感知处理、甚至决策能力。

预测 4 物端 CPU 将具备足够的性能与功耗的弹性。

物端设备的碎片化，也包括了应用需求的差异化。不同应用场景的性能与能效的差异化需求，是由物端设备形态、功能与工作环境的多样性决定的。CPU 的性能与功耗的可伸缩能力是提升 CPU 工作能效的一个有效方向，这对于能源受限（电池供电）或能源供应不稳定（太阳能或动能收集等方式）的物端设备尤其重要。物端 CPU 应该是在结构上是可变的，这里的可变包括可配置、可伸缩、可重塑等，以达到适应不用应用场景的需求。

预测 5 物端 CPU 的广泛应用将使万物变"活"。

随着物端 CPU 的广泛应用，大千世界的"物体"不再是一个死气沉沉的东西，要变活了（图 9-2-4）。无需人为干预，物与物之间就可以自主交互，并具有

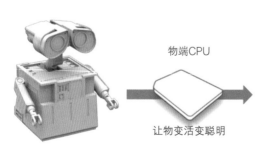
物端CPU
让物变活变聪明

图 9-2-4　让物变活变聪明示意图

群体智能。举个最简单的例子，一个摄像头和一台彩色打印机就可以在无干预的情况下交互起来，当摄像头拍摄并识别到一只漂亮并稀有的小鸟时，告诉打印机，打印出精美的照片。车与车之间通过局部通信，结合边缘图像处理能力、传感器数据处理能力，可以在无须人或"云"的干预下，完成自动会车、让车并避免碰撞。另外，物变活以后，拥有了智能和交互的能力，就可以跟人进行互动。比如现在的桌子都是死的，但以后的桌子，你在上面进行敲击，或者滑动的时候，就可能发生不同的事情，你可能听到音乐，也可能触动不同的设备。物与物，物与人的交互，都依赖物端 CPU 的边缘计算能力，物端设备就像具备了人的五官一样，可以听、说、闻、感、动。

趋势三 未来 30 年，超导器件（计算）、硅光器件（传输）、非易失性器件（存储）将给计算机的冯诺伊曼架构带来革命性的变化。

冯诺伊曼架构是现代计算机的基础，自从 20 世纪 40 年代提出后一直沿用至今。计算、传输和存储是冯诺伊曼架构的三个主要组成部分，现行的体系结构性能很大程度上取决于这三者的性能。当前，半导体器件技术处于一个爆发期，超导器件、硅光器件、自旋与忆阻等非易失性存储器件技术层出不穷，快速发展，这些单点上的器件技术的发展会给以冯诺伊曼架构为基础的现代计算机的性能提升带来革命性的变化。

预测1 基于约瑟夫森结的超导器件将把处理器的主频提高到 50 吉赫兹以上。

超导器件，通过超导和量子效应，具有超高计算速度和超低功耗等特点。基于约瑟夫森结为基础构建的超导单磁通量子电路（图 9-2-5）用微米级集成电路制造工艺就能实现 50~160 吉赫兹的超导计算部件，是目前性能最高通用处理器的 15~50 倍，同时功耗却只有同计算能力 CMOS 器件的几百分之一。受到制造工艺的限制，超导器件 CPU 的发展路线图大致为：①在 2029 年前后，约瑟夫森结集成度达到 10^7 个每平方厘米，可以用多芯片模式实现 64 位 CPU，32 位 CPU 可以用单芯片实现；②在 2039 年前后，约瑟夫森结集成度达到 10^8 个每平方厘米，可以用单芯片实现 64 位 CPU; ③在 2049 年前后, 约瑟夫森结集成度达到 10^9 个每平方厘米, 超导计算机整机有望实现。

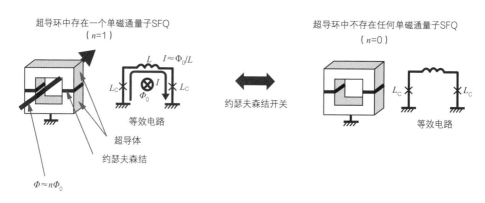

超导环中存在一个单磁通量子SFQ
($n=1$)

超导环中不存在任何单磁通量子SFQ
($n=0$)

约瑟夫森结开关

等效电路

超导体

约瑟夫森结

等效电路

图 9-2-5　约瑟夫森结示意

预测 2 芯片上集成的硅光器件数量将可能超过 1 亿个, 片上数据通路将全部采用硅光子技术实现。

电子的功耗极限与电信号的速率极限正在成为计算性能、数据传输能力的瓶颈。光子取代电子是突破通信瓶颈的有效手段, 光子作为信息的载体具有先天的优势, 光比电具备更好的并行性, 光路可以在空间中交叉却互不影响。光子还具备高带宽优势, 单根普通的单模光纤传输总容量最高可达 100 太字节每秒, 可承载相当于 24 亿人同时通话的数据量。目前世界上最高的光子集成规模为 2014 年实现的单片集成超过 1700 个功能器件。当前以硅和硅基衬底材料作为光学介质的硅光子技术结合了集成电路技术的超大规模、超高精度制造的特性, 相比于其他光子集成技术在兼容性和成本上具备很大优势, 发展很快, 成为提升片上通信性能的重要技术手段, Intel、IBM 等公司都投入大量精力对硅光子技术进行持续研发。未来几年, 处理器芯片外部引脚将可能实现全光端口, 集成的光器件数量超过 1 万个; 预计到 2039 年前后, 处理器芯片内部将实现全光互连, 集成的光器件数量超过 10 万个; 预计到 2049 年前后, 处理器芯片除逻辑控制模块和缓存模块用电子外, 全部采用光子技术实现, 集成的光器件数量将可能超过 1 亿个。

预测 3 非易失性存储器将可能实现寄存器—缓存—内存—片外存储统一的存储介质，非易失计算机成为现实。

非易失性器件是当前半导体产业的研究热点，新技术层出不穷。其中，基于自旋的 STT-RAM 发展得比较快，2017 年 SK 海力士和东芝推出了 1 个 4 吉字节的 STT-RAM 实验室产品。现在有些公司在探索用 STT-RAM 来作为芯片内嵌入式存储，高通设计了一个 1 吉字节的嵌入式 STT-RAM，三星集团用 28 纳米工艺设计了一个 8 兆字节容量嵌入 STT – MRAM。基于量子自旋霍尔效应的拓扑绝缘自旋技术也正在研究中，该类型非易失性存储器具有极低功耗等特性，离大容量存储还比较远，可能要 10~20 年。

非易失性存储器的出现会导致冯·诺依曼架构出现重要变化，传统按照寄存器、缓存、内存、外存的存储层次将可能被彻底打破。

在未来 10 年，非易失性存储器可能同时替换内存和外部存储，将片外存储和片内存储统一在一块存储区。非易失性存储器做内存一个重要挑战是可靠性问题，主要体现在写次数限制。一般随机存取存储器须要求达到 10^{15} 读写次数，而当前的 STT – MRAM 只能达到 10^{10} 次读写，差距还比较大。

未来 20~30 年，非易失性存储器将可能做到片内，甚至替换寄存器，实现寄存器—缓存—内存—片外存储统一的存储介质。这一新架构在实现处理器高性能的同时，还能提供一些额外的能力，比如零待机功耗，非常强的抗辐照能力，掉电数据不丢的特异功能。非易失处理器和非易失计算机是未来体系结构的一个发展方向。

同时，以忆阻器等为基础的器件，可以实现单器件的存算一体化，即存即算，算和存之间的带宽能提高 100~1000 倍。存算一体化结构和神经网络等智能算法模型一致，对于这类应用的加速比更高。

趋势四 未来 30 年，智能处理器的神经网络处理能力将超越人脑。

目前，智能处理器处在一个高速发展的时期。海量的数据和处理海量数据的能力推动智能领域内许多技术特别是深度学习的快速发展，获得了许多里程碑式的成果。作为智能应用和算法处理的核心载体，智能处理器通过提供高效的、强大的运算能力保证、促进了整个领域的发展。可以预见，数据的规模将继续提升，应用场景越来越复杂，算法也将继续演进，这些都要求智能处理器计算能力的大幅提升，也将使得智能处理器产生革命性的变化。未来 30 年，智能处理器的处理能力将超过人脑。

预测 1 未来 30 年，面向人工神经网络的智能处理器处理能力将超越人脑。

智能处理器的核心在于高效地完成神经网络操作。目前面向人工神经网络的智能处理器主要可以分为两个类别：①通用处理器，如 GPU/CPU/FPGA；②面向人工神经网络的专用芯片。

（1）采用通用处理器（如 GPU/CPU/FPGA）完成神经网络操作，其中典型的代表为 GPU，它可以提供极高的并行度。按照摩尔定律 CMOS 工艺未来每 3 年翻 1 倍，现有主流 GPU 的性能是 7TFLOPS，未来 10 年在此基础上性能上再提升 8 倍，达到 50TFLOPS，而功耗会维持在几百瓦的功耗水平甚至更低；未来 20 年，GPU 的性能将达到 500TFLOPS；未来 30 年，GPU 性能可以达到 3.5PFLOPS，GPU 的峰值性能将达到人脑的 20 倍。

（2）采用面向深度神经网络的专用芯片。在架构上采取专用化的设计，从而在性能和能效上具有很高的优势。目前典型的深度学习处理器有谷歌公司的 TPU 系列和寒武纪公司的 Cambricon 系列，性能都超过 1TFLOPS，功耗在几百毫瓦到几十瓦，比 GPU 有两个数量级的优势。深度学习处理器保守估计可以比 GPU 集成多 1 倍的运算能力，未来 10 年性能可比目前 GPU 的运算能力 7TFLOPS 再提升 16 倍，接近 100TFLOPS；未来 20 年，可能达到 1PFLOPS；未来 30 年，可能达到 7PFLOPS，达到人脑的 40 倍。图 9-2-6 展示了未来智能处理器性能的发展。

同时，随着单芯片的性能提升，超级智能计算机也将进入 E 级和 Y 级阶段。目前，脸书公司基于 256 个 GPU 的云端服务器具有 5PFLOPS 的峰值运算性能，谷歌公司的 64 个 TPU 的云端服务器具有 11.5PFLOPS 的峰值性能。随着单芯片性能的提升，加上 3D 集成电路、高速互联的技术的进步，未来 10 年，超级智能

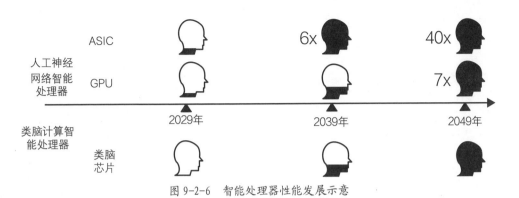

图 9-2-6 智能处理器性能发展示意

计算机的性能将突破 1EFLOPS 次；未来 20 年，超级智能计算机的性能将突破 10EFLOPS；未来 30 年，超级智能计算机的性能将突破 1ZFLOPS，迈入 Y 级阶段。

预测 2 未来 30 年，面向类脑计算的智能处理器将能够完全模拟超越人脑规模的神经网络。

类脑计算架构的技术特点是在 CMOS 工艺上对人类大脑进行模仿，在神经元层面上模仿人类大脑的电脉冲信号。目前代表性的类脑计算架构有 IBM 公司的 TrueNorth 芯片（图 9-2-7）和曼彻斯特大学的 SpiNNaker 等，处理能力分别为

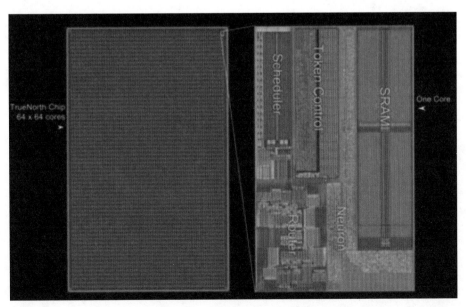

图 9-2-7 IBM TrueNorth 芯片

百万个神经元和 1 亿个神经元。可以预见的是，未来 10 年，随着忆阻器等新型工艺器件的进展，类脑计算架构有望在 10 亿神经元的数量上对人类大脑进行更准确地模仿，进而复现人类大脑一些结构特性；未来 20 年，类脑计算架构则有望对 30 亿到 60 亿规模的神经元进行模仿，从而具有实现人类大脑的局部区域行为复现的能力；未来 30 年，类脑计算将有望达到百亿神经元的规模，从而具有对整个大脑进行行为复现的能力。更值得期待的是，未来 30 年，随着对大脑认知的深入，将极大地促进新型算法的研究和突破，推动类脑计算应用到更广阔的空间。

预测 3 未来 30 年，智能处理器将无处不在，推动万物智联、万物智能。

智能处理器的处理能力提升是促使其融入万物的基石，提供了各个层面超越人脑的智能的物质载体。智能处理器的处理能力提升，一方面体现在处理能力上，即单位芯片面积所能提供的性能极大地提高；另一方面体现在处理效率，即单位性能所需要的能耗极大地降低。这两点保证了小小的智能处理器也能低功耗地提供高效的智能处理，从而可以被集成到不同的设备（也包括人）中，如物联网传感器、无人机、无人车、机器人、终端、云服务器、脑机、生物辅助装置等，运行不同的智能算法，如增强学习、自主学习、群体智能等，提供从云到端不同层面的智能处理，完成物理空间和信息空间的智能融合。未来 30 年，智能处理器作为核心载体，推动万物智联，万物智能（图 9-2-8）。

图 9-2-8 万物智联，万物智能

未来30年，人人都会成为程序员，将会出现面向大众程序员的编程范式和编程语言，计算机编程将是中小学教育的必修课。

语言是人类社会发展的核心能力，在人类社会发展的各个历史阶段起到了决定性的作用。在农业社会每个孩子都要学习语文这一自然语言；在工业社会每个孩子都要增加一门课程，学习数学，数学是描述自然规律的科学语言。那么在人类进入信息社会后，每个孩子都要学习什么新语言呢？就是编程，它是人类与信息网络空间对话的窗口。

未来30年，计算将无处不在，因此人人都将成为程序员。对于绝大多数的大众程序员来说，现在的编程范式以命令式编程为主，各种脚本语言以及模板式开发是现在主流的编程方式。未来30年编程范式会出现重大的变革，编程会变得更加简单。

一方面，拖拽式、语音式等更加直观的方式与虚拟现实技术结合，会大大降低编程难度，提高编程效率。一个代表性的场景是一个家庭主妇编程控制自己的智能厨房完成做饭的过程，她可以直接用语音来编程（图9-2-9），例如："11:00 开始煮米饭；11:30 开始炒西红柿炒鸡蛋，西红柿炒鸡蛋的做法是菜谱1256；12:00 做蘑菇汤，蘑菇汤的做法是菜谱4938"。另一个代表性的场景是视频监控程序的编写者，可以用手指将一个犯罪嫌疑人的图片拖拽到一个窗口，然后用语音来编程（图9-2-10），例如："一旦发现这个人，就自动拨打电话，同时开启追踪功能，并将位置实时回传"。总之，编程界面十分丰富又简单直观，这种直观式编程方式的出现会大大扩大编程人员的范围。

图 9-2-9 围裙妈妈用语音编程来完成做饭

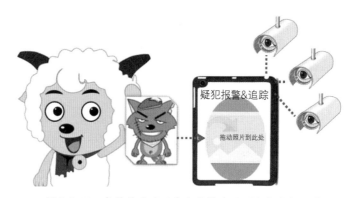

图 9-2-10　喜羊羊通过语音和拖拽来编写视频监控程序

　　另一方面，机器自动编程将成为重要的编程方式，因此现在的大众程序员的角色将从"编写程序"逐渐转变为"修订和确认"机器自动生成的程序。随着智能技术的发展，机器可以自动地从网络上丰富的代码库中提取对自己有效的模板和组件，然后根据接口规范自动地改写和拼接成用户的目标程序，用户所做的只是修订并确认机器生成的程序。

　　以上面的智能厨房为例来具体说明三类软件程序员的编程场景。大众用户即上面提到的家庭主妇，她可以直接用语音来编程，而在这套系统的背后，有一套智能家电研发人员使用的智能厨房编程系统，这种未来的编程语言，支持云与端设备的协同编程，能够自动在云端进行语音识别，语义的智能处理，并将语音程序翻译为具体的功能模块，例如煮米饭，也能够将用户语音输入的西红柿炒鸡蛋做法翻译为系统中的程序存储起来。在系统的最底层，系统程序员用 C 语言加上新型的扩展语法，构建云与端分布式通信、同步、控制的操作系统及运行环境。

　　从教育的角度，将编程纳入教育体系是一个逐渐的过程。目前，计算机已经在中小学普及，但是还只是作为一种教学工具使用，很少用于学习编程语言，计算机编程的内容更多还是在课外完成。由于计算机编程能够培养学生的逻辑思维能力、解决问题能力以及创造性，正在成为很多国家中小学教育的重要环节。例如，著名的"编程一小时"活动，旨在揭秘编程并展示任何人都可以学习，不限制编程语言，更是宣称 4 岁以上的儿童即可学习。今天 Scratch（图 9-2-11）、LEGO

Mindstorms 等项目正在为小朋友提供各种编程方式，使得孩子可以控制积木、玩具、制作自己的动画片等，利用这些编程语言实现各种有趣的想法，同时在这个过程中对计算机编程有一定的理解。未来计算机编程将是中小学教育的重要环节。

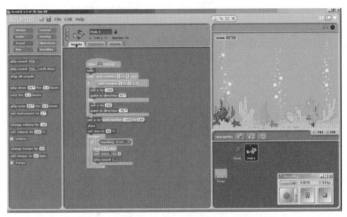

图 9-2-11　编程启蒙游戏 Scratch

趋势六　高性能计算机将于 2035 年进入泽级计算，2049 年进入尧级计算。

目前，高性能计算机仍然按照每 10 ~ 12 年性能提升 1000 倍的速度发展，各国正在积极研制的艾级计算系统有望在 2020—2022 年实现，按照这一发展趋势，预计到 2035 年前后会进入泽级计算，到 2049 年前后将进入尧级计算。

当前，100P 规模高性能计算机已经问世，下一代艾级系统的构建迫在眉睫，预计艾级计算机的主流技术主要是两种，一种是采用通用 CPU 加专用加速器（GPU、Xeon Phi 等）的机群架构，另一种是基于通用众核的 MPP 架构。由于摩尔定律仍在顽强地延续下去，预计 2020 年后，CMOS 工艺将进入 10 纳米以内，以 GPU 为代表的众核加速处理器的能效比有望提升到 30GFLOPS/W 以上，可以满足艾级计算系统的需求。

泽级计算对系统能效比的需求将比艾级提高 2~3 个数量级，预计将达到

20TFFLOPS/W 以上，现有的 CMOS 硅工艺发展到约 5 纳米后将面临严重的物理局限，很可能难以继续缩减下去。在这种情况下，要实现能效比的持续提升，一个可行的途径是采用新材料和新器件，当前碳纳米管、石墨烯、超导等技术都已经在实验环境下展示了相比现有硅基 CMOS 技术多个数量级的能效比提升，再考虑到工艺尺寸下降本身对能效提升的影响，预计在 2035 年前后，通过一些新材料和新器件的引入，有可能如期演进到泽级计算系统。

尧级计算对能效比的需求将进一步提升到约 10PFFLOPS/W，相比泽级进一步提升 2~3 个数量级。按照工艺演进的正常趋势，在 10 ～ 15 年内能效比最多提升 10~30 倍，离所需的目标还有 1 个数量级以上的差距。在现有的冯·诺依曼体系结构下，通过微架构的优化进一步大幅提升能效比的难度已经非常大，很难实现 1 个数量级的提升。在这种背景下，尧级系统的非常可能的方案是借助于非冯·诺依曼体系结构来实现，如量子计算机等新原理体系结构。

在过去的 50 多年里，科学与工程计算始终是超级计算机快速发展的持续推动力，可以预见，在未来的艾级、泽级和尧级计算上，科学与工程计算仍然是主要应用领域。很多变革式的应用对计算能力的追求是无止境的，在科学计算领域，随着模拟规模和精度的提升，计算量的增加不总是线性增长，而可能是呈平方甚至指数关系增长。以中长期气候模拟为例，当网格大小从 10 千米缩小到 1 千米时，对应的计算量会提高 100 倍。即使到 1 千米后网格大小不用继续缩小，如果有更大的计算能力，依然可以引入更多的参数来使得整个模拟更加精确。

应用的实际计算效率正越来越成为卡脖子的问题。以神威太湖之光为例，在线性系统软件包测试中，其效率高达 74%，但是在另一项高度共轭梯度基准测试（HPCG）测试中，其效率仅为 0.3%，两者相差 200 多倍，如果需要同样的实际性能，这意味着后者需要提供 200 多倍更高的峰值性能。由此可见，实际中很可能出现这么一种场景，超级计算机的峰值性能提升了 1000 倍，但是由于效率下降了 10 倍，导致实际性能只提高 100 倍，而对应到科学计算应用的模拟规模或精度上，可能仅仅能提升 2 倍而已。从这种角度来看，科学计算对于计算能力的提升需求是无止境的。

> **趋势七** 高性能计算机将小型化，2025 年将出现拍级计算的，2035 年将出现 100 拍级计算的。

高性能计算机本质上是一个工具，是服务于应用的，因此，在计算性能不断提升的同时，还应关注如何用好高性能计算机，这里一个非常重要的因素就是高性能计算机的小型化和普及化。

未来小型化的桌面高性能计算机将是重要的发展方向。在桌面高性能计算机（HPC）领域，按照超级计算机峰值性能的演进和硬件集成度的提升，到 2025 年，有望构建这样一台桌面 HPC，其体积仅为 0.1 立方米，相当于目前的两台普通台式机箱的体积，峰值性能达到 1PFFLOPS，功耗不超过 3 千瓦，噪声低于 40 分贝，仅相当于一台普通的空调室内机运行噪声。到 2035 年，这台桌面 HPC 的性能有望进一步提升到 100PFFLOPS 级别，这一计算能力已经和目前全球最快的超级计算机相当！毫无疑问，在如此强大的计算能力支撑下，未来会带来很大的改变（表9-2-1）。比如，在工作中，台式机体积的桌面 HPC 可以完全兼顾到绝大多数课题研究的需要，大部分科研工作者都无须使用机房里专门配置的大机器。从事教学和设计的技术人员也完全可以利用桌面 HPC 实现基于 VR 的教学和设计工作。在生活中，车载 HPC 将足以实现精准的无人自动驾驶和自动泊车，出门再也不需要为驾驶安全和寻找停车位等问题烦恼。

表 9-2-1　桌面 HPC 性能提升趋势

年份	2015	2025	2035	2045
桌面 HPC 性能 /FLOPS	10G	1P	100P	10E
500 强第一的峰值性能 /FLOPS	100P	10E	1Z	100Z

高性能计算普及化的一个重要标志是高性能计算用户数的大幅提升。传统的高性能计算机主要部署在大型超算中心，用户主要是有高性能计算需求的科研人员和专业人士，这种模式下的用户规模非常有限，全国的总用户数也就在数万的量级。一方面，将高性能计算的应用领域拓展到桌面 HPC 后，每一个从事科研、设计工作的人，甚至是每一个拥有汽车的人都将成为桌面 HPC 的用户，用户规模将至少扩展到千万量级。另一方面，将高性能计算的应用模式拓展到超算云后，将进入一个 HPC 极大普及化的时代，每一个智能手机用户都将成为 HPC 的用户，此时的用户规模数将达到数亿量级，高性能计算技术无疑将会为社会作出极大的贡献。

趋势八　未来 10 年，高通量计算机将成为一种新型的高性能计算机。

进入互联网时代后，高性能计算的应用已经从以科学与工程计算为主，逐步演变成以数据处理为中心。在未来的 10 年，针对数据处理应运而生的高通量计算机将作为一种新型的高性能计算机，逐渐成为市场主流。

传统的科学与工程计算类应用，其特点是任务单一，负载变化不频繁，单个任务计算量大，计算局部性好（表9-2-2）。新兴的数据中心应用主要面向互联网和物联网服务，其特点是任务多样，单个任务往往具有流式计算特征，且计算量不大，但任务的并发数量及数据规模巨大，并且处理要求实时性。传统高性能计算机的研制目标是提高速度，即缩短单个并行计算任务的运行时间；而数据中心类应用系统的目标是高通量，即提高单位时间内任务或数据处理的吞吐量。这种以"算得多"为性能指标的高性能计算机称为高通量计算机。

表 9-2-2　高通量计算机与传统高性能计算机对比

	目标应用	计算特征	研制目标
传统高性能计算机	科学与工程计算应用	任务单一，负载变化不频繁，计算量大，计算局部性好	高速度，算的快
高通量计算机	互联网数据中心应用	任务多样，流式计算特征，数据量大，实时性要求高	高吞吐，算的多

　　高通量计算机围绕应用的高并发、强实时等特点，以任务或数据处理的吞吐量和用户请求的服务质量作为核心评价标准，在计算、访存、控制结构上需要进行全新的设计。

　　在计算方面，数据中心收到的服务请求要求其能够支持大规模的同时多任务处理能力，单芯片的计算核心和能够支持的线程数也将会越来越多，而多线程的执行模式，也将会对数据传输的延迟有很好的隐藏作用。高通量任务的独立性决定高并发处理的计算单元间的控制通信和数据搬运并不多，因此传统高性能计算机中的复杂一致性、同步通信等处理在高通量计算机中将被弱化。

　　在访存方面，冯·诺依曼结构中存在的"存储墙"带来的处理核心与存储器供数速度之间的矛盾在高通量计算机中将会更加凸出，这也是高通量计算机所必须克服的最大障碍之一。高通量应用的细粒度、不连续访存模式导致不能通过简单地增加片上网络的传输带宽和片上缓存容量等简单粗暴的方式去解决。在这种情况下，准确捕捉高通量应用的访存特征，并进行精细化的访存通路设计是未来高通量计算机的核心设计思路之一。

　　在控制方面，由于高通量计算机所面对的主要是网络服务请求的处理，服务质量的好坏是用户对计算机性能的直观感受。在大规模并行的体系结构下，传统软件层面的实时性保障不足以满足高通量应用的需求，体系结构层面的实时性保证是高通量计算机的关键技术之一。在高通量计算机设计中，目前高性能处理器中普遍采用的超标量、乱序执行、动态调度等不可预测性微结构设计将会逐渐淡化，而具有更好可预测性的微结构将会得到加强，例如，实时性保障的硬件任务调度、延迟可控的片上网络结构、简单易预测的存储层次设计（图 9-2-12）。

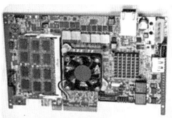

图 9-2-12　高通量众核处理器及板卡系统

趋势九　未来 30 年，基于超级计算机的数值模拟将深入推动科学研究向前发展并提高工程设计的效率。

随着高性能计算机的计算能力的显著提升，对更加复杂的系统模型、更加极端的物理工况实现更加精确的数值模拟将成为现实，将深入推动科学研究的发展并提高工程设计的效率。

展望1 流体力学研究。

流体力学是工程力学中应用最广泛的分支之一，以湍流研究为例，可以看出数值模拟在科学研究中起到的作用。过去，人们对湍流内在机理的认识主要是通过实验的手段，例如著名的雷诺圆管实验，通过实验手段得出了圆管中的流动稳定雷诺数。20 世纪 70 年代，湍流的数值模拟开始成为新的重要研究手段。受制于计算能力，一直到现在，工程应用中全分辨率的湍流直接数值模拟只能在简单的流动模型如槽道、边界层、圆管中实施，其中网格计算量约为雷诺数的 3 次方，实际求解方程的浮点操作数还要再多 4 ~ 6 个数量级。因此，即使在如此简单的物理模型中，目前国际上最大的算例中，雷诺数也达不到 10^4。这一雷诺数远远小于实际工程应用中的雷诺数，例如飞机飞行雷诺数可达 10^6。高雷诺数湍流直接数值模拟遇到的计算瓶颈，是未来需要攻克的技术挑战。

船舶空气润滑系统是流体动力学的一个重要应用场景（图 9-2-13）。在核能、航天、能源、船舶和石油化工等领域中都广泛存在气液两相泡状流现象，即连续液相中包含分散气泡的流动。船舶空气润滑系统，即利用这一现象通过从船底泵出空气形成大量空气泡，减少船体与水的摩擦阻力，从而降低燃料消耗和碳排放。荷兰海事研究院和达门造船集团经过研究发现利用该润滑系统可以使得大型船只的燃料成本减少约 20%。目前，利用空气泡减阻的内在机理并不清楚，需要深入研究泡状流现象，特别是气泡的变形、聚结与破碎等演化过程，以及气泡和液相之间的相互作用。实际问题中泡状流多呈现湍流特性，其数值模拟严重依赖计算能力。当前数值模拟采用简化的数学模型降低计算量，模拟结果往往与实验观察相去甚远，超大规模数值模拟能力将是未来解决这一问题的核心推动力。

图 9-2-13　船舶空气润滑系统示意

展望 2　飞行器数值样机。

在航空工业中，"数值样机"的概念随着高性能计算的发展正成为现实。典型的飞行器的研制包括概念论证、方案设计、工程研制、设计定型和生产定型五个阶段。概念论证和方案设计阶段的气动分析十分依赖数值样机的计算与仿真。概念论证主要研究新飞行器的可行性，对关键新技术进行初步试验验证，包括气动布局的分析和风洞试验。在这个阶段首先需要确定总体气动布局方案，通常选择大量的方案进行对比，研究在不同的马赫数、攻角、侧滑角下整机的气动性能，升力、阻力、俯仰力矩等气动力参数能否达到设计要求，经过充分的论证后，从中选出有足够先进性和实际可行的初步方案，作为进一步的设计基础。这个阶段不可能做大量的风洞试验，因此需要能够快速进行整机性能预测和方案筛选的气动数值模拟工具。在方案设计阶段，则进行比较精确的气动力性能、操纵性、稳定性的计算（图 9-2-14），还要有大量的风洞试验。毫无疑问，概念论证设计阶段的气动参数的选择几乎完全依赖于气动模拟，直接决定了飞行器的气动性能的优劣，中国自主研制的大飞机 C919 就在该阶段进行了大量的气动模拟试验，采用新一代超临界机翼和先进气动布局，达到比现役同类飞机更好的巡航气动效率。

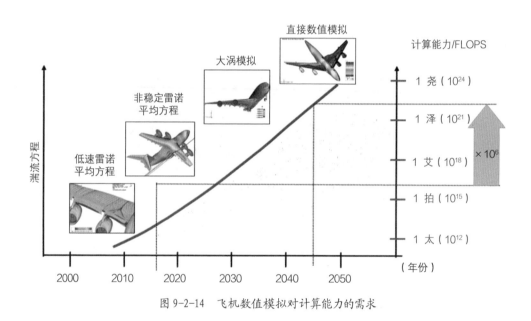

图 9-2-14　飞机数值模拟对计算能力的需求

展望 3 生命科学研究。

高性能计算机在生命科学研究中扮演越来越重要的角色。未来 30 年，生命科学将借助计算技术建立起一个完整的生态系统，包括快速低成本的基因检测系统、全球共享的人类基因组数据库、分子级别的基因干预医疗技术、针对性靶向药物的合成技术，整个医疗体系将全面实现个性化与精准化，许多癌症等不治之症将被攻克。

在基因测序领域，科学家在 2001 年完成了人类基因组计划，为生命科学开辟了一个新纪元,对人类进化、生物遗传、发病机制、新药开发等领域都有深远的影响。在基因组时代,必须开发新的算法和大规模数据处理技术,借助高性能计算机的计算能力,在已完成的基因组测序的物种之间进行整体比较分析,在整个基因组的规模上了解基因组和蛋白质组的功能,包括基因组的表达和调控、基因组的多样性和进化规律,基因在生物体生长、发育、分化、老化和致病过程中的作用机制。临床应用上,通过对个人基因组的快速检测,结合功能基因组学的研究,可以发现变异基因段,通过数据库匹配基因序列,从而有效预防和诊断疾病,形成更具针对性的治疗手段。

其中数值模拟的挑战举例如下:蛋白质家族的氨基酸空间排列结构检测,需要更加复杂的算法和庞大的计算量;染色体结构复制与合成的分子动力学机制,能够使人们通过巧妙控制染色体的变异段来控制植物的变异方向,计算机模拟技术可以有效帮助科学家实现动力学过程的显示、模拟以及分析预测;临床应用需要更加经济高效的测序技术,以及建立起更加完善的基因和功能数据库。

趋势十 未来 30 年,第三代数据中心将成为万物互联的核心基础设施。

第三代数据中心的核心是支持万物互联,即为面向千亿级智能终端接入的万物互联场景提供数据中心技术,车联网、工业控制、虚拟现实等场景是典型的万物互联场景。毫秒级延迟成为万物互联应用的关键指标,快速响应时间代表了好的用户体验,是让用户满意、提升互联网企业收入的关键因素。为了保障万物互联应用的低响应延迟,当前数据中心运营商通常会预留大量空闲资源,从而大大降低数据中心资源利用率,增加了运维成本。第三代数据中心的核心目标是:能够处理千亿级并发请求,处理泽级和尧级数据,提供毫秒响应延迟,保障用户体验,同时降低系统能耗,提高系统的资源利用率。

第三代数据中心的 3 个核心技术如下。

(1)新型数据中心混合架构。为了应对新的计算负载需求,新型的体系结构成为必然,如电子、光子、量子计算机混合的计算机体系结构,以突破传统电子计算机固有的限制。

（2）高通量低熵共享技术。支持海量并发请求（高通量），同时保证任务有序流动和运行（低熵），在保证数据中心高资源使用率的同时，保障请求低延迟。传统的数据中心系统主要是高熵系统，具有很好的灵活性，但是系统中存在大量无序流，导致当前云计算系统只能以低效率手段，利用率小于30%，保障用户体验。在未来30年，通过软件定义云计算的思路，研究实用可计算性理论、新型体系结构、软件定义机制等关键技术，有望在保持现有高熵系统的灵活性前提下，实现低熵系统的高效率。

（3）边缘计算。边缘计算是在万物互联网边缘设备上执行计算任务的一种新型计算模型。边缘计算的"边缘"包括从网络边缘设备所产生的数据源到数据中心的整个数据路径之间的任意计算、存储和网络资源。边缘计算模式在第三代数据中心（图9-2-15）和用户终端之间提供中间件，有助于解决传统数据中心计算模式在万物互联网时代出现的中心能力不足、网络延迟长、传输能耗大、隐私保护差等诸多问题，保障中间数据存取、可用性、可靠性、安全。通过将部分计算在边界端上解决，不仅缓解数据中心计算压力，而且降低处理延迟、提高数据可用性。

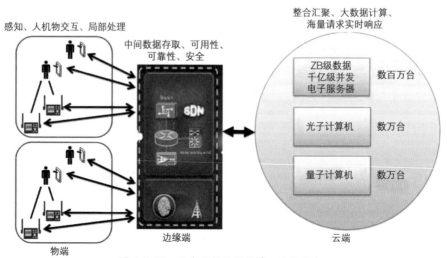

图 9-2-15　面向万物互联的第三代数据中心

数据中心系统划分为物端、边缘端、云端三个部分（图 9-2-15）。物端通过物联网传感器等设备实现对人机物的感知、交换和局部处理，如体温监控、速度监控、超速报警等；边缘端实现对于一类或一个子集的物端信息汇总与处理，从而实现中间数据存取、可用性、安全性的保证，同时保证数据处理的延迟；云端实现海量数据的汇集、计算、分析，云端会聚集新型数据中心混合架构，汇集海量的计算和储存资源，实现低延迟、低熵的处理。

下面，提供 3 个场景对成为核心基础设施的第三代数据中心进行说明。

展望 1 无人驾驶场景。

无人驾驶汽车是一种智能汽车，也可以称之为轮式移动机器人，主要依靠车内的以计算机系统为主的智能驾驶仪来实现无人驾驶。其目标是自动规划行车路线并控制车辆到达预定目标，从而使车辆能够安全、可靠地在道路上行驶。无人驾驶集自动控制、体系结构、人工智能、视觉计算等众多技术于一体，在国防和国民经济领域具有广阔的应用前景。

随着人工智能、大数据、物联网的不断发展，30 年后自动驾驶将成为城市交通的主流。因此第三代数据中心应该能够支持千万量级人口城市中的百万量级车辆的出行保障，需要实现出行路线选择、安全驾驶保证、拥堵控制、故障处理等无人驾驶的基本需求。这背后对数据中心的挑战，是百万量级并发的延迟可控的作业调度，如何实现有效响应信息的无迟滞反馈。

展望 2 无人机视频处理场景。

无人机是通过无线电遥控设备或机载计算机程控系统进行操控的不载人飞行器，以无人机为空中平台，遥感传感器获取信息，用计算机对图像信息进行处理，并按照一定精度要求制作成图像。无人机具有结构简单、使用成本低，不但能完成有人驾驶飞机执行的任务，更适用于有人飞机不宜执行的任务，如危险区域的地质灾害调查、空中救援指挥和环境遥感监测。可以预见在30年后，无人机将在交通、物流、城市监管、个人娱乐等多个领域被广泛地应用。

在此背景下，第三代数据中心应该能够进行百万量级无人机的高清视频流实时处理,从而提供快速反馈和决策支持。这其中涉及核心技术为基于光子、量子计算机等混合架构的数据中心,提供海量视频的快速处理能力。

展望3 智能家居场景。

可以想象,在 2049 年的一天,晴空万里的天气骤变,一时间狂风暴雨,主人不在家,通风的窗户第一时间自动关好,雨过天晴空气清新,窗户自动打开。傍晚,窗户关闭窗帘拉好,辛苦工作一天的主人在回家的路上,开启了卧室的空调和厨房设施。主人一开门舒缓的音乐响起,扑鼻而来的是饭菜的香味,房间里温度舒适不冷不热。

目前,世界上最著名的智能家庭莫过于比尔·盖茨的湖畔豪宅,整个房屋造价高达 5.3 亿美元。整座建筑物有长达 84 千米的光纤缆线,但墙壁上看不到任何插座和线缆,供电电缆、数字信号传输光纤均隐藏在地下和墙壁里。供电系统、光纤数字神经系统会将主人的需求与电脑、家电完整连接,并用共同的语言彼此对话,电脑能够接收手机与感应器的信息,卫浴、空调、音响、灯光等系统均能听懂中央电脑的命令,随意调校室内温度、灯光、音响和电视系统。随着科技日新月异的发展,智能家居(图 9-2-16)也能飞入寻常百姓家了。

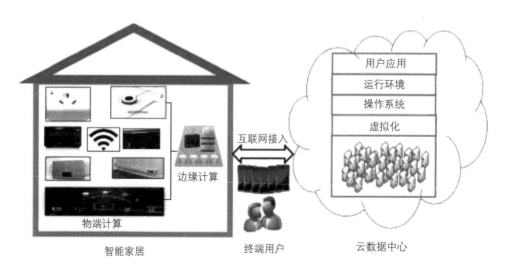

图 9-2-16 智能家居场景图

智能家居利用物联网技术将家中的音视频设备、照明系统、窗帘控制、空调控制、安防系统、数字影院系统、影音服务器、网络家电等各种设备连接到一起，通过中央电脑支持，提供家电控制、照明控制、电话远程控制、室内外遥控、防盗报警、环境监测、暖通控制、红外转发，以及可编程定时控制等多种功能。智能家居背后对应的负载特征是百万量级并发的低延迟作业调度，支持智能家居的第三代数据中心需要解决的关键问题包括：①应对家居传感器发出的千万量级的海量并发请求；②在收到请求后可以在微秒级时间内快速给出合理的反馈响应；③优化边缘计算，支持中间数据快速存取，实现对于 99.99% 作业的延迟保证。

总之，当今计算机技术正处于大发展、大变革之中，新一轮的信息技术革命正在孕育，计算机系统结构领域同样面临深刻变革。贯穿服务器、终端、物端的 CPU 架构技术不断成熟；超导器件、光器件、非易失性存储器件将带来几何数量级的计算机性能提升；超越人脑处理能力的智能处理器的出现及高智能机器人进入人们日常生活；量子计算新型体系结构的尧级超级计算机出现，个人超级计算机将走入千家万户；车辆、房屋、设备成为可编程载体，掀起万众编程、人人编程的新浪潮。万物互联和万物智能时代的大幕正在徐徐拉开，第三代数据中心将成为融合计算机系统结构创新和变革的基础平台，并作为人、机、物汇聚的实时决策中心，在新的历史阶段发挥核心作用。

第三节 数据技术

数据技术是伴随计算机特别是计算机应用的发展而变化的。因此，要预测2049年的数据技术愿景，最好的办法也是最靠谱的办法是先预测一下 2049 年的计算机应用状况。

对技术的预测，以下两点至关重要：第一，要找到时间不变量，也就是发展规律。第二，要预测时代的特征，这通常比具体的技术预测要容易一些。因此，要预测 2049 年的数据技术，要找到影响数据技术发展的内在规律，并明确 2049 年我们所处的时代特征。

首先，需要分析一下推动数据技术发展的内在规律是什么？提高系统整体"性能"和追求"高生产效率"是影响技术发展背后的看不见的手。历史上技术的更迭无不如此。层次网状数据库的出现，关系对层次网状系统的更迭，以及目前正在演化中的 Hadoop/Spark 体系的技术都是这样。

新技术一开始的时候看起来好像是倒退，但是大方向正确，假以时日就能发展起来。例如，在科德博士 1970 年提出关系模型后，层次网状数据库时代的代表性人物巴赫曼和科德之间曾进行过论战，巴赫曼的主要理由就是当时关系数据库的性能不行。但是，由于关系数据库具有坚实的数学基础和描述性的语言使得关系数据库潜力巨大，科德花了近 10 年的时间，完成了原型系统 System R 的研制，证明关系数据库的性能是可以与层次网状数据库相比的。至于关系数据库在提高信息系统生成效率上的贡献就更不用说了。21 世纪出现了 Hadoop 技术以后，也曾遭到数据库界的批评，认为是一次"巨大的倒退"，理由之一就是没有提供 SQL 语言，MapReduce 的编程使得应用系统的维护成本巨大等。这些批评也有理由，但是，由于它在可扩展性以及灵活性方面的巨大优势，显示了它在云计算大数据时代的巨大潜力。

其次，需要预测一下 2049 年的时代背景，我们从以下两个方面去刻画时代特征：一个是主流应用模式的发展，一个是计算平台的变化。计算机应用是驱动数据技术发展的主要动因。计算机的发展历史可以简单地划分为三个阶段，分别为数值计算应用、企业计算应用和个人计算应用，对应的计算技术分别为"计算"机时代，"数据处理"机时代和"知识管理"机时代。每个阶段大致有 30 年的时间。

第一阶段：1946—1970 年，现代冯·诺依曼结构计算机出现，这个时期的应用主要是数值计算类的应用，如微分方程求解类应用。主要的技术挑战是怎么算得更快一些，更准一些。因此，处理器计算速度的提升是一个最重要的技术指标。这

个时期最重要的数据技术是如何表达高精度数，一方面是当时计算机可直接处理的字长有限，从 8 位到 16 位再发展到 32 位，有效位数有限，因此需要引入双精度甚至高精度的表示方式。总体而言，这个时期的技术和数据没啥关系。

第二阶段：1970—2000 年，计算机开始广泛应用于商业领域，这个时期的应用主要是企业应用，主要的数据技术是关系数据库和事务系统。关系数据库高效地存储和组织数据，而事务系统确保了应用的业务逻辑可以得到遵守。对于商业应用，一项技术是否能给企业带来经济效率是该技术能否推广应用的最直接的、最核心的因素。关系数据库技术使得企业管理信息系统的开发周期从数年降低到数月，而且极大地提升了传统业务系统的效率。这种效率的提升，使得关系数据库当之无愧地成为这个时期最重要的信息技术。

第三阶段：2000—2030 年，由于互联网的出现和普及，计算机应用几乎都与互联网相关。这个时期的应用主要是个人应用，主要的技术是搜索技术和信息关联技术。我们每天都离不开互联网，无论是遇到问题时候求助与搜索引擎，还是办公、购物、处理邮件、出行，还是看朋友圈，都离不开形形色色的互联网应用。这个时期的数据技术重点在于将信息关联起来！

接下来的将是什么情形呢？我们不妨将其称为"社会计算"的时代。用于指代在高度人机物互联的条件下所形成的数字孪生以及相应的新型社会关系。

第四阶段：2030—2060 年，这也是我们需要重点预测的阶段。到那个时候，物联网技术高度发展并普及应用，呈现出一种与物理世界孪生的数字世界，每一个被关注的物理世界的对象，都有数字空间的对应物，并以不同的方式呈现出来。这个阶段的应用主要是人与人之间的新型社会关系的重构。通过物联网将人与人、人与物高度关联起来，形成新型的社区生活方式。人类要适应在数字孪生世界的新生活方式。

在这一时期，大型的数据中心将成为新的平台，数据按照规划在这里汇聚，进行清洗集成，数据有效地组织管理起来，通过挖掘分析等向社会提供各类数据服务。

最后，基于上述对数据技术发展内在规律的认识，以及对于未来时代特征的预测，我们做出以下对数据技术的预测展望。

趋势一 ▷ 高度敏感和高效的数据感知和物联网技术。

该技术使得数据采集变得容易了，数量巨大的数据，如何组织和保存是一个挑战，单纯的技术已经难以解决面临的问题，需要从更高的层面，从数据治理的角度来看待数字孪生社会。一方面，明确每一个自然对象（人和物）需要采集的数据类型、精度和频率等信息并进行规定，形成全覆盖。另一个方面，数据的大规模采集还需要顾及个人隐私保护的需要。

数据感知和物联网技术尽管已经提出很多年了，但是离技术成熟和全面普及应用还有相当长的时间，估计到 2049 年可以达到较高的技术水平，能为数字孪生的应用提供基础性支撑。中国工程院院士赵沁平就曾提到建立人的数字孪生体的概念，希望通过各种传感器将人的状态再现，从而可以完成模拟手术等治疗方案的验证。

数据治理技术既有管理的成分也要有技术的支撑。例如，多源异构数据的集成和清洗需要有强有力工具的支撑。可以预见，数据治理的体系和技术将得到高度的发展。

趋势二 ▷ 以自然对象（人与物）等为中心的区块链数据组织技术。

区块链技术的出现要比物联网技术晚，是最近才提出的概念，已经引起产业界的高度重视。区块链由于对交易各方的行为具有不可抵赖性，这彻底改变了互联网的另一端不知是人还是狗的窘境，为构建诚信社会提供了基础设施。当然，今天的区块链还无法承受诸如关系数据库所支持的高频的交易，未来技术的道路还会很长，甚至可能以不同的形态最终形成产品，但是，构建具有诚信特性的互联网社区是社会发展的客观需要。在这样的数据组织基础上，形成新型数据管理技术体系和系统，所谓新瓶装旧酒，数据管理的核心问题还是访问效率的问题，但是需要有新的解决方案。

趋势三 ▷ 事件驱动的数据汇聚与分析展示技术等。

对于数据组织而言，按照对象的自然形态即静态的特征进行组织是比较容易的，而且可以进行设计和规划。比较困难的是当一些突发事件发生时，如何能快速汇聚与该事件相关联的数据，并迅速动态地组织起来，并对这些数据进行快速分析，从而支持决策。

第十章

计算机网络技术

第一节　互联网技术

"以不变应万变"，互联网体系结构的核心"三不变"演化原则将承载着千变万化的网络，孕育出绚丽多彩的未来。

一、人人都是程序员

"按钮 A 填充正红色，放在左上角，上面写上'注册'……"程旭圆对着麦克缓缓说着，"注册用户会有千万人，软件名称叫××……"随后，程旭圆对着手机屏幕做了几个简单的手势。

如果这段对话发生在今天，那么最可能的场景便是产品经理在和程序员通话。但这段对话发生在 2049 年，程旭圆是一名程序员，准确地说，是一名兼职程序员。他并不是在打电话，而是在编程，在做软件开发。

是的，他对着麦克用普通话描述了他想做的程序，完成了"源代码"的编写。然后又用几个手势搞定了建立数据库、租服务器和域名等操作。令现在的我们震惊的是，程旭圆并不懂得任何算法、数据库和服务器的专业知识，他只是说出了自己的具体需求，开发环境就根据他所描述的需求为他创造出了可执行的程序。

在 2049 年，设计师在写程序、医生在写程序、会计在写程序、作曲家也在写程序……写程序不再是外行人望尘莫及的复杂工作，因为到了那时，人人都是程序员。程序的编写形式也将变得多样，人们可以写程序、说程序、画程序。任何一个有需求的人都可以直接与计算机沟通，创造自己想要的程序，让计算机为自己做事。人类与机器的沟通将更加人性化。

所谓编程语言，是一种被标准化的交流技巧，交流双方是人和计算机。现在的编程语言分为三大类：机器语言、汇编语言和高级语言。而在 2049 年，一类比高级编程语言更加简单、易懂的语言将出现，我们姑且称之为超级编程语言（以下简称超级语言）。

自然语言就是一种典型的超级语言。汉语、英语、俄语、德语等各个国家、民族或地区的语言都可以用来编程。

超级语言支持各种形式的编辑，也就是说，文字、语音、图形等都可以用来编程。我们知道，现在已经存在软件，可以将统一建模语言图直接转化成高级编程语言，程序员只需针对转化成的代码进行调试和代码补充就可以完成整个程序。所以我们不难想象，在未来，文字、语音、流程图、设计图等都可以通过几个简单的手势或语音命令转化成程序。

正如现在一样，编译器会将高级语言翻译成机器能识别的二进制代码，将来，编译器或其他转化器会将超级语言翻译成计算机能识别的二进制代码。对于使用超级语言的程序员来说，他或她只需要把自己的构想表述出来，剩下的都交给编译软件和计算机系统就好了。无论是语言、还是图形的形式，都可以成为"源代码"，直接被翻译成可执行的程序。

除了超级语言本身具有人性化特点，其开发环境也足够智能，可以智能地选择，甚至创造出最适合的数据结构、算法、数据库和系统架构，以保证程序的质量。除了智能化，超级语言的开发环境还相当贴心，所有的开发环境都将智能联网，为程序员筛选最合适的服务器、域名等基础设施，以保证程序能够顺利地走向网络。

看到这里，目前的程序员们会不会感到惶恐不安、饭碗不保呢？大家请放心，不会的。其实，就像现在一样，我们有了C、Python这样的高级语言，但嵌入式、汇编语言这样的低级语言仍然有它们的用武之地。程序不止一种，程序员也不止一种。

2049 年的互联网值得憧憬，就像 2049 年的你也值得憧憬。

二、人联网的普及

"叮铃铃……"，随着一阵清脆的闹铃声，程旭圆揉了揉眼睛，定睛一看，7 点 08 分 34 秒，耳边响起了舒缓的起床音乐，没错，就是他最喜欢的"雨中印记"，这首曲子是程旭圆上个月开始练琴之后，系统自动推给他的，非常符合他对轻音乐的要求。随后闹钟里传来了日常播报："您今晚睡眠时间 7 小时零 15 分钟，其中深度睡眠两个半小时，最低体温 36.9° 在凌晨 2 点 43 分，已为您自动提升室内温度 0.3℃，您在 3 点 07 分时做了一个爬楼梯的梦，影像文件已经记录在'您电脑的梦'文件夹下，可能是您昨晚健身时间超出日常时间 20 分钟所致……"

程旭圆没有听完，就已经走到了洗漱间，洗漱间里的灯光渐渐由温暖的暗黄色变为明媚的白色，这种 2 分钟内光线的缓缓变化可以促使他逐步清醒而又不会被猛烈的阳光刺痛眼睛。站在洗漱间的镜子前，他一边刷着牙，一边看着镜子右上角的推送，其中一条吸引了他的注意：某某公司最新推出智能项链可感知情绪变化。"嗯，终于找到合适的生日礼物给她了！"原来下周的国庆日也正好是程旭圆女朋友的生日，程旭圆在感叹这款好产品不仅解决了女朋友生日礼物问题，还能帮他洞悉她的情绪，终于不用再为女朋友是不是生气了而闷头反思自己错误了。右手食指轻点，一键下单。

洗漱完毕，厨房里正好飘来了早餐的香气，程旭圆揭开电饭煲看着 180 毫升的鸡蛋羹，心满意足："昨晚的健身挺给力啊，今天又多了 30 毫升的蛋白质。"原来昨晚的健身数据经过分析早已传到厨房，今天的早餐就是根据昨天的运动情况来定制的。

7 点 45 分，程旭圆准时出门，对着车库镜像系统说了声："去公司"，便看到自己的车开始由车库缓缓开出。2 分钟后，程旭圆和他的车刚好一起出现在了楼下。打开车门，程旭圆坐在了后排座椅上打开电脑，准备安排一天的工作。忽然指环上震动显示："客

户王某某请求接入。"随后，投影到胳膊上的显示器给出了王某某的详细信息："X 公司采购部负责人，3 天前曾与您商谈合同顺延，遇到的难题是预留时间已经长于公司要求的期限…"。一个 ACK（确认字符）确认，程旭圆帅气耳钉上隐藏的小小扩音器，便接通了这个电话。看来手机这个老古董早已被人们遗忘，方便的虚拟屏幕与芯片嵌入技术让每个人都已经接入互联网，而不需要随身携带笨重的电子设备了。

上班路上一路畅通，没有喧杂的汽笛声，没有烦扰的早高峰，车载调度系统早已为行程安排了一个完美路线。

7 点 55 分，将程旭圆送到公司门口后，他的车自动去公司车位泊车。程旭圆走进公司，门禁系统经人脸扫描后自动打开并播音："欢迎您，程旭圆同学！8 点 30 分您在一枝春会议室有讨论会哦。"一路电梯到 17 楼 A002 工位，一个精致的礼品盒已经摆在了桌上。"噢，是那条智能项链！"程旭圆对着手臂上的虚拟屏幕给女朋友发去了一则消息："亲爱的，下周我们一起去欢度你的 18 岁生日和祖国的 100 岁生日吧！"

三、屏幕不再是限制

2049 年，借助先进的、功能更加强大的全息投影芯片，人们已经突破了屏幕的限制。1947 年，英国匈牙利裔物理学家丹尼斯·盖伯发明了全息投影术，并借此获得了 1971 年的诺贝尔物理学奖。全息投影是利用光学中的干涉和衍射原理记录和再现三维图像的技术。目前已经实现的全息投影技术大致分为 3 种。

（1）空气投影和交互技术：该技术可以在气流形成的墙上投影出具有交互功能的图像，技术来源于海市蜃楼的原理。

（2）激光束投射实体的 3D 影像：这种技术是利用氮气和氧气在空气中散开时，混合成的气体变成灼热的浆状物质，并在空气中形成一个短暂的 3D 图像，该方法需要不断在空气中进行小型爆破来实现。

（3）360 度全息显示屏：这种技术是将图像投影在一种高速旋转的镜子上从而实现三维图像。

　　除了显示技术的进步，全息投影仪在小型化、芯片化方面也取得了不俗的进展。2014 年 8 月，美国加州一家名叫奥斯滕多的创新公司研制出一个体积只有药片大小的三维全息投影仪，分辨率高达 5000 像素密度，可以精确控制每一个光束的亮度、颜色，以及角度。该公司开发的第二款投影芯片，可以实现全息三维投影，立体影像可以飘浮在空气中。该芯片可以集成到手机、手表、电视等各种设备中。

　　到 2049 年，预计空气投影技术取得巨大进步，投影的现实效果已经能达到虚拟现实的效果。同时，在硬件工艺方面，全息投影芯片的大小已经可以满足人们的任意要求，形状也可以定制，因此可以集成到更多物品中，比如戒指、眼镜、项链等。更激进的人甚至可以将全息投影芯片集成到身体的任意部位，依靠人自身的生物电流就可以驱动其工作。

　　此时的全息投影芯片的功能已经非常强大，可以根据用户的要求投出各种大小、形状的屏幕。人们可以直接在屏幕上用手指完成点击、手写输入、放大缩小等功能。人们购物时，比如衣服，可以直接将看中的衣物投影到自己身上，直接看上身效果。出于安全和隐私考虑，人们可以开启隐私保护功能，这样其他人就无法看见你投出的影像。

此外, 全息投影芯片可以通过无线连接技术非常方便地与芯片计算机、手机、智能家居等任何可连接的实体相连, 在投影屏幕上完成各种操作。比如当前投影芯片连接了手机, 可以在用户面前投影出手机屏幕, 用户可以直接点击操作, 完成拨打电话、手机上网等各种功能。

未来, 人一出生可能就会被植入各种生物芯片, 而全息投影芯片正是其中之一。

四、人工智能管理系统

由于未来网络运营已有相当深厚的技术, 经验和数据积累。同时人工智能技术发展更加成熟。人工智能以机器学习技术为基础, 以运营商利益、网络安全、网络拥塞、网络代价、用户需求等众多因素为判断权重, 使用多种机器学习算法 (比如神经网络、聚类、支持向量机、回归模型、决策树、贝叶斯分类器、概率图模型) 进行集成学习。最终决定路由表的状态、分配等。人工智能系统运行在运营商的云服务器, 连接了运营商的所有路由器和关键转发设备。随着软件定义网络技术的成熟, 人工智能管理将成为可能。人工智能同时具备故障检测、入侵预防和感知的能力。通过监控路

由器和设备的日志数据，判断网络运行状态和安全形势，为运营商提供多种建议，为运营商排忧解难。

人工智能的发展需要高性能的硬件基础和网络带宽。随着数据中心的普遍部署，人工智能管理网络的可能性越来越大。人工智能系统是网络监控和网络运营商之间的衔接者。一方面人工智能管理系统负担了大量繁复辛苦的运营管理工作，另一方面人工智能管理系统需要作出决策选择，并联系相关管理人员进行授权。

可以看出，人工智能管理系统为网络运营商服务，并被网络运营商控制和使用。人工智能将会成为运营商的得力助手。人工智能管理系统是基于类似软件定义网络环境的产物，每个网络设备都要向中央管理系统周期性发送运行报告，同时接收人工智能管理系统的指令。最生动的场景可能是，一个路由器因为某种原因不工作了，人工智能管理系统首先会分析故障原因，对故障严重性进行评估，然后做出决策，整个网络路由拓扑会有相应变化。在实施决策前，将决策选项发送给管理人员，并报告原因。最终管理人员授权做出指定决策，人工智能管理系统负责实施。

人工智能管理系统最终会朝向更深层次更广泛的方向发展。人工智能管理运维除了管理网络运维，还会管理各种繁重的手动工作，比如各种公共事业、卫生、环境、健康、资源利用等。人工智能系统互相联系，互相发送关键数据，提高自身决策能力。所有人工智能系统的管理和互连可能采用分布式或集中式管理。

随着网络应用更加广泛，人工智能系统可能会更加细化到终端，结合物联网，实施终端数据管理和分析。这里会有隐私问题和安全问题等。人工智能管理系统的功能还涉及犯罪预警、灾害预测、寻找失踪人口等。

未来网络最终会演变为三网融合，物联网普遍存在，每个人、每个设备都会有标识，并被人工智能管理系统记录在数据库。根据每个标识的实时数据，可以判断当前人所处的情况，比如健康，犯罪等问题，通过人工智能系统监控，报告相应管理人员或警察，可以减轻很多人力负担。对于自然灾害，网络拓扑发生剧烈变动，人工智能能实时监控，发现异常报告管理人员。失踪人口则是每个人从出生就自带GPS定位，可以根据GPS监控判断人员位置等。

人工智能管理最终会扩展到更高级应用。如与交通系统结合，出现交通管制的人工智能。人工智能系统之间也可以互相合作，形成更加复杂的人工智能系统。

新一代信息技术、先进计算技术与互联网产业属于战略性新兴产业，代表着科技和产业发展的方向，具有知识密集度高、创新活跃度高、综合效益好、市场需求潜力大、带动力强、环境友好等特征。因此，立足 2049 年长远计划，制定中国新一代信息技术、先进计算技术与互联网产业中长期发展规划，是面对当前现实，认清后金融危机、调整结构、转型升级、转变经济发展方式等现实情况的有力手段；是面向未来，明确信息技术与互联网产业发展方向，加快培育发展这一战略性新兴产业，支撑和引领经济社会全面协调可持续发展的重大战略选择；也是抢占未来产业发展制高点，推动经济发展走上创新驱动、内生增长轨道的重要举措。谁抓住了计算的趋势、互联网的反向，谁就真正抓住了未来。

第二节 物联网技术

　　感知、网络与应用三个层面的技术是引领物联网发展的三驾马车,塑造物联网乃至世界的未来形态。笼统来说,"更透彻的信息感知、更广泛的互联互通、更综合的智慧服务"将成为物联网感知、网络与应用技术发展的主要趋势。下面具体介绍每个层面有哪些关键性技术,尝试预测它们在未来几十年的发展。

一、更透彻的信息感知

　　物联网对物理环境的感知多种手段并存。①从感知数据类型角度,既包括感知城市基本环境数据如温度、湿度、噪声、光强、压力、风速、水质、空气质量、土壤成分等标量传感器,又包括部署在交通、安防、环保等行业感知声音、视频等高维非结构化数据的多媒体传感器;②从传感器能量供应的角度,既包括自带电源的有源传感器,又包括依赖环境取电、仿生供电的无源传感器;③从感知模式的角度,既包括利用各种传感设备的传感器感知,又包括利用环境电磁信号的非传感器感知,它分析无线信号穿过或者被目标物体反射形成的信号参数(信号强度、反射角度等)的变化获得目标信息;④从部署方式角度,既包括主动部署的各类传感器,也包括利用人们携带的移动设备有意识或无意识地参与物理环境的群智感知。下面从这四个角度来探讨物联网感知技术的发展趋势。

　　(1)感知数据类型:从标量数据到多媒体信息。作为物联网透彻感知物理世界的关键,传感网已成为国际公认的最具影响的科技前沿之一,也是国家战略型新兴产业发展的基础。由于节点能力和资源有限,第一代传感网主要局限于标量数据的获取和处理。人们获取的信息90%以上来自视听觉,全面准确地理解物理场景必需感知多媒体信息,因此向多媒体传感网演进是第二代传感网的发展方向。多媒体传感网是由一组具有计算、存储和通信能力的多媒体传感器节点组成的分布式感知网络,它借助于节点上多媒体传感器感知所在周边环境的多种媒体信息 (音频、视频、图像、数值等), 通过多跳中继方式将数据传到信息汇聚中心, 汇聚中心对监测数据进行分析, 实现全面而有效的环境监测。与第一代传感网相比, 多媒体传感网具有网络能力强、感知媒体丰富、处理任务复杂等特点, 使其在军事、工农业控制、安全监控、环境监测、抢险救灾、城市交通、智能家居等诸多领域具有十分广阔的应用前景。

(2) 传感器能量供应: 从有源感知到无源感知。为了测量真实环境的具体物理值, 大量的各种类型的传感器节点会密集地分布于待测区域内, 人工补充节点能量的方法已经不再适用。特别是野外大规模部署的传感网或者部署在大量物品上的有源 RFID 标签等, 其电池的维护及其困难, 更换代价很大。因此, 传感器供能在未来 5~10 年需要有革命性的技术出现。一种重要思路是节点自身不配备或不是主要依赖自身的电源设备供电, 而是通过从环境中获取能量支撑其计算、感知、通信与组网, 即无源感知。无源感知方面, 最早是由 Intel 西雅图研究院研发的无线识别与感知平台 (WISP), 利用被动式射频识别标签从射频识别阅读器发出的无线信号中获取能量, 并通过反射信号进行通信。然而, 这种方式需要为阅读器发送信号提供能量。为此, 美国华盛顿大学研究团队在 2013 年和 2014 年分别提出了环境后向散射和 Wi-Fi 后向散射。与利用阅读器的信号不同, 研究人员利用环境中现有的无线信号, 如电视信号和 Wi-Fi 信号, 来获取能量进行通信。更进一步, 将传感器融入大自然的物质能量交换系统中, 通过将自然环境的能量转换成传感器节点可以利用的电能, 如太阳能、振动能量、地热、风能等, 实现传感器的自主供电, 也就是仿生物的供电机制。

(3) 感知模式: 从传感器感知到非传感器感知。利用传感器进行感知固然精确可靠, 出于成本考虑, 人们往往不会在生活中特意安装各类专用传感器, 传感器并没有真的 "飞入寻常百姓家"。如何在不增加用户负担的情况下, 提高用户的感知体验? 一种技术发展趋势是利用生活中已有的设备, 将感知融入人们的日常生活中, 实现非传感器感知。例如, 随着无线设备的不断普及和无线基础设施的广泛部署, 无线网络已经成为人们生活中不可或缺的一部分, 通过分析无线信号强度 (RSSI) 和信道状态信息 (CSI) 等, 就可以实现对目标空间的非传感器感知。目前, 国内外许多知名高校都进行了有益的探索，并开发了一系列应用：室内定位方面，美国斯坦福大学、麻省理工学院和国内的清华大学都已经可以达到分米级别的定位；活动识别方面，典型工作包括 CSI-speed 模型和 CSI-activity 模型，通过量化 CSI 变化和特定人体活动之间的关系，平均活动检测准确度超过 96%；将菲涅耳区模型引入室内环境，通过分析室内无线信号传播的菲涅耳区分布，揭示了无线感知存在的一些物理局限性，并在此基础上设计了高精度的人体呼吸监测系统和人体运动方向监测系统。非传感器感知的最新进展是 60 吉赫兹毫米波有向高精度感知。相比于传统的 2.4 吉赫兹 /5 吉赫兹无线频段，毫米波具有更多带宽和更短波长等特性，在理论上可以实现毫米分辨率的感知，典型的应用包括物理环境重构、细微动作识别、人员状态监控等。例如，谷歌公司研发的 Soli 是一项运用微型毫米波雷达监测空中手势动作的新型传感技术，可以识别亚厘米精度的交互手势，从而方便控制各种触摸屏受限的可穿戴和微型物联网设备；北京邮电大学和美国维斯康星大学合作设计了毫米波成像方法，在正常通信的同时从毫米波信号中提取物理环境信息，实现环境重构。加州大学戴维斯分校设计的毫米波信号分析技术，可实现对人体心跳、呼吸等生理指标的非接触式实时监控。随着 5G 的兴起和普及化，毫米波感知将获得更广阔的应用空间。

（4）部署方式：从主动部署传感器到群智感知。目前的物联网大多是针对特定区域部署的固定感知网络，造成组网成本高、系统维护难、服务不灵活等问题，对物联网的大范围大规模应用造成了困难。随着无线通信、传感器等技术的进步，市场上的智能手机、平板电脑、可穿戴设备、车载感知设备等移动终端越来越普及，也集成了越来越多的传感器，拥有越来越强大的计算、感知、存储和通信能力。利用这些移动终端设备组成的移动感知网络可以随时随地对人类经常活动的区域进行感知，获取人群所处物理环境、个人行为、车辆状态等信息，从而满足物联网泛在互联与透彻感知的需求。这种"以人为中心"的感知方式被称为群智感知，它克服了传统的固定部署模式所固有的组网成本高、系统维护难、服务不灵活等缺点，对有意识主动部署感知网络进行数据收集方式构成了重要的互补。群智感知网络是在物联网应用需求的推动下，结合了"移动感知"与"群智计算"的一种新型物联网感知模式，应用于目前日益重要的很多物联网应用领域，如城市管理、智能交通、环境监测、公共安全等。目前群智感知网络还处于初期发展阶段。与传统的无线传感器网络相比，群智感知网络的感知节点数量更大、类型更多、范围更广，感知数据的传输方式更多样，并且由于人的参与，引起一系列新的挑战，包括数据收集、数据质量管理、感知大数据处理、资源优化、隐私保护、系统安全、激励机制等问题。

二、更广泛的互联互通

大规模异质网元的接入和海量数据的交换是物联网广泛应用带来的新的重要特征。因此，解决大规模异质网元高效互联的挑战成为物联网网络层技术发展的内在驱动力。如何让如此多的物体接入物联网？如何扩展物联网的边界，使得从分子之间到星球之间都能实现物物互联？如何让物联网中各种千差万别的子网真正互联起来，不再联而不通？这些问题推动着物联网网络技术的发展。

（1）接入方式：全面迈向 5G 时代。在物联网的版图中，互联网以及下一代互联网是核心网络，处在边缘的各种无线网络则是提供随时随地的网络接入服务。随着物联网的普及，网络社会的发展将带来移动和无线流量的激增，并产生前所未有的多样性要求和与无线连接性相关的应用场景，可预见的无线接入需求有：互联终端设备数量将增加 10~100 倍，每平方千米的设备密度达到百万级；低功耗大型通信设备的电池使用寿命将延长 10 倍，传感器等终端设备的电池使用寿命将达到 10 年；支持超快速响应应用，如工业互联网，实现低于 1 ~ 5 毫秒端到端时延，并具有高可靠性；高效连接，安全可靠。因此，需要下一代无线技术为万物互联带来新的连接和独特的功能。4G 及以前的移动通信技术使人与人相联，而 5G 将使人机物互联，可满足入网设备多样化的无线连接要求，可以以极高速度处理各类联网信息，并实现高效、便捷和安全的信息传输与共享。根据国际电信联盟无线电通信局 (ITU–R) 确定的 5G 三大主要应用场景：增强型移动宽带 (eMBB)、大规模机器类通信 (mMTC) 和超高可靠低时延通信 (uRLLC)。可以预见，5G 与物联网的结合是未来新一代信息基础设施的重要组成部分，真正开启物联网新时代。

(2) 互联尺度：从纳米网络到天地一体网络的跨越。随着物联网的发展，物物互联将不再只是发生在人们日常所见物品、机器之间，其触角将伸入到很多更加微观或更加宏观的世界。纳米网络指的是由一系列具有简单计算、存储、感知和执行能力的纳米机器构成的网络，通过纳米机器之间的通信，能够大大扩展单个纳米机器的能力与应用范围。纳米网络技术将使得传感网与物联网能够扩展到纳米尺度上，从而在生物医疗、环境监测、工业制造和军事领域产生一系统颠覆性应用。例如，在人体生物医学领域，身体域纳米网络作为传统无线身体域网络的增强演进，通过实现治疗型纳米机器在人体内的组网通信，从而实现更复杂的纳米医学应用。未来几十年，一个全球覆盖的天地一体化综合网络将建立起来：采用通信卫星、遥感卫星和导航卫星，实施全球全时覆盖各种航天器、飞行器、用户终端和相关地面设施，通过星间链路、星地链路和地面线路组成天基信息网络，并与各种地面信息网组成的地基信息网络，通过信息或业务融合、设备综合和网络互联互通等多种方式组成一个可以连结为全球一体化的可以供全球公用的立体网络。这个天地一体立体网络将成为未来物联网网络层的核心。可以说，未来的物联网不但具有万亿级网元的互联，而且疆界也大大拓宽，实现从分子之间到天地之间的尺度跨越。

(3)互联结构：探索后IP之路。针对物联网显著的异构性、混杂性和超大规模等特点，采用什么样的互联结构，现已成为物联网体系结构研究的最核心问题。互联网设计之初主要用于解决计算机之间的互联和资源的时分复用问题。按照这样的需求设计的TCP/IP互联网采用端到端原理设计，互联网核心仅仅负责数据的传输。但是，近年来互联网的通信模式都发生了巨大的变化，而未来物联网在网元接入方式和数据交换形式上与传统互联网更是千差万别。以IP地址为核心、以传输为目的、按照端到端原理设计的TCP/IP互联结构无法适应这种变化。互联的核心在于何为"细腰"，物联网由于在上层应用和底层硬件上都具有很强的差异化，因此其"细腰"更加难找。在物联网环境下，人或物更加关注网络提供的信息是什么，而不关心信息从哪个节点来，即网络应以内容或信息为中心。因此，以信息为中心的细腰结构正成为物联网体系结构发展的一个重要方向。另一方面，鉴于物联网潜在的巨大规模和异构性，软件定义网络是使其易于管理的关键。软件定义网络主要实现把网络设备的转发平面与控制平面彻底分离，这种体系架构可以降低系统的耦合度，有利于提高网络智能性和组网的灵活性。软件定义网络简化了物联网设备的设计、部署和持续管理，能够轻松地添加和删除资源，降低了物联网的成本和风险，灵活调整组件不断适应业务需求和数据流的变化，提高性能和安全性。

三、更综合的智慧服务

物联网无缝集成信息空间、物理空间和社会空间，"人—机—物"的和谐融合，实现"环境感知—信息融合—智能决策"的服务过程。

(一) 物联网搜索服务

随着物联网技术的发展，接入的物体和终端越来越广泛，所产生的数据越来越多。相比现在的互联网数据，物联网数据具有时空性、动态性、实时性等新特征。为了使海量泛在的物联网数据得到及时有效的应用，物联网搜索是一种需要积极发展的技术。相较传统互联网搜索技术，物联网搜索在如下方面具有新的特征（表10-2-1）。①搜索对象：传统搜索引擎的搜索对象以信息空间实体（如网页、图片、视频等）为主，而物联网的搜索对象更加广泛，除了信息空间实体还包括现实世界泛在连接的物理对象，如人、各种智能物体（智能汽车、智能家电、可穿戴设备等）和所处空间场景等。②交互模式：相较于信息空间中传统的人机交互，物联网搜索需要在信息空间与物理世界中实现人—机—物交互。用户不仅要获取搜索结果信息，同样需要对搜索对象进行操作控制，从而实现搜索目标。③数据来源：除了传统信息空间，物联网更多的数据来自于物理世界。数以亿计的传感器将源源不断地产生海量数据，使得物联网搜索空间更大、差异性更强、动态性更高。④结果呈现：传统互联网搜索结果以信息排名的呈现形式，而物联网搜索的目标往往是要建立物理对象与时空环境之间的关联。例如，对人和车辆的搜索需要能够检测、定位、追踪人车等目标对象。因此，物联网搜索的结果呈现既包括物理对象的状态信息，也包括其所处的时空环境信息。⑤信息时效：尽管在信息空间中的互联网搜索也是动态的，但由于真实世界中物理对象实时变化，通过传感器获取的对象状态信息对时效性更加敏感。因此，物联网搜索必须要做到实时，从而保证信息的时效性。

表 10-2-1　物联网搜索和互联网搜索的区别

比较维度	互联网搜索	物联网搜索
搜索对象	信息实体（如网页、图片）	物理对象（人—机—物）
交互模式	人机交互	人机物交互
数据来源	信息空间	信息空间 + 物理世界
结果呈现	排名后的信息	对象状态 + 时空环境信息
信息时效	要求低	要求高

综上，物联网在搜索与传统互联网搜索有非常大的差别，这也带来了一系列新的问题和挑战。首先，需要设计新的物联网搜索架构，满足物联网环境下对数据采集、爬取、索引、搜索意图理解等提出的新需求。其次，需要构建多源异构数据统一表示模型，特别是对时空情境、行为活动、内容偏好等语义信息的关联表达。进而需要探索情境感知驱动的用户意图理解方法，通过分析和挖掘用户的时空情境和行为模式，通过渐进搜索（时空尺度压缩或语义维度缩减）等方式来提高搜索推荐的准确性和时效性。最后，要研究物联网搜索安全隐私保护技术。

（二） 基于"数字脚印"的社群智能服务

物联网终端与人类紧密关联，被称为人们的"日常生活伴侣"，为理解用户并实现"以用户为中心的服务"提供了重要基础。随着物联网设备和终端的大面积部署，人类的日常行为轨迹和物理世界的动态变化情况正以前所未有的规模、深度和广度被数字世界所捕获。人们把收集来的各种数字轨迹形象地称为"数字脚印"。通过对这些数字脚印进行分析和处理，可以挖掘和理解个人和群体活动模式和偏好，对城市状态进行感知和预测，进而为个体、组织或政府部门提供智能推荐和决策支持服务。

社群智能可以为社区用户提供智能路径推荐、社交辅助、用户画像等服务（图10-2-1）。基于物联网的社群智能服务有两个重要特征：多数据源融合与分层次智能信息提取。一方面，社群智能强调多模态、异构数据源的融合，通过综合利用多种数据源来挖掘"智能"信息。另一方面，社群智能利用数据挖掘和机器学习等技术从大规模感知数据中提取多层次的智能信息：先从个体级别识别个人情境信息，然后在群体级别提取群体活动及人际交互信息，最后在社会级别挖掘人类行为模式、社会及城市动态变化规律等信息。社群智能服务的挑战包括多模态数据管理与建模、多源异构数据融合与挖掘、大规模实时数据处理算法设计（采样优化、问题分解等）、数据语义不一致处理、人机协同服务提供等。

定位技术：GPS, 北斗

办公楼

地点语义信息推测

图书馆

见面记录 聊天记录

教师

静态感知设施：Wi-Fi、蓝牙、监控摄像头…

学生公寓

行为轨迹模式挖掘

路径推荐

互联网和Web应用：电子邮件、QQ、博客、脸书…

基于兴趣相似度的朋友推荐

体育场

移动及可穿戴感知技术 加速度传感器、摄像头…

个人行为感知

群体活动感知

图 10-2-1 社群智能在城市智慧社区的应用

（三） 基于智能无人系统的物联网服务

随着感知能力的泛在化和人工智能技术的发展，以机器人、无人车、无人机、无人航行器为代表的智能无人系统将越来越多，各个无人终端作为物联网系统的重要组成单元将为人类的工作、生活提供更多便捷服务。

在工业领域，传统人工作业方式所带来的高强度性、风险性等将随着智能无人系统的普及应用得到改善。以电力领域输变电设备巡检为例，传统人工输电巡检当中，巡检人员需要耗费大量的时间用于在野外恶劣条件下穿梭和攀爬，寻找潜在的故障缺陷点。将来可通过无人系统或智能机器人所搭载的红外传感器去发现潜在缺陷，极大降低了巡检的安全风险。通过无人机送快递或是送餐也不再是设想，谷歌公司、亚马逊、京东商城等都在进行相关尝试（图 10-2-2）。

图 10-2-2　无人机完成速递业务

　　此外，智能无人出租车也将在近期面世。在军事领域，现代武器装备正向无人化方向发展。如无人机、无人车、无人航行器、空间机械臂、作战机器人等无人技术的发展方兴未艾。物联网技术与人工智能技术的结合与发展正在催生丰富多彩的智能无人系统，提供越来越智能的服务，极大地改变人们的生活方式。

第十一章
计算机应用技术

第一节　计算机图形学与虚拟现实技术

本节从几何造型与数字几何处理、计算机动画、可视化与可视分析、虚拟现实和真实感图形学五个方面来阐述计算机图形学与虚拟现实的未来技术发展趋势。

一、几何造型与数字几何处理

三维几何模型的构建，即三维形体表达和高效数字化建模，是计算机图形学、虚拟现实与增强现实、创新设计与制造的最基础问题。然而，3D模型的内容制作仍是这些领域的瓶颈问题，要真正实现高度逼真、快速可交互、可进行大众化推广应用的3D建模系统，目前的技术仍面临许多基本的理论与技术挑战。

随着各应用领域（比如虚拟现实和增强现实、3D打印、数据可视化、数字城市、智能机器人等）的快速发展，对几何造型和数字几何处理技术都提出了更高的要求。为了满足这些要求，近年来几何造型研究表现出了一些新的特点和发展趋势。

（一） 基于图像和视频的快速造型技术

随着数码相机和手机的发展，图像和视频的获取变得十分容易，人们随时随地都能获得周围场景及物体的图像和视频信息。直接用图像或视频进行几何造型将是几何模型构建的大众化和广泛化的重要手段。

（二） 基于模型重用的几何造型技术

随着三维几何模型数量的增加，如何重用这些几何模型变得非常重要。对现有同类模型进行整体的结构和形状分析，比如对称性、重复性、部件相似性、功能性等，将有利于对该类物体的模型构建。

（三） 基于机器学习的几何造型技术

随着三维模型数量的逐步增多，三维模型将在不远的将来走向"大数据时代"。让计算机对这些模型的形状和结构进行自动学习，获取三维几何特征，对三维形状的理解、分析和建模都将是非常重要和具有应用前景的。

（四） 动态物体的几何造型技术

在虚拟现实和增强现实中，场景中常常有运动的人物和物体，因此需要对这些动态的场景进行快速的建模。虽然近年来，基于深度数据和运动捕捉有一些进展，但是仍然无法满足实际需求。动态场景的建模将是一个重要的研究方向。

（五） 面向制造的几何造型技术

随着3D打印的普及，由三维模型直接制造三维物体的门槛将逐步降低，人们

逐渐对制造三维物体有越来越多的需求。在真实制造中，除了三维模型表面的连续性和光滑性，人们更关心的是制造出来的物体具有物理和力学的功能特性。因此，如何考虑打印物体的功能性需求将带给几何造型更多的挑战和发展。近年兴起的等几何分析是个重要的研究方向。

（六）复杂拓扑结构的几何造型技术

在 3D 打印和实际制造中，人们往往将设计出一些拓扑结构非常复杂的物体，如蜂窝结构、孔洞结构、多分子结构等。传统的几何造型无法表达这些复杂的物体。如何表达和处理这些复杂的几何物体成为势在必行的研究方向。

（七）动态结构物体的几何造型技术

传统的几何造型主要研究的是静态物体。在现实世界中，有很多物体是具有组合结构和柔性连接,甚至是动态的,比如机器人、玩具等。物体的各个模块之间通过铰链、关节、进行连接和用电机驱动变形和运动。模块之间的外形和尺寸需要满足这些变形和运动的各种约束。此时,几何建模不再是一个单一几何体的建模和表达,而是需要考虑各个模块之间的相对运动来整体设计几何模型。

（八）协同合作的几何造型技术

随着云技术及虚拟现实的发展,不同设计者将在不同的地方围绕同一个场景目标进行复杂物体的几何造型,发展相应的交互技术及协同造型技术将是一个重要的趋势。

二、计算机动画

随着计算机动画技术应用发展的深化,各应用领域对计算机动画在建模、运动控制、绘制、交互等方面都提出了更高的需求。近年来,随着传感器、GPU、人工智能、云计算、移动互联网的快速发展,计算机动画呈现出了一些新的特点和发展趋势。未来计算机动画具有以下技术发展趋势。

（一）逼真人体建模和动画

人永远是计算机动画的主角。虽然迪士尼公司在 20 世纪 90 年代预言 "21 世纪的明星将是一个听话的计算机程序",在影视特效得到普遍应用的今天,要逼真模拟人体的表观和运动仍然是计算机动画的研究热点和难点。这些难点涉及头发、表情、服装、表观等。随着传感器、GPU 的发展,迪士尼公司的预言或许在 2049 年将真正成为现实,从而模拟出与真人表演无异的虚拟男女主角。

（二） 虚拟试衣和个性化服装定制

服装是生活必需品，服装生产和销售是与人们生活息息相关的产业，2016 年纺织服装行业全年产值近 10 万亿元。中国是服装大国，拥有庞大的服装消费市场，服装在互联网零售产品中占据了很大比重，接近 6 成的网上购物消费者在网上买过服装。但与标准化的图书、音像、IT 产品相比，服装需要满足不同体型消费者的穿着需求。目前，虚拟试衣方法普遍存在模拟速度慢、缺少快速的个性化虚拟化人体建模方法、用户交互不友好、用户无法参与服装设计过程等缺点，远不能满足虚拟试衣中真实沉浸感和个性化定制需求，从而限制了虚拟试衣的广泛应用。随着动画技术、传感器技术、人机交互和网络技术的突破，或许在 2049 年可以真正让用户体验到"虚拟服装"和物理"真实服装"的视觉和感觉上的一致性。

（三） 自然语言和语音驱动的计算机动画自动生成技术

动画作为一门幻想艺术，可以十分直观地表述人们的感情，并将不可能变为可能，扩展了人类的想象力与创造力。全过程计算机辅助动画自动生成是研究者的梦想，而这涉及自然语言理解、故事理解、动画设计和生成、动画知识库等难点。随着人工智能、云计算和深度学习的发展，用户或许可以通过语音告诉计算机想要设计的动画，而计算机智能地生成你想要的动画。这将使得人人创作动画成为可能。

（四） 动画流水线工具的标准化

流水线工具的标准化是一个势在必行的趋势。目前的大型动画公司、游戏公司都组织数百人来开发自己的内部协同工作软件，以便更好地联合各部门的工作，集中管理数字资源。然而这样做目前对于较小的团队并不现实。目前，Maya, Mental Ray 和 Render Man 这类软件包用来管理大型场景作业，LRIDAS 公司提供

FrameCyclerDDS 管理流程工具,这些软件支持平板、电脑等设备的数据同步,自动文件转换,编辑剪辑等。未来将有一个制定和管理审查这类软件的标准,并将出现更专业的、包容性大的应用程序,用以管理团队生产开发中的数据备份和迁移、流水工作的资源等。这类工具不仅会减少动画、游戏的开发成本,也将促进游戏和动画产业的交叉融合,并为大型软件供应商带来极好的经济前景。

(五) 电影游戏

动画制作与游戏开发间共享资产将越来越多。这种交换将以两种方式发生:随着视觉效果(VFX)技术的进步和计算能力的提高,游戏开发者将使用更多的电影风格的 VFX,从而促进与电影行业进行更多的数据交换,反之亦然。电影行业现在已有类似的例子,如《黑客帝国 3》中使用了 Havoc 游戏技术作为刚体动态解算器,用来计算特别复杂的碰撞,如爆炸中的玻璃窗和降落在建筑表面的雨滴。电影和游戏通用的开发工具将在未来变得更加普遍,从而将实现游戏和电影的真正集成并行开发。

三、可视化与可视分析

为了推动信息可视化与可视分析的进一步发展，需要继续推动现有的热点研究，并推动与之相关的研究方向的发展。可视化与可视分析具有以下技术发展趋势。

（一） 自然交互

有效的交互机制一直是信息可视化的研究重点。一方面，直观易用的交互机制可以帮助用户更好地提供他们专业知识给机器，以此帮助改进知识获取的过程。在另一方面，它也可以在交互的过程当中，更有效地传达知识给用户。因此，它可以帮助消除人与机器之间的鸿沟，从而允许用户更深入地去分析、理解以及探索数据。但是，由于数据本身的抽象复杂性、大规模以及融合等方面的问题，给直观易用的人机交互方法带来了一定的挑战。人与计算机的自然交互是新一代的人机交互方式，它主要研究人与机器的对话机制和模型。旨在提升交互机制和模型的智能化程度，把用户从繁多复杂的分析任务中解脱出来，更加便捷地获取计算机提供的各种服务。例如，人们在对话过程中，除了使用口语交互外，还会很自然地利用表情、姿态等多模态信息辅助交流。因此，需要研究如何将这些多模态交互方式有效地融合到人机对话模型中，并与可视化技术无缝衔接。通过开展跨学科领域协同创新，探索研究人机智能融合和交互的新技术和新方法，解决人与机器之间相互信任和顺畅交流等问题，便于用户理解和管理日益复杂的人工智能系统。人机自然交互的实现将为信息可视化带来革命性的变化。

（二） 海量数据的分析

在实践中，遇到的数据往往是海量的实时信息流，比如微博信息流和实时的新闻信息聚合。对这类信息进行分析跟踪，可以帮助人们及时了解舆论风向，理解信息传播规律以及发现突发性事件有非常重大的意义。目前，由于技术的限制，大多数信息可视化系统均不具备处理和分析大规模实时数据流动的能力。瓶颈存在于信息可视化的各个过程，比如缺乏高效可靠的文本数据挖掘技术、高度可扩展的可视化图像表达方法以及在大规模数据下的有效的人机交互方法等。如何适应大数据时代的海量实时数据，是文本信息数据可视化未来的一个发展趋势。

（三）基于数据融合的分析

在实际应用中，经常需要将多种数据融合在一起进行关联分析。例如，微博数据既包含了无结构的文本微博信息，又包含了用户的一般性资料比如地理信息、年龄段、性别等非文本的结构数据。文本可视化分析的一个重要的优点是它允许用户融合多种异构的数据信息，以多种不同的角度去关联、分析以及理解数据。因此，另一个可视化的发展趋势是基于多种数据融合的可视分析。在该研究中，一个研究重点是如何将数据融合技术和可视化技术科学地将结合在一起，做到优势互补，形成一个有机体，为提高政府的决策能力以及企业竞争力提供技术支撑。

（四）可解释人工智能

机器学习取得的显著成功催生了众多人工智能应用，如智能型军事系统、自主作战系统、自动控制驾驶仪、专家系统、智能故障诊断系统、基于智能体的决策系统等。在这些应用中，机器学习模型常常被当作一个黑盒子。由于不能理解这些模型的工作机理，高效模型的开发常常依赖冗长又昂贵的的反复实验过程。因此，迫切需要一个透明和可解释的系统，帮助开发人员更好地理解和分析学习模型，从而快速设计出符合需求的模型。

可解释人工智能研究旨在通过开展跨学科领域协同创新，探索研究人机智能

融合和交互的新技术和新框架，解决人与机器之间如何相互信任和顺畅交流等问题，便于用户理解和管理日益复杂的人工智能系统。一个发展趋势是针对现有模型可解释性差的问题，通过在深度学习模型中引入模型的可解释性度量，在不降低模型精度的情况下，利用脑启发机理、多模态协同和对抗样本学习等方法，研究新一代深度可解释模型。在此基础上，实现交互式机器学习模型可视分析系统，帮助用户有效理解人工智能系统中所采用的机器模型（如深度学习模型）的工作机理、快速诊断模型中出现的问题并改进模型。

（五）模型可视分析

主要研究复杂机器学习和数据挖掘模型的工作机理，从而帮助自动化领域专家改进和完善模型。具体来说，主要发展趋势包括：①模型训练过程工作机理理解及模型诊断技术研究。以深度神经网络模型和集成学习模型为例，研究基于可视分析的模型解释机制，用其解释机器学习模型的行为以及分析模型中不同模块在训练过程中所起的作用，并把这个机制融入模型设计，不断改进和完善现有模型。②混合发起的智能模型改进方法。将系统发起的模型改进和用户发起的模型改进有机融合在一起，发挥各自的优势。

四、虚拟现实

随着 VR 技术应用发展的深化，各应用领域对 VR 在建模与绘制方法、交互方式和系统构建方法等方面都提出了更高的需求。为了满足这些需求，近年来 VR 研究快速发展，出现了一些新的特点和发展趋势。

（一） 人机交互的适人化

构建适人化的和谐虚拟环境是 VR 的目标。实际上，头盔等设备虽然能够增强沉浸感，但在实际应用中效果并不好，并未达到沉浸交互的目的。采用人最为自然的视觉、听觉、触觉、自然语言等作为交互方式，会很好地提高 VR 的交互性。

（二） 计算平台的普适化

随着计算机技术的发展，计算已经无处不在，计算平台也发展为多种类型，从高端的大型机、桌面 PC，发展到各种手持式计算设备。在 VR 系统中加入这类设备并结合无线网络，能较好地满足实际使用中便携和移动的要求。

（三） 虚实场景的融合化

VR 将现实环境的要素进行抽象，通过逼真绘制方法进行表现，但毕竟无法完全还原真实世界，因此将真实世界与虚拟世界有效融合具有研究和实际意义，增强现实就是这样一种技术。AR 作为 VR 的一个重要分支，不仅继承了 VR 的特点，而且对真实场景的增强效果在某些应用领域比 VR 更具优势。

（四） 场景数据的规模化

数据的规模化是大型 VR 应用的显著特点。通常而言，VR 系统数据的规模化包括两方面的含义，一方面是分布式 VR 系统中节点和实体数量的规模化，另一方面是建模与绘制过程中场景几何数据的规模化。规模化的数据即使在高端计算平台上也是需要研究的问题，而且智能化分析与处理也日益成为关注的问题。

（五） 环境信息的综合化

传统的 VR 系统对自然环境的建模往往仅考虑地形几何数据，对大气、电磁等环境信息采用简化方式处理。为了更真实地表现环境效果，需要考虑不同类型的数据，如地理、大气、海洋、空间电磁、生化等，并用不同的表现方式进行表现。

（六） 传输协议的标准化

在构建分布式 VR 系统的过程中，网络协议是研究与应用的一项重要内容。已有的对应国际标准均是基于专用的网络环境，所制定的传输协议也都是基于专用网络环境和资源预先分配这两大前提。随着互联网 VR 应用的开展，基于公共网络的标准化工作将得到更深入的研究和普及。

（七） 领域模型的集成化

分布式 VR 系统中各节点的软件需要根据具体的应用需求来研制，软件开发与维护工作量大。随着虚拟样机、体系模拟等的发展，需要快速根据应用的变化对各个分系统进行定制。因此，需要研究 VR 系统的节点软件设计开发技术，使之能够满足快速适应应用的需要，同时减少开发与维护的工作量。

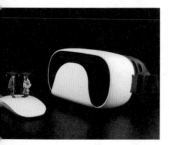

五、真实感图形学

真实感绘制领域还存在许多尚未解决的理论和实际问题，未来技术发展的可能趋势有以下几点。

（一） 数据驱动的复杂材质模型

随着真实感绘制技术的发展，人们对效果的要求越来越高，半透明材质、毛发、皮革、皮肤等复杂材质将是未来技术发展的重点之一。这一类材质难以采用经验式、公式化的方法准确建模，而较易采用数据驱动的方式建模。随着数据获取设备如激光扫描仪、体感器、光场相机的普及化，数据采集也更为便利。压缩感知、神经网络等数据分析手段也得到极大发展，因此，数据驱动的反射模型、散射模型和高维纹理函数等复杂材质的数据驱动模型，是未来的发展趋势。

（二） 城市规模的大场景绘制

随着在线地图、在线街景平台、增强现实和辅助驾驶等应用技术的普及，将来人们会越来越关注城市规模级别的真实场景绘制，如何结合实拍的高精度照片提高场景逼真度也是其中的一个重要问题。

（三） 支持混合介质、复杂光路的离线绘制

现有离线绘制算法对介质种类、光路复杂性的支持有限，难以处理同时含有多种不同反射属性物体的场景。例如，固体液体混合场景、医学上手术模拟场景等，而这类场景在现实世界中广泛存在。

（四） 全局光照的实时绘制

近年实时全局光照的研究刚刚起步，而游戏产业等业界对这一方向研究的需求巨大。如何进一步提高绘制的速度，和支持更广频率范围的间接光照效果，将是研究的重点。

（五） 面向数据标注的场景绘制

近年来，深度神经网络等人工智能、机器学习方法发展迅速，例如自然场景的图像识别、物体识别、文字识别等，这类方法需要大量的数据标注工作。一个可能的思路是直接利用真实感绘制技术生成这类场景，并自动给出数据标注，作为机器学习方法的训练数据。

（六） 云端的真实感场景绘制

离线绘制的计算复杂度较高，针对多人参与的大型虚拟环境，如在线网游等，今后的发展方向是云端进行统一的高真实感绘制，并将绘制结果传输到客户端，从而避免了客户端的重复绘制计算。云端绘制也可用于城市虚拟场景漫游，辅助驾驶等应用中。这一技术目前还受限于网络带宽水平。

第二节 人工智能技术

2016 年，人工智能诞生 60 周年。人工智能的突破性进展正式宣告信息社会实现由"互联网 +"向"人工智能 +"的飞跃，也昭示着以信息技术为代表的"旧 IT"已被以人工智能技术领军的"新 IT"取代。人工智能正在中国掀起新一轮技术创新的浪潮。一切都预示着：人工智能正在成为产业革命的新风口，人类历史上最好的"人工智能+"时代已经到来。

人工智能技术正与越来越多的领域深度结合。一方面，人工智能促进传统行业的快速升级。另一方面，实际应用的拓展也在激发人工智能技术的不断创新。近期，人工智能技术的发展有如下几个趋势。

一、大数据机器学习

机器学习是从数据中挖掘有价值信息的关键技术，已成为很多应用领域（如计算机视觉、自然语言处理、决策等）解决复杂问题的首选方案，尤其是在 21 世纪 10 年代深度学习取得了突破性进展。在大数据环境下，机器学习仍面临着许多挑战。传统的科学研究基本是遵循"观察—假设—检验"的模式，在这种模式中，人的经验和专业训练起非常关键的作用。在大数据环境下，这种研究模式遇到极大的挑战。这是因为大数据的高度复杂性已经增加到靠人工难以进行观察、提出假设并进行检验，几乎在每一个步骤都需有更加有效的计算和数据统计方法。这些复杂

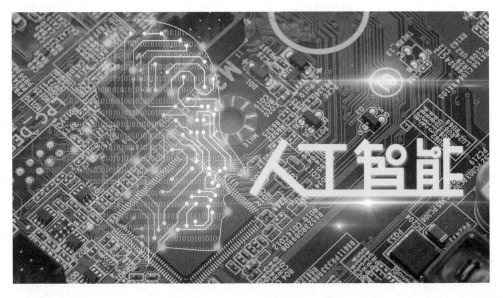

性体现在大数据广为人知的 3V 特性，即巨量、多样和实时。

为了有效处理这些挑战，大数据机器学习的发展趋势包括：①多粒度表示学习：计算机作为处理海量非结构化数据的主要工具，其基本的数据表示方式只能"机械"地记录输入的数值数据，对于复杂数据所包含的重要结构信息通常不能有效地表达。然而，神经与认知科学研究已经表明，人类在处理视听觉等复杂数据时所采用的多个语义层次的表示对于人类的强学习能力和泛化能力具有重要意义。如何借鉴神经与认知科学的发现学习复杂数据背后隐含的本质规律和多粒度的特征表示是大数据机器学习的一个核心问题，推动了诸如深度学习等方法的快速发展。②知识的有效利用：纯数据驱动的计算方法所得到的统计关系并不等同于真实世界的语义关系或因果关系，普遍存在可解释性差的问题，特别是在噪声大的数据中，还可能得到大量错误的统计关系，这源于计算模型缺乏对先验知识、背景知识或从数据中挖掘出的可靠内容等"抽象知识"的有效利用。将一般意义上的抽象知识（包括数据或模型的结构、先验分布、约束，以及可形式化的知识如描述性模式、逻辑关系和因果关系等）有效融合到机器学习模型中是当前的一大趋势。③更加高效的算法和计算平台：大数据环境下，数据变化快和增速快的特性，使传统依赖静态数据或数据快照的计算模型和批式处理的计算模式存在极大的局限，这要求计算模型必须是可伸缩的、高效的、近实时的，在线或并行算法变得非常必要，它能适应巨量数据的快速处理要求。

二、深度学习

虽然近年来深度学习在理论和应用上都取得了很大的进展，在语音、图像等领域的一些任务中甚至超过了人类水平，但是仍有一些问题亟待解决。比如：①目前的深度学习方法不够鲁棒，往往一个微小的扰动就会产生错误的结果；②目前的深度学习方法得到的预测模型是一个黑盒，缺乏解释性和交互性，不适合很多重要的应用场景；③目前的深度学习已经提出了很多卓有成效的模型结构，但是对于具体问题还需要研究人员进行大量的尝试，实际上是把原有的特征工程变成了结构工程；④目前的深度学习算法重度依赖大量的有标注的训练样本，而人工标注样本所需要的时间和资金非常高；⑤目前的深度学习模型的训练过程非常耗时，而且训练好的模型进行推理也需要大量的计算资源，限制了深度学习算法更广泛地应用。如何克服深度学习方法的局限性，从而全面提高模型的性能是未来的重要趋势。

深度学习的动机源于脑科学。随着认知神经学的发展，科学家发现了许多与人脑动态学习相关的特性，如：神经元自组织特性、神经元之间的信息交互特性、人类认知的进化特性等，而这些特性将为深度学习模型的构建提供更多的启示。利用人脑的认知机理（如记忆、注意力等）、人脑的功能和结构（如反馈连接等）将大大促进深度学习的进一步发展。而将数据驱动与知识驱动相结合，将专家的知识和经验形式化引入深度学习系统，将非常有利于发展具有鲁棒性和可解释性的深度学习新框架。同时发展适合深度学习模型的新型器件或者基于现有器件的专用硬件加速器以及与之相适应的训练和推理的加速算法，也是未来深度学习的重要方向。下一代深度学习方法将充分吸取神经科学等其他领域的进展，与贝叶斯等其他方法相结合，从而提高深度学习方法的鲁棒性和解释性，降低训练的难度以及对样本和计算资源的依赖，从而获得更加广泛的实际应用，为其他领域起到强大的支撑作用，最终服务于人类。

三、强化学习

强化学习在经典的控制、规划问题中应用十分广泛。近年来随着深度学习的兴起，特别是阿尔法围棋的成功，深度强化学习得到了广泛的关注，在游戏控制、棋牌类对弈、运动控制、自然语言处理等多方面都得到了应用。深度强化学习的发展趋势如下：①采用深度神经网络能对状态和策略函数进行参数化表示和函数近似，使得强化学习能解决的问题大大扩展，因而可以广泛运用到游戏控制、棋牌对弈、人机对话等，从而突破了传统强化学习只能处理较小规模问题的局限。②传统的强化学习只能处理有限状态空间和离散动作空间问题。随着深度神经网络的应用，深度强化学习可以处理大规模、连续动作空间的决策学习问题，因而能够处理类似语言生成这种近似无限的空间解码问题。对于连续值的动作决策问题，神经网络模型可以进行很好地学习和近似，因而可以解决类似运动控制和估计的问题。③基于对抗式的学习策略获得极大关注。例如，基于博弈均衡的强化学习策略，采用自我学习的策略进行探索和扩张。混合学习策略，即先采用监督学习机制学习一个基本模型或策略，然后用强化学习去优化或局部改进这个基本模型和策略，使这种方法成为一种新的学习范式。④由于强化学习面临的一个很大问题就是学习过程不容易收敛，以及学习过程中方差较大，面临学习效率过低的难题。虽然已有工作试图解决这些问题，如采用经验缓冲采样、双 Q 网络、双网络参数延迟更新等技巧，但这些问题仍然广泛存在于实际任务中，非常值得从理论上、算法优化上进行探索和突破。

四、智能机器人

一方面，机器人融合了机械制造、自动控制、人工智能、传感器、计算机等多个学科领域的高新技术发展成果，因此它的发展与众多学科发展密切相关。目前，在工业机器人方面，其机械结构更加趋于标准化、模块化，功能越来越强大，已经在工业制造领域得到了越来越普遍的应用。另一方面，机器人正在从传统的工业领域，逐渐走向更为广泛的应用场景，例如家庭服务、公共医疗、仓储物流等。面向非结构化环境的服务机器人正呈现出欣欣向荣的发展态势。总体来说，机器人系统正向智能化系统的方向不断发展。

让机器人成为人类的助手和伙伴，与人类协作完成任务，是新型智能化机器人的重要发展方向。当机器人与人进行交互时，安全是首要因素，因此需要机器人有柔软的触感，这推动了软体机器人的发展。此外，为了使机器人更加全面精准地理解环境，还需要机器人采用视觉、声觉、力觉、触觉等多传感器的融合技术与所处环境进行交互。将人类与机器人相结合的仿生学也引起了人们的浓厚兴趣，借助脑科学和类人认知计算方法，通过云计算、大数据处理技术，增强机器人感知、环境理解

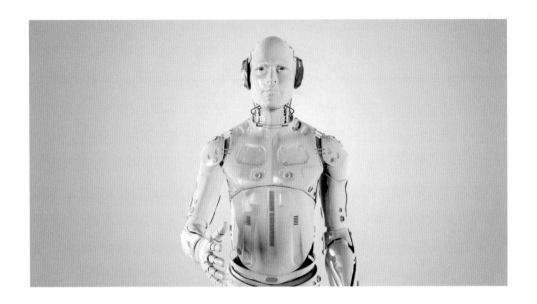

和认知决策能力；通过对人和机器人认知和物理能力、需求的深入分析和理解，构造人和机器人的共生物理空间。此外，当今兴起的虚拟现实技术、增强现实技术也已经投入了机器人的应用，与各种穿戴式传感技术结合起来，采集大量数据，采用人工智能方法来处理这些数据，可以做出例如诊断系统等非常多的智能系统。汽车智能化是汽车发展的必然方向，无人车技术使汽车不断机器人化。科幻世界正在一步步变为现实。

五、计算机视觉

人类 80% 以上的信息都来源于视觉，而机器对视觉的依赖更大，达到了 90% 以上，因此计算机视觉技术对于机器（人）尤为重要。近年来由于深度学习方法的兴起，计算机视觉领域的很多任务借助于卷积神经网络等模型取得了重要的突破，在一些特定场景的任务中甚至超过了一般人类的水平，比如特定测试集上的人脸识别、图像识别。计算机视觉技术已经开始在一定的场合走向实用，逐渐开始渗透到广告、金融、教育、交通、安防、政务等应用领域。

但是，目前的计算机视觉技术在更加开放的环境下和更加一般的任务上还远远不及人类。这主要表现在目前的计算机视觉技术的鲁棒性不高，深受视角变化、光照变化等很多因素的影响，往往一些不大的扰动就会产生错误的结果。同时效果较好的方法往往计算复杂度较高，限制了其目前在低功耗移动终端上的普遍使用。

一方面，未来计算机视觉技术的发展将高度依赖于包括深度学习在内的机器学习方法，同时也会推动深度学习等机器学习技术的进步。另一方面，对于人类视觉认知机理的深入了解也会对未来的计算机视觉技术的发展起到极大的推动作用。伴随着未来大规模数据资源和大规模计算资源的建立，更加鲁棒、可解释的机器学习方法以及更加符合视觉机理的计算模型得以发展，在更加开放的环境下，计算机视觉技术将在更多、更加精细的视觉任务中超越人类。同时得益于硬件的发展，越来越多的复杂的计算机视觉技术将可以运用于低成本的移动终端，从而大大增加机器的环境感知能力。未来的计算机视觉技术将得到更加广泛的应用，帮助机器（人）更好地理解世界，帮助人与人、人与机器更好地交互，从而改变人类生活方式，提升人类生活的智能化程度。

六、自然语言处理

自然语言处理是人工智能的一个重要分支，许多自然语言处理任务也是人工智能中最具挑战性的任务之一，例如人机对话。自然语言处理经过几十年的发展，已经逐步从浅层的自然语言处理任务深入到深层的自然语言理解。一些浅层的自然语言处理任务，如语音识别、文本分类、词性标注、句法分析、机器翻译等，目前已经可以实现较大规模的实际应用。以机器翻译为例，在新闻类的多语言翻译，目前业界的水平基本可以达到完全实用的水准。而实时语音识别也基本上可以达到完全实用的水平。近年来，自然语言处理的研究和应用新趋势主要包括以下几点。

（1）基于深度学习的模型和算法大幅提升了几乎所有自然语言处理任务的性能。这些模型和算法从词、短语、句子、文档、结构化知识的嵌入表示开始，大幅提高了如文本分类、句法分析、机器翻译、语音识别、人机对话等任务的性能。但不同于图像视频，语言是经过高度抽象和概括的，深度学习对于自然语言处理任务的改进力度远不如其在图像视频中任务中的改进力度。

（2）从浅层的自然语言处理任务到深层自然语言理解任务的深入。近2年来学术界的研究重心开始逐步向类似文本推理、常识推理、机器阅读理解、机器写作、开放域人机对话等需要知识、复杂推理甚至常识的偏理解类任务倾斜。相比传统任务，这类任务往往需要更多的知识（如背景知识或常识）和复杂推理才能完成。

（3）如何将语义理解中的符号推理和深度学习中的数值计算深度结合在一起还是待解的难题。符号和推理通常是语言中常见的特点，如何与数值化的计算相结合，可能成为新一代自然语言理解的方法。

七、协同系统

随着智能机器人技术的发展，在不久的将来，机器人将作为人类的同事和合作者出现在工厂的车间，共同合作完成特定任务。瑞典皇家理工学院领导的一个为期5年的欧盟地平线2020计划倡导人机协同装配，旨在提供一种人机协同的解决方

案。在这个方案中，机器人能够迅速调整自己工作计划以适应不断变化的生产情况，甚至响应生产工人通过触摸、声音或手势下达的命令。

协同系统进行的是对模型和算法的研究，用以帮助开发能够与其他系统和人类协同工作的自主系统。该研究依赖于正式的协作模型，并提高让系统成为有效合作伙伴所需的能力。能够利用人类和机器的互补优势的应用正吸引到越来越多的注意，对人类来说可以帮助人工智能系统克服其局限性，对智能体来说可以扩大人类的能力和活动。由于机器学习、大数据分析等技术在本质上还存在鲁棒性、可解释性不足等困难，人机协同系统是保持"人在环路"、提高智能系统安全性和可靠性的关键，尤其是在智能制造、经济、军事、安全等关键领域，机器学习将受到重视。

随着人工智能技术的迅速发展，智能系统会越来越多，智能水平也会不断提高。智能系统在特定领域和特定任务上进行自主操作，替代越来越多的原来需要人类才能完成的工作，实现高效的人—机协同。同时，擅长不同任务的系统在一起实现高效的机—机协同。随着机器智能水平的提高和协同算法的发展，未来将出现越来越多各式各样的人—机协同系统和机—机协同系统，克服人类自身的生理局限，极大的增强人类的能力，提高整个社会的生产效率。

八、脑机接口与融合

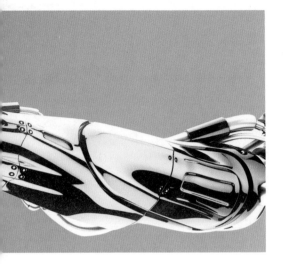

脑机接口通过读取脑神经活动，构建认知模型获取用户逻辑意图与精神状态，从而建立脑与外部设备间的直接连接通路，搭建闭环神经反馈系统。脑机接口技术根据脑神经活动检测方式分为侵入式脑机接口和非侵入式脑机接口。

侵入式脑机接口是将电极或者传感器通过神经外科手术植入到颅内，进而采集信号、分析信号，达到和外部机器交互的目的。这种方式采集的信号质量好，时间和空间的分辨率高，记录的信息量也更加丰富，从而可以实现更加精细的交互模式。侵入式脑机接口技术的应用主要集中在动物、机器人以及残障人士。例如，伊莱塞夫等人在自由行动的大鼠身上，通过皮层脑电信号分析，实现了对大鼠运动意向的精确预测，基于此可进一步构建基于大鼠皮层脑电的脑机接口系统；罗斯等人在非人灵长类动物体上构建了基于硬膜上皮层脑电信号的脑机接口系统，经过训练，被试动物能够精确地控制二维光标；浙江大学利用提取的猴脑电信号控制机器手臂实现精密动作。侵入式脑机接口未来将有广阔的应用前景。在医疗领域，侵入式脑机交互技术将使患有运动障碍的人可以重新控制外部环境、让盲人看见世界、让耳聋患者听到声音。另外，利用脑机交互技术，人们可以实现脑控动物，例如，人们可以用人的脑电信号控制蟑螂的运动。利用脑控动物，抢险救灾时可以进入人类难以进入的区域，军事行动将会更加隐蔽、更加智能。

非侵入式脑机接口主要是无创地从头皮表面记录神经活动信号。功能性核磁共振是一种非侵入式脑机接口，它通过测量血氧水平间接反映神经元活动（神经元放电必然消耗能量）。脑磁图是一种高空间分辨率的脑机接口设备。根据麦克斯韦方程，任何电流都会产生一个正交磁场。脑磁图通过测绘脑内神经细胞脉冲电流产生的生物磁场间接推算大脑内部的神经电活动。相比之下脑电图的测量技术更成熟，仪器便携，操作简单，检测成本低，对人体无创，而且对脑电信号处理相对简单，可以做到快速特征提取和分类，因此，基于脑电的脑机接口是目前普遍采用的技术手段。

随着神经科学和脑科学相关领域对脑机接口的研究不断取得进展，基于脑机接口的脑控机器人成为智能机器人技术、神经生理学、医学、控制等学科交叉融合的新兴研究热点，该研究极富挑战性并具有广阔的应用前景。瑞士洛桑理工大学设计的脑控轮椅系统具有一定智能协作特征的运动导航、蔽障等功能。美国华盛顿大学研究人员直接用脑电信号控制远端遥控操作机器人半自主完成抓取动作。在中国，清华大学研究人员成功研制了一种非侵入性的脑机接口，在以往公布的研究成果中，各种范式（包括采用植入电极的有创方法和采用头皮电极的无创方法）所能达到的最高通信速率都不超过2.5比特每秒钟。该研究团队将脑机接口通信速率提高到

平均4.5比特每秒钟。

传统的脑机接口研究主要着重于通过运动想象或者事件诱发电位等方法实现对大脑活动信号解码，再将解码信号转化成相应指令来控制计算机系统。然而这类方法缺乏对用户实时认知状态监测，主要关注脑机逻辑接口，而缺乏脑机情感接口，机器不了解用户的喜怒哀乐，无法更贴心、更全面地服务用户。上海交通大学研究团队扩展了脑机接口概念，引入用户情绪识别与警觉度监测，为脑机接口提供用户意图识别、情境解释以及情绪检测的有效信息，从而实现更自然更和谐的脑机交互系统。在脑机接口中如何检测用户精神状态变化，解码用户意图仍然是当前脑机接口的研究热点问题。

九、群智计算

无论在自然界还是人类社会，我们都可观察到这样的现象，即群体成员间通过协作、竞争和激励等机制产生复杂的行为模式，该模式具有"整体大于部分总和"的去中心化和涌现性特点。现有研究表明：群体所体现的智能与群

体成员之间所存在的刻画协作、竞争和激励等机理的社会敏感度这一要素密切相关，而与成员平均或最高智能无关；群体认知受个体先验知识、个体行为以及个体之间交往模型（如孤立、社会认同等）等影响。互联网的信息物理世界深刻地改变了人工智能发展的信息环境，提供了一种通过聚集群体的智慧解决问题的新模式，引起了产业界和学术界的广泛关注。从不同平台涌现的数据通过互联网与个体/群体相连，以显性或隐性方式反映了个体/群体的意图和行为，成为以计算手段来感知客观世界的重要途径。特别是由于共享经济的快速发展，群体智能不仅成为了解决科学难题的新途径，而且也已融入日常生活的各个方面，例如线上到线下应用、实时交通监控、物流管理等。

为了深度感知客观世界中概念、行为和模式及其演化，不仅需研究面向海量数据高效处理的理论和方法，而且需在这一理论和方法中综合考虑产生海量数据的群智涌现模式及其交互机制（如群体协作、激励和竞争等机制），研究"数据驱动和知识指导"相结合理论、模型和算法，建立"人在回路"模式的人工智能新方法。《科学》杂志 2016 年 1 月发表了《群智之力量》论文，认为需要结

合群体智慧与机器性能来解决快速增长的人类难题,它将群智计算按难易程度分为三种类型:实现简单任务分配的众包模式、支持较复杂工作流模式的群智协作,以及最复杂的协同求解问题的生态系统类群智计算模式。

可计算的群智交互建模方法刻画个体 / 群体通过内隐知识(如竞争、激励和协作等)和显性知识(如概念本体和标注等)进行的深层次交互,目前仍然缺乏这种交互。这种深层次交互可提高对数据演化、趋势和脉络等语义的理解能力。研究综合利用海量涌现跨媒体数据所蕴含的个体 / 群体显性交互知识或隐性交互知识的有效途径,形成数据驱动和知识指导相结合的计算方法,突破在线群智强化学习和知识推理等难点问题,构建更为完善的知识图谱,实现海量信息深度搜索。

十、神经形态计算

人工神经网络是受生物神经网络的启发而发展出来的一种计算模型,近年来以它为代表的深度学习取得了巨大成功。而生物神经网络的一些重要特点并没有集成到现有的人工神经网络中去,包括:神经元的脉冲发放方式;神经突触的依赖发

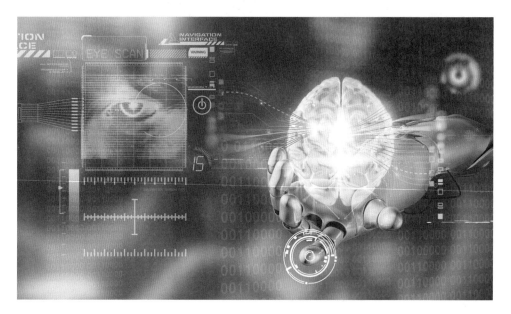

放时间的学习规则；神经网络的分布式学习和存储等。把研究生物系统的结构和运行方式的科学计算称为神经形态计算。鉴于现有人工神经网络的成功，有理由相信神经形态计算会赋予人工智能系统更强的智力，使它在一些人类擅长的事务上逐渐取代人类，从而实现深度解放人类大脑、促进社会变革。

神经形态计算涉及两个方面：算法模型和硬件系统。前者解决计算的理论问题，后者解决运行的效率和功耗问题。目前在算法模型方面，还缺少脉冲神经网络的理论，包括算法学、复杂性理论等，也缺少高效、鲁棒的计算模型。在硬件系统方面，还缺少完全模拟人脑真实神经元和神经网络的硬件材料和系统。但是，目前学术界和工业界在这两个方面已经取得了许多的进展，比如2014年IBM报告了他们的神经形态芯片TrueNorth，包含100万个脉冲神经元和2.56亿个模拟突触。预计2049年之前，这两个方面会陆续取得一些重大突破，大量的神经形态计算模型（如深度脉冲神经网络）将运行在非冯·诺伊曼架构的系统上，既有云端系统，也有终端系统，实现高性能和低功耗的智能计算，成为基于发放率的、运行于冯·诺伊曼架构上的人工神经网络系统的一个有效补充，甚至替代冯·诺伊曼架构的计算机。

十一、数据安全与隐私保护

大数据是开发智能系统的重要元素，只有获得社会的信任，数据才能够造福社会。在利用人工智能技术带来的便利的同时，个人的隐私数据也面临着被泄露的风险。在我们使用网页浏览器、手机、滴滴打车等软件时，以及到医院就诊时，我们的个人数据正在不经意间被动地被企业、个人搜集并使用。个人数据已经越来越多地被网络化和透明化。过去，能够大量掌控个人数据的机构只能是持有公权力的政府机构，但现在许多企业和某些个人也拥有海量数据，甚至在某些方面超过了政府机构。企业利用人工智能技术对这些宝贵的数据资源进行分析，从中获得大量有价值的信息，开发的智能系统可以为人们生活带来便利，比如：精准医疗、精准商品推荐等，但与此同时，用户数据亦是危险的"潘多拉之盒"，一旦泄露，用户的隐私将被侵犯。因此，如何有效地保护隐私是人工智能技术在普及过程中需要重点解决的问题，已经引起学术界、工业界和政府部门的广泛关注。可持续发展的人工智能需要获得社会的信任和信心，并且在数据安全、透明度的控制上做得更好。近期，谷歌公司旗下深度思考公司从区块链的机制获得启发，提出了"可验证的数据审计"项目，将在医疗健康领域建立可验证数据审计工具。预期在不久的将来，具有隐私保护和数据安全的人工智能技术将越来越多。

十二、量子人工智能

2013 年 5 月 16 日，谷歌公司宣布将与美国航天局联手购入一台 D-Wave Two 量子计算机，并建立量子人工智能实验室，该实验室致力于借助量子计算研究人工智能领域的诸多课题。传统计算机只能使用"开"和"关"两种状态来控制电流，而量子计算机具有"开"和"关"同时存在的第三状态，这是量子不同于粒子世界的特性。使用量子计算，计算机能并行处理更多信息，计算速度将远超当今的计算机。2011

年，加拿大 D-波系统公司发布了全球第一款商用型量子计算机——D-Wave One，它采用了 128 量子位的处理器，运算速度是前代的 4 倍，理论运算速度已经远超当时的所有超级计算机。不过 D-Wave One 只能处理特定的经过优化的任务，在编程方面也不太适用，甚至在运行过程中必须由液氦全程保护。2013 年初，D-Wave Two 量子计算机面世，其处理器达到了 512 量子位，它在某些领域的运算能力可以在很长一段时间内保持领先。谷歌公司称，量子计算机的强大运算能力可帮助解决机器学习领域的许多难题。而对于美国航天局而言，量子计算可应用于机器人技术、空间探索、空中交通管控等众多领域。目前，已经有部分经典的机器学习算法被"量子化"，并从理论上证明其优点。近期，中国在量子计算机领域也取得多项重要进展，包括国科技大学量子实验室成功研发了半导体量子芯片等。

长期的发展趋势是"面向开放环境的鲁棒可解释人工智能"。随着应用范围的扩大，人工智能系统面临的环境将越来越复杂，例如自动驾驶汽车面临的开放、不确定性、不完全信息的道路状况。在开放环境下，如何保障人工智能系统的鲁棒性、可解释性等成为未来技术发展的关键。

十三、鲁棒人工智能

由于应用环境的复杂程度高、不确定性强、信息不完全、开放，而且存在对抗和敌对干扰等，为了避免出现重大失误，需要发展有效的方法保证人工智能系统在复杂环境下的安全和稳定。因此，如何提升算法自身的鲁棒性与可靠性是未来人工智能发展的关键。

首先，以深度学习为代表的人工智能技术往往依赖大量的高质量训练数据和计算资源来充分学习模型的参数，比如阿尔法围棋系统需要从16万盘人类九段棋手的棋局中学习，并且使用了1202个CPU以及176个GPU进行分布式计算。但是，在训练数据量有限的情况下，深度神经网络的性能往往受到很大局限，一些规模巨大的深度神经网络也容易出现过拟合，使测试性能远低于训练性能。相对应的，《科学》上的最新研究成果显示贝叶斯方法在小样本学习下具有更强的鲁棒性和可靠性，同时，贝叶斯方法可以有效地避免过拟合。如何将深度学习与贝叶斯理论有机融合是一个值得深入研究的方向，可望提升深度学习的鲁棒性以及在复杂场景下的应用。

其次，研究者发现在特定图像数据集上测试性能良好的深度神经网络（如卷积网络）也会被一些人眼不容易识别的"对抗"样本欺骗，导致出现高可信度的错误判断。更有甚者，深度神经网络可以被误导从而按照敌对方设想的方式进行分类识别，而且在不知道模型信息的情况下，也可能被误导。虽然有一些初步的研究探索如何保护模型避免被欺骗，比如将对抗样本添加到训练集中进行重新训练或者通过训练一个学生网络等，但是，这方面还有很多的问题没有解决，需要从基本理论、模型结构和学习算法方面进行深入研究。

最后，以卷积网络为代表的深度模型通常学习的是一个从输入到输入的映射函数，缺乏对数据建模的能力，当数据中存在噪声或者属性缺失时，这些深度学习模型的识别精度通常会受到很大的影响。相对应的，基于统计和贝叶斯理论的深度产生式模型通过对数据进行概率建模，可以通过后验推理，恢复数据缺失的部分以及去除噪声等。同时，深度产生式模型可以充分利用无标注数据，在标注样本少的情况下进行有效学习。项目组初步结果已经验证该方法的可行性。但是，如何进一步提升贝叶斯深度学习的学习效率和识别精度是要解决的重点问题。

十四、可解释人工智能

在开放的复杂环境下，人工智能方法的可解释性至关重要，在某种程度上甚至直接决定是否可以用于关键领域（如军事、经济）。一方面，具有较强可解释性的模型可以让使用者能够更好地对机器决策的过程进行理解，以决定相应

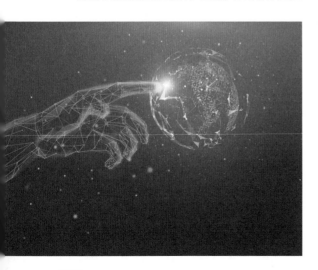

结果的置信度，解决人机之间平等互信的问题；另一方面，具有可解释性的模型能够为用户提供一个更加友好的人机交互方式，使人的经验介入到数据驱动的机器学习建模中，从而能够做到决策的追溯，当机器出现错误时，操作员可以通过交互引导机器做出正确的决策，并且提升其性能。

2016 年 8 月，美国国防高级研究计划局宣布启动"可解释人工智能"项目，旨在通过开展跨学科领域协同创新，探索新一代人机双向沟通的新工具、新模式和新路径，解决人机用户之间平等交流和相互信任等问题。

目前，以深度学习为代表的人工智能算法在很多感知和棋类游戏等任务上的性能都获得了突破，其主要原因是这些模型充分利用大数据和大量的计算资源来训练复杂的模型结构。但由于复杂的非线性变换和神经元连接关系，这些模型通常因为很难被理解而被当作"黑盒"使用。为了得到一个性能较好的深度学习模型，通常需要反复的试错，这给模型构建、训练和测试都带来了很多困难；同时，这些模型往往具有一些脆弱性，用户很难介入到模型决策过程中，

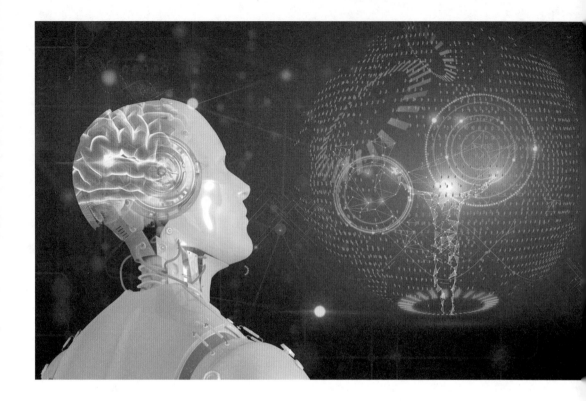

一旦出现错误也很难进行修正。

总体来说，由于以深度神经网络为代表的当前机器学习算法的复杂性，在算法的性能和可解释性中间存在着某种天然的矛盾，如何进一步理解模型工作的机理，在不降低算法性能的前提下，改进模型的可解释性，仍然存在很大的空间。除此之外，需要指出的是，模型的可解释性并不是最终的目标，其最终目标是通过向用户提供模型的工作机理，从而使用户更好地对机器学习模型决策的置信度进行评估，通过交互性学习的手段，通过加入人工知识，实现系统性能的改进。但是，目前人工智能算法距离可解释性仍然具有很大的距离，现有的很多方法多是集中于对于学习到的模型或者特征的事后解释，而缺乏能够引导模型具有可解释性的方法。因此，发展新一代的可解释性人工智能理论和算法仍然面临诸多挑战，亟须开发新的模型解释与交互工具实现对复杂模型的理解，发展新一代自身具有良好可解释性的人工智能模型，以满足未来复杂环境的应用需求。

第三节 自然语言处理技术

自20世纪40年代计算机发明以来，人们就开始了对自然语言处理技术的探索，并取得一系列的进展。近20年来，互联网产业的发展引发了对这一技术的强劲需求，这一技术在取得长足发展的同时，也有力地促进了信息技术核心能力的增强；未来10到20年，这种需求会进一步增长，而自然语言处理技术将在这种需求牵引下发生跃变，对未来经济社会发展产生更加深远的影响。国家对信息技术、对自然语言处理特别是中文信息处理很重视。中共十七大、十八大以及国家中长期科学和技术发展纲要、新一代人工智能发展规划等，都对自然语言处理相关研究的进一步发展提出了明确要求。此外，自然语言处理作为信息技术的前沿方向，蕴含着巨大的战略增长潜能和内生动力，能够有效带动传统产业转型升级和新兴产业发展，是未来经济社会发展的重要引擎。为此，我们梳理和筛选出自然语言处理领域未来九大发展趋势，供广大科学爱好者、计算机工作者、未来学家等一起讨论和畅想。

> **趋势一** 随着互联网知识资源的丰富，网络空间大规模语义计算成为自然语言处理领域的核心使能技术。

语义理解一直是语言处理研究的核心问题和难点，其研究水平直接决定着自然语言处理研究的水平及其发展方向。随着语义理解技术的成熟，自然语言技术的发展会使人们社会经济生活由"信息主导"向"知识主导"转变：自然语言新产品所处理的元素由"信息"转变为抽象程度更高、内涵更深远的"知

识"；所提供的服务由"面向信息的服务"转变为"面向知识的服务"。未来语义计算涉及大规模语言知识资源的表示与构建和语义分析理解推理两个方面，而后者需要前者作为基础支撑。

趋势二 大规模语言知识资源构建工作日益得到广泛关注，知识图谱成为各大互联网公司竞争的热点方向。

知识图谱是显示知识发展进程与结构关系，可视化描述知识资源及其载体，挖掘、分析、构建、绘制和显示知识及其相互联系关系的系统。为了让用户能够更快更简单地获取新的信息和知识，各大网络公司纷纷推出了自己的知识图谱发展计划，谷歌公司已于2012年5月发布了"知识图谱"计划，通过将搜索结果体系化，使任何搜索关键词都能获得完整的知识体系；微软公司也在开展大规模知识图谱的构建工作；国内百度、搜狗都在积极布局知识图谱研究与应用。面向大规模多源异构知识库的知识理解与推理技术对于提升信息化技术的"质量"具有至关重要的作用，必将逐步改变人们生活形态，对人类生活的各行各业、方方面面均发生改变。

> **趋势三** 深度神经网络模型为语言理解提供了新的思路，类脑语言计算模型成为新的研究热点。

近年来，以深度神经网络为标志的深度学习为建立统一的深层语义分析模型提供了新思路。概念、判断和推理是人脑思维的三种形式，具有递进性，都需要丰富的背景知识，推理是思维的高级阶段，是实现深层理解的必经之路。由于自然语言处理的复杂多变性，现有的理论模型和方法还远远不够。因此，研究基于类脑神经机制的语义分析方法，研究基于大规模知识库的类人知识理解与推理方法，进而形成一种新的语言计算模型——类脑语言计算模型，已成为新的研究热点。

> **趋势四** 统计机器翻译方法已进入平台期，建立语义主导的全新翻译模型，是当前机器翻译研究的发展趋势。

虽然基于短语的统计机器翻译模型已经得到了实际应用，但统计机器翻译方法仍面临若干难题和挑战：基于短语的翻译模型在绝大多数情形下离人们的期望还相距甚远；对于资源缺乏的语言间的翻译，统计知识的获取非常困难；现有的统计翻译模型基本停留在词法和句法层面，极少涉及语义知识。因此，如何在现有翻译模型中充分利用语义知识提升机器翻译模型的性能，或建立语义主导的全新机器翻译模型，并提升模型领域适应性，是当前机器翻译研究的重要发展趋势。随着全世界各个国家和地区交流的不断深入和全球性的互联网发展，不同语言之间的交流将不会止步于日常的对话。专业文献、文学作品、社交网络文本等各个领域的翻译需求将日益紧迫；另外，单纯的文本到文本的翻译已无法满足互联网多媒体时代的需求，能够面向语音聊天、演讲报告、影视作品等需要结合音频视觉信息的多媒体即时翻译系统将逐步走进大众视野。进一步，目前的翻译输出均为文本形式，结合语音合成技术，使翻译结果以音频的形式输出，实现机器的同声传译也将是未来机器翻译发展的方向；此外，随着互联网资源的持续积累以及迁移学习技术的成熟，语言资源也会日益丰完整，资源稀缺型语言的翻译将逐步接近资源丰富型语言的翻译效果。

趋势五 移动互联环境下的个性化、智能化和社交化需求，使得具备情境感知与交互能力的信息检索成为必需。

人工智能与搜索技术深度融合，将在信息多样性、搜索便捷度、结果准确性等方面大幅提升用户搜索体验。移动互联环境下海量规模的网络信息资源，以及用户的个性化、智能化和社交化需求，使对海量信息的高效智能检索定位及感知推荐成为发展方向和难点，包括：以垂直搜索资源为基础、知识化推理为检索方式、自然语言多媒体交互为手段的智能化搜索与推荐技术；面向桌面搜索和移动计算，整合全方位用户行为情境，深度理解感知用户需求的个性化搜索与推荐技术；基于用户群体社交关系挖掘，面向问答式社区应用情境的社区化搜索与推荐技术。

趋势六 开放域问答作为移动信息服务的核心技术，已成为学术界和工业界的关注热点。

问答系统作为下一代搜索引擎，已经成为信息检索服务和人机交互界面的核心技术。近年来，智能移动终端的兴起给问答系统提出了新挑战，尤其是 IBM 问答机器人 Watson 和苹果公司的 Siri 的出现，使问答系统重新成为了研究和应用热点。另外，随着问答社区的发展，互联网给问答系统研究提供了海量的问答资源，从而给问答技术带来了新机遇。因此，开放领域问答技术成为移动信息服务迫切需要解决的核心问题，也是未来学术界和产业界的关注热点，包括基于用户生成内容的问答技术、复杂问题问答技术、交互式问答技术和深层问答技术。《中国制造 2025》把机器人产业列入重点战略，旨在以"机器人革命"撬动创新发展，实现中国经济的结构优化、动力转换。产业界正在相继推出适应不同应用场景的智能对话系统和智能对话机器人。美国麦肯锡咨询公司发布的《引领全球经济变革的颠覆性技术》报告预计，2025 年机器人每年将为全球带来 1.7 万亿至 4.5 万亿美元的经济增长。

> 趋势七 ▷ 互联网正从信息网络演变为知识网络，起重要推动作用的信息抽取技术的作用和地位日益凸显。

随着互联网应用的迅猛发展，通过网络能够获取的数据量也呈指数级增长，如何从这些海量数据中快速、准确地获取真正有用的信息，显得尤为关键和紧迫。信息抽取是从语言文本中抽取实体、关系、事件、观点等关键信息，并形成结构化数据输出。近年来，随着语义网、知识图谱等的发展，互联网正从信息网络演变为知识网络，而信息抽取技术正是实现大数据的资源化、知识化和普适化，将互联网发展带来的数据洪水转变为数据机会的核心技术。从提升信息抽取与服务系统的系统性能和可移植能力等角度出发，相关研究主要发展方向包括：面向全局语义的主题事件抽取、面向海量数据的信息抽取、面向开放域的信息抽取、面向多语种的信息抽取、多源异构信息的融合。

> 趋势八 ▷ 社交媒体的非规范性和多源异构性给自然语言处理提出了新的挑战，面向社交媒体的语言理解成为新的热点和难点。

随着社交媒体的迅猛发展，多种类型媒体数据依赖共存，各种平台和应用的数据来源广泛，个体和群体参与数据产生，对社交媒体的获取、组织、管理和利用给自然语言处理提出了新要求，尤其是社交媒体文本的非规范性和多变性等特点，更是给自然语言处理带来了新的挑战。未来，社交媒体分析技术将向海量跨平台、多模态数据协同处理方面发展，其主要特点包括：面向跨平台、多媒体数据进行协同分析；大体量深度学习模型在线增量训练；深层推理机制由关联分析向因果分析转变。模型表达能力和泛化能力得到显著增强。因此，研究面向海量、无标注、非规范、跨平台多模态数据的自然语言处理技术，实现社交媒体信息的内容理解，进而对社交媒体进行有效管理，是自然语言处理新的热点和难点。

趋势九 随着语音技术在智能移动终端的广泛应用，面向复杂任务的口语对话技术成为应用发展方向。

随着智能移动终端的广泛普及，口语对话技术正从传统的计算机输入技术演变为智能人机交互的核心技术。而面向复杂任务的口语对话技术成为核心研究难题，未来主要研究方向包括：基于对话结构的用户意图预测模型和实现；对话模型超大状态空间表示及对话策略；基于对话口语描述体系的口语分析与理解；对话结构下的用户意图表示模型；面向多语种的混合识别算法及文语合成算法以及口语对话系统设计评估方法与技术。此外，语音交互下一阶段发展方向还包括"情感交流"，使用户高效、准确地完成交互任务后，还能给用户带来心灵上的愉悦和共鸣，满足其情感需求，这样才能让智能语音真正走近一个爆发点。

第四篇
计算技术驱动下的未来社会

>>>

第十二章
智能社会畅想

一、未来社会的信息基础设施

当今世界，科技革命蓄势待发。大数据、云计算、移动互联网等新一代信息技术孕育着革命性突破，随着信息、制造、新材料、新能源等重大技术广泛渗透到几乎所有领域，带动了以绿色、智能、泛在为特征的群体性重大技术变革，新平台、新模式和新思维层出不穷。信息领域呈现一系列新的特征：基础理论正在孕育革命性突破；系统平台呈现交叉融合新趋势；应用服务呈现泛在智能新特征；网络安全成为保障经济和科技发展的新焦点。展望 2049 年，未来的 30 年信息基础设施的发展将会是未来社会生产力发展的核心带动力量。

经过 20 多年数字化、信息化的发展，当代信息社会形成了以宽带互联网、移动无线通信网络为核心的信息化基础设施，信息化社会的诸多产业，如移动互联网、O2O 产业、互联网＋等，都是建立在这些信息基础设施之上的新型业态。根据加特纳技术成熟曲线模型（图 12-1-1），上述技术在未来的 10～20 年将会日渐成熟，从而产生巨大的社会价值并成为社会基础设施的一部分，以润物细无声的方式对社会产生巨大影响。

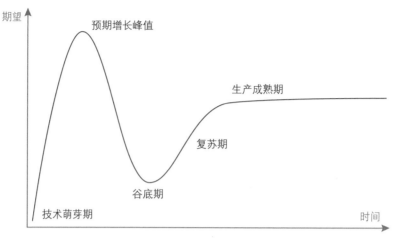

图 12-1-1　加特纳技术成熟曲线

在未来社会,物联网、云计算、大数据、人工智能等核心技术平台化和基础设施化将会是社会信息基础设施的发展方向。在物联网领域,传感器与各类硬件基础设施都将会通过物联网和互联网、移动互联网相连接,形成一个万物互联的全新的互联网,以渐进的方式逐步取代现有的互联网的底层介入环境。在云计算领域,现有的商用云平台有可能会形成一个全球规模统一的互联云,类似电力网络一样,各家公司的云平台可以独自提供自己的空间,但是云服务平台将以一种无缝、统一、透明的方式向人们提供服务。大数据作为未来社会信息服务的核心技术,会在很大的范围内形成分布式的大数据中心,大数据中心通过市场化的协作方式,将一座城市、一个领域,甚至是一个国家、所有领域的数据进行汇集,形成图书馆式的数据集中访问接口,并以基础设施的形式向全社会提供全领域数据服务。

在人工智能领域,人工智能模型和工具,可能会以专业 API 接口的方式对外提供服务,从而形成硬件、软件之外的第三种信息产品形态,即人工智能。政府的信息服务部门会在网络信息空间建立专门的人工智能市场,供人工智能服务机构提供产品服务。一些基础的、需求广泛的人工智能服务,则可能会由政府以公共服务品的方式提供。

除了物联网、云计算、大数据和人工智能之外,我们还目睹了虚拟现实、量子计算等其他先进计算新的兴起和发展,也许在不久的将来,还会有更多的"明星"技术出现，带来新的技术发展"风口"，但是我们相信，在云计算、大数据、智能硬件、互联网、高性能计算、物联网与智慧城市等领域实现跨界集成与垂直整合，促进先进计算新技术的平台化、公共化、基础设施化，实现由单点创新向整体优势转化，将会是未来社会信息基础设施发展的一个重要趋势。以此为展望，我们认为先进计算技术的平台化技术以及支持平台化发展的制度机制建设，将会是中国在信息基础设施发展领域所需要开展的具有前瞻性的研究工作。

二、社会公共资源形态的发展

在瓦特发明蒸汽机、爱迪生发明电灯、卡尔发明了汽车后，以人力为主的手工工场基本上被机器工厂取代，生产力大大提高，生活电气、出行工具逐渐成为居民生活的必需品，人类社会逐渐走向繁荣，但对能源、基础设施等社会公共资源的需求日益高涨。与之相反，一方面，有限的传统的生物能源日渐枯竭，社会公共资源相继暴露出供给不足、资源短缺问题；另一方面，道路、桥梁等社会公共基础设施建设速度已远远落后于需求，供需矛盾突出，既有资源高负荷运行，事故频发，安全隐患显现。

庆幸的是，随着社会演化，人类逐渐认识到问题的严重性，风力、光伏发电设备开始推广，基础设施资源逐渐优化。特别是物联网在过去10年的高速发展，建立起物理世界、信息系统与人类社会的相互理解桥梁，形成了社会公共资源发展的助推器。以往互不相关的自然资源、基础设施、建筑开始向着统一方向协同发展。

物联网实现了城市感知和数据获取，是智慧城市"万物互联"的新型基础设施。通过数据分析处理，结合城市运行、管理和服务的需求和领域知识，发现城市运行的基本模式和规律，理解和逼近"城市"这个巨复杂系统。面向城市业务领域需求，完善城市综合智慧服务技术与应用体系，最终使城市表现出生命体般的环境适应和自愈自组织能力，从应用的角度展示最终的"智慧"。主要体现在，新型能源装置、基础设施建设不再盲目建设，使人类能够明白最迫切的需求、最突出的问题表现在哪里，供需平衡逐步建立，社会演化进程开始加快。

不难想象未来的社会公共资源主要呈现三大演变。

(1)供水、供电、通信、公路、铁路的网络化演变。从国家到地区再到小区逐步构成三层立体网络(图 12-1-2)。建立起城市地下用于集中敷设电力、通信、广播电视、给水、排水、热力、燃气等市政管线的公共隧道并形成地下网络,排污、水资源得以被良性循环使用,通信节点逐步减少,连接速度极大地加快,热力、燃气的传输距离缩短,在有效利用地下空间前提下,资源损耗被降低。公路、铁路、桥梁、隧道被组合建立起地面网络,关键节点运行压力在网络化优化发展中被逐步缓解。设施使用者、能源提供者、消耗者构成了第三者虚拟网络,社会公共资源供给与需求间逐步建立平衡关系,资源按需供给时代来临,资源生产位置、生产量根据需求位置被优化布置在网络关键节点,能源损耗显著降低。

图 12-1-2　市政管线的公共隧道地下网络

(2)光伏、风力等清洁能源生产能力显著提高。清洁能源由集中式生产转变为分散式个体生产。在智能建筑、工业设计水平的快速发展环境下,房屋的屋顶、高层建筑玻璃外墙逐渐被光伏板替代,汽车车顶、路灯、建筑物、居民生活用电向自给自足方向演变。居民在满足日常消耗的同时,还可将剩余电力输出给电力公司。而在供电网络中的集中生产者由生物资源的主要消耗与转化者变为能源的储存与购买者,供应对象由社会各类人群逐步转向为工业生产者。

(3)道路、桥梁、轨道等基础设施健康状态的智能化监测。城市管理者不再为城市安全隐患而担忧,关键监测设备被大规模部署并通过物联网连接,社会基础设施从建设开始到拆除结束将实现全生命周期监测管理。路面、桥梁负载、桥隧病害将实现动态感知与识别,从而实现运行动态的实时感知、病害位置的动态发现,日常养护也不再凭经验,而是按需进行,在极大地降低人力工作量的同时,显著降低维护成本并实现基础设施寿命倍增。

可以想象,未来 30 年人类社会公共资源在发生巨变,资源将不再是稀缺资源，人、车、路、环境将协同化，资源利用率将显著提升，社会安全得到进一步保障，生活更安逸，社会更加繁荣。

三、社会生产要素与能力的革命

（一）以增材制造为核心的定制化生产

相较于一台设备只能加工某一既定形状的传统加工工艺（材料去除一切削），我们需要一种新的"自下而上"的制造方法。增材制造，采用材料逐渐累加的方法制造实体零件的技术应运而生。以增材制造为核心的是 3D 打印技术。3D 打印真正进入我们的视野里已经有 10 年的时间了，从 3D 打印的小摆件、艺术品，到金属材质的小型轿车；从用布料打印出的衣物、可食用材料打印出的食物，到使用活体细胞打印出的人造组织；越来越多的种类的创意不断在 3D 打印方面涌现出来。未来的 3D 打印可能做些什么？会有什么样的发展呢？

所谓 3D 打印，是通过电脑控制，把"打印材料"一层层叠加起来，最终把计算机上的蓝图变成实物的一种方法。这个方法最早在 19 世纪末 20 世纪初就有人提出：将平面累积打印，从而变成立体的形状。甚至在当时就申请了专利。但是受限与当时的科技，这个想法没有办法成为现实。直到 1993 年，这个技术在尘封了近一个世纪之后，被 MIT 重新研发并获取了专利。从此，3D 打印开始了它日新月异的旅程。

3D 打印目前开发出了许多不同的技术，不同之处主要在于可用的材料。常用的材料包括热塑性塑料、金属及合金、可食用材料（如巧克力等）、陶瓷粉末、石膏、纸张、光硬化树脂等。虽然高端工业印刷可以实现塑料、部分金属或者陶瓷打印，但是还有许多日常生活中触手可及的材料无法实现打印。

假设，我们能抛开材料的限制，道德底线的挑战，还有价格等限制 3D 打印发展的因素，想象一下，未来 30 年，3D 打印会有哪些可能的发展呢？

最容易想到的就是一些结构复杂的物体。3D 打印的优点在于非常灵活，越是复杂的部件越有优势,比如镂空工艺品。很多精美的牙雕、玉雕或者根雕,如果用 3D 打印来实现的话,相比大师手工雕刻,速度又快精度又高,也许会让大师失业也说不定。类似的还有汽车的变速箱里的滑阀箱,行星齿轮组,这些汽车内的结构极为复杂的部件用 3D 打印也能加快流水线的生产速度,降低汽车的生产成本。

医学领域也是 3D 打印大展身手的地方,尤其是在器官移植方面。每年中国有 150 万人等待器官移植,然而获得移植机会的仅有约 1 万人。这一缺口是巨大的。同时,目前器官移植还遇到血型匹配等更多的问题。如果能 3D 打印器官,众多在等待中苦苦挣扎甚至离世的患者将会重获新生。现有的技术已经能打印一部分器官了,但是仅限于骨骼组织和血管组织。但是,我们依然有信心,未来能打印肝脏、肾脏甚至心脏,这将为等待器官移植的患者带来福音。甚至,我们也许能打印出四肢、耳朵、鼻子等外部器官,让残疾人也回归到健全人的状态。

更激动人心的是 3D 打印在航天科技方面可能的作用。技术上比较近的是太空望远镜和空间站方面的应用。美国国家航空航天局已经在尝试通过 3D 打印技术制造太空望远镜和火箭喷射器,但是猎鹰系列可回收火箭的出现可能使得 3D 打印火箭喷射器的研究陷入停滞。然而 3D 打印技术和机器人的结合让我们在航天技术的其他方面看到了无限多的可能。首先是 3D 打印结合机器人在太空望远镜和国际空间站修复维护方面的应用。迄今为止,太空望远镜只有少数几次维修,并且是将宇航员送上太空进入望远镜同步轨道进行的人工修复。如果有 3D 打印功能的机器人,只需要将望远镜各个零件的设计图纸存入机器人,再将机器人和望远镜连同少量材料一起送入太空,维护修复就只需要地面控制中心控制机器人完成了。如果我们将眼光再放远一点,给予 3D 打印功能机器人自我复制功能呢?也许我们可以将这样的机器人连同材料送上火星,让机器人充当先锋军,成为火星上的第一批开荒者?甚至让机器人在火星上建造适合人类生存活动的生态圈?毕竟在 2014 年就已经有建筑采用 3D 打印技术交付使用了。未来,直接在火星表面 3D 打印工作舱居住舱甚至生态圈,让登录火星的宇航员"拎包入住",也许并非痴人说梦。

3D 打印技术的未来究竟会怎样,现在也未可知。50 年前,计算机刚出现的时候, 又有谁能想到硕大的计算机能在今天躲进我们的手掌心呢? 但是无论如何, 3D 打印技术一定会迎来一个光明的未来 (图 12-1-3)。

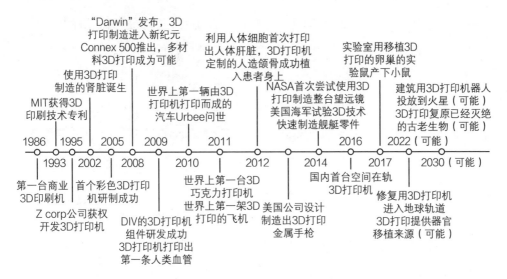

图 12-1-3　3D 打印技术的发展

（二）　众包化的生产方式

　　生产技术的变革也需要新的生产理念的推动。由于外包服务高度专业化导致的参与度降低, 这种模式已经不再适应网络时代的潮流。网络时代的产品越来越廉价, 使得人们的日常生活离不开网络也同样让人们融入网络的大环境。同时, 随着网络的浪潮成长起来的公司, 在战略设计上融入了充分利用网络资源的思路: 通过网络做产品的开发需求调研, 以用户的切身感受为出发点进行研发。这让以往架设在业余爱好者和专业人士之间的篱笆被打破, 网络用户在某种程度上参与全球合作。

　　虽然这时的参与程度还很低, 但是进入 21 世纪之后, 公司或机构对知识产权和创新性研发的任务需求, 让市场的大门在一瞬间突然为爱好者、兼职者和发烧友打开。这样跨专业的创新蕴含着巨大的潜力, 比如美国加州大学伯克利分校的分布式计算项目, 成功调动世界各地成千上万台个人电脑的闲置计算能力, 甚至是网民们闲置的脑力,使之得到充分的应用。又比如软件开源运动,全部由网民们协作完成的程序,质量并不低于微软公司、甲骨文软件系统有限公司等行业巨头的程序员开发的产品。维基百科等知识类网站更是树立了一个群体创作的典范。这些出色的作品,如果脱离了网络上用户的参与,将是不可想象的。这种网民群众参与的创造方式就称为众包。

在一个名为"创新中心"的网站上,聚集了 9 万多名科研人才。他们并非受雇于任何一家跨国公司资助的实验室,而更像是自由职业者。他们做研发工作的原因,完全是出于自己的兴趣或者体现个人价值的需要。他们在这个网站上共同的名字是"solver"(解答者),与此对应的"seeker"(探索者)则由世界著名公司(包括波音公司、杜邦公司、宝洁公司等)组成。这些大公司把各自最头疼的研发难题都抛到"创新中心"上,等待这些隐藏在网络背后的高手来解决。

这种方式带来的效率还是很不错的。"创新中心"上的难题破解率大约在 30%。对公司而言,这种外部创新在公司总体创新上的比例逐年提高。例如宝洁公司,近些年来公司外部的创新比例约占 50%,研发能力提高 60%。类似的例子还有许多,比如标致汽车举办标致设计大赛发动人们设想自己心目中的汽车;欧莱雅、麦当劳等公司的让用户参与广告设计的大型活动。

对这些公司来说像天使降临一样的众包大潮,对于另一些人来说就如同魔鬼一样可怕。这种情况多发生在艺术方面,比如专业自由摄影师。曾经需要 150 美元一张的专业照片,在 istockphoto 等类似的图片交流分享网站上仅需几美元。之所以如此廉价,完全得益于网站上几万名业余摄影爱好者的贡献。

众包的出现完全是这个时代的产物。教育的普及和教育水平的提高当然是一件好事,教育是推动信息经济发展的引擎,教育水平的提高才能满足各行业日益增长的需求。同时带来的,是大学生课程类别的增多,而这些课程中多数是选修课。学生在这些课程上学到的摄影或者宝石矿物之类的技能,很容易运用到日常的生活中去。开始只是选修,然后变成兴趣,进而变成副业。这造就了一大批爱好者、发烧友的存在。

网络的全方位覆盖。在网络出现之后出生的一代人,他们在网络环境和社交媒体的影响下长大,长时间网络在线、使用智能手机,这让他们习惯了很多事,尤其是和素未谋面的人融洽合作。这就是众包的一代,他们完全能够适应网络社区替代传统公司的未来(图 12-1-4)。

图 12-1-4 众包示例

在人们饱受油价高涨、自然环境遭到严重破坏的恶果之后,燃油效率、替代能源的问题可能一夜之间被宣布破解,而这件事情很有可能是由一名时装设计师或中学生完成的,当然,这个人也有可能就是你。

四、催生新型社会交流协作方式

在过去约20年中,伴随着网络通信技术的快速普及和发展,人类社会的交流协作方式发生了快速且巨大的变化。同时,O2O、众包、虚拟现实和人工智能等技术创新的不断产生和积累使得技术更新的周期变得越来越短,每隔10年,甚至更短的时间,社会交流协作方式就会形成一种全新的面貌。当下社会更是形成了以高度网络化、便捷化、个性化为特点的交流协作模式。

回想 20 世纪末,信件,有线电话和寻呼机是人们主要的交流方式;到了 21 世纪的前 10 年,MSN,QQ 和智能手机等即时通信又快速的席卷了大家的生活;而从 2010 年到今天,微信,微博和脸书等诸多的网络交流方式又相继涌现。当我们的交流方式以如此短的周期进行更新换代的时候, 那么展望 2049 年, 我们的交流方式又将朝着怎样的方向发展, 社会又将取得怎样的进步呢?

设想有一天, 两个远隔万里的陌生人因为都喜爱某一件事物而希望进行交流时, 他们所面临的问题可以概括成空间间隔、语言障碍以及相对陌生的交流对象三个方面。在未来的交流中, 我们的技术应该能够为用户提供足够的技术支持, 打破场景、时间壁垒, 提供个性化, 舒适化, 智能化的交流体验。

最为基础的, 先进技术的发展将帮助人们在突破场景障碍的方向上继续迈进。过去, 网络技术帮助我们跨越了物理空间的限制和束缚, 一定程度上拉近了交流者之间的距离。而伴随着虚拟现实技术和可穿戴设备的发展, 我们有理由期望未来会出现更加 "沉浸式" 的交流体验, 想象一下, 远隔万里的用户仿佛身处同一个场景, 能够进行面对面的交流、互动, 甚至在这个场景中不仅可以看到听到、还可以闻到、触摸到、感受到, 真正意义上实现 "天涯若比邻" 的美好愿景 (图 12-1-5)。

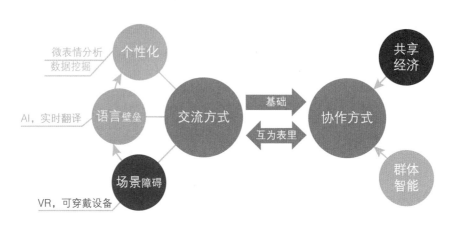

图 12-1-5　交流和协作

除了场景障碍, 打破语言壁垒也是未来技术发展的着眼点之一。语言障碍一直是交流中一大难题: 不同语种, 各地方言以及口音、俚语等问题都是阻碍用户进行顺畅交流的难题。当前社会依靠大量的同声传译和翻译工作者的辛勤付出来进行交流, 一方面交流的质量也取决于翻译人员的临场表现, 另一方面面临着高昂的费用和较高的使用门槛，因此目前的同声传译和翻译技术并不能真正在社会中普及。那么在未来，如果人工智能和实时翻译技术能够更好地运用于交流领域，使每一个用户都可以利用手机中的应用，或是手环等可穿戴设备进行流畅的跨语言交谈，与来自不同国家，不同文化背景的人们尽情地畅谈，真正让人们从技术发展中获益，也能更好地拉近人与人之间距离。

更进一步的，实现交流的个性化、定制化是交流方式的升华。当我们跨越了场景障碍，打破了语言壁垒，能够进行面对面的交流时，交流什么，怎样才能交流的更好是我们切实关心的问题。由于交流的用户可能来自不同的文化背景，拥有不同的成长经历和兴趣爱好，我们希望未来可以利用数据挖掘技术为交流提供个性化，定制化的帮助。例如基于用户在社交媒体上的数据资料和文化背景挖掘双方共同的兴趣爱好，实时为交流做出一些提醒，同时避开双方可能存在的文化冲突，避免交流陷入尴尬的窘境，使大家的交流更加顺畅和高效。

在社会交流方式变更的同时，我们的社会协作方式也在发生崭新的变化。从办公室会议到电视电话会议，我们不用再为定场地，协调时间而耗费精力；随后，伴随着众包模式的发展和成熟，滴滴出行、优步、亚马逊土耳其机器人等相继问世，为我们的生活带来了看得见、摸得着的便利。那么将来的协作方式又会产生怎样的变化呢，以手术医疗为例，当面临一个重要手术时，往往需要多方专家的讨论、协作，最后的手术可能需要多位医生参与，那么未来的技术发展将会如何改变我们对医疗手术的传统认知呢？

首先，交流技术的革新将会助力群体协作的变革。一般来说，交流是协作的基础，交流技术的革新变化也会间接的带动群体协作方式的更迭。目前已经存在由医生远程操控的机械臂和现场的医生配合进行手术的案例存在。在 2010 年，英国医生已经成功实施了世界首例完全用远程遥控机械手臂操纵进行的心脏手术，同时将手术时间从至少 8 个小时缩短到了 1 个小时内。可以预想在不远的将来，计算机视觉、机器学习等技术的发展将促进产生更多的交流技术，为我们的生活带来更多的便利。在未来，我们甚至足不出户，医生就可以利用远程交流技术来为我们诊断病情，获得一对一的专业服务。

其次，共享经济和群体智能的发展会为群体协作带来更好的资源配置。地区资源分配不均衡，发展不平衡是我们目前社会存在的现状，在未来的技术发展中，我们期望共享经济和群体智能能够更好地协调多方资源，将好钢用在刀刃上。例如共享经济模式下打破医院间的壁垒，有效地整合各地医疗资源，使病人不出远门也能享受到各地医疗专家的优质资源，不用再为求"良医"而四处奔波，也不用再为挂专家号而早早地去排队，享受到技术发展为我们带来的美好生活。

最后，群体协作的发展也将驱动新的智能教育方式。传统协作模式中的一对一的教育方式往往效率较低，同时由于长时间的单一教学，学生容易一味地接受知识，难以做到博采众长。畅想我们未来协作模式中的智能教育，应该能够开展多对一的教学，简单地说就是根据学生的特点允许多个导师可以同时指导一位学生，使得各个老师之间的知识形成互补，给学生们比较，思考的过程，起到一加一大于二的作用。

总的来说，交流协作方式的发展是依托各种技术发展的基础，交流方式和协作方式互为表里，交流又是协作的基础。我们已经见证了互联网发展环境下的QQ、MSN 的发展，也见证了移动互联网时代微信、微博的诞生。当人工智能、虚拟现实等技术在未来发展成熟起来时，又将有怎样的交流协作方式诞生呢？你与我都将是其中的见证者，未来值得我们的期待。

五、产生未来智慧家庭生活方式

2015 年 10 月，中共十八届五中全会决定全面放开二孩政策。该政策将会对中国经济社会长远发展带来一定的积极影响，能够在一定程度上缓解劳动力问题。根据国家卫生计生委公布的数据，2016 年新出生人口 1867 万人，比 2015 年增长 11%。新出生人口中，有 45% 来自二孩家庭。预计到 2050 年，二孩家庭已逐渐成为社会主流。而另一方面，根据中国市长协会 2016 年发布的《中国城市发展报告 (2015)》预测，到 2050 年，中国老年人口将达到 4.83 亿人，占总人口的 34.1%，即每 3 个人中就有 1 个老年人，随着人口预期寿命的延长，将会有越来越多的城市高龄老人。户均人口减少，传统家庭赡养的支撑能力日渐下降，传统的居家养老模式受到强烈冲击。同时，在城市的生活、就业等压力下，子女对单独生活的父母所给予的关注逐渐降低，城市老年的空巢化现象将日趋明显，并成为驱动城市老年人养老模式转型的重要因素。

可以预见的是，不论是"四口之家"还是"独居/空巢老人"，在未来的智慧家庭生活中，家庭服务机器人将承担绝大多数的家务工作，包括清洁、整理、搬运、装卸等。家庭服务机器人主要包括：家庭作业机器人、娱乐休闲机器人、残障辅助机器人、住宅安全和监视机器人等。虽然现阶段在世界范围内，服务机器人市场化程度仍处于起步阶段，但受简单劳动力不足及老龄化等刚性驱动和科技发展促进的影响增长很快。2012年，中国科技部制定了《服务机器人科技发展"十二五"专项规划》。据预测，2012年全球服务机器人市场规模为 207.3 亿美元，2012—2017 年年复合增长率将达到17.4%，到 2017 年达到 461.8 亿美元，行业空间巨大。中国作为后来者，增速将更快。

目前，中国家用服务机器人主要有吸尘器机器人，教育、安保机器人，智能轮椅机器人等。如果上述机器人可以理解为智能家居的"助手"，未来家庭服务机器人则必将会进一步智能化和普及化，给更多家庭提供人性化交互和运动化控制功能，并逐渐发展成智能家居核心信息中枢——一个名副其实的"智能管家"（图 12-1-6）。

30 多年后，我们身边的互联网将更加强大，越来越多人可以成为现今时尚的居家办公一族。居家办公能压缩沟通成本，并且有利于灵活协调工作时间和团队习惯，让团队精力集中到自己的工作任务；居家办公更是改善了市区交通和环境变化造成的工作效率下降，而且能让工作单纯化，免去了当前许多企业存在的"为加班而加班"，甚至攀比加班时间的情况，让个人为了留出了更多时间给自己的兴趣爱好而提高工作效率不失为一种多赢的选择。随着各种事务处理的智能化，大量烦琐单调的工作被机械和人工智能代替，需要人类进行的工作大多是指挥性质的，而随着社会保障体系越来越完善，中国全面建设小康社会和迈入中等发达国家，"为温饱而工作"思想已经彻底消失，大多数人工作的理由成为"信念"和"享受"。

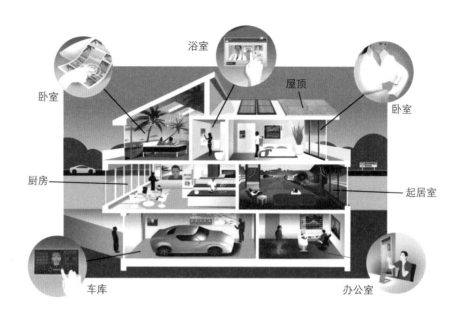

浴室

屋顶

卧室

卧室

厨房

起居室

车库

办公室

图 12-1-6　未来家庭生活方式

想工作，可以一丝不苟专心工作。工作之余，则可以更好地享受家庭生活。不必再为孩子生病着急上火，智能家居可以方便快捷地联入医院远程医疗系统，排队、送礼和医闹将成为历史，以专业软件系统和精准机械实施的治疗手术普遍存在；也不必再为不在身边的父母担心，智能家居能让独居老人的日常生活时刻处于远程监控状态——如果老人走出房屋或出现摔倒等意外状况，智能居家养老系统能立即通知医护人员和亲属，使老年人能及时得到救助服务；更不必再为家庭人身安全而担心，由国家按人派发的云服务"正当防卫记录仪"和"房屋自动报警器"的使用，让"犯法即处理""电子法官"成为现实。再加上"智能管家"负责包办家务，甚至连孩子的上下学都可以由自动驾驶汽车完成，也许到了那时，我们面临的居家问题将是如何区分何时是工作状态，何时是休闲状态。不过既然大多数人能够在更舒适的环境（家庭）中获得更高的工作效率，想必"工作狂"们也能够有更多的时间思考其家庭成员的心灵需要，让全家人更好地享受天伦之乐。

六、带动智能社会服务治理体系

在先进计算技术的推动下，未来社会的生产要素、生产力都将发生巨大的变革，那么与之相适应的社会服务与治理体系也将随之发生重大的变革。在这里，我们预测，未来社会在社会服务和治理体系方面，将会发生三个方面的核心变革。

（一）社会公共服务的主动化

人类社会是一个复杂而庞大的公共组织体系，为了对这一体系进行有效的社会服务与社会管理，政府不得已将社会管理的各个功能进行模块划分，并将这种服务功能分割到不同的机构中，形成社会管理体系在组织结构上的"条块分割"现象。这种条块分割现象带来的后果就是政府在进行社会公共服务的过程中，没一个机构独立提供服务，公民享受到的社会公共服务是割裂的（图 12-1-7）。因此就会出现证明"我妈是我妈"这样的荒谬的故事。

图 12-1-7　社会公共数据的条块分割

在现实的社会中，人们的社会生产生活是一个整体，这个整体体现在以人为中心的对象之上。"条块分割"的社会组织方式，把人在社会中的行为强行划分为不同的机构，这是非常不合理的。但是，考虑到人类社会的复杂程度，历史上所有的国家和政府又都无一例外地将其所拥有的管辖权力与服务职能进行了条块划分，从而形成了现实需求和实际操作之间的鸿沟悖论。

在未来的社会管理中，大数据和人工智能技术将帮助人们解决这一悖论。大数据公共基础平台能够将割裂之后的社会服务从数据层面进行汇总融合，形成数据空间的动态社会"镜像"。社会公共服务的各项职能，也都将充分的平台化，最终形成社会公共服务管理的"超级平台"。人工智能技术在对社会公共大数据的充分分析的基础之上，能够对每一个公民进行定制化的主动服务。孩子出生要上户口？不用再跑派出所了，人工智能对接医院的出生数据和父母的户籍数据主动帮你进行户口注册。开公司需要登记注册？不用再工商税务的来回跑了，只需要轻轻点击几下屏幕，相关的个人信用数据、公司登记情况，都能够自动化的完成，人工智能还能够通过企业的财务状况，主动进行精准金融服务。剩下来的时间干什么呢？人们的精力将更多的投入具有创造性和创新性的劳动，社会进步发展的速度快到无法想象。

（二）　社会治安管理的智能化

"上医治未病、中医治欲病、下医治已病"。社会的治安管理也将会在大数据和人工智能等技术的普及与推动下，变得更加智能化。大数据能够帮助我们的公安干警做什么呢？比如说，一个人买高压锅很正常，一个人买钟也很正常，一个人甚至买一个火药也正常，买个钢珠也正常，但是一个人合在一起买那么多东西，就一定不正常了。以前，小偷靠反扒警察一天天地跟着，在未来社会中，通过公交卡等电子轨迹的海量大数据分析，警察就很容易发现那些在一天之内坐了多辆公交车四处游荡的人，同时根据这些可疑人员的犯罪历史等数据，对潜在的犯罪可能进行预防性干预。从疑罪从无的角度讲，这样的干预在法律层面还存在一定的障碍。但是大数据和人工智能还可以从全新的角度帮助我们的社会减少犯罪等治安问题,即从犯罪的社会成因角度进行预防。例如,对于生活存在困难、面临绝境可能会存在铤而走险可能的人,进行主动的社会帮助服务;通过提升教育、社会保障、社会救济的精准化和主动化程度,化解犯罪生成的社会土壤;通过更加智能的刑侦手段,防范国内外反动势力的渗透等。

（三） 社会公共决策的智慧化

未来社会的公共决策过程将会更加智慧化。在大数据、人工智能、虚拟现实、高性能计算等技术的支撑之下,未来社会的城市与社会仿真技术将会高度发达。在进行社会公共决策之前,超级计算机将会使用各种复杂的仿真计算模型,进一步根据仿真结果对决策方案进行优选。同时,社会公共的决策过程也将会突破部门之间的条块分割,从而实现跨部门、跨机构的综合最优决策。我们更加大胆的推测,未来的社会公共管理与服务,不论是在面向个体的服务侧,还是在面向社会整体的供给侧,部门之间的界限会逐步地消失,最终一个没有"条块分割"的社会服务与管理体系将会出现。

在先进计算技术的驱动下,未来的智能社会将会是一个集智能化、人性化为一体的和谐社会。未来的智能社会中,社会的基础设施将会发生根本性的变革,在基础设施的支撑之下,社会公共资源与生产力要素也将发生革命性的变革,在新的社会生产环境中,人与人、人与家庭、人与社会之间的关系将会日渐协调。站在当前这一个变革发生前夜的节点上,我们所需要的是更多更加丰富的想象力,更加具有颠覆性的创新能力,以及脚踏实地的工作精神,以人类无穷的创造力为未来社会愿景的早日实现贡献力量。

第十三章

工业制造

一、工业互联网与新工业革命

    人类历史上一共发生了三次工业革命（图 13-1-1）。1769 年，英国人詹姆斯·瓦特制出第一台真正意义上的蒸汽机，由此以蒸汽机为动力的机械生产导致了第一次工业革命。1869 年，传送带方式的流水生产线开始在美国辛辛那提屠宰厂使用，电力取代蒸汽动力，再加上流水生产线带来的劳动分工，开始了以电气化为主要标志的第二次工业革命。1969 年，世界上第一块可编程逻辑控制器问世，标志着继蒸汽技术革命和电气技术革命之后人类科技文明的又一次腾飞。电子和信息技术导致了产品和生产的高度自动化，此即自 20 世纪四五十年代开始的第三次工业革命。这次工业革命规模巨大、影响深远，将人类带入史无前例的信息化时代。

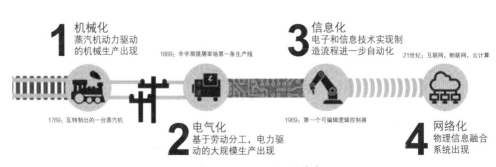

1 机械化
蒸汽机动力驱动
的机械生产出现
    1869：辛辛那提屠宰场第一条生产线

3 信息化
电子和信息技术实现制
造流程进一步自动化
    21世纪：互联网，物联网，云计算

1769：瓦特制出的一台蒸汽机

1969：第一个可编辑逻辑控制器

2 电气化
基于劳动分工，电力驱
动的大规模生产出现

4 网络化
物理信息融合
系统出现

图 13-1-1 历次工业革命

二、众说纷纭的第四次工业革命

近年来，全球工业逐渐进入到一场重大的技术变革之中。各国政府和工业界也开始致力于研究、制定和实施各自的应对之道，以确保若干年后能处于不败之地。关于这一场变革，德国称为工业 4.0，美国称为工业互联网，中国政府则提出中国制造 2025。此外类似的概念还有荷兰的智能工厂、英国的高价值制造业推进中心、法国的未来工厂等。这些内涵尚不十分明确的概念忽如一夜春风地充满了全世界，各国政要、各类机构、各方民众，无不在纷纷畅想和谈论未来制造业的景象。人们普遍期待这场变革成为继前三次工业革命之后的第四次工业革命。而如果这一场革命真的如期而至，那么，这将是人类历史上光辉灿烂的一笔：人类第一次成功在事前预测了一次革命，而不是像以往一样事后才意识到是一场革命。

三、德国的先锋号角

早在2011年，3位德国教授在汉诺威博览会提出工业 4.0 的倡议《物联网与工业 4.0 革命》。到 2012 年，德国工程院、弗劳恩霍夫协会、西门子公司等德国学术界和产业界建议和推动成立了工业 4.0 工作小组。2011 年 10 月，工业 4.0 工作小组向德国总理提交了未来计划工业 4.0 报告草案。2013 年 4 月的汉诺威工业博览会上，工业 4.0 工作组发表了题为《德国工业 4.0 战略计划实施建议》，正式公布了工业 4.0 的说法。此后，在汉诺威打响"革命第一枪"的工业 4.0 概念不仅上升为德国国家战略和有了国家法律保障，在很短时间内得到来自政府、企业、协会、研究院所的广泛认同，还迅速地冲出德国走向世界面向未来。一时间，街头巷尾的咖啡店里，白天黑夜的创业沙龙上，"指"点江山的朋友圈中，人们热络地议论工业的未来和物联网的前景，全世界的空气都充满了走进新时代的气氛。

那工业 4.0 这个优雅漂亮的名字背后的真正含义是什么呢? 官方对工业 4.0 的说法是, 从嵌入式系统到信息物理融合系统的技术变革。或者更通俗地说, 工业 4.0 是即将来袭的实现物体、数据和服务联网的第四次工业革命。它的核心在于通过信息物理融合系统在工业领域的创新应用, 将信息网络与工业生产系统的充分融合, 实现价值链上企业间的横向集成、网络化制造系统的纵向集成, 以及端对端的工程数字化集成, 打造工业、工业产品和服务全面交叉渗透的智能工厂和智能生产, 推进生产或服务模式由集中式控制向分散式控制转变, 实现高度灵活的个性化和数字化生产或服务, 以使生产更智能、更高效、更快速、更经济。

四、美国队长的实力

工业互联网 (图 13-1-2) 这个词在 2000 年就已经出现在全球企业增长咨询公司弗若斯特与沙利文的报告中, 用以指代复杂物理机器和网络化传感器及软件的集成——这个含义和今天为大众所熟知的工业互联网并没有本质的冲突, 只是如今内涵更丰富了。2012 年 11 月 26 日, 通用电气公司 (GE) 发布白皮书《工业互联网: 打破智慧与机器的边界》, 正式提出 "工业互联网" 的概念, 旨在提高工业生产的效率, 提升产品和服务的市场竞争力。2014 年 3 月, 美国电话电报公司、美国思科系统公司、GE、Intel 和 IBM 在美国波士顿联合发起成立了工业互联网联盟, 以推进工业互联网技术的发展、应用和推广, 特别是在技术、标准、产业化等方面制定前瞻性策略。例如, 该联盟将开发一些测试床, 用以验证工业互联网相关的创新技术、应用、产品、服务等。目前, 已经推出包括用于手持设备资产定位与追踪的 Track & Trace 测试床、探索智能微电网的 Microgrid 通信与控制测试床, 以及面向软件定义的工业互联网基础网络架构服务的 INFINITE、提供工厂环境仿真及决策流程可视化的 FOVI 测试床等技术原型。截至 2015 年年初, 该联盟成员已经达到 130 余家, 而工业互联网所主导的技术变革也如火如荼, 成为美国 "制造业回归" 的中流砥柱。

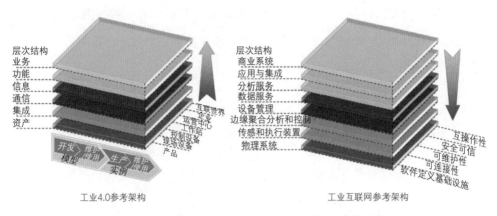

图 13-1-2　德国工业 4.0 与美国工业互联网的参考架构

五、工业互联网创新浪潮

工业互联网与工业 4.0 可谓一对远隔重洋的孪生概念。虽然工业互联网未像工业 4.0 一般高调定位为第四次工业革命，但背景以及基础也是前三次工业革命积累的成果。过去的三次工业革命，从技术创新的角度可以视作两波主要的创新浪潮：工业革命和互联网革命。第一波创新浪潮绵延 150 余年，涵盖了第一次和第二次工业革命，极大地改善了人们的生产水平和生活条件。第二波浪潮伴随着第三次工业革命，前后大约只有 50 年，却同样让世界发生翻天覆地的深刻变革，特别是计算机和互联网的发展，实现了人和机器对话、机器和机器对话、人和人通过机器对话、人与环境通过机器对话甚至人和未知的太空对话。

工业革命制造的全球性工业系统以及互联网革命创造的开放式计算和通信系统，正在以某种不易察觉地运行轨迹碰撞、接轨、融合，酝酿更为猛烈的第三波创新浪潮。

这一波正在不知不觉发生的创新浪潮，正对应了被先知先觉者定名的工业互联网。工业互联网意图融合两百多年来工业革命缔造的大量机器、设备、机组与物理网络和近半个世纪的互联网革命发展出的强大计算、信息与通信系统等，由此制定工业的未来，创造继工业革命和互联网革命之后的第三波创新之巅：工业互联网革命。这一场技术革命的要义在于物理机器与数字智慧的融合——这与德国所提出的工业 4.0 以及 GE 所提到的物联网高度一致。

六、工业互联网的"双肩挑"

工业互联网要做两件事，智慧工厂和智能产品。这两件事恰好分别处在工业生态的两端（企业生产和终端消费），是工业互联网"双肩挑"的革命任务，而且"双肩都要硬"。

从企业角度讲，智慧工厂和智能产品最终都是为了创造更大的价值和利益。工业互联网通过两条路来达到这一目标：创造新的价值和降低旧的开销。这两条路径大致分别落在了智慧工厂和智能产品上。

七、智慧工厂生态

智慧工厂的特性难以尽述，但其核心本质可以用一个词概括，那就是"连接"。2014 年世界互联网大会上，腾讯提出要用微信"连接一切"。这个口号拿过来扣在工业互联网的智慧工厂上，也十分熨帖。

世界范围内绝大多数工厂都面临信息孤岛的问题，中国的工业现状更是如此。其实，许多现代企业的自动控制程度和信息管理程度都已经相当高，典型的企业资源计划系统（ERP）是很多企业的标配，先进一些的还配备了制造执行系统（MES）。然而一个矛盾尖锐的现实则是，许多企业只有 ERP 没有完整的 MES，或者 MES 并没有和 ERP 连接起来。ERP 和 MES 像两座孤岛，之间通过脆弱的锁链桥连接（可能是不完整的信息传递渠道，更多的是人工报表的方式）。概括而言，工业 3.0 时代缺少两大连接：高度自动化的机器设备相互之间的连接和制造生产系统与信息管理系统之间的连接。把后连接再细分一下，工业生产从现状升级到智慧工厂，需要建设和打通三个连接。

（1）生产制造设备之间的连接。生产制造设备之间高度互联是工业自动化的进阶阶段。自动控制系统不仅能按照既定控制流程完成产品从下单到出厂的过程，同时能根据实际的生产条件和生产环境进行智能的协作。机器崛起是工业互联网的一个酷炫标志。机器将比从前更智能，这体现在机器之间可以更高效地互相配合，机器与人员之间也可以更方便地协同。某些情况下，机器成为辅助人工作的一部分；在另一些情况下，人反过来成为支持机器工作的一部分。

（2）生产制造系统和信息管理系统之间的连接。制造系统和信息系统之间的隔阂是当前工业领域的隐患。生产制造和信息系统的脱节，导致在原料采购、生产需求、财务预算、工期控制等方面的步调不齐和协调无力，灵活的生产控制几乎不可能实现。生产过程一旦出现一些计划外的变动，前线生产系统可能根据实际状态采取相应的措施，但管理系统并不知道，导致生产和管理驴头对不上马嘴。事实上，工业领域现状远不止两座孤岛，设计、采购、制造、财务、办公等系统也是彼此脱钩，各

自为营。只有打破工业生产过程中的各个系统，让这些信息孤峰连成一片山脉，才能显现工业互联网的威猛功力。

（3）生产设备和生产物料之间的连接。智慧工厂的连接无处不在。即使是生产物料、生产过程中的半成品和生产设备之间也有顺畅的信息通道。生产物料或者过程产品具有"自知性"，知道自身的产品属性，并且借助网络连接可以和生产设备对话。为什么需要这样的连接？为了灵活可控的生产。以皮带加工厂加工皮带作为一个简单的小例子。用户胖瘦不同，需要的皮带长度也不同。现在的皮带厂商为了解决这个问题，采取了一种不得不说很巧妙的折中办法——冗余打孔，但终究用户还是有时候要自己动手裁剪皮带。如果生产设备和生产物料之间能通信，则情况大有不同。一条尚未打孔的皮带进来，其自带信息提示"这是给大腹便便的王二的，要长！"，于是机器裁减了精确的长度；下一条过来，显示"这是瘦骨嶙峋的李四的，得短！"，于是机器妥帖打出了给李四的孔。可以看出，如此一来，智能产品都具备唯一的标识。即使是批量生产的非定制产品，每一件产品也是独立可识别的，包含了其自身独一份的产品制造信息以及使用信息等。特别是，即便尚在制造过程中的一件产品，也能够知悉其自身的制造过程。换言之，在一些特定的环节，一件产品可以自动化参与自身的制造过程，而不是完全依靠外部力量打造。

这些连接的技术实现方式多种多样，可能是传统互联网，也可能物联网，更有可能是新出现的某种网络体系。但本质上，在智慧工厂里，制造过程中所有参与者及所涉及的资源之间将建立一种全面的交互网络。制造机器、机器人、运输机、仓储系统及产品线等制造资源将不仅是自动化的，而且能够根据环境条件自主调整和自我配置。在产品设计、配置、订单、计划、生产、经营及回收等不同的环节都需要并且也能够考虑与用户相关或产品相关的特征。这使得在生产过程高度灵活，在产品生命周期的任何一个环节，都可以进行便捷、迅速地调整。

八、智能产品形态

说起智能产品，恐怕一千个产品使用者就有一千种理解。背包客觉得出门能定位导航的手机真是智能，宠物迷认为给猫儿狗儿戴个蓝牙项圈是智能，运动狂热者戴个监测步数、心率等的手环也智能，减肥族理解有个自动记录的体脂秤很智能……各种智能或者打着智能旗号的产品已经充斥市面，在不同的消费者看来，有些是智慧的魅力，有些却像是愚蠢的玩物。在笔者看来，所谓智能产品，在今天以及未来工业时代，都将具备三个基本能力并呈现两大趋势。

从信息技术角度而言，智能产品具备三个核心能力：计算、联网、感知。此三者中，光有计算和联网能力是计算机，光有计算和感知能力是传感器，而只具备感知和联网能力的则是诸如摄像头等设备。对于智能设备，这三个能力缺一不可。目前，我们所见多是消费级别的智能产品，对于工业互联网革命的工业级别智能产品，这三个能力同样适用。由此，就引出了未来工业时代智能产品的两大趋势：信息变现与个性定制。

九、信息变现：“吃的是信息，挤出来的是价值”

工业互联网时代的一个重要产品特征是，信息技术不再仅是工业生产线和生产管理过程的一部分，直接成为工业产品的组成部分。甚至在智能产品中，看不见的

"信息"部分的价值历史上第一次逆袭反超看得见的"工业"部分的价值。产品中集成的嵌入式传感器、处理器、软件以及网络通信模块等,存储在云端的产品数据和用户数据以及基于这些数据开发的创新应用等,都极大地提升了产品本身的功用、性能和价值。

以眼下已经十分流行和常见的运动手环来说,小小的手环上首先集成了加速度传感器和基本的处理单元,以实现记录用户的运动数据的基本功能。但如果仅止于此,根本不可能会有用户愿意购买它。因此,我们所见到的手环都还至少包括了几个功能:数据通过蓝牙等通信接口自动同步到智能手机上,智能手机上匹配了相应的App来实现对用户运动数据的记录、分析、管理和分享等。更进一步,将大量用户的数据连接到云端,或者开放给第三方产品,还可以实现更多更具吸引力的应用。这样一来,一款名为运动手环的产品就不再是简简单单的一个手环了:不仅它自身的价值增加了,对用户而言产品的吸引力和使用黏性也增加了。商家卖的、用户买的都不仅仅是一个看得见的手环,而是背后看不见的信息价值。

类似的产品已经大量涌现,相同的产品思路大行其道。这些产品挣脱了传统印象中单纯的软件或者硬件的限制,往往是从底层硬件到顶层应用纵向高度集成的新形态产品。与其把这些产品称为"智能硬件",我们更愿意称其为"智联件",英文就叫"Smartware",以区别于传统的硬件或软件。对于这些智联件产品,网络和感知数据在其中扮演了重要的角色,由此企业才能创造新的服务,获取额外的价值利益。大量的用户数据通过网络聚合到一起,进行集中的大数据处理与分析,才有可能从中发现市场的规律和用户的需求,从而提供有吸引力的产品服务,并制定合理的生产策略。

再看远一点,智能产品不仅是感知了用户数据,它同时也能感知自身、监控自身。首先,智能产品从工业生产线制造完成后,产品清楚自身的运行参数,即知道在什么参数下产品性能最佳,在什么条件下应该停止工作。其次,智能产品能监控自身的运行状况,知道什么情况下产品出了故障。最后,出故障的产品可以尝试自我修复,或者自动联网主动报修。这种自感知、自监控的特性被称为智能产品的自知性和自治性。

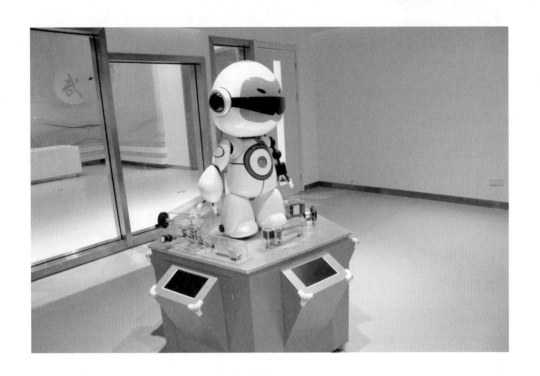

这一点现在听起来似乎还有些飘渺。但仔细一思索，其实已经悄然发生。回想从前使用闹钟，如果有一天闹钟突然不响了，你第一时间并不知道是自己忘记设定闹钟了，还是闹钟电池耗尽了，还是闹钟坏了。对比现在，绝大多数的智能产品在低电量时都会以友善的方式反复提醒用户，还会主动切换入低功耗模式以节省电量，有些甚至可以主动寻求充电（比如扫地机器人）。

十、个性定制："均码"不再适合所有人

工业互联网的另一个颠覆性趋势，是个性化定制时代终于要来临了。

从规模化定制生产到个性化定制生产，第四次工业革命将对此交出一份答卷。个性化量产（这个词组看起来矛盾得令人向往）是第四次工业革命要实现的关键转变。工业互联网实现个性化定制这一雄伟目标的路子有两条，我们仿照武侠小说里的剑宗和气宗，且也将他们称为"网宗"和"数宗"。

　　"网宗"的顶级招式在于网络化的智慧工厂。智慧工厂中,生产线上的机器不再是执行固定动作的"死机器",而是可以根据具体生产任务灵活调节的"活机器"。这是因为生产原料和产品本身都是网络化的对象,能够和生产机器对话。制造过程中的产品就已经携带了最终成品的定制属性信息,在生产过程中可以告诉生产机器该对它做什么特定的动作以满足定制要求,最终出来的成品自然也包含了定制用户的识别信息。我们在前面已经描述过智慧工厂的这一特性。再举一个服装加工的例子。过去定制服装的方法无法在制式成衣的工业流水线上实施,最主要的是不知道当前制作的这件衣服是为谁定制、属性几何,于是只好标准化成几种不同尺码。网络化之后,一件衣服的半成品到达流水线上的某一环节,机器可以立即通过这半成品上的识别标签读到这件衣服的定制信息,从而控制机器按定制规格处理。由于定制信息是自动识别、记录和传递的,制式成衣流水线的效率几乎不受影响,而出来的衣服却是量体裁衣的效果了。正是所有生产对象的网络化以及它们相互之间通畅无阻的信息交换,使得灵活可控的生产变得现实可行。网络化大招,这是工业互联网的第一记绝杀。

　　"数宗"的绝世秘籍在于中心化的海量数据。个性化定制难,规模化定制却没那么难,那有无可能让每一次个性化定制都变成规模化定制? 这就是数宗的魅力。世界上有一个爱吃五仁月饼的人,就一定有另外一批同样爱吃五仁月饼的人。世界有一个左腿比右腿长的人,就一定有另外一个和另外一批右腿比左腿短的人。为一个人生产一件左边裤腿比右边裤腿长 10 厘米的裤子,那是个性化定制;为百千万个人生产百千万件左边裤腿比右边裤腿长 10 厘米的裤子,就是标准化生产了。"数宗"的巧妙就在于,生产厂商看似为你一个人定制了一样唯你独有的产品,但实际上是为一波和你一样英雄相惜或臭味相投的人生产了一批全球限量的产品。虽然厂商实际上并非为你一人定制了全球唯一的产品,但对你一人而言看起来就是为你独家设计的! 所以"数宗"的秘诀就在于,欲练此功,必先将数据集中。将世界上千姿百态的需求全都汇聚到一起,分成千百种不同的群体,为每一个群体定制投其所好的产品,实际意义上就达到了为其中每一个人个性化定制的效果。数据化大招,这是工业互联网隐而不察的又一必杀技。

不过与华山剑气宗、无量东西宗不同的是，工业互联网的"网宗"和"数宗"不必彼此争斗，亦无是非之分，它们都是个性化定制的内力外功。若非要比拟，倒可比作倚天屠龙：武林至尊，宝刀"数宗"，号令天下，莫敢不从。"网宗"不出，谁与争锋！

设想当有一天，我们坐在图书馆或者咖啡厅里，在自己匠心独"制"的笔记本电脑上敲击完一篇或婉约或豪放的文字作品，移动根据个人手型 3D 数据量身设计的"人体工程学"鼠标，轻轻点击推送，然后拿起从硬件到软件都私人定制的手机，把刚刚推送的文章分享出去，再附加一句淡淡的感慨"我就是我，是颜色不一样的烟火"——这将是工业互联网将带给我们的体验，是智慧工厂和智能生产带来的福利，并且我们不必为此付出昂贵的代价。

十一、智能与互联：一场网络化的革命

历史上的每一次工业革命都有一个技术角度的关键字，第一次工业革命是机械化，第二次是电气化，第三次是信息化。即将发生的这一场被期待为第四次工业革命的技术变革则被贴上了网络化的标签。物联网所期待的"万物互联"在这一次革命中终将以更巨大的规模、更强大的力量变成现实并改变世界。

计算机网络领域有三大定律：摩尔定律、吉尔德定律和梅特卡尔定律，分别与计算性能、网络带宽和网络规模相关（图 13-1-3）。其中，最著名的当然是家喻户晓久经考验的摩尔定律。现在流行的摩尔定律大约在 1975 年被正式定义，而梅特卡尔定律则是罗伯特·梅特卡尔在 1980 年提出、1993 年规范定义的。不仅提出时间较晚，知名度也稍逊。梅特卡尔是以太网的发明人，所创立的 3Com 公司为 IBM 生产了世界上第一块网卡。梅特卡尔定律指出，网络的价值与网络使用者数量的平方成正比。尽管这个定律后来被许多人质疑，因为它认为所有网络节点都是对等的，而忽略了不同节点和连接之间的差异性。但直到今天这条定律依然具有生命力。特别是在当前全球"大众创业万众创新"的滚滚浪潮中，创业者往往火拼产品的用户数并以之作为产品估值的重要指标，本质上就是这条定律的潜在体现。

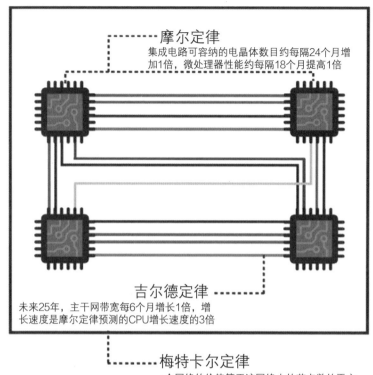

摩尔定律

集成电路可容纳的电晶体数目约每隔24个月增加1倍，微处理器性能约每隔18个月提高1倍

吉尔德定律

未来25年，主干网带宽每6个月增长1倍，增长速度是摩尔定律预测的CPU增长速度的3倍

梅特卡尔定律

一个网络的价值等于该网络内的节点数的平方，该网络的价值与联网的用户数的平方成正比

图 13-1-3　摩尔定律、吉尔德定律和梅特卡尔定律

　　之所以说到这条关于网络规模的定律，是因为今天我们正处在并将长期处在一个万物互联的时代，接入网络的设备达到了史无前例的规模。统计显示，2015 年全球大约有 150 亿种产品接入互联网；2020 年，这个数字将达到 300 亿种（图 13-1-4）。所以，无论梅特卡尔定律是否完全科学正确，都可以肯定的是，今天我们身边无处不在的设备，及其无时无刻的网络连接，产生无可估量的数据，也蕴藏了无可比拟的价值。更不可思议的是，当前连接网络的设备数量可能仅占全球设备总量的很小一部分。从这个意义上讲，如果将全球绝大部分设备都接入互联网，事情就很需要点想象力了。如果再将数据、服务等也作为联网对象考虑，事情恐怕就超乎想象了！

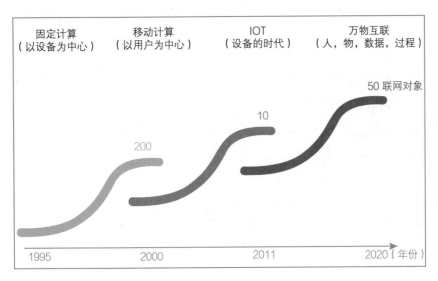

图 13-1-4　联网设备数量增长

　　虽然超乎想象，但并非不切实际。工业互联网正在将这些想象转变为未来世界的现实，一场网络化的工业革命正在发生。工业互联网是一场工业领域从嵌入式系统到信息物理融合系统的技术变革，通过物联网、云计算、大数据的核心技术在工业中的创新应用，促成基于网络化的第四次工业革命。第四次工业革命的关键技术特点和难点在于实现智能化设备自知自治、泛在化网络互联互通、中心化数据实时实效、开放化服务相辅相成，建立能够在联网对象之间、联网对象与外部环境之间、联网对象与人之间共享智能的工业互联网，形成实体联网、数据联网、服务联网以及人员联网的网络化开放平台。

　　对于这一场尚未发生就被广泛议论的革命，有许多核心概念其实还不十分清晰，亦未达成共识。从技术层面讲，无论是工业互联网的愿景还是工业 4.0 的构想，我们都可以充分确定，这一场技术变革构建在物联网的基础之上，物联网是这一场技术变革的核心动力和基础依托。事实上，国际上在议论工业互联网时，很多情况下恰恰是工业互联网和工业物联网不加严格区分地交替使用的。

　　物联网经过十几年的发展，到今天已经在生产生活的各个领域得到了广泛应

413

用。物联网在未来工业中扮演核心角色是技术发展的必然。工业应用是物联网最重要的应用，工业数据将是物联网最主要的数据，同时物联网则是收集和获取工业数据最核心的手段。物联网汇聚大量的数据，数据形成自动化的服务，网络化的服务导致高度的智能——这大概是未来的世界可能的模样，一个智能互联的世界！通过连接生产原料、机器、设备等物理对象和工业数据、服务、人员等数字对象，形成物与服务联网，在全球工业系统中应用互联网、软件、大数据、云计算等信息技术，实现数字世界和物理世界的融合、信息化与工业化的融合，形成一个广泛互联互通共享智能的开放性、全球化的网络，建立数字化、网络化、智能化的工业生产生态系统。

过去，大家研究物联网，讲物联网的特点是普通对象设备化、自治终端互联化、普适服务智能化。当物联网走到工业领域应用，这三个趋势将更明朗而深入。在工业互联网中，设备化的对象更深度协作、互联化的终端更高效共融、智能化的服务更广泛互通。不严格地讲，互联网的出现连接了计算机和计算机，物联网则连接了设备与设备，而工业互联网则将连接智慧与智慧。

事实上，工业互联网的核心就是通过信息网络使得原本割裂的工业数据实现流通，从而变成一个"智能网络"。这主要可以概括为"感、联、知、控"四大环节：首先，复杂多样的工业生产实体智能地识别、感知、采集生产相关数据，即"感"环节；其次，这些工业数据在互联互通的泛在化网络上进行传输和汇聚，即"联"环节；再次，对这些网络化的工业大数据进行快速处理和实效分析，即"知"环节；最后，将数据分析所得到的信息形成开放式服务，从而反馈工业生产，即"控"环节。根据上述特点，工业互联网被定义为"三网四层"结构（图 13-1-5）。

首先是智能感知层。这是指复杂多样的工业生产实体（如机器、机组、物料以及生产人员等）实现对于自身状态、环境信息、其他实体的识别、感知和交互协作，从而实现不同生产实体之间的深度协同。这一层是打通物理世界和数字世界的桥梁，是信息物理融合的核心。

其次是网络互联层。多元联网对象组成的异构复杂网络之间形成彼此互联互通的泛在化网络，使得所有联网对象可以随时随地接入网络，实现信息和数据在不同

图 13-1-5　工业互联网"三网四层"结构

联网对象、不同生产环节、不同生产部门之间的高效传输和流通。

再次是数据分析层。网络化的数据有些在传输过程中被即时处理，更多的则是汇聚到中心节点后被集中处理。数据分析层负责工业大数据的存储、处理、建模、挖掘、优化等，为面向工业生产应用的服务提供数据支撑和决策依据。

最后是开放服务层。基于工业大数据的分析结果形成的决策依据，通过多种面向工业生产应用的开放式、共享型的标准化服务，被工业生产部门调用和实施，反馈到工业生产的各个环节，从而实现对工业生产的控制和调节，形成工业生产的创新生态体系。

以上四层中，智能感知层往下对接复杂多样的工业生产实体，连接物理世界；开放服务层向上对接工业综合应用，反馈工业生产。这四个层之间既相互独立又彼此补充、相互渗透。例如智能感知、数据分析、服务共享等各层均离不开网络的支持。

上述四个层次在数据处理和任务执行角度分别对应了"感、联、知、控"四个环节，从网络角度出发，形成了实体联网、数据联网、服务联网的三层联网。

首先，实体联网。不同工业生产实体（不仅仅是机器设备，还包括生产物料和生产人员等）彼此之间形成互联互通的网络，按照特定的通信方式实现彼此之间的

交流和协作。其次，数据联网。来自不同实体、不同生产环节的数据均可以访问和传输，从而也可以汇聚到数据中心。网络化的数据真正形成了工业大数据。最后，服务联网。面向工业生产的服务被标准化以后成为开放式的接口可以被不同生产环节、不同部门甚至不同企业访问和请求。

从上述结构可以看到，物联网、大数据、云计算等技术在工业互联网中扮演重要角色。在工业领域应用的刺激下，这些技术不仅勃发旺盛的生命力，同时也面临新的挑战。首先，设备智能化程度进一步加深，计算能力、感知能力和联网能力面临纵向升级与横向融合，实现智能设备自知自治。其次，无处不在的联网设备需要无时无刻的泛在网络连接。工业互联网的联网对象也从物联网时期的机器、设备等物理对象拓展到数据、服务等抽象对象，形成实体联网、数据联网、服务联网的"大网络"。同时，网络除让终端设备可管可控、网络数据能播能收外，还要让所有联网对象之间互联互通的信息共享。再次，泛在网络实现工业数据的网络化，不同来源、不同类型、不同属性的大量数据汇合到统一的数据中心。这些工业大数据不仅要算得多、算得准，还要算得快，以实现中心数据实时实效处理。最后，设备、软件、数据以及数据分析所产生的结果、人员等不同的资源均可以形成一种服务。这些服务架设于全球性的开放网络之上，并提供标准化接口，使得对于开放性的服务能够轻易调取、高效应用。

总结起来，物联网是工业互联网的核心，以物联网为基础的互联互通网络联通了工业生产链条上的所有设备、数据、服务、人员等，使得这些联网对象彼此之间、联网对象与外部环境之间能够互联互通。在此基础之上，大量的数据汇集在数据中心，实时大数据处理工具对这些数据进行分析和挖掘，形成智能决策，并通过开放式的云服务平台被按需调用，形成一套完整的服务于工业创新生态系统的技术体系。

工业互联网像一石击水，激起千层浪，在全球范围内引起了广泛而热烈的讨论。关于工业互联网的争论如火如荼，并将持续不断。争论的同时，改变已经发生。互联网革命的果实已经实实在在地让许多企业受益，一场新的技术变革势在必行也几乎成为人们公认的事实。许多人已经意识到这一场变革的核心及其潜在的能量，并在积极寻求应对之道。也有充足的迹象表明，这场由物联网、大数据、软件、微型化电子器件、移动计算等技术元素引发的变革有很大可能具有和第二次、第三次工业革命一样的历史意义。我们不妨用一句豪迈的话来描述当前的情形：第四次工业革命，或曰工业互联网革命，已经出发，正在路上。一场连接一切智慧的革命已经拉开序幕。

第十四章
科技和教育

一、科技创新从个体走向大众

当前，中国经济发展方式正从规模速度型的粗放式增长向质量效率型的集约式增长转变，更多地通过互联网模式，依靠经济和人才的规模优势实现改革和转型，在智能城市、智能医疗、智能交通、智能制造等领域培育新经济、新产业，促进中国战略产业进入创新价值链中高端。因此，发展中国重大战略产业无疑需要科技创新技术的新理论和方法的指导和支撑，这将直接决定中国产业和经济发展的未来。

从世界范围来看，科技创新正发生深刻的变革。以互联网和移动通信为纽带，人类群体与大数据、物联网等已经实现了广泛和深度的互联，使得人类群体智能在科技创新中发挥越来越重要的作用。例如基于群体开发的开源软件、基于众筹众智的万众创新、基于众包众享的共享经济等。这些新趋势昭示着人类科技创新已经迈入了新的阶段，新的科技参与方式和创新范式已经逐步显现出来，科技活动参与方式从强调专家的个人智能模拟走向群体智能，从逻辑和单调走向开放和涌现，科技创新范式从"以机器为中心"的模式走向"群体在计算回路"，从封闭和计划走向开放和竞争。面对新的挑战与机遇，我们必须依托良性的互联网科技创新生态环境实现跨时空地汇聚智能、高效率地重组智能、更广泛地释放智能。

钱学森在 20 世纪 90 年代曾提出综合集成研讨厅体系，强调专家群体以人机结合的方式进行协同科技创新，共同对复杂巨系统的挑战性问题进行研究。未来的综合集成研讨厅不单是关注精英专家团体，而是在互联网和网络大数据支持下，吸引和汇聚大规模自主参与者，以自主协同方式所涌现出来的超越个体智力的群体智能，可以称为"群智空间"。"群智空间"本质上是互联网科技创新生态系统的智力内核，辐射范围包括从技术研发到商业运营整个创新过程的所有组织及组织间关系网络。因此，"群智空间"将成为万众创新的理论基础和技术支撑，对当前大数据和共享经济时代的信息社会具有极为重要的推动和牵引作用。

二、群智科技众创的全球竞争态势

科技众创源自 21 世纪初，在开源软件、群体计算和众包等方面，提出了相应的模型和方法，并开展了科技众创的实践。在开源软件方面，基于群体智能的开源软件运动从根本上改变了软件生产模式，颠覆了传统软件产业格局，催生并加速了互联网的发展。目前 Github、SourceForge 等开源软件项目社区的软件家族数量已超过 400 万个，汇聚了超过 1500 万名全球不同类型的开发人员。在知识百科方面，维基百科的出现开辟了基于互联网群体智能实现知识汇聚的新模式（图 14-1-1）。目前，维基全球用户超过 4 亿多人，为维基百科贡献了超过 360 万个英语词条，直接导致大英百科全书 2012 年停止出版。WikiData 项目采用维基的群体协作机制构建世界上规模最大的链接数据库和知识图谱，攻克了大规模知识获取的难题。在群体计算方面，群体计算以机器调度群体进行海量分布式计算，其典型平台 Amazon Mechanical Turk 现已拥有数百万全球用户，从事海量数据标注等任务，为深度学习等研究提供了 ImageNet 等重要的数据资源。近年来兴起的众包技术激励群体以开放的方式完成指定任务，如面向天文学领域的 ZooUniverse、面向大众技术创新的 Innocentive 等。

微任务群智：Amazon Mechanical Turk

拥有数百万全球用户，从事海量数据标注等任务，为深度学习等研究提供了重要的数据资源

知识百科群智：维基百科

全球用户超过4亿多人，为维基百科贡献了4000多万个词条，相当于18000多页的大百科全书。大英百科全书2012停止出版

创新任务群智：AppStore

苹果公司的AppStore汇聚了70万人开发的App软件130万个

图 14-1-1　全球群智科技众创案例

总体来看，国际上科技众创产业正在蓬勃发展。中国的科技众创也几乎同时起步，尤其是在社会计算、群智感知和群体软件工程等科技众创的基础研究方面取得了国际领先的成果。在开源软件方面，中国在世界开源软件社区发挥了越来越大的作用。在知识百科方面，中国也涌现出百度百科等中文百科服务。在众包服务方法，中国也建设了"威客"、猪八戒网等众包平台。这些成果为中国进一步发展科技众创的研究和产业奠定了基础。

中国的群体智能产业虽起步比较早，但和国外的群体智能产业相比，存在一定的差距。世界上参与众创活动的科技人才达到上千万，其中仅约 25% 的人员来自中国，并且大部分参与的是国外众创科研项目。另外，虽然中国具有丰富的高素质人力资源，但目前已有的群体智能服务多限于简单劳动，这些人才的群体智能没有充分发挥出来。在这种形势下，国家需要积极布局，制定相关产业政策，引导中国群体智能产业向更高端、更深层次发展，建立专业化的群体智能产业环境，使中国丰富的智力资源和科技资源相结合，从而发挥群智科技创新的巨大作用，推动国家新经济发展。

三、中国科技众创的强大优势

2014 年科技部首次出版的《中国科技人才发展报告（2014）》显示，中国已成为第一科技人力资源大国，2013 年中国科技人力资源总量达到 7105 万人，中国科研人员总数为 353.3 万人，绝对总量已经超过美国居世界第一位。近年来，中国科技人力资源的总量还在快速增长，呈现年轻化、高学历化趋势。与此同时，中国高等教育进一步发展，目前中国接受高等学历教育的在校学生总数超过 2800 万人，为中国科技人力资源提供了充裕的后备力量。调查显示中国科技工作者社会参与意识明显增强，这也为中国开展群体智能研究和实践创造了有利条件。

近年来，中国的互联网基础设施稳步发展。网间互联架构持续优化，骨干网络全面进入 100G 时代，目前中国已建成全球移动网，成为全球最大的 4G 网络，并已启动 5G 网络建设。与此同时，中国网民规模持续增长，截至 2015 年年底，中国网民规模达 6.88 亿户，手机网民规模达 6.20 亿人。在相关政策的支持下，互联网技术的快速发展，科研、医疗、社会管理等传统领域不断与互联网相互交融渗透，带动传统的制造业生产方式的新变革。良好的网络基础条件、庞大的网民以及一系列政策支持，都为开展科技众创的研究与应用提供了必要保障。

四、科技众创的未来和形态

立足中国国情和现实需要，未来 30 年中国将首先在群体智能理论方法和核心技术方面取得重大突破，建立涵盖群体智能的感知、学习、决策、动作等的完整理论体系，提出面向各种应用的群体智能构造方法，设计群体智能的激励机制，建立可表达、可计算的激励算法和模型，建立群体智能汇聚的质量预测和检测模型，突破面向群体智能的感知和学习机制。基于上述理论和方法，突破大规模群智空间的构造、运行、协同和演化技术，使得中国的群体智能的研究达到世界领先水平。

　　同时，打造适合中国国情的群智众创空间（图 14-1-2），引入社会力量共同参与国家级群智空间平台的持续建设、稳定运营、长期发展，从而推动群智众创社区的发展，使中国群体智能成为国家科技创新的核心驱动力，成为国家创新体系重要组成部分，在实现科技与经济深度融合、相互促进方面发挥生力军作用。群智众创空间将面向基础研究和高技术研究的、跨学科、跨行业的群体智能平台，整合各类科研设施、成果、项目及数据等知识资源，会聚广大科研人员、高校学生和社会大众的群体智能，实现创新实践和人才培养相结合；充分实现精英专家和广大群众的互动创新模式，以群体智能打通基础研究—技术攻关—产品应用—市场推广的科技成果转化链条，逐步形成良性科技创新生态，推动相关产业的起步和发展，产生显著社会和经济效益，有力地支撑专业化众创空间建设，促进国家科技成果的转化。

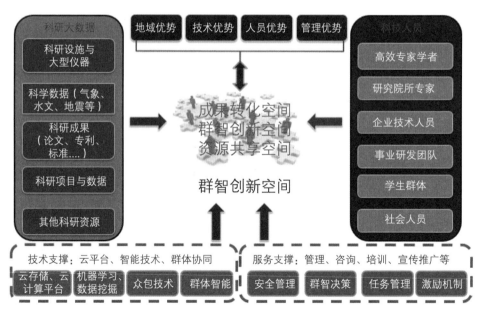

图 14-1-2　中国群智科技众创空间构想

　　群智众创将促进传统产业转型升级和新兴产业发展，培育新的经济增长点，推进中国共享经济在教育和医疗等关系民生的重点领域的发展。未来将基于群体智能的创新理念，创新文化形成活跃氛围，推动全社会形成创新活力竞相迸发、创新源泉不断涌流的生动局面。同时，紧密结合中国共享经济在教育、医疗、体育领域的发展需求，提高民生领域稀缺、高质量资源的利用率和共享度，改善中国人民生活的质量。与此同时，相关创新制度环境、市场环境和文化环境也将全面升级，在群智众创中保障全社会知识产权、收入分配等权益。

未来将首先建立起面向万众创新的国家需求，建立权威性的、全国范围的群智空间，充分打破工业时代机械化的智力管理模式对协同创新的限制，释放和汇聚群体智能，发挥中国智力资源的优势和红利。群智空间将建立完整的群智众创计算支撑平台的体系结构、运行机制、安全策略和群体协同工具，构造基于互联网的群智众创服务平台，支撑建立科技众创、软件创新、群智决策等共性应用服务系统。建立群智科技众创服务系统，打造面向科技创新的众创科研服务系统，直面国家经济社会发展和民生改善的重大问题，利用群体智慧和专家攻关，解决中国科研和企业面临的各项技术难题，促进中国国家经济发展和带动中国创新创意产业，打造经济发展的新引擎；全面支撑国家的"大众创业、万众创新"重大战略，实现创新实践和人才培养相结合，激励大学生通过群智科技众创系统参与创新创业，初步形成中国群体智能的产业生态体系和具有全球竞争优势的产业集群。面向国家对软件自主创新的重大需求，构建群智软件学习与创新系统和群智软件开发与验证自动化系统，未来将面向全国超过 1000 所高校以及全球超过1500 万人的学习者和大众开发者提供服务，汇聚全球 90% 以上开源软件项目及其开发者和在线文档，形成资源质量可度量、开发能力可评估、发展趋势可预测的开源战略资源库，推动形成基于群智的软件创新人才培养模式，实现中国对全球高质量开源代码的自主掌控和智能复用。建立群智共享经济服务系统，为各类民生服务领域提供创新解决方案，在涉及衣食住行、教育医疗、媒体传播等受到广泛关注的民生领域向用户提供公共服务，为信息时代的经济发展创造新形态和新增长点。

五、教育从封闭走向开放

基于互联网基础设施和先进计算平台，请优秀的教师开设正式的大学课程，让本校、外校以及任何其他愿意学习的人同步学习、异地同窗，形成一人教万人学的盛况，师生互动、生生互动，达到较高的教学标准，让优质教育资源得到充分辐射与共享，将成为未来教育的一种基本形态。这样的教育形态对中国是特别有吸引力的，因为我们要提高高等教育质量，我们还有 70% 的青年人没能接受高等教育。因此，发展以互联网和先进计算技术为基础的大规模开放在线教育，将成为中国融合传统教育和在线教育，进一步扩大高等教育的普及率，并在教育领域的全球化进程中构建自主的教育阵地的突破点。

随着互联网和移动通信网络的高速发展，互联网已经成为人类社会不可或缺的信息基础设施，使得教育资源的大规模传播共享成为可能，促进了教育从面向小规模团体的封闭形态向面向全体互联网用户的大规模开放形态的转变。例如大规模开放在线课程、大规模开放在线研究、大规模开放在线实验等。这些新的教育形态的出现和高速发展预示着教育理念和社会发展的一场变革，新的教育和学习模式已经逐渐成型，参与学习的方式从校园式的小规模集中形态转变为基于互联网的大规模分布式形态，优质教育资源从封闭自享转变成为开放共享，学习时间安排上从传统的按固定课表安排学习转变为随时随地联网学习，教学中师生关系从一名教师面对几十、数百学生转变为几名教师组成的教学团队面对成千上万名学生。这样的转变为高等教育的深入改革带来了全新的机遇和挑战，我们必须依托互联网和先进计算技术研究大规模开放在线教育的新技术和新模式，充分发挥其开放型、互动性、个性化的特征，有效解决优质教学资源匮乏、教学方法陈旧僵化、教育质量亟待提高等突出教育问题。

未来大规模开放在线教育的发展将带来更多的变化：让学生拥有前所未有的机会聆听来自一流高校的课程；让优秀教师的能量成倍扩散，并通过收集大规模的

反馈建立更好的课程体系；让普通教师更方便地进修提高，并且复用优质的教学资源；让学生不仅能够向优秀的教师学习，也能够与共同参与学习的大规模学生群体互相学习；让学生能够根据自己的需要，自由地订制自己的学习方案，智能地推荐学习内容；更加紧凑和丰富的内容展现方式让人们能抓紧空隙时间充电，让知识传播得更广，推动教育模式迈入全新的阶段。因此，大规模开放在线教育将从根本上变革传统的课堂教学模式，为信息社会的教育和学习带来深远的影响。

六、教育机会平等的促进者

大规模开放在线教育为世界各地的学生带来了不敢想象的学习机会，已经成为越来越多人获取知识、提升自我、结交学友的重要平台。作为"颠覆性的技术"，大规模开放在线教育最大的作用是为来自教育落后之地的学生打开了一扇通向世界的大门。全球范围内，许多人因为生活艰困（地处偏僻或身处战乱）或经济拮据（受金融风暴冲击），没有机会进入大学。但是大规模开放在线教育诞生之后，这些问题就迎刃而解。只要能上网，全世界每个角落的任何人都有机会修习美国斯坦福大学、哈佛大学与 MIT 大师们精彩的网课。根据在线公开课 Coursera 统计，其注册学员中有高达 61.5% 来自海外。对众多学生而言，顶级学府的课程触手可及，是一种"拨开云雾见青天"的学习体验,使每个人都能得以自由而全面地学习和发展。可以说,大规模开放在线教育在一定程度上实施了全球性的全民教育,促进了教育机会平等。

七、教育质量的改善者

大规模开放在线教育不仅改善了教师重复劳动的低效率工作方式,还为教师提高授课水平带来了前所未有的帮助。通过大规模开放在线教学和实践的云环境,收集大规模的教学反馈数据能帮助教师准确、定量地把握学生的学习状况和习惯,从而有针对性地改进教学设计,探索适应性的教学方法,实现个性化的互动模式,激发学生的学习兴趣和热情,使他们自主化、高效率、高质量地完成学业。美国普林斯顿大学的社会学教授米切尔·邓奈尔在线授课几个小时后,在线课堂涌现出数百条评论和问题。数日之后,数量达到数千条。邓奈尔在给《高等教育纪事报》的文章里写道:"三周之内,我收到的与自己的社会学见解有关的反馈比我整个教学生涯中收到的还要多,它们极大地影响了我之后的每次大课和讨论课。"大规模开放在线教育中的虚拟实验室使得教师在同样的时间内能为课堂现场教学几万倍的学生授课,比如 MIT 的阿加瓦尔教授发明了名为 Websim 的软件,能虚拟科学实验的全过程,使得线上学习 edX 的学生能在线开展模拟试验。

(一) 教育模式的变革者

大规模开放在线教育将教育模式从以教师为中心转变为以学生为中心,并提倡个性化学习。这是教育领域具有划时代意义的巨大变革。另外,线上课程将成为在校学生大学经历的基石,虚拟教室和真实课堂的融合将推动学术的发展。美国加州圣何塞州立大学的考试结果已证明,在线教育技术可以提高大学课程及格率。整合了在线内容课程考试的及格率为91%,而不包含在线内容的考试的最低及格率仅为55%。edX 创始人阿加瓦尔表示:"我们正在彻底改造教育,大规模开放在线教育将改变世界。"不仅如此，大规模开放在线教育的出现体现了高等教育的国际化。Coursera、edX、Udacity 不分国籍都可以注册，并且这种浪潮涌到了全球，这是实现教育全球化和平等化的绝佳途径。

（二）大规模开放在线教育发展现状

自 2002 年开始，美国麻省理工学院起动开放课件计划，把大学基础课程的基本概念和主要内容制作成互联网上可以下载的课件。2004 年 9 月，在开放课程材料（OCW）的基础上，MIT 还提出了建设网络实验室（iLab）和网络校园（iCampus）计划，对实验室和教学工具也将要进行公开共享。之后一种新型的课件，也就是大规模开放在线课程（MOOC）涌现了出来。它以美国一流教授的授课材料、习题讨论和测验考试为内容，着重课件共享的开放性和公益性，追求教育平等的终极目标，这预示着全新教育革命的到来。2012 年以来，MOOC 在美国取得了空前成功，被媒体和大众称为"MOOC 元年"。 以 Coursera、edX、Udacity 为代表的 MOOC 平台涌现出来，在很短的时间内吸引了全世界的学生使用和学习

MOOC 课程。以 Coursera 为例，上线仅仅 4 个月，就拥有了百万量级的学生群体。2013 年 4 月 19 日，Coursera 成立 1 周年，已有超过 320 万名学生注册，与美国麻省理工学院、斯坦福大学、密歇根大学、普林斯顿大学、宾夕法尼亚大学和中国香港科技大学等 62 所高校展开了合作，开设 30 多类学科共 341 门课程。创始人吴恩达和达芙妮·科勒双双入选《时代》2012 年 100 名最具影响力人物。MOOC的影响力举世瞩目。在工业界，微软研究院美国总部的杰出科学家阿诺普·古普塔在 2012 微软公司亚太教育峰会毫无保留地盛赞 MOOC："这是第一次，网上教育被证明优于传统教育"；《纽约时报》也评价 MOOC 的崛起是 2012 年横跨 IT 和教育界的颠覆性的技术。在学术界，《自然》杂志的《Campus 2.0》一文指出，MOOC将推动科学研究的发展、改变高等教育的格局；《科学》杂志同样对大规模开放在线教育寄予厚望，推出了整整一期专刊讨论在线教育的挑战和前景。

总的来说，国际上大规模开放在线课程产业正处于高速发展过程中，引起了国内高校的广泛关注。清华大学、北京大学、北京航空航天大学、国防科技大学、复旦大学、上海交通大学等高校纷纷在第一时间与 Coursera、edX 等国际知名MOOC 平台合作，开设了一大批优质课程。网易、果壳等公司也开展了 MOOC 在线学习环境的合作与建设。许多高校意识到在线教育资源的价值与作用，建立自有MOOC 平台以保证在线学习数据的自主性，并逐步开展面向在线教育大数据的教育规律分析工作，如清华大学、国防科技大学、北京航空航天大学等。这为中国大规模开放在线教育的研究与发展奠定了基础。

尽管国内外的对于大规模开放在线教育做了一些初步的尝试，展示了潜力，还有许多基础性研究工作需要完成：除了支撑大规模开放在线教育开发与执行的平台技术与教育技术外，还包括基于大数据分析的教学评价原理，利用大规模开放在线教育平台提高教育质量和培养学习者学习兴趣和创新能力的机制，维护与保障在线学习成果有效性的方法等。特别地，还应该强调将研究成果及时应用于大规模开放在线教育的教学实践中，让它们在不断的实践中得到进化与完善。大规模开放在线教育质量规模效应的巨大潜力，已经被包括教育工作者、企业家和政府官员等越来越多的人所认识。对于急切需要提高高等教育质量，同时也让更多的青年得到高等教育机会的中国，及时让这种潜力变为现实更具有重要意义。

（三）中国发展大规模开放在线教育的必要性和优势

中国经济社会正处在发展转型期，调结构、转方式，从过去的耗资源、耗环境、依靠廉价劳动力的粗犷型发展方式，转到主要依靠科技进步、劳动者素质能力提升和管理制度创新发展方向上来。所以劳动人口素质能力提升是中国未来经济社会发展的三大动力之一，也是高等教育的主要任务。中国虽然有 2500 多所高校，在校学生总数超过 2800 万人，但是由于人口众多，还有 70%的青年人没能接受高等教育。要解决这么大规模的人口的高等教育和教育质量问题，充分发挥劳动人口素质提升带来的经济提升和发展，中国必须发展大规模开放在线教育，实现人的全面而自由的学习，迅速提高中国的高等教育水平，使每个人的创新精神与创新潜能得到最大最充分的发挥，增强中国的综合国力。

除具有庞大的学生以及待教育群体之外，中国的互联网和移动通信网络也取得了巨大的发展，目前中国已建成全球最大的 4G 网络，5G 网络架设已经开始，互联网的带宽也在持续提高，百兆光纤已经入户，光纤宽带用户占比达到 72%，全国固定宽带平均接入速率达到 2015 年的 2 倍。与此同时，中国互联网用户数量持续增长，截至 2016 年年底，中国互联网用户人数达 7.21 亿户，位居全球第一，4G 用户已达 7.3 亿户。针对国内高等教育普及率过低的问题，中国政府把教育信息化发展提到了战略重要地位。例如，早在 2012 年全国教育信息化工作电视电话上就指出：要深入贯彻落实教育规

划纲要，创新教育模式和学习方式，加强优质教育资源和信息化学习环境建设，推进信息技术与教育教学的全面深度融合，加快提升教育信息化整体水平，为实现教育现代化、建设学习型社会和人力资源强国提供坚实支撑。教育部专门颁布了《教育信息化十年发展规划（2011—2020 年）》，特别提出实施"中国数字教育 2020"行动计划。高速的网络基础设施、庞大的学习者群体以及国家政策的支持，为中国大规模开放在线教育的研究与发展奠定了良好的基础。

（四） 大规模开放在线教育的未来

首先，根据中国大规模开放在线教育的发展现状和国家的重大需求，在 2050 年之前中国将成为大规模开放在线教育的大国，大规模开放在线教育将深入全国各个高校和社会的各个角落。在大规模开放在线教育研究方面，中国将在教育理论方法和支撑技术方面取得重大突破，建立大规模开放在线教学活动的计算模型和效能原理，设计大规模开放在线教育环境下群体学习与创新的体系结构和执行机制，提出大规模开放在线教育教学质量、效率和公平性的保障方法与技术；突破基于大数据分析的大规模开放在线教学计算模型与学习模式、大规模开放在线教育环境下群体学习与创新的方法和技术、支撑大规模开放在线教学活动的智能展示技术、面向大规模开放在线教学的质量评估和效率保障、大规模开放在线教育平台技术及其大规模、跨院校教学实践的策略与支撑技术等关键技术，使得中国在大规模开放在线教育研究方面进入世界前列。以此为基础，还将面向中国社会不同人群的不同学习需求，协调国家、高校、企业、培训机构等多方力量，建设层次化的大规模开放在线教育平台，促进中国大规模开放在线教育的稳定持续发展，汇聚高质量的教育资源，建立与传统教育体系相辅相成的国家级在线教育体系，在提高人民素质、普及高等教育等方面发挥重要作用。

其次，与传统教育平台不同，大规模开放在线教育平台需要服务成千上万的学生，处理海量的信息数据。它与其他具有"大数据"特点的计算系统，如商业信息服

务、科学计算、智慧城市相比，是以教材为内容、以学习为核心、以师生教学为模式、融合了数据和人紧密耦合互动的全新信息系统，在不久的将来，通过深入发掘该系统独特的内在规律和效能原理，大规模开放在线教育平台将能够能有力地保障几位教师加上少量助教，面对数以万计、背景各异的学生，仍然能根据每个学生的学习活动和表现，实时地、持续不断地对学习内容、学习计划和学习评估等环节做出适应性的调整，从而实现最佳的学习效果，达到高质量的教学水平。

再次，大规模开放在线教育平台所面对的是大规模学习者群体，未来将能够从群体学习的过程中发现学习规律和模式，优化群体教学的规划和流程，建立强大的学习激励机制，提升和保持学生持续学习的兴趣和热情，从而提高课程的完成率，并且能够基于群体学习和创新的新型体系结构，通过典型案例设计和富有趣味的实际问题，吸引广大学子积极参与面向实际问题的开发和应用的实践，创建出一种与传统教育方法不同的群体化、自组织的执行机制，有效地组织和协调广大学生协作完成复杂问题求解，并使优秀人才脱颖而出，体现"学以致用，用以促学"的群体化教学实践理念。

最后, 大规模开放在线教育平台将会带来全新的教育和学习计算模型, 通过对海量教学数据进行分析, 对教材的质量进行定性和定量的评估, 通过综合在线讲解、在线答疑和学生完成课程比例等海量的学生学习数据, 实现对教学质量的定量评估。同时, 大规模开放在线教育平台将能够根据学生的学习模型和教材的知识库, 自动生成个性化作业, 即适应每个学生当前的学习状态和能力, 又能使每个学生得到不同的在线作业, 减少抄袭的可能, 通过提交作业的相似度、在线作业文字输入的习惯模式和速度, 以及学生作业成绩的历史情况, 方便、高效、准确地确认网络学习行为者的身份, 并对可能出现的抄袭和舞弊, 实现自动化的筛查, 并借助于群体化的力量进行重审和确认, 力争杜绝网络作业的抄袭和舞弊行为。借助先进计算技术的发展, 课程作业将实现自动化评阅, 并且可以借助教学社交网络, 调动学生社群的积极性, 鼓励有经验的学生参与作业评阅工作, 实现作业任务的有机分解和碎片化的作业点评机制, 实现面向作业评阅任务的分发、评估、综合等。

大规模开放在线教育平台还将会对传统的教育理念和学习模式进行创新和颠覆, 实现以现代信息技术为支撑的翻转课堂、个性化教学和游戏化的创新课件工程为特征的新方法和新理念。通过利用计算机科学的人工智能、机器学习、数据挖掘与社交计算等技术, 结合教育学领域的混合学习、翻转课堂、课件工程等理念, 围绕大规模

开放在线教育的三个实体——教师、学生与计算平台，通过混合学习模式和翻转课堂优化利用教学资源，基于大规模的学习反馈数据，对学生的线上学习情况进行分析、处理、归类、建模，发现学习过程中的难点与瓶颈，使得教师能够有针对地在课堂上给予恰当的点评和指导；在学习内容上，通过自适应学习算法，平台将可以为每位学生生成量身定制的课程列表，在恰当的时机对合适的人选以适合的内容和方式进行教学，结合传统教学与网络化学习的优势，有机统一于学习的整体中；教与学的过程将更依赖于高质量和启发式的课件。在课件中有意识地加入激励元素和游戏化元素，能够增加课程的趣味性，调动学生的积极性，将被动学习转化为主动学习，并使得整个学习过程变得更加生动、更具有参与性，从而提高学习效果和课程的完成率。

大规模开放在线教育平台将面向全国超过 1000 所高校的 2500 万在校学生以及更多的未能进入高校进行高等教育的学习者，需要满足至少数十万的学生可以同时访问数百门课程的内容、进行在线交流讨论和学习评估等，并且随着课程以及学生数量的不断增加，将产生的庞大用户行为数据与教学反馈数据进行有效管理、分析和处理，形成可扩展的群体化网络教学和实践创新平台，为学生提供高清晰的课程视频服务、在线实时交流和互动服务、智能的教学辅导和群体化的实践创新环境，同时具备全面和科学的课程质量评估和效率保障能力。

以互联网和移动通信为纽带，人类群体、大数据、物联网已经实现了广泛和深度的互联，使得人类群体智能在万物互联的信息环境中日益发挥越来越重要的作用，由此深刻地改变了科技、教育等诸多领域。借助互联网，中国科技创新将逐步从个体走向大众，教育也将逐步从封闭走向开放。未来，群智科技众创将是国家科学和技术创新的主要方式，成为中国信息产业变革的新途径和共享经济发展的核心驱动力；与此同时，大规模开放在线教育将深刻影响社会生活的方方面面，为中国高等教育的发展带来挑战，同时也是普及和发展中国的高等教育，提高教育质量，培养更多的创新人才的一次机遇。

第十五章

经济

回顾过去，中国经济经过 30 多年的高速发展，取得了世界瞩目的成就，根据国家统计局发布数据显示，2019 年中国全年国内生产总值达 990865 亿元，按可比价格计算，比上年增长 6.1%，保持了平稳持续增长，社会主义市场经济体制日趋成熟。同时我们也要看到，尽管中国已经成为全球第二大经济体，但中国经济发展水平的落后还是比较明显的，人均 GDP 全球排名不高，在结构、效率、机制等方面仍然需要进一步提升，经济社会中的矛盾和问题已经凸显出来，迫切需要经济转型。在复杂多变的国际政治经济环境中和国内改革发展任务艰巨繁重的情况下，当前中国经济正处于发展的关键期和改革攻坚时期。利用信息技术加快转变经济发展方式，解决发展不平衡、不协调、不可持续的问题，推进经济结构战略性调整，实现社会成功转型，既是一个长期过程，也是当前最紧迫的任务。

随着互联网、物联网、区块链、大数据、人工智能等信息技术的快速发展，信息技术不断涌现出旺盛的活力，促进数字经济快速发展，引领社会转型和变革。展望未来 30 年，互联网、物联网等能够精确感知社会的真实需求，区块链等技术可以准确存储和记录社会的行为轨迹，大数据和人工智能等技术可以为经济精准分析提供有力支撑。未来，一切都将数字化，数字化将成为社会经济变革的根本性力量，数字经济将为社会经济的和谐发展提供可靠保障。

一、互联网和物联网快速感知社会经济真实需求

互联网技术的广泛使用、物联网技术的快速发展和共享经济战略的实施使得互联网和经济社会深度融合已经成为大势所趋。互联网、物联网、人机交互、脑机交互等新一代信息技术的快速发展为个人、企业和社会的全面感知提供了可能。

（一） 无所不在的个人感知

在日常生活中，经济发展、社会治理和文化发展等与百姓生活密切相关的领域正在与互联网发生着化学反应，互联网的创新不断地改变着人们的生活方式。随着Web 2.0 时代信息的膨胀式发展，移动互联下实时人机交互的快速推进，人们在使用博客、微博和微信等网络社交工具的同时在信息空间留下痕迹。随着智慧家居、智慧社区和智慧城市的不断完善，人们在享受丰富的物质生活的同时在物理空间中的行为不断被记录。同样，随着移动健康、心理测试等工具的不断使用，人们的心理状态也被实时捕捉。在物理空间、信息空间和心理空间的三元信息被实时捕捉、感知和耦合。

随着个人感知的深化和发展，人们的生活、消费和出行更加趋于智能化，它不仅使得人们的生活更加便利、获得的服务更加个性化，而且是在潜移默化地改变人们的生活方式、优化社会资源配置、实现经济的可持续发展，并进一步满足人们的物质文化需求，推动社会生产的进步。

（二） 互联互通的企业感知

从产业发展来看，全球经济危机后，世界范围内出现重振制造业浪潮。德国工业 4.0，美国工业互联网，中国智能制造 2025，都反映出在互联网环境下产业创新

升级发展的趋势。中国制造业正处在由传统制造业向现代制造业转型升级阶段，云计算、大数据、物联网等技术的发展日新月异，成为驱动工业转型升级新引擎。积极实施智能制造工程，充分发挥物联网在企业数字化中的重要作用，构建新型制造体系，促进新一代信息通信技术、高档数控机床和机器人等产业发展壮大。

工业 4.0 时代的快速发展，关键在于信息物理系统的构建。该系统是集成计算、通信与控制 (3C) 于一体的智能系统，通过人机交互接口实现信息空间与物理空间的交互与融合，同时可使系统变得更加可靠、高效、快速，这是实现工业 4.0 的基础。工业 4.0 基于其发展方向可以分为两大类：个性化定制和智能流程优化。个性化定制就是实现产品的个性定制，使得企业根据客户的需求更高效地提供更个性化生产；智能流程优化就是工业生产的高效化与绿色化，其目的在于实现能源与资源的高效利用，污染物实现零排放，消除工业生产对环境的负面影响。工业 4.0 从某种意义上来说是基于工业数据的感知、认知和决策形成的决策、生产、仓储和销售过程。因此，工业 4.0 可通过产业链划分为智能生产、智能工厂、智能物流和智能服务等四个层次。智能生产侧重点在于将人机互动、信息技术及物联网技术应用于整个工业生产过程，并对整个生产流程进行数据监控、采集、分析和反馈；智能工厂是工厂智能基础设施的关键，其重点在于研究智能化生产过程以及网络化分布式生产设施的实现；智能物流通过互联网、移动互联网、物联网和企业内网整合物流资源，快速获得服务匹配，以充分发挥现有物流资源供应方的效率；智能服务主要通过大数据技术和行为分析等自动辨识用户的显性和隐性需求，并且主动、高效、安全地满足这些需求。

（三）全面洞悉的城市感知

从城市发展来看，随着 GIS、GPS 等技术的快速推进，一方面，从智慧家居、智慧社区到智慧城市的逐步扩展；另一方面，从智慧交通、智慧旅游到智慧金融、智慧商务等领域扩张，使得城市整体向个人、企业一样被感知，这样不仅可以实时监测城市的运行轨迹，而且对城市的突发事件监测预警提供了可能，从而实现全面洞悉的城市感知。

全面洞悉的城市感知，是由解决方案、传感感知、传输通信、运算处理四大关键环节构成，其中，解决方案是核心，传感感知是基础，通信传输是保障，运算处理是重点。从城市感知的发展动力来看，解决方案是城市感知的核心驱动力，只有可行的解决方案得到市场的认可，才可能实现城市的全面洞悉。要实现可行的解决方案，关键要实现对城市的传感感知，可以由物联网技术来实现，将各种信息传感设备（如图像识别系统、激光扫描器、射频识别装置、红外感应器、全球定位系统等）通过互联网连接，并通过云平台进行数据整合与分析，形成一个智能化识别与智能化管理的网络。通信传输是保证全面洞悉迅速高效传输信息的基本保障，其主要技术有包括光纤通信在内的高速传输技术。运算处理是城市感知的决策核心，更是数据分析的重中之重，经过通信传输所获得的物联网信息将由中央计算平台处理、反馈，以做到真正地为决策者提供高效、智能的服务。

（四）　交互融合的社会感知

近年来，随着互联网、物联网、人机交互、脑机交互等新一代信息技术的快速发展，社会感知已经逐步融入人类的日常生活，以前所未有的方式增强了收集、分析和利用数据的深度和广度。生活在由互联网和物联网等交互融合所形成的混合网络环境中的人类，留下的数字足迹汇聚成为一幅集成个人、企业和城市的行为全景图，为理解和感知社会提供了重要的参考和帮助。

社会感知借助新一代信息技术可以感知个人、企业和城市在物理空间的连续数据，可以捕捉信息空间的实时数据，可以洞察不同主体心理空间的不断变化，经过交互融合的大数据分析和处理，获得个体、企业和城市的交互信息，社会感知可以为物理世界和宏观社会经济分析建立真正的桥梁，为宏观经济分析和社会变革提供决策支持。

社会感知将使人们传统的生活发生革命性的变化，它的出现使得感知物理世界、分析社会交互、支持宏观经济分析成为可能。同时，也为计算机领域的发展带来

了新的机遇，通过计算机科学与社会科学、认知科学、社会心理学的交叉融合，感知揭示人类社会内在活动规律，解释人类发展的动态演化过程。

综上所述，消费互联网时代，用户主体是消费者个人，商业模式是通过高质量内容和有效的信息提供来获取流量，通过流量变现吸引投资，然后形成完整的产业链，并改变人们的生活方式。与消费互联网相比，工业互联网则是以生产者为用户、以生产活动为主要内容的互联网应用，它涵盖了企业生产经营活动的整个生命周期，在设计、研发、生产、融资和流通等各个环节渗透，通过物联网提供的技术、云资源和大数据分析，重构企业内部的组织架构，改造和创新生产经营和融资模式以及企业与外部的协同交互方式，实现提升效率、降低成本、节约资源和协同发展的目的。在此基础上，个人、企业和城市的互动形成了社会经济的全面感知，可以最大限度地捕捉社会经济的真实需求，为社会经济的持续健康发展提供有效的信息来源并提供可验证的现实背景。

二、区块链技术为数字经济提供有效基础支撑

区块链技术是运用共享数据库技术形成的一种分布式账本方法，将区块链视为点对点网络上的一个分类账本，每笔交易自诞生起，所有转账、交易都将被记录在"区块"上，区块与区块之间首尾相连，形成链式结构，并且将所有记录公布给该网络上所有的节点，节点之间通过共识机制达成共识。节点成员可根据权限查阅相关交易记录，但任何单个节点都无法轻易控制和更改整个网络的数据。

（一） 区块链的兴起与快速发展

区块链是以比特币为代表的数字货币的底层支持技术，其最大的优势是去中心化，通过采用密码学、分布式共识算法、激励措施等手段，实现在一个无须节点之间相互信任的分布式系统中的点对点交易以及协调协作，从而解决中介化金融体系中

的高信任成本、效率低下和数据存储安全等问题。近年来，随着数字货币的发展和普及，区块链技术的研究也成为了当下学术界的一个热点问题，被认为是一项可以完全颠覆现有金融体系的革命性的新技术，是人类信用历史上重要里程碑。从某种意义上来说，当前的互联网时代可以视为信息的互联网，而区块链技术可以实现价值的互联网，未来对人类的社会生活的影响力将不亚于互联网对人类生活的改变。

区块链技术的起源要追溯到 2008 年，一个化名为"中本聪"的学者在密码学期刊上发表的论文《比特币：一种点对点的电子现金系统》。区块链技术的飞速发展引起了金融机构、政府部门、科技企业等各领域的关注。美国全国证券交易商协会自动报价表（纳斯达克）在 2015 年 12 月推出了证券市场全球首个基于区块链的证券交易平台 Linq；全球最大的会计师事务所之一德勤会计师事务所也成立区块链研发团队，致力于探寻区块链技术在审计中的应用以提升其服务质量。中国人民银行也于 2016 年 1 月召开数字货币研讨会，研讨基于区块链的数字货币的相关重大议题。2016 年 4 月，法国巴黎银行宣布将与众筹平台 SmartAngel 建立合作关系，共同探索区块链在众筹领域的应用技术，为初创企业融资提供更加便利的解决方案。

由于区块链自身的特点，将重构社会经济在线上和线下的价值信用体系，通过广泛共识和价值分享，推动形成人类社会在信息文明时代的价值度量衡，从而构建新的诚信体系、价值体系、秩序规则体系。作为比特币的底层技术，区块链带来了革命性的颠覆。股权、债券、票据、收益凭证、仓单等各类资产均可被整合进区块链中，成为链上数字资产，使得资产所有者无须通过各种中介机构就能直接发起交易。

（二）　区块链的广泛应用

区块链技术经济金融和社会系统中存在着非常广泛的应用场景，除数字货币之外，在金融交易和资产管理方面有很大的应用潜力。

由于区块链的去中心化、去信任化的特点，区块链技术天然地就与金融市场有非常高的契合度。由于区块链可以依托其独有的共识机制来自发地建立信用，从而

在很大程度上可以使所有的金融交易活动实现去中介，这对目前的银行体系、第三方支付等中心化的金融体系是颠覆性的变革，会给现有金融模式带来巨大的冲击。在互联网金融领域，区块链已经应用于股权众筹、P2P借贷等方面。证券市场也是其重要应用场景，在传统的证券市场中，需要有银行、证券公司和交易所等中心化的机构，而区块链技术可以使其实现完全去金融中介化，能大大降低交易成本和提高效率，避免中央结算机构烦琐的中心化交割过程。

区块链在资产管理方面也有着广阔的应用前景，由于区块链上可以承载任何类别的数字资产，不仅仅是数字货币，能够实现任何有形的和无形的资产的授权和实时监控。对于无形的资产，基于区块链的时间戳技术和不可篡改的特点，可以应用于知识产权保护等领域；而对于有形的财产，可以通过区块链与物联网技术的融合，形成"数字智能资产"，实现利用区块链技术对资产进行授权控制以及所有权变更。

除金融服务行业的应用探索之外，社会公益、教育就业、供应链管理、智能制造等行业也开始了区块链的探索和应用。例如，在供应链管理中，利用数字签名和公私钥加解密机制，可以充分保证信息安全以及寄、收件人的隐私。用户没有收到快递就不会有签收记录，快递员无法伪造签名，可杜绝快递员通过伪造签名来逃避考核的行为，减少用户投诉，防止货物的冒领误领，而真正的收件人并不需要在快递单上直观展示实名制信息，由于安全隐私有保障，所以更多人愿意接受实名制，从而促进国家物流实名制的落实。

（三） 区块链改变生活

区块链作为一种价值传输的协议，可以用于一切价值相关的领域，在未来这项新技术对社会生产生活所产生的巨大影响可能会远远超出想象。可以预见的是，区块链技术将会深入各个行业，对未来经济产生颠覆性的影响，可以打破信息不对称，让所有市场交易都可以实现去中心化，进而提高交易效率，大幅降低社会成本，为市场经济的方方面面带来深刻的变革。

随着区块链在经济金融、社会商务等领域的快速发展和广泛应用，可以改善现有的商业规则，构建新型的产业协作模式，提高协作流通的效率，有助于提升公众参与度，降低社会运营成本，提高社会管理的质量和效率，对社会经济治理水平的提升具有重要的促进作用，有望重塑人类社会活动形态，为数字经济精确记录和存储提供了技术保障。

三、大数据和人工智能将为经济分析提供精准匹配

个人需要消费和投资决策，大中小企业需要进行生产、城市需要正常稳定运行并在有突发事件时进行应急响应。随着不断积累，大数据可以为社会转型和经济运行提供有效数据支持，而人工智能则可以实现社会经济的精准匹配，为社会经济发展提供重要决策支持。

（一）大数据提供精准需求

当前，信息行业飞速发展，网络数据正以爆炸一样的速度增长并渗透到社会生活的各个角落，大数据时代已经到来。在信息行业，大数据已经成为业界最时髦的一个词并且正在对每个领域都造成影响。2009年谷歌公司的两位研究人员利用网络搜索数据监测流感的发生，美国疾病控制中心需要用1~2个星期来收集和发布监测数据，而利用网络大数据的预测却能在很短的时间内自动完成，这样可以很好地为大面积流感的爆发提供一个更为有效及时的预警系统。2012年3月，美国启动大数据研究和发展计划，旨在提高从庞大而复杂的科学数据中提取知识的能力，从而加快科学与工程发现的步伐，加强包括国防安全，能源等在内的一些最紧迫的挑战。

在中国社会转型时期，充分利用大数据，通过经济学原理建立数学模型对社会经济进行实时监测和智能预测，其优势是显而易见的。

首先，在实时反应速度上，基于网络大数据的社会经济预测是传统经济预测方法远远不能比拟的。传统的经济数据统计（如GDP数据）是通过基层调查，逐层上报，综合核算的方式最终得出的，由于牵涉部门多而庞大，必然对时间效率有所影响。然而，利用网络数据的预测，从数据获取的数据分析都是实时的，尤其微博的数据具有更新更快的特点。在实时反应速度上，较传统方法有了极大的提高。

其次，使许多传统领域不能预测度量的数据变为可能预测，网络大数据具有实时、海量、真实的特点，尤其在社交网站等网络平台中，大量的数据都是网民随时随地的更新发布。传统预测数据的获取多采用问卷调查的形式，这种方式属于抽样分析，很难极其精确的反映真实情况，甚至有些调查无法做到，如社会对股市的预期。而网络数据很大程度上是社会的真实态度，例如对股指的下降，有人会在微博上发出牢骚，对于物价的升高，也会有人在网络上抱怨。通过对网络数据的筛选并融合，完全可以做到对经济市场的情感挖掘，从而更准确实时地反映出经济状况，这些是传统的统计分析预测方法难以做到的。

最后，使用大数据进行分析挖掘，能够分析出更多的难以预料的知识规律。数据挖掘的优势在管理决策上的优势已经在许多行业得以发展，在尿布与啤酒的案例中，常人看来，尿布与啤酒风马牛不相及，若不是借助数据挖掘技术对大量交易数据进行挖掘分析，沃尔玛是不可能发现数据内在联系这一有价值的规律的。

大数据积累和完善为社会经济预测分析提供了可能，而人工智能技术则可以在此基础上对社会经济供需双方进行深入挖掘并智能匹配，促进供给侧改革，减少人们日益增长的物质文化需求与社会经济供给不足之间的矛盾。

（二） 人工智能提供精确匹配

人工智能系统的开发和应用已为人类创造出可观的经济效益，在促进社会经济发展中具有重要作用。在当今时代，技术的发展是以人类的意志为转移的，人工智能最主要的目的还是要为人类服务，尤其是对企业而言，如果这个技术能为它带来高额的经济利益，那无疑会得到优先的发展。

人工智能的广泛应用使得整个社会的劳动效率有极大的提高。人工智能在某些行业能够代替人类进行体力和脑力劳动，它已经能够在一些烦琐的重复性工作中达到与人工完成任务相同的效果，甚至超过人工所能达到的程度。人工智能的应用使得人们摆脱了更多基础的重复性工作，并且由初步探索发展到在一些领域能够比人类更加出色地完成任务。人工智能在很大程度上已经融入人们的生活，能帮助人们完成基本日常生活中的事务，并且基于人们日常的行为数据进行分析，为人们提供决策建议，人工智能甚至会比用户本人更了解用户。传统上需要人工处理的工作，已逐渐由智能机器代替，如机器人服务员、智能家具产品等。同时，人们采纳人工智能产品提供的建议，例如智能健康检测仪器，可以根据使用者的身体检测指数，为用户做出更加完善、准确的判断，提出最优的健康建议，进而影响用户实际的决策结果。

大数据与人工智能技术的结合与应用，将对中国经济发展过程中行业的转型产生深远影响。人工智能的发展对众多行业都产生了影响，特别是制造业（智能设备）、汽车行业（自动驾驶）、医药健康业（智能医生）、金融业（量化及风控）、娱乐业（虚拟现实）等。例如，无人驾驶汽车行业的成熟与发展将快速改变目前汽车行业、交通运输等现状，促进创新商业模式的发展。金融行业由于数据具有多维性、及时性等特点，大数据分析及人工智能在该行业已经取得了较为深入的发展，逐步应用于交易、监管、信息安全、风险预测以及理财、资产配置等业务中。金融借贷平台将人工智能应用于中小企业及个人信用评估及风险监控等业务中，可以有效缩短业务流程，实现快速审核及反馈，提高业务的准确性与及时性，以及整体的工作效率。

与此同时，由于人工智能和智能机器能够代替人类从事各种劳动，人们将不得不学会与有智能机器相处，并适应这种变化了的社会结构。技术发展推动社会的变

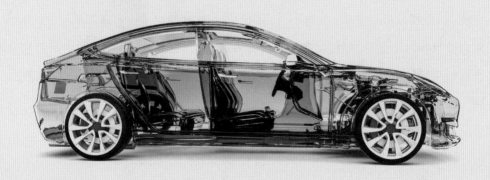

革是社会发展的趋势,社会结构的变化将成为时代发展进步的必然。人工智能带来的生产力提升会为劳动型产业(比如制造业)带来较大的人力成本节约,造成基础职位人力需求的减少甚至消失,但同时也将创造出新的就业岗位。在这个过程中,人工智能会取代部分重复性的基础人力工作,同时创造出相对更加基础的岗位和更加上层的岗位,即人工智能与人力同时产生竞争与合作的关系。例如,物流行业的无人分拣技术,依靠人工智能技术进行包裹的分拣规划与操作,释放了大量基础分拣工作的劳动力,同时也提高了物流分拣的效率,促进了物流及电商等行业的发展;另外,分拣管理系统的使用维护和分拣设备的操作修理工作成了新的就业岗位,这些岗位包括系统管理技术型工作和基础的设备维修工作。

随着人工智能的广泛应用,人类的思维方式和传统观念将受到影响。技术的不断发展在改变人类生活的同时,也改变了人们对人工智能的认知。人工智能不仅应用于日常生活,而且应用于协助组织、企业决策。人们的思维方式由最初的心存疑虑,到逐渐相信智能设备基于大数据和人工智能数学模型的分析结果,并遵从人工智能给出的建议。

在历史发展进程中,技术革命总是伴随着社会结构的变化,引起社会财富的再分配。人工智能必将打破传统社会产业结构,形成适应时代发展、产生更多效益的新社会结构。

在这样一个"人—机"共存的时代,一方面,人工智能代替人们的部分工作,提高工作效率;另一方面,人工智能又在"人—机"资源分配上进行优化,改变个人、企业、行业和城市的现状,促进不同组织的融合优化发展。从未来发展看,充分利用大数据和人工智能,抓住信息化革命的机遇,通过智能数据分析,利用经济学原理对社会经济进行实时监测和智能预测,实现供需实时匹配,将会对国民经济的发展和社会主义建设产生重大影响。

四、信息技术开启数字经济新模式

随着信息技术革命的不断演进，未来经济将以数字经济为核心，形成绿色、共享和智能等经济新模式，使社会产生根本性变革。

人类在经历了农业革命和工业革命之后，正在经历由互联网、大数据、人工智能等信息科技高速发展所引起的信息革命。经济合作与发展组织（OECD）于20世纪90年代首次提出了数字经济的概念。在2016年举办的世界互联网大会和G20杭州峰会上，数字经济又引起了广泛的关注和讨论。2017年3月，数字经济这一概念首次被写入了中国政府报告之中。随着新一代信息技术的高速发展，互联网技术的全球化、城乡化普及，数字经济为世界各个角落的个人和个人之间、组织和组织之间以及个人与组织之间创造了一个全球化、互联化和平等化的沟通、交流、合作平台。近年来，爆发式增长的数据量级导致数据替代了土地、劳动力、资本，逐渐成为信息革命的关键生产要素；基于互联网发展出来的人工智能、云计算和大数据等新兴科学技术也将代替公路、铁路和机场，成为信息革命发展核心的、必要的基础设施；数据驱动型创新也将成为各国未来经济活动发展创新的主要方向。数字经济是社会发展和进步的无限新活力、重要推动力，它突破空间和时间的界限，推动创新型产业结构优化，扩大产业联合竞争优势，促进社会的可持续发展。

数字经济打破时空限制，改变工作模式。数字经济以互联网发展为基础，带动相关产业共同发展，使得传统产业结构产生改变，进而产生新的工作机会和新的工作形式，减轻社会就业压力。从办公地点来说，从原来的实体办公室到如今的虚拟网络，从工作时间来说，从原来的早9晚6到现在的弹性工作时间，求职者打破了空间和时间的双重束缚。人们可以在任务发放平台上申请或领取自己擅长的任务、以自由职业者的身份承接外包的项目或者开办临时工作室，以赚取相应的工作报酬。在数字经济下，不仅工作变得更加灵活自由，同时，个人的自我价值也被更加充分地激发和利用，全方位的拉动就业增长，减轻社会就业压力。

数字经济提高生产效率，促进绿色发展。数字经济的发展变革了传统的生产方式，有助于推动产业结构升级和资源配置优化。尤其是在互联网与制造业的结合中，采用高新科技参与生产，比如人工智能技术、3D 打印技术、物联网技术等，不仅提高了大规模生产活动的效率，而且实现了节能减排，绿色发展。除此之外，共享单车出行、网络购物等使人们低碳出行、低碳生活，减少拥挤和道路堵塞。智能物流、网络监测、远程维护等数字化、智能化的生产方式，集中生产资料，节约能源，满足了"效率"和"绿色"的生产需求。

数字经济推动创新创业，改善国民生活水平。互联网与传统产业的融合，推动了服务模式的创新，电子商务、移动政务、网络约车、团购送餐、线上社交、在线教育、网络问诊、网络娱乐、线上线下等新型服务模式在数字经济的背景下诞生，改变了人们购物、办公、出行、饮食、学习、娱乐、医疗等各个方面的生活和消费习惯，为人们的生活带来便利，同时也在激发新的消费需求，拉动经济的持续稳定增长。在数字经济的推动下，技术创新、服务创新和模式创新，相互融合、相互叠加，助力创新型社会发展，提高国民生活质量，增强生活幸福感。

在"十二五"期间，特别是党的十八大之后，党中央及国务院高度重视信息化工作，并成立了信息化领导小组，通过顶层设计和决策体系的构建与完善，实施了网络强国战略、大数据战略、"互联网+"行动等一系列重大决策，书写了多元化信息化发展的新篇章。

根据《"十三五"国家信息规划》行动指南，中国信息化建设要牢固树立创新、协调、绿色、开放、共享的发展理念，要着重补齐核心技术短板，全面增强信息化发展能力。该规划涵盖了国民经济的各个方面，包括生产力发展、产业升级、经济金融、衣食住行等各个领域，更着重强调了信息化进程中的各类风险问题（如隐私泄露、互联网金融风险等），突出体现了中国对数字经济、共享经济和绿色经济的战略重视和发展决心，也体现了中国对于信息化产业可持续发展的期望。

随着社会的不断进步和信息化基础建设的完善，数字经济、共享经济和绿色经济发展迅速，辐射广泛，渗透到了社会经济的各个方面，影响了金融、商业、健康、交通、教育等各个领域。信息和通信技术正在改变社会交往及个人关系模式，数字经济对传统产业技术的替代作用产生的新型业态，为经济社会发展提供了新的动能。随着数字经济的不断深化，个人和企业正在发生改变，产业和社会正在发生变革。

拥抱数字经济，迎接社会变革，我们的生活会更美好。

第十六章

金融

中国的金融行业正在经历一场由互联网、移动通信、大数据、人工智能、区块链等技术的快速发展和技术创新所引发的模式变迁，传统金融业务、传统金融机构、传统金融模式和传统金融监管方式将发生根本性变化。

一、普惠大众的互联网金融

互联网金融是指通过或者依托互联网实现资金融通、支付、投资和信息中介服务的新型金融业务模式，具有较传统金融透明度更强、参与度更高、协作性更好、中间成本更低、操作上更便捷等一系列特征。

互联网金融经历了从传统金融行业互联网化到互联网企业推出新型金融服务的发展。金融互联网主要是指上银行、手机银行等传统金融服务的网络化服务形态。当前，以互联网借贷平台（P2P）、第三方互联网支付、众筹融资、互联网货币基金等新型的互联网金融服务形式在国内外得到了快速发展。2017 年 6 月 26 日，蚂蚁金服、百度、京东、腾讯、网易等国内公司获得共有 247 张有效的第三方支付牌照。据不完全统计，2017 年第三季度互联网金融行业融资金额达 108.88 亿元，较上半年 66.09 亿元的融资额增长了 65%。截至 2017 年 4 月，成立仅 4 年的余额宝的资产管理规模突破万亿元人民币，用户数量突破了 3 亿户。

（一）第三方互联网支付

现在出门可以不带钱包，一部手机就可以搞定吃穿住行。通过手机支付，在菜市场买菜、在路边摊买早点、在京东商城购买电子产品、支付出租车费用已经成为我们的常见生活习惯。而支撑这些便利支付服务的就是第三方支付平台。

第三方支付是具备一定实力和信誉保障的独立机构，采用与各大银行签约的方式，提供与银行支付结算系统接口的交易支持平台的网络支付模式（图16-1-1）。在第三方支付模式中，买方选购商品后，使用第三方平台提供的账户进行货款支付，并由第三方通知卖家货款到账、要求发货；买方收到货物，并检验商品进行确认后，就可以通知第三方付款给卖家，第三方再将款项转至卖家账户上。第三方支付作为目前主要的网络交易手段和信用中介，最重要的是起到了在网上商家和银行之间建立起连接，实现第三方监管和技术保障的作用。

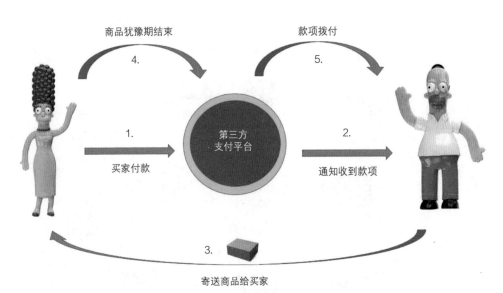

图 16-1-1 第三方支付流程

（二） P2P 网贷

由于银行信贷需要提供资产抵押或者担保，使得中小企业尤其小微企业难以获得银行贷款，长期受到"融资难"的困扰。P2P 网贷具有低门槛、收益率高、种类多等特点，可以帮助信誉良好、缺少资金的大学生、工薪阶层和微小企业主等传统银行难以覆盖的借款人高效便捷地获得贷款，实现购置笔记本、装修房屋、兼职创业等理想，是实现普惠金融的重要方式。

P2P 网贷理财其本质上是个体对个体的一种理财模式，投资人通过 P2P 网贷平台根据一定的标准将资金出借给有资金需求的借款方，在规定的期限范围内，借款人还本付息，投资人获得其相应的收益（图 16-1-2）。在 P2P 网贷平台中，理财人通过平台发布借款标；P2P 平台根据借款人的相关信息进行信用评估，并发布通过信用评估的借款列表；投资人通过平台查询、筛选和辨别借款列表，对选中借款标进行投资；投资人按期获得借款人偿还的利息和本金，申请提现或者撤资。

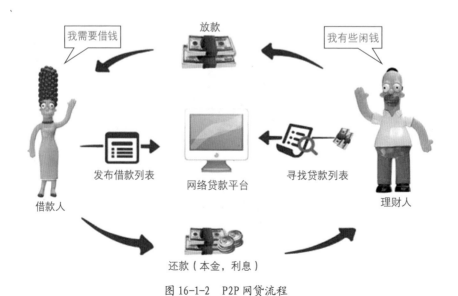

图 16-1-2 P2P 网贷流程

（三） 众筹融资

众筹融资是指通过互联网平台，从大量的个人或组织处获得较少的资金来满足项目、企业或个人资金需求的活动，具有"公开、小额、大众"的特征。根据权属关系和回报类型的不同，众筹可以分为实物众筹、股权众筹、债权众筹、慈善（公益）众筹等。

产品众筹最初的众筹模式，如果项目最终筹资成功并运作成功，投资者获得的是产品或者服务等非金钱回报，其实质类似于商品预售。股权众筹是指项目发起人通过转让公司部分股权获得资金，投资人通过获得公司股权收益得到回报。债权众筹融资方通过众筹平台以债权形式进行融资，投资者可获得相对稳定的预期利息。慈善众筹向普通用户发布公开信息的公益项目，以满足社会的慈善需求。众筹融资和 P2P 融资的区别在于，众筹融资是一种多对一的资金融资模式，而且其项目包括设计、科技、音乐、影视、食品、漫画、出版、游戏、摄影等多种类别。

二、人工智能驱动的智慧金融

人工智能适合进行大规模数据处理的定量分析，能够稳定高效地根据数据表现进行快速迭代，提供准确的分析结果。同时机器的决策过程不受主观因素影响，在一定程度上可以避免操作风险和道德风险，能够有效应对作弊行为。人工智能的优点使之非常契合金融行业的特点，被广泛应用于智能投资顾问、智能客服、智慧银行、智能风险控制等众多金融领域，能够促进金融服务变革，提供更加智慧的服务。

（一） 人工智能对金融领域的改造

人工智能将为金融领域带来巨大变革，引起国内外广泛关注。美国通用人工智能协会主席本·戈泽尔在 2015 年的博鳌亚洲论坛上认为，10 年以后，人工智能可能会介入世界上大部分的金融交易。中国国务院印发的《新一代人工智能发展规划》(国发〔2017〕35 号)指出,在智能金融方面,建立金融大数据系统,提升金融多媒体数据处理与理解能力。创新智能金融产品和服务,发展金融新业态。鼓励金融行业应用智能客服、智能监控等技术和装备。建立金融风险智能预警与防控系统。

1. 促使金融行业围绕客户提供更加主动和个性化的服务

金融行业主要是为人与人之间提供价值交换服务,服务的核心因素是人。通过使用人工智能技术搜集和分析潜在用户的人口属性、信用信息、消费特征、兴趣爱好以及社交信息等数据,能够更好地感知用户需求,提供恰当合理的产品;通过使用智能机器人,能够批量且更个性化地为用户提供金融服务,提升服务质量,同时能够减轻金融行业从业人员的重复劳动。

2. 帮助用户处理投资决策和风控预警

利用人工智能技术可以帮助用户处理和分析海量的投资数据,寻找市场变化的内在规律,制定投资决策。同时,人工智能能够根据收集到的市场历史数据进行预测,分析判断企业的成长性,为投资者提供风险预警。

3. 帮助金融市场防范系统性金融风险

基于人工智能技术打造的"金融大脑"具更广阔的全局观和更高的计算性能，能够提供更优秀的预见性。因此，通过利用人工智能技术建立国家金融大数据，对各种预案进行提前分析和预判，能够防止金融系统性风险，促进金融市场健康发展。未来甚至可以根据人工智能针对海量数据提供的分析结果开展经济决策，更准确地顺应市场变化。

（二）人工智能在金融领域的应用

1. 智能投资顾问

智能投资顾问又称为机器人投资顾问，是指利用人工智能算法依据现代资产组合理论，结合个人投资者的风险偏好和理财目标，为客户提供财富管理和在线投资建议服务。

通过采用多种人工智能技术，智能投资顾问系统能够实时采集各种经济数据指标，不断进行学习，实现大批量的不同个体定制化的投顾方案，把财富管理的服务门槛降到普通家庭可以承受的访问，降低用户投资成本。海外咨询机构科尔尼2016年曾预计，机器人顾问未来3~5年将成为主流，年复合增长率将达68%，到2020年管理的资产规模有望达到2.2万亿美元。

理想智能投资顾问服务包括7个环节：客户分析、大类资产配置、投资组合选择、交易执行、组合再选择、税负管理和组合分析。目前的智能投资顾问大部分还停留在交易执行环节，主要是资产管理和投资顾问，投后服务涉及较少。未来智能投资顾问将沿着策略个性化、配置合理化、流程自动化的路径快速发展，从有智能向人工智能迈进。

2. 智能客服

金融机构通过使用具备人工智能的智能客服，不仅可以与客户进行语音或文本的互动交流，理解客户业务需求、回复业务咨询，还能够根据客户语音提供个性化的导航服务，实现菜单扁平化，提升用户满意度。同时能够减轻人工服务压力，降低运营成本。

此外，金融公司通过人工智能技术能够利用机器自动将海量客服通话和各种用户单据内容结构化并赋予标签，有利于从历史数据中挖掘分析有价值信息，为营销等服务提供数据与决策支持。同时，通过对业务咨询热点问题进行梳理统计，生成知识问答库，能够为后续客服提供答复参考依据，使智能客服能够持续提高服务水平。

目前智能客服还处于比较初级的阶段，未来随着数据的累积和人工智能技术的优化，智能客户将不断提高对客户动作的预判能力，更好地理解客户在做什么，为客户提供更有价值的服务。例如，未来的智能客服将根据用户数据自动分析用户的家庭背景和收入信息，推测用户的风险偏好，推荐最适合的投资产品。

3. 智慧银行

人工智能将促使银行围绕用户提供个性化的服务。

通过在网点投放智慧机器人，能够对客户提供迎宾分流服务，进行语音互动交流。能够根据客户知识库内容进行标准业务咨询和问答，减少大堂经理的重复性工作。同时通过采集前端客户数据，可以为精准营销服务提供数据基础。

银行网点的智能机器人还能够推进无纸化金融和无纸化应用。例如，目前银行的服务机器人一般带有"手写电子签名系统"，顾客只需在机器人"面部"选择好相应的服务，并在电子触摸屏签上自己的姓名即可办理一些初级业务。未来银行可以在机器人基础上建立电子凭证管理系统，提供电子凭证取代纸质凭证的合规性和安全性解决方案，进一步推动无纸化应用。

未来，以智能服务机器人为基础的智慧银行将为用户提供更加贴心的服务。除了已有的智能服务机器人、自助填单机、智能叫号预处理机、智能导览台、互动营销桌、微信照片打印机等智能设备以外，智能服务机器人将逐渐承担采集客户数据、开展大数据营销等更多工作，减少用户等待时间。

4. 智能风险控制

风险控制是指风险管理者采取各种措施和方法，消灭或减少风险事件发生的各种可能性，或风险控制者减少风险事件发生时造成的损失。风险控制的能力直接决定一个平台能否持续健康地运营。

通过采用人工智能技术，能够帮助风险控制领域提高效率、降低安全风险，为企业找到新业务。例如。传统的贷款业务通常需要 2~3 天来审批，而一个基于人工智能模型的自动审批方案可能只需要几秒钟就可以完成。传统风控模型的迭代周期可能要数个月甚至数年，但是人工智能的模型迭代可以非常便捷和自动完成。

此外，通过使用人工智能技术，系统能够及时甄别每个客户的行为，帮助企业找到一小撮坏人，降低欺诈风险。例如，蚂蚁金服利用人工智能产品对客户的账户信息、环境保护活动、交易内容、位置信息等多方面的情况都进行严格监控，能够及时发现恶意行为，降低资金安全风险。

未来随着智能风险控制技术的提高，企业的安全风险将显著降低，企业将开展更多类型的金融服务，为用户带来便利。

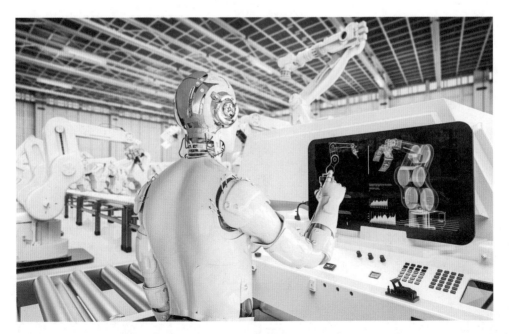

三、区块链驱动的金融变革

构建于 TCP/IP 等协议之上的互联网是信息社会的基础，可以实现信息在连接到互联网的各个实体间的瞬间传输和便捷共享。通过实施"互联网+"战略，实现互联网与传统行业进行深度融合，充分发挥互联网在社会资源配置中的优化和集成作用，推进中国经济社会创新发展。互联网主要实现信息转移，信息从一方转移到另一方后，发送方一般仍然保留了信息副本，信息传递经过的各个节点也有可能保留了信息的多个副本。

价值传递与信息传递的根本区别在于，价值从 A 转移到 B 之后，B 增加了转移的价值的同时，A 必须减少相应的价值。在传统互联网环境，必须通过银行、证券公司、保险公司、信托公司等第三方可信机构，通过集中的方式实现价值转移。这种依赖于可信第三方的集中式价值转移存在代价非常高、效率低、安全风险高等突出问题。

区块链技术具有"去中心化"和"去信任化"等特点，能够不依赖第三方可信机构在陌生节点之间建立点对点的可信价值传递，有助于降低交易成本，提高交互效率，有非常广阔的应用前景，被认为是引领信息互联网向价值互联网转变的关键技术。所谓价值互联网，就是使得人们能够在互联网上，像传递信息一样方便、快捷、低成本地传递价值，尤其是资金。

（一）区块链的起源与发展

区块链最初是为了支持比特币的形成和流通。区块链技术的核心优势是去中心化，能够通过运用数据加密、时间戳、分布式共识和经济激励等手段，在节点无须互相信任的分布式系统中实现基于去中心化信用的点对点交易、协调与协作，从而为解决中心化机构普遍存在的高成本、低效率和数据存储不安全等问题提供了解决方案。区块链推动从独立总账向分布式共享总账的迁移，显著提升交易效率并降低风险，促进经济发展。

区块链技术的发展及其广泛应用场景，已经引起了金融机构、政府部门、资本市场和科技企业的广泛关注，在世界范围内掀起了对区块链技术探索和应用的新高潮，被认为是继大型计算机、个人电脑、互联网、移动社交网络之后计算范式的第五次颠覆式创新。创立于 2015 年 9 月的美国创投公司 R3 公司联合包括高盛集团、摩根大通、汇丰银行、桑坦德银行、美国银行、圣保罗银行、中国平安银行等在内的 50 余家银行机构组成了区块链联盟，积极推进区块链技术及其应用研究，致力于建立金融服务领域的区块链行业标准、应用框架及应用实践的推进。

区块链的内涵和外延发生了很多改变，目前仍然在不断演变。区块链的发展经历了以可编程货币为特征的区块链 1.0、可编程金融为特征的区块链 2.0、可编程社会为特征的区块链 3.0 三个阶段。

区块链 1.0 是以比特币为代表的数字加密货币体系的核心支撑技术，有效解决了数字货币发展的"双花"问题和"拜占庭将军"难题。"双花"问题是指在区块链加密技术出现之前，加密数字货币和其他数字资产一样，可以被随便复制，无法确认一笔数字现金是否被重复花费，而必须依靠可信第三方来保留交易总账，从而保证每笔数字现金只会被花掉一次。"拜占庭将军"难题是分布式系统交互过程普遍面临的难题，即在缺少可信任的中央节点的情况下，分布式节点如何达成共识和建立互信。基于区块链的数字货币发展迅速，交易规模逐步攀升，在国内外引起极大关注。截至 2017 年 6 月，区块链数字货币超过 740 种，总市值超过 889 亿美元，其中比特币均价已达到 2445 美元，市值突破 400 亿美元。比特币、以太坊、瑞波币、莱特币四种货币市值超过 1 亿美元，超过了总市值的 95%。加特纳的预测指出，到 2022 年，以区块链为中心的相关交易将高达 100 亿美元。此外，各国央行逐渐支持数字货币，甚至计划发行法定数字货币。2020 年 4 月 17 日，中国人民银行数字货币研究所开始在中国部分地区内部封闭试点测试数字人民币。

区块链 2.0 技术通过将"智能合约"加入区块链，形成可编程金融，并已经在股票、私募股权等领域得到了初步应用。区块链 2.0 可以被看作一台"全球计算机"，实现了区块链系统的图灵完备，可以在区块链上传和执行应用程序，并且程序的有效执行能得到保证，在此基础上实现了智能合约的功能。相比区块链 1.0，区块链 2.0 具有支持智能合约、交易速度快、支持信息加密和资源消耗低等优势。

区块链 3.0 构建信任的底层协议，除了可以运用在经济金融领域，还可以应用于医疗、保险、能源、法律、零售、物联网等领域。区块链作为一种"去中心""去信任"的新型计算范式，可以去除传统行业依赖可信任中心节点的限制，构建可编程社会，对社会生活的各个方面造成冲击。根据加特纳技术成熟度曲线分析（图 16-1-3），区块链技术带来的可编程金融对社会和商业带来的影响将远大于互联网当初带来的影响。

可编程金融所带来的"智能"经济体系，将使生产和消费所涉及的商品、服务进入多元化的价值交换场景。加特纳认为，由于区块链技术公司管理层对于技术以及技术对业务的影响缺乏明确理解，因此正在形成一个危险、动荡的市场。但是从长期来看（到 2035 年），区块链及可编程金融的应用前景是非常广阔的。

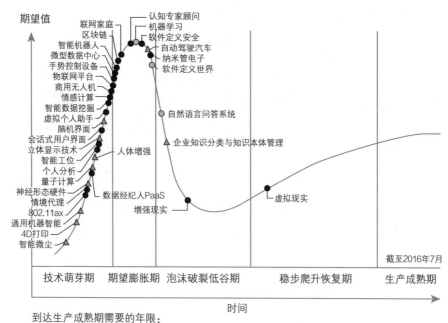

图 16-1-3　区块链技术成熟度曲线

（二）　区块链＋金融

区块链作为金融科技的底层技术，能够有效解决信用不足而产生的风险、保证金融交易安全，将从根本上改变现代金融的征信体系，降低金融风险与金融诈骗风险，受到互联网金融企业的普遍关注。区块链技术将与现有的支付、征信、交易所、数字货币、智能合约等相结合，引领新一轮金融变革，互联网金融正在进入"区块链 +"时代。

（三）　区块链＋支付结算

支付结算是指单位、个人在社会经济活动中使用现金、票据（包括支票、本票、汇票）、银行卡和汇兑、托收承付、委托收款等结算方式进行货币给付及其资金清算的行为，其主要功能是完成资金从一方当事人向另一方当事人的转移。支付结算金融市场最重要的基础设施，区块链技术最新更新领域就是支付清算。

传统的支付体系中，基于银行的资金交易需要由开户行、对手行、清算组织、境外银行等多个组织经过烦冗的处理流程完成。在处理过程中，每笔交易都需要在每个机构独立的账户系统中分别建立记录，并进行相互之间的清算和对账，处理时间长，成本开销高。

在基于区块链技术的新型支付体系中，交易双方可以直接进行端到端的支付，而不需要依赖第三方中间机构。区块链技术取代中间机构，为资金交易提供可信度和安全保障。这种去中心化的交易机制能够显著提高交易速度，降低交易成本。例如，在跨境支付领域，基于区块链技术的分布式金融交易系统能够为用户提供全球范围的跨境、跨币种的实时支付清算，使跨境支付更加快捷和低廉。

瑞波是世界上第一个开放的支付网络，通过这个支付网络可以转账任意一种货币。在跨境支付领域，瑞波支付体系已经开始了的实验性应用，主要为加入联盟内的成员商业银行和其他金融机构提供基于区块链协议的外汇转账方案。目前，瑞波为不同银行提供软件以接入瑞波网络，成员银行可以保持原有的记账方式，只要做较小的系统改动就可使用瑞波的跨链协议。同时，银行间的支付交易信息通过加密算法进行隐藏，相互之间不会看到交易的详情，只有银行自身的记账系统可以追踪交易详情，保证了商业银行金融交易的私密性和安全性。

在瑞波构建的国际支付网络由国际付款发起人、金融机构、做市商和系统集成商组成（图 16-1-4）。该网络能够很好地取代现行的跨境结算系统，为跨货币结算提供一种零阻力机制，金融机构只需几秒钟就能准确无误地结算跨境支付。

发起人：发起人是指发起交易和转移资金的人。瑞波可以搜索最有竞争力的外汇价格并减少管理费，以此最大程度减少结算费用。发起人可以直接获得资金收讫确认。

金融机构：金融机构，例如银行，不必在往来账户中用全球各种货币保存资金，而是利用瑞波为其零售客户和企业客户实时处理国际支付事务，还可以利用外部做

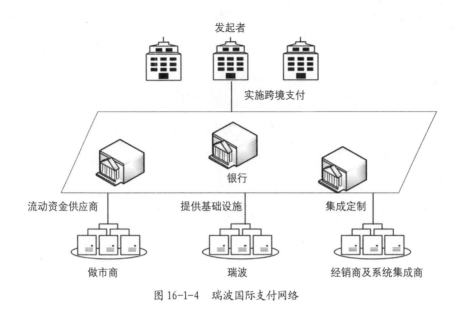

图 16-1-4　瑞波国际支付网络

市商提供的外汇流动资金。瑞波能够帮助金融机构降低结算风险，消除延迟，减少总结算费用。

做市商：在瑞波网络上，做市商的角色是国际支付的流动资金供应商。做市商允许银行为跨境付款提供无缝服务，而不必在银行设立内部外汇交易平台。瑞波让银行能够以高资本效率的方式增加其全球影响力，让做市商能够查看此前无法查看的国际支付金额。

经销商及系统集成商：经销商和系统集成商为金融机构和瑞波网络的联系创造方便，可以给银行提供适合其现有基础架构的即插即用产品和全承包解决方案。瑞波允许经销商和系统集成商拓展其产品，为银行提供实时跨货币结算解决方案。

（四）　区块链 + 征信

征信是指依法收集、整理、保存、加工自然人、法人及其他组织的信用信息，并对外提供信用报告、信用评估、信用信息咨询等服务。征信内容可以帮助客户判断和控制信用风险，开展基于信用的业务。征信记录了个人过去的信用行为，就是人们常说的"信用记录"，这些"信用记录"将影响个人未来的经济活动。平安证券发表报告称中国征信行业未来市场规模将达千亿元人民币；而美国富国银行预计，中国个人征信市场规模超 2000 亿元人民币。

互联网金融的核心在于风险控制与信用评估。其中，数据的收集、积累和解读对风险控制、信用评估的准确性和互联网金融企业核心竞争力的形成有重要影响。采用区块链技术可以帮助企业建立支持共享的个人征信数据系统。

传统征信市场面临着信息孤岛的障碍，如何共享数据以便充分发掘数据蕴藏价值成为重要的研究课题。区块链技术的出现，为解决这个问题带来了曙光。各方参与者把原始数据保存到自己数据库，把少量摘要信息提交到区块链保存，有查询请求通过区块链转发到原始数据提供方查询，这样各方既可以查询到外部海量数据，又不泄露自身核心商业数据。

"区块链＋征信"相比传统征信手段具有明显优势。首先，可以提供征信的公信力。基于区块链的征信系统数据无法篡改，具有较高公信力。其次，显著降低征信成本，提供多维度的精准大数据。最后，可以打破数据孤岛的难题，数据主体通过某种交易机制在区块链上交换数据。

（五）区块链＋交易所

交易所是金融市场中交易期货、外汇、证券及商品等的平台，借助信息平台，实现产权信息共享、异地交易、统一协调、产权交易，比较常见的交易所包括证券交易所、期货交易所、博彩交易所等。中国大陆主要交易所包括上海证券交易所、深圳证券交易所、郑州商品交易所、上海期货交易所、中国金融期货交易所等。国外主要交易所包括纳斯达克市场、伦敦国际金融期货交易所、伦敦国际金融期货交易所、芝加哥期货交易所、纽约期货交易所、伦敦金属交易所、纽约商业交易所、澳洲交易所等。

上面所列的交易所大多采用中心化的处理方式，所有交易集中在少数几个节点，资产登记、发行、交易、转让以及清算的效率比较低，而且面临的安全风险和个人隐私泄露问题严重。区块链的去中心化、开放性、共享性、匿名性、不可篡改性等特点，可以显著提升交易所业务处理效率，并且保障信息安全和个人隐私，得到了广泛关注。目前，已经有很多金融机构开始对这项新技术进行实验。2015 年年末，美国主要证券交易所提供商纳斯达克推出其基于比特币区块链技术而建立的新平台 Linq，该平台将促进其私人证券市场的股份以一种全新的方式进行转让和出售。通过网上交易，Linq 能够极大地缩减结算时间。例如，现有的股权交易市场标准结算时间为 3 天，而采用区块链技术的应用能将结算时间缩减为 10 分钟，从而将结算风险降低 99%，有效降低资金成本和系统性风险。此外，采用区块链技术还将显著减少发行者因繁重的审批流程所面临的行政风险和负担。澳大利亚股票交易所（ASX）选择了一家美国公司数字资产公司为自己搭建一个新的交易系统，该系统基于比特币的分布式账簿技术，即区块链。与比特币的点对点分布式账簿不同，ASX 的账簿系统将是私有的，能够提高运行效率，降低交易成本。此外，伦敦证券交易所，纽约证券交易所，芝加哥商品交易所等全球主要交易所都开始区块链技术的相关研究。目前区块链应用主要应用在证券发行和资金清算环节，未来区块链技

术在各种产权交易中必然会发挥更大的作用，甚至成为很多领域的主要交易系统。

比特币等数字货币系统也存在交易所，主要负责数字货币和法定货币之间的兑换。传统的数字货币交易所大多是采用集中式架构，例如 Bitfinex，火币网，云币网，coinbase，okcoin 等。此类交易所首先要卖方先把币存在交易所，交割其实是内部账户数字之间的划转，即币只是在交易所这个层面属于用户，从比特币账本的角度来看，全部归属于交易所，用户不能控制自己名义上的账户的私钥。这种方案能够简化数字货币交易流程，用户不需要运行区块链客户端和掌握区块链交易方法，只需要按照传统的交易模式进行操作。然而，这种方法存在安全问题，由于中心化交易所存储所有用户的比特币私钥，面临黑客攻击和监守自盗的风险。2014 年，著名的 Mt.Gox 交易所声称价值 4.7 亿美元的比特币被盗，包括用户交易账号中约 75 万个比特币，以及 Mt.Gox 自身账号中的约 10 万个比特币。2016 年，Bitfinex，交易量最大的比特币交易所之一，宣布自己成为最新的大型安全漏洞受害者。账户被黑，客户资金被盗，损失高达 6000 万美元。

　　为此，目前出现了很多基于区块链技术的去中心化数字货币交易所。开源项目 BitSquare 是一个免费的、开源的去中心化软件，用户可直接进行 P2P 交易。与 Bitfinex 以及其他传统交易所不同，Bitsquare 系统中不存在任何中间人或者中心服务器，因此攻击者不可能入侵系统。Bitsquare 的安全性建立在公开透明的基础之上的。任何人都能检查 Bitsquare 的开源代码。用户的资金和数据是本地储存的，由客户端自行维护。Bitsquare 不保存用户资金或数据，用户也无需在该平台上注册。因此能够避免黑客攻击中心服务器导致大量用户数据泄露的情况。目前在运行的去中心化数字货币交易所还包括 openledge 与 Coinsigner 等。去中心化交易所能够提高安全性，但是此类技术使用复杂，效率较低，目前的交易量远低于中心化交易所。未来随着交易效率和用户体验的不断提高，去中心化数字货币交易所将占据更多市场份额。

　　信息技术的发展将深入影响金融领域，在一些特定应用领域甚至将带来颠覆性改变。互联网金融极大地降低了金融准入的门槛，使得中小企业、微企业、个人都可以便捷的享受各种金融服务，是实现普惠金融的重要措施。移动金融可以通过移动终端无时无刻地接入各种金融服务。人工智能技术应用到金融领域，建立金融大数据系统，提升金融数据处理与理解能力，创新智能金融产品和服务，发展金融新业态。将区块链与传统金融的支付、征信、交易所等进行结合，可以有效降低中心化金融业务的安全风险并提升业务处理承载能力，从根本上改变现代金融的征信体系，引领新一轮金融变革，互联网金融正在进入"区块链＋"时代。随着区块链其自身的信息安全、隐私泄露和效率低等问题的逐步解决，相信区块链将引来一个更大的发展机遇，深刻影响金融及其他各领域的发展。

参 考 文 献

[1] 梅宏，郭耀. 面向网络的操作系统——现状和挑战[J]. 中国科学：信息科学，2013，43(3)：303-321.

[2] 张效祥. 计算机科学技术百科全书(第二版)[M]. 北京：清华大学出版社，2005.

[3] 施敏，伍国钰. 国外名校最新教材精选：半导体器件物理(第3版)[M]. 耿莉，张瑞智，译. 西安：西安内交通大学出版社，2008.

[4] 中国科学院. 中国学科发展战略 微纳电子学[M]. 北京：科学出版社，2013.

[5] 孙凝晖，陈明宇. 从术语变化看高性能计算机的发展[J]. 中国计算机学会通讯，2013，9(4)：32-39.

[6] 杨学军. 并行计算六十年[J]. 计算机工程与科学，2012，34(8)：1-10.

[7] 郑纬民，陈文光. 艾级专用高性能计算机[M]. 中国计算机学会通讯，2010，6(10)：34-38.

[8] 包云岗，范东睿，陈明宇，等. "计算机即网络"理念与高通量计算[J]. 中国计算机学会通讯，2016，12(3)：10-16.

[9] 许伟. 基于网络大数据的社会经济监测预警研究[M]. 北京：科学出版社，2016.

[10] 杨铮，吴陈沐，刘云浩. 位置计算：无线网络定位与可定位性[M]. 北京：清华大学出版社，2014.

[11] 森德勒. 工业4.0：即将来袭的第四次工业革命[M]. 邓敏，李现民，译. 北京：机械工业出版社，2014.

[12] 徐恪，王勇，李沁. 赛博新经济："互联网+"的新经济时代[M]. 北京：清华大学出版社，2016.

[13] 刘云浩. 物联网导论(第3版)[M]. 北京：科学出版社，2017.

[14] 刘云浩. 从互联到新工业革命[M]. 北京：清华大学出版社，2017.

[15] 刘云浩. 群智感知计算[J]. 中国计算机学会通讯，2012，8(10)：38-41.

[16] 张乃通，赵康健，刘功亮. 对建设我国"天地一体化信息网络"的思考[J]. 中国电子科学研

究院学报, 2015, 10(3)：223–230.

[17]马华东, 宋宇宁, 于帅洋. 物联网体系结构模型与互连机理[J]. 中国科学：信息科学, 2013, 43(10)：1183–1197.

[18]刘驰, 胡柏青, 谢一, 等. 大数据治理与安全：从理论到开源实践[M]. 北京：机械工业出版社, 2017.

[19]刘驰, 胡柏青, 谢一, 等. Spark：原理、机制及应用[M]. 北京：机械工业出版社, 2016.

[20]马建, 岩延, 刘驰. 物联网技术概论（第二版）[M]. 北京：机械工业出版社, 2015.

[21]齐东旭. 分形及计算机生成[M]. 北京：科学出版社, 1994.

[22]沈燮昌. 多项式最佳逼近的实现[M]. 上海：上海科学技术出版社, 1984.

[23]施法中. 计算机辅助几何设计与非均匀有理B样条[M]. 北京：北京航空航天大学出版社, 1994.

[24]孙家昶. 样条函数与计算几何[M]. 北京：科学出版社, 1982.

[25]鲍虎军, 金小刚, 彭群生. 计算机动画的算法基础[M]. 杭州：浙江大学出版社, 2000.

[26]赵沁平, 周彬, 李甲, 等. 虚拟现实技术研究进展[J]. 科技导报, 2016, 34(14)：71–75.

[27]苏步青. 计算几何的兴起[J]. 自然杂志, 1978(7)：409–412.

[28]陈为, 沈则潜, 陶煜波, 等. 数据可视化[M]. 北京：电子工业出版社, 2013.

[29]虚拟现实技术与产业发展战略研究项目组. 虚拟现实技术与产业发展战略研究[M]. 北京：科学出版社, 2016.

[30]中国互联网络信息中心, 第37次中国互联网络发展状况统计报告[EB/OL]. (2016-01-22)[2019-12-01]. http://www.cac.gov.cn/2016-01/22/c_1117858695.htm.

[31]中国互联网络信息中心, 第39次中国互联网络发展状况统计报告[EB/OL]. (2017-01-22)[2019-12-01]. http://www.cac.gov.cn/2017-01/22/c_1120352022.htm.

[32]童咏昕, 宋天舒, 许可, 等. 时空众包：共享经济时代的新型计算范式[J]. 中国人工智能学会通讯, 2016, 6(12)：14–19.

[33]王静远, 李超, 熊璋, 等. 以数据为中心的智慧城市研究综述[J]. 计算机研究与发展, 2014, 51(2)：239–259.

[34]陈真勇, 徐州川, 李清广, 等. 一种新的智慧城市数据共享和融合框架[J]. 计算机研究与发展, 2014, 51(2)：290–301.

[35]熊璋. 智慧城市[M]. 北京：科学出版社, 2015.

[36]郑宇. 城市计算与大数据[J]. 中国计算机学会通讯, 2013, 9(8)：8–18.

[37]张大庆, 陈超, 杨丁奇, 等. 从数字脚印到城市计算[J]. 中国计算机学会通讯, 2013, 9(8)：17–24.

[38] 方滨兴. 在线社交网络分析 [M]. 北京：电子工业出版社，2014.

[39] 冯志伟. 自然语言处理的历史与现状 [J]. 中国外语，2008，5（1）：14-22.

[40] 郭喜跃，何婷婷. 信息抽取研究综述 [J]. 计算机科学，2015，42（2）：14-17.

[41] 刘洋. 神经机器翻译前沿进展 [J]. 计算机研究与发展，2017（6）：1144-1149.

[42] 奚雪峰，周国栋. 面向自然语言处理的深度学习研究 [J]. 自动化学报，2016，42（10）：1445-1465.

[43] 赵妍妍，秦兵，刘挺. 文本情感分析 [J]. 软件学报，2010，21（8）：1834-1848.

[44] MEI H, LU J. Internetware: A New Software Paradigm for Internet Computing [M]. Berlin: Springer, 2016.

[45] KURZWEIL R. The Singularity Is Near: When Humans Transcend Biology [M]. New York: Penguin Books, 2006.

[46] KERLOW I. The art of 3D: computer animation and effects [M]. New Jersey: John Wiley & Sons, 2004.

[47] HARTMANIS J, STEARNS R E. On the computational complexity of algorithms [J]. Transactions of American Mathematical Society, 1965, 117（5）：285-306.

[48] COOK S A. The Complexity of Theorem-Proving Procedures [J]. STOC, 1971: 151-158.

[49] Karp R M. Reducibility Among Combinatorial Problems [J]. Complexity of Computer Computations, 1972: 85-103.

[50] RABIN M O, SCOTT D S. Finite Automata and Their Decision Problems [J]. IBM Journal of Research and Development, 1959, 3（2）：114-125.

[51] SOLOVAY R, STRASSEN V. A Fast Monte-Carlo Test for Primality [J]. Siam Journal on Computing, 1977, 6（1）：84-85.

[52] VAN LEEUWEN J. Handbook of Theoretical Computer Science, Volume A: Algorithms and Complexity [M]. Cambridge MA: MIT Press, 1990.

[53] VAN LEEUWEN J. Handbook of Theoretical Computer Science, Volume B: Formal Models and Semantics [M]. Cambridge MA: MIT Press, 1990.

[54] VAN LEEUWEN J. Computer Science Today: Recent Trends and Developments. Lecture Notes in Computer Science 1000 [M]. Berlin: Springer, 1995.

[55] CHURCH A. The Calculi of Lambda-Conversion [M]. Princeton: Princeton University Press, 1985.

[56] NIELSEN M, CHUANG I. Quantum Computation and Quantum Information [M].

Cambridge: Cambridge University Press, 2000.

[57] BENIOFF P A. Models of Quantum Turing Machines [J]. Fortschritte der Physics, 1982, 46 (4-5): 423-441.

[58] DEUTSCH D. Quantum theory, the Church-Turing principle and the universal quantum computer [J]. Proceedings of the Royal Society of London, 1985, 400 (1818): 97-117.

[59] BERNSTEIN E, VAZIRANI U. Quantum Complexity Theory [J]. Siam Journal on Computing, 1997, 26 (5): 1411-1473.

[60] DEUTSCH D, Jozsa R. Rapid Solution of Problems by Quantum Computation [J]. Proceedings of the Royal Society of London, 1992, 439 (1907): 553-558.

[61] BERTHIAUME A, Brassard G. Oracle Quantum Computing [J]. Journal of Modern Optics 1994, 41 (12): 2521-2535.

[62] GROVER L K. Quantum Mechanics Helps in Searching for a Needle in a Haystack [J]. Physical Review Letters, 1997, 79 (2): 325.

[63] RUDER W C, LU T, COLLINS J J. Synthetic biology moving into the clinic [J]. Science, 2011, 333 (6047): 1248-1252.

[64] GARDNER T S, CANTOR C R, COLLINS J J. Construction of a genetic toggle switch in Escherichia coli [J]. Nature, 2000, 403 (6767): 339-342.

[65] LIU C L, FU X F, LIU L Z. et al. Sequential establishment of stripe patterns in an expanding cell population [J]. Science, 2011, 334 (6053): 238-241.

[66] RAO C V, WOLF D M, ARKIN A P. Control, exploitation and tolerance of intracellular Noise [J]. Nature, 2002, 420 (6912): 231-237.

[67] SCHRÖDINGER E. What is Life? [M]. Cambridge: Cambridge University Press, 1992.

[68] RASER J, O'SHEA E K. Control of stochasticity in eukaryotic gene expression [J]. Science, 2004, 304 (5678): 1811-1814.

[69] Pedraza J M, OUDENAARDEN A V. Noise propagation in gene networks [J]. Science, 2005, 307 (5717): 1965-1969.

[70] BRANDMAN O, FERRELL J E J, LI R. et al. Interlinked fast and slow positive feedback loops drive reliable cell decisions [J]. Science, 2005, 310 (5747): 496-498.

[71] TSAI T Y C, CHOI YS, MA W Z. et al. Robust, tunable biological oscillations from

interlinked positive and negative feedback loops [J]. Science, 2008, 321 (5885): 126-129.

[72] BURGHARTZ J N. Guide to State-of-the-Art Electron Devices [M]. San Francisco: John Wiley & Sons, 2013.

[73] WONG H, LEE H Y, YUS. et al. Metal-oxide RRAM [J]. Proceedings of the IEEE, 2012, 100 (6): 1951-1970.

[74] WU H, WANG X H, GAO B. et al. Resistive Random Access Memory for Future Information Processing System [J]. Proceedings of the IEEE, 2017.pp (9): 1-20.

[75] NOVOSELOV K S, GEIM A K, MOROZOV S V. et al. Electric Field Effect in Atomically Thin Carbon Films [J]. Science, 2004, 306 (5696): 666-675.

[76] FIORI G, BONACCORSO F, IANNACCONE G. et al. Electronics based on two-dimensional materials [J]. Nature Nanotechnology, 2014, 9 (10): 768-779.

[77] JARIWALA D, SANGWAN V K, LINCOLN J, et al. Emerging Device Applications for Semiconducting Two-Dimensional Transition Metal Dichalcogenides [J]. ACS nano, 2014, 8 (2): 1102-1120.

[78] APALKOV D, DIENY B, SLAUGHTER J M. Magnetoresistive Random Access Memory [J]. Proceedings of the IEEE, 2016, 104 (10): 1796-1830.

[79] COEY J M D. Magnetism and Magnetic Materials [M]. New York: Cambridge University Press, 2010.

[80] BEHIN-AEIN B, DATTA D, SALAHUDDIN S, et al. Proposal for an all-spin logic device with built-in memory [J]. Nature Nanotechnology, 2010, 5 (4): 266-270.

[81] KIM J, PAUL A, CROWELL P A, et al. Spin-Based Computing: Device Concepts, Current Status, and a Case Study on a High-Performance Microprocessor [J]. Proceedings of the IEEE, 2014, 103 (1): 106-130.

[82] MEAD C. Neuromorphic electronic systems [J]. Proceedings of the IEEE, 1990, 78 (10): 1629-1636.

[83] INDIVERI G, LIU S C. Memory and information processing in neuromorphic systems [J]. Proceedings of the IEEE, 2015, 103 (8): 1379-1397.

[84] BULUTA I, ASHHAB S, NORI F. Natural and artificial atoms for quantum computation [J]. Reports on Progress in Physics, 2010, 74 (10): 104401-104416.

[85] MOHSENI M, READ P, NEVEN H, et al. Commercialize early quantum technologies [J]. Nature, 2017, 543 (7644): 171-174.

[86] BRYANT R E, O'HALLARON D R. Computer Systems: A Programmer's Perspective [M]. 北京: 机械工业出版社, 2011.

[87] HOFFMAN A R. Supercomputers: directions in technology and applications [M]. Washington DC: National Academy Press, 1990.

[88] Clinger W. MultiTasking and MacScheme [J]. MacTech, 1987, 3 (12): 2008-2028.

[89] ALASDAIR G. Industry 4.0: The Industrial Internet of Things [M]. Berkely: Apress, 2016.

[90] DAUGHERTY P, BANERJEE P, NEGM W, et al. Driving Unconventional Growth through the Industrial Internet of Things [M]. New York: Accenture, 2014.

[91] ITU. ITU Internet report 2005: the internet of things [EB/OL]. [2019-12-30]. http://www.itu.int/osg/spu/publications/internetofthings/.

[92] MA H. Internet of things: Objectives and scientific challenges [J]. Journal of Computer science and Technology, 2011, 26 (6): 919-924.

[93] MA H, LIU L, ZHOU A, et al. On networking of internet of things: Explorations and challenges [J]. IEEE Internet of Things Journal, 2016, 3 (4): 441-452.

[94] GREGORI M, AKYILDIZ I F. A new nanonetwork architecture using flagellated bacteria and catalytic nanomotors [J]. IEEE Journal on Selected Areas in Communications, 2010, 28 (4): 612-619.

[95] RUSSELL S, NORVIG P. Artificial Intelligence: A Modern Approach, 3rd Edition [J]. Applied Mechanics & Materials, 1995, 263 (5): 2829-2833.

[96] Bishop C M. Pattern Recognition and Machine Learning (Information Science and Statistics) [M]. New York: Springer-Verlag, 2006.

[97] SILVER D, HUANG A, MADDISON C J, et al. Mastering the game of Go with deep neural networks and tree search [J]. Nature, 2016, 529 (7587): 484-489.

[98] SPONG M W, HUTCHINSON S, VIDYASAGAR M. Robot modeling and control [M]. New York: John Wiley & Sons, 2005.

[99] MITCHELL T. Machine Learning [M]. New York: McGraw Hill, 1997.

[100] DUDA R O, HART P E, STORK D G. Pattern Classification (2nd Edition) [M]. New York: John Wiley & Sons, 2000.

[101] CUN Y. L, BENGIO Y, HINTON G. Deep learning [J]. Nature, 2015, 521 (7553): 436-444.

[102] MICHELUCCI P, DICKINSON J L. The power of crowds [M]. Science, 2016, 351